中国高等教育学会医学教育专业委员会规划教材
高等医学院校教材

供基础、临床、预防、口腔医学类等专业用

基础化学

Basic Chemistry

主　编　杨晓达　王美玲

副主编　张乐华　李　森

编　委（按姓名汉语拼音排序）

李　森（哈尔滨医科大学）
刘　君（济宁医学院）
刘会雪（北京大学医学部）
刘进军（承德医学院）
孙　革（齐齐哈尔医学院）
王广斗（河北工程大学医学院）
王美玲（内蒙古医科大学）
杨晓达（北京大学医学部）
尹富玲（北京大学医学部）
张乐华（哈尔滨医科大学）

北京大学医学出版社

JICHU HUAXUE

图书在版编目（CIP）数据

基础化学/杨晓达，王美玲主编．—北京：北京大学医学出版社，2013.12（2023.8 重印）

ISBN 978-7-5659-0763-0

Ⅰ．①基… Ⅱ．①杨…②王… Ⅲ．①化学—医学院校—教材 Ⅳ．①O6

中国版本图书馆 CIP 数据核字（2013）第 315039 号

基础化学

主　　编：杨晓达　王美玲

出版发行：北京大学医学出版社

地　　址：（100191）北京市海淀区学院路 38 号　北京大学医学部院内

电　　话：发行部 010-82802230；图书邮购 010-82802495

网　　址：http://www.pumpress.com.cn

E - mail：booksale@bjmu.edu.cn

印　　刷：北京瑞达方舟印务有限公司

经　　销：新华书店

责任编辑：赵　欣　**责任校对**：金彤文　**责任印制**：罗德刚

开　　本：850 mm×1168 mm　1/16　**印张**：18.25　**彩插**：1　**字数**：533 千字

版　　次：2013 年 12 月第 1 版　2023 年 8 月第 4 次印刷

书　　号：ISBN 978-7-5659-0763-0

定　　价：36.00 元

高等医学院校临床专业本科教材评审委员会

序

北京大学医学出版社组织编写的全国高等医学院校临床医学专业本科教材（第2套）于2008年出版，共32种，获得了广大医学院校师生的欢迎，并被评为教育部"十二五"普通高等教育本科国家级规划教材。这是在教育部教育改革、提倡教材多元化的精神指导下，我国高等医学教材建设的一个重要成果。为配合《国家中长期教育改革和发展纲要（2010—2020年）》，培养符合时代要求的医学专业人才，并配合教育部"十二五"普通高等教育本科国家级规划教材建设，北京大学医学出版社于2013年正式启动全国高等医学院校临床医学专业（本科）第3套教材的修订及编写工作。本套教材近六十种，其中新启动教材二十余种。

本套教材的编写以"符合人才培养需求，体现教育改革成果，确保教材质量，形式新颖创新"为指导思想，配合教育部、国家卫生和计划生育委员会在医药卫生体制改革意见中指出的，要逐步建立"5 + 3"（五年医学院校本科教育加三年住院医师规范化培训）为主体的临床医学人才培养体系。我们广泛收集了对上版教材的反馈意见。同时，在教材编写过程中，我们将与更多的院校合作，尤其是新启动的二十余种教材，吸收了更多富有一线教学经验的老师参加编写，为本套教材注入了新鲜的活力。

新版教材在继承和发扬原教材结构优点的基础上，修改不足之处，从而更加层次分明、逻辑性强、结构严谨、文字简洁流畅。除了内容新颖、严谨以外，在版式、印刷和装帧方面，我们做了一些新的尝试，力求做到既有启发性又能引起学生的兴趣，使本套教材的内容和形式再次跃上一个新的台阶。为此，我们还建立了数字化平台，在这个平台上，为适应我国数字化教学、为教材立体化建设作出尝试。

在编写第3套教材时，一些曾担任第2套教材的主编由于年事已高，此次不再担任主编，但他们对改版工作提出了很多宝贵的意见。前两套教材的作者为本套教材的日臻完善打下了坚实的基础。对他们所作出的贡献，我们表示衷心的感谢。

尽管本套教材的编者都是多年工作在教学第一线的教师，但基于现有的水平，书中难免存在不当之处，欢迎广大师生和读者批评指正。

王德炳　柯杨

2013年11月

前　言

21 世纪是信息科学和生命科学的时代。特别是信息技术的发展和普及，已经彻底改变了知识传播的方式，也对当代教育的模式构成了严重的冲击。可以说，传统的知识教育模式正在过时。无论在哪一个学科，知识发现和知识爆炸已经成为现实，而相应的，如何实现将凝固的“知识”到生动的“应用”日益成为无论是科学家还是教育家都必须面对的问题。事实上，近年来转化医学已成为各国生物医学领域中的一个重要内容，“以转化医学为核心，大力提升医学科技水平，强化医药卫生重点学科建设”也成为《中共中央关于制定国民经济和社会发展第十二个五年规划的建议》中的意见。

化学教育是医学教育的重要基础，然而如何给医学生讲化学课，让学生领会到化学不仅是一种科学的基本训练，更重要的是医学的一种内在思维方式和基本操作工具，这一直是一件较困难的事情。套用美国西北大学化学系 H. A. Godwin 教授的感言：“Many of us have tried to incorporate biological examples into our introductory chemistry courses, but these often end up feeling like a Band-Aid that has been applied to a problem requiring major surgery.”（*Nature Chemistry Biology*, 2005, 1:176-179）。如何实现化学和生物医学应用的完美结合一直是在医学院校从事化学基础教育的教师不断追求的目标。

为配合教育部“十二五”普通高等教育本科国家级规划教材建设，北京大学医学出版社启动了全国高等医学院校临床医学专业（本科）教材的修订和编写工作。在符合人才培养要求、体现教育改革成果、确保教材质量、形式新颖创新的指导思想上，我们编写了《基础化学》。本书是由多个学校具有丰富基础化学教学经验的教师集体创作的结晶。全书由杨晓达和王美玲一起完成统稿和审订。附录由尹富玲编写。此外，还有许多老师和同学对本书的编写提供了帮助，在这里一并致谢!

本书针对生物医学类学生的专业需求和兴趣特点写作，编者在本书内容选择和讲解方式上做了新的尝试，努力使基础化学学习不仅是基础知识的传授，更激发学生们主动学习和培养创新能力。在兼顾化学知识体系的完整性之余，最大限度地压缩教学时间。编者建议本书使用者，对全书可分成 45 个学时讲授，各章内容建议分配为：第一章，1 学时；第二章，3 学时；第三章，5 学时；第四章，4 学时；第五章，4 学时；第六章，4 学时；第七章，3 学时；第八章，2 学时；第九章，2 学时；第十章，4 学时；第十一章，6 学时；第十二章，4 学时；第十三章，3 学时。当然，也建议使用者根据实际的教学要求和学生的情况，因材施教，组织具有特色的教学。

由于能力有限，书中难免存在错误和遗漏，欢迎各位老师和读者批评指正。

编　者

目录

第一章　绪　论

基础化学是医学生的入门课之一。医学生为什么要学习化学原理呢？当新生入学时，可能听到一些前辈述及多年后已经忘记化学了之类的言语。一个很自然的问题是：化学原理对医学生是必需的吗？那么，就让我们在第一课用一点时间讨论一下这个问题。

“医学生”的未来自然是成为“医生”。“医生”和“医学生”字面的差别是前者少了一个“学”字。但是，这并非是说成为医生后就再不需要“学”了。事实上，医生是需要终身学习的。我国卫生部门规定，医生、护士以及医技人员每年均需要通过自学、参加培训和从事科研等方法完成一定的“继续教育学分”；继续医学教育合格作为聘任、晋升和执业再注册的必备条件之一。自学和以问题为中心的学习（problem-based learning，PBL）是医学继续教育学习的基本方式，而这种学习方式需要全面和扎实的学科基础。

医生，中国传统上称为“大夫”。“大夫”本质上是个“官”。“修身、齐家、治国、平天下”已是中国几千年来的政治传统。《国语・晋语》载曰：“上医医国，其次疾人。固医，官也”。医圣孙思邈则在其《千金要方》中说：“古之善为医者，上医医国，中医医人，下医医病”。又曰：“上医医未病之病，中医医欲病之病，下医医已病之病”。这里，“上医医国”并不是说让医生去治理国家、除患祛弊，而是强调一个好医生不仅仅是一个处理病患的技师，更是一个能够指导人们通过改善社会环境和调节生活方式而预防疾病发生的“大夫”。疾病预防不是简单的个人问题；事实上，在现代医学中，预防医学是公共卫生的核心内容，疾病预防（disease prevention）和疾病控制（disease control）主要是通过卫生政策和健康保障体系来实现的，所以说“上医医国”。“大夫”这个称呼确实体现了医生的作用和社会地位，也决定了好医生决不能仅仅掌握一些实用的医学技术和医学知识，而是要求有多学科的开阔眼界和深厚的哲学和人文底蕴。

在西方，医生则被称为“博士（Doctor)”。Doctor 来自古法语 docere（teach)，这意味着医生是一个接受了多年的全面教育并有能力指导别人的人。著名医学教材《西氏内科学》（*the Cecil-Loeb Textbook of Medicine*）的主编之一 Dr. McDermott 在论述医学时说：“Medicine itself is deeply rooted in a number of sciences.”这表明了医学生必须具备扎实时的理学基础，其中化学就是必需基础之一。

化学作为一种中心科学，向生物医学提供了理解生命过程的基本思想、基本原理和重要方法。这一点从西方医学史可以看到。

西方医学的源头是古希腊和罗马医学。从“医学之父”希波克拉底（Hippokrates）到文艺复兴时期，古典医学一直是由克劳修斯・盖伦（Galen）总结并系统化的正确和错误交织的医学体系。17 世纪之前，西方医生基本不知使用药物，无论对什么病，治疗方法都是灌肠、放血和导泻。真正的突破来自帕拉塞萨斯（1493—1541)。帕拉塞萨斯是瑞士人，因崇尚著名罗马医学作家塞尔苏斯（Celsus)，他给自己取名为帕拉塞萨斯（Paracelsus)，表示他和塞尔苏斯一样伟大（图 1-1)。帕拉塞萨斯在奥地利学习矿物学和金属学，当时化学还只是炼金术。帕拉塞萨斯认为人体的表现形式是遵循化学规则的。他提出新陈代谢的概念。帕拉塞萨斯在 1517—1526 年期间游历了欧洲各国，激烈抨击盖伦医学理论，公开烧毁盖伦和其后的阿维森纳的著作。帕拉塞萨斯告诉学生：书籍是死东西的，自然却是真实和有吸引力的，实验才是一

图 1-1 帕拉塞萨斯画像

副灵丹妙药。帕拉塞萨斯将化学药物引入到医学中，其中最著名的是他使用汞制剂治疗梅毒。化学药物在锑制剂（抗寄生虫病）和奎宁（抗疟疾）后，逐渐发展和获得普遍使用。1935 年，格哈德·杜马克发明了偶氮磺胺，标志了现代化学疗法的开端。迄今，一些老药物仍然发挥着重要作用，如酒石酸锑钾仍是目前治疗黑热病的特效药物。在中国，酒石酸锑钾被加入到复方甘草合剂中，直到 2004 年才因较大的药物毒性被取消使用。合成的阿司匹林自 1899 年被德国人引入医学中后，一直用于止痛、退热和治疗风湿病等，近来也用于预防流产和心血管病，仅美国一年就消耗 10 吨以上。

17 世纪中期物理医学和化学医学的建立标志了从西方医学古代教条到自由医学思想的转变已基本完成。化学医学学派由法国人西尔维厄斯建立，认为所有生理现象都可以用化学方式来解释，这一观点仍是现代分子医学的基石。安东尼·拉瓦西（1743—1794）既是现代化学之父，也是一位著名的生理学家。拉瓦西在发现了氧元素的基础上，发现氧气在肺部由血液携带到全身，氧气利用后生成二氧化碳，因此呼吸是像燃烧一样的氧化过程，揭示了呼吸作用的真正机制。1910 年，玛利亚·居里夫人成功分离出了放射性金属元素镭，开启了放射化学和同位素化学研究，同时也开始了一门新医学——放射治疗医学（图 1-2）。镭和各种放射性核素可以被注入到人体恶性病变组织中，用于治疗子宫癌、膀胱癌和舌部肿瘤等，也可作为示踪元素来确定生物分子或药物分子在体内的代谢途径。放射医学在当今的临床诊断和治疗中都发挥了巨大的作用。

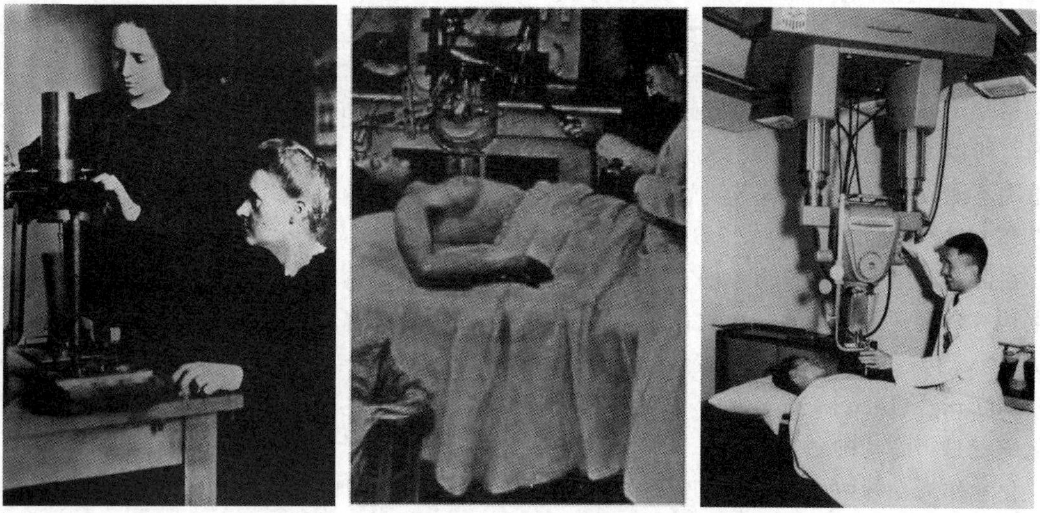

图 1-2 居里夫人和女儿在实验室

居里夫人发现放射性元素后，开启了放射治疗医学。中图是早期放射治疗乳腺癌，右图是我国早期的肿瘤放疗

20 世纪，分子生物医学诞生——这是真正意义的现代医学。分子生物医学的基石是分子生物学。1953 年，詹姆斯·沃森和安得鲁·克里克成功解析了 DNA 的双螺旋分子结构。在 1965 年，生物化学家马歇尔·尼伦伯格完成了对遗传密码的解码工作。随即，克里克在 1971 年提出了遗传的中心法则（图 1-3）。分子生物学是 20 世纪重要的学术进展，它带动了分子生物医学的进步和人类基因组和蛋白质组研究计划的启动和实施，使 21 世纪成为生命科学的世纪。

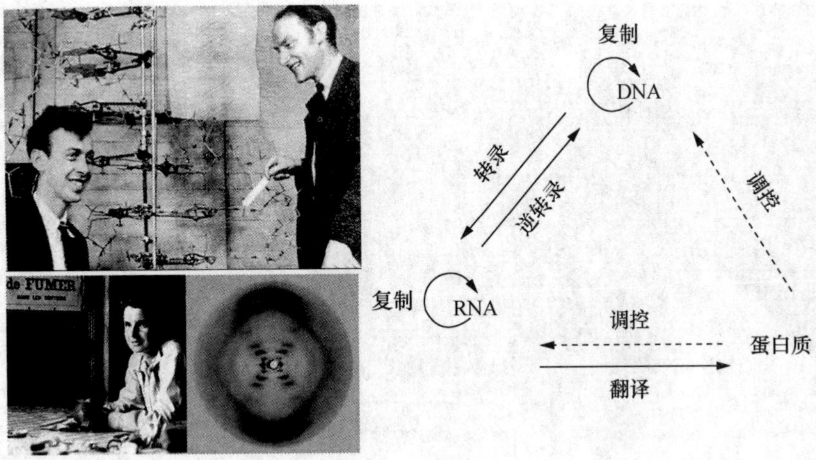

图 1-3 克里克和沃森及他们的 DNA 分子模型

克里克和沃森在富兰克林及其 DNA 晶体衍射研究（左）的基础上提出了 DNA 双螺旋结构，奠定了分子生物学中心法则的基础（右）。富兰克林是位才华横溢的女科学家，遗憾的是年仅 38 岁就被卵巢癌夺走了生命

化学不仅为医学提供了发展的思想和基础，也为医学提供了基本的方法和手段。医学微生物学的发展依赖于显微镜的应用。但各种微生物化学染色方法的发明，使所有微生物成为可观察对象，极大地促进了微生物学的迅速发展。例如，1884 丹麦医生汉斯・克里斯蒂安・革兰（Chriatian Gram）创立的革兰染色法。利用细菌细胞壁上的主要成分不同，革兰染色法可将细菌分成两大类，至今仍是微生物学研究中最常用的方法之一。实际上，无论是用光学还是电子显微镜方法观察细菌或病毒结构，化学染色都是一个必不可少的步骤。化学检验从化学医学流派开始，发展至今已经成为现代医学中基础的诊断方法。而在未来医学中，化学检验的作用将进一步得到加强。除了化学药物和化学检验外，化学还为医学提供了多种多样的试剂和医学材料。可以说，化学是医学和生命科学的最重要的工具箱。

综上可见，化学基础之于医学生来说，不是一种知识拓展的外在要求，而是一种内在需要，是成为好医生的基础。所以必须学好化学。

也许有人会争辩，我是学中医的，熟记了中医经典，掌握了望闻问切，精通了《本草纲目》就可以了；古来中医名家都是不懂化学的。这点没有错，如果中医只是想停留在古代，中医医生没有现代科学基础完全没问题。但是，面对日新月异的科技发展，如此停滞不前的中医有未来吗？如任何生命体一样，随着时间的推移，不进化则必然灭绝。《尚书》曰：“惟新厥德”。《大学》曰：“苟日新，日日新，又日新”。古人尚知如此，今天的医学生又如何能够继续抱残守缺呢？

传统中医应当如何革新呢？这里引用已故著名科学家和思想家、中国导弹之父钱学森先生的话。他指出“中医理论不是现代意义上的科学”，因此，中医必须走现代化之路。“中医现代化，是中医的未来化”，“如果把西方的科学同中医所总结的理论以及临床实践结合起来，那将是不得了的”。中医现代化，不仅是学科发展需要，也是文化和民族发展的要求。毛泽东主席早在延安时期就提出“中西医合作，开展群众卫生运动”的思想（图 1-4）。1956 年，为应对当时废除中医的思潮，毛主席正式提出“中西医结合”，也从此确立了中国政府长期以来支持中医发展的政策基础。中医的未来，需要一批具有深厚自然科学素养的新中医学者，去实现中医的现代化，学好化学是未来中医的必需基础。

接下来，如何学习基础化学呢？

首先，先总体了解一下基础化学的内容。化学科学研究物质的组成、性质和物质间转化的规律。基础化学讲解与医学相关的最基本但具有化学科学完备性和系统性的基础原理和基础知识。

图 1-4 毛泽东和钱学森在一起

毛泽东和钱学森生前都提倡中医现代化和中西医结合，钱学森指出“医学的方向是中医的现代化”。右图是毛泽东关于中西医结合的题词，确立了中国政府长期以来支持中医发展的政策基础

物质结构是一切性质、功能和变化的基础。物质的最基本组成单元是原子；原子通过化学键形成具有各种功能的分子。分子通过分子间作用力和自组装作用形成大千世界的万物。万物的相互转化通过各种化学反应的过程进行，基本的化学反应包括了酸碱反应、沉淀反应、氧化还原反应和配位反应四种反应。化学反应是一种物质的运动过程，因此也遵循物理世界中能量的流动和转化规则——化学热力学和动力学原理。此外，在生命体系中，绝大多数的化学反应都在溶液中进行，基础化学将主要针对溶液中物质的性质和化学反应进行讲解。物质结构原理、化学反应的热力学和动力学原理、溶液中的基本性质和化学反应原理构成基础化学的内容。掌握了这些原理及其哲学思想，就完成了基本的化学素养训练，即使未来忘却了大多数的化学知识，也将受用终生。

其次，要按照科学的规律去掌握这些原理。在西方语言中，科学 science 是理解宇宙规律的一种“途径”，关键包括两点：一是思路，二是方法。中国传统的三个治学要点正好描述了系统掌握科学理论的三个方面。

1.“象（observation）” 对现象的观察、归纳和表述是科学研究的起点。在《福尔摩斯探案记》中，福尔摩斯有句名言：别人在浏览（watch），而他是在观察（observe）。

2.“理（logic）” 现象和过程背后存在的因果联系和逻辑关系，即所谓“理”或“本质”或“规律”。对现象的逻辑演绎分析，是发现物理化学原理和规律的途径。

3.“数（math）” 数学推算是科学演绎分析的精髓所在。牛顿把论述万有引力理论的书命名为“自然科学中的数学原理”。任何科学理论只有数学化后，才能真正被人们利用来预测事物发展，才能根据物理原理制作实用的工具。古人云：君子性非异也，善假于物也。现代科学的重要成就正是为我们的工作生活提供了各种应用工具。

只有完整掌握了“象”“理”“数”三个方面，才是真正掌握了一门科学。数学推演能力是目前中国学生的薄弱环节，需要加强培养。

大学学习应该掌握正确的方法。21 世纪是信息技术的时代。当今，互联网带来了无限开放和延伸的知识空间，多媒体、虚拟现实和多维远程教育正在改变人们的教育和学习方式。当今时代，“博闻强记”的知识教育已经过时。除了教科书和教学参考书，讲座和科技文献都是学习的“课本”，而教师、图书馆、Internet 网络、实验室都是学生可利用的学习资源。在当今大学学习中，同学们将通过和各种“资源”之间的交流，获取新知识，实现自我的更新和能力的提高。也就是说：交流和更新是大学学习的方式。因此，主动的学习、融洽的交流、清晰的表达、理性的方案、有条理的行动、独立的思考和创新的思维是同学应注重的自我能力培养的方向。

思考题

1. 化学对医学的意义是什么?
2. 如何完整掌握一门科学?
3. 大学基础化学学习的方式是什么?
4. 试根据教材总结基础化学的基本内容和相互联系。

（杨晓达）

第二章　溶液的性质

第一节　溶液的分类

溶液是将一种以上物质溶解到液体（如水）中形成的均匀分散系统。生命需要基本的液体介质——水；各种生物分子都存在于水中，形成溶液。人体内的血液、细胞液、细胞外液以及其他体液都是溶液，营养物质的消化、吸收等无不与溶液有关；体内的许多化学反应都是在溶液中进行的。因此溶液与人类的生命活动息息相关，也与医学有着密切联系。

将一种（或几种）物质粒子分散到另一种物质里所形成的混合物，称为分散系统（disperse system），如溶液。被分散的物质粒子叫作分散相（dispersed phase）；分散相粒子的形式可以是分子、离子或分子聚集体。而容纳分散相的溶剂介质称为分散介质（disperse medium）。形成的分散系统可以是气态（如云雾）、固态（如合金）和液态（生理盐水、牛奶和血液等）。如临床上使用的生理盐水和葡萄糖溶液，其中氯化钠和葡萄糖是分散相，水是分散介质。

溶胶是分散系中性质较为特殊的一种。溶胶在自然界尤其是生物界普遍存在，与人类的生活及环境有着非常密切的关系。了解生命就必须了解溶液和溶胶的各种性质。

按分散系统中分散相粒子直径的大小可将液体分散系统分为三类：真溶液（其粒子直径小于 1nm）；胶体分散系（其粒子的直径在 1～100nm 之间）；粗分散系（其粒子的直径大于 100nm）（表 2-1）。

表 2-1　按照分散相颗粒大小对分散系统的分类

分散相粒子大小	分散系统类型		分散相粒子的组成	一般性质	实例
＜1nm	真溶液		小分子或离子	均相；热力学稳定系统；分散相粒子扩散快，能透过滤纸和半透膜	NaCl、NaOH、蔗糖的水溶液
1～100nm	胶体分散系	溶胶	固体小颗粒	非均相；热力学不稳定系统；分散相粒子扩散慢，能透过滤纸，不能透过半透膜	氢氧化铁、硫化砷、碘化银及金、银、硫等单质溶胶
		高分子溶液	生物大分子或化学高分子	均相；热力学稳定系统；分散相粒子扩散慢，能透过滤纸，不能透过半透膜	蛋白质、核酸等水溶液，橡胶的苯溶液
		缔合胶体	分子的聚集体	均相；热力学稳定系统；分散相粒子扩散慢，能透过滤纸，不能透过半透膜	脂质体
＞100nm	粗分散系（乳状液、悬浮液）		固体粗颗粒或液滴	非均相；热力学不稳定系统；分散相粒子不能透过滤纸和半透膜	乳汁、泥浆等

第二节　溶液的组成标度

溶液是溶质（solute）分子分散到溶剂（solvent）中形成的分布均匀而且性质稳定的均相系统，这个分散过程叫溶解（dissolution）。例如在生理盐水中，NaCl 是溶质，水是溶剂；对于医用消毒酒精，水是溶质，乙醇是溶剂。对生物系统来说，水溶液（aqueous solution）是非常重要的，许多重要的生化反应及生理过程都是在水溶液中完成的，因此，认识溶液组成标度的各种表示方法是十分必要的。

一、质量浓度

溶质 B 的质量浓度（mass concentration）定义为溶质 B 的质量除以溶液的体积，用符号 ρ_B 表示，即：

$$\rho_B = \frac{m_B}{V} \tag{2-1}$$

式中，m_B 为溶质 B 的质量；V 为溶液的体积。ρ_B 的 SI 单位为 $kg \cdot m^{-3}$，医学上常用的单位为 $g \cdot L^{-1}$、$mg \cdot L^{-1}$、$\mu g \cdot L^{-1}$。

【例 2-1】 将 30g 葡萄糖（$C_6H_{12}O_6$）晶体溶于水配成 600ml 葡萄糖溶液，计算葡萄糖溶液的质量浓度。

解：根据式（2-1），葡萄糖溶液的质量浓度为：

$$\rho(C_6H_{12}O_6) = \frac{m(C_6H_{12}O_6)}{V} = \frac{30g}{0.6L} = 50g \cdot L^{-1}$$

二、物质的量与物质的量浓度

1. 物质的量　物质的量（amount of substance）是表示物质数量的基本物理量。物质 B 的物质的量用符号 n_B 表示。国际标准规定，物质的量基本单位是摩尔（mole），单位符号为 mol。1mol 某物质的粒子数目大致为 6.022×10^{23} 个，这个数目称为阿伏伽德罗常数；换句话说，每 6.022×10^{23} 个物质的分子（或离子、分子团等）称为 1mol。1mol 物质 B 的质量则称为 B 物质的摩尔质量（molar mass），用符号 M_B 表示，即

$$M_B = \frac{m_B}{n_B} \tag{2-2}$$

摩尔质量的常用单位是 $g \cdot mol^{-1}$。某原子的相对原子质量在数值上等于该原子的摩尔质量。某分子的相对分子质量在数值上等于该种分子的摩尔质量。

【例 2-2】 计算水分子（H_2O）和由于氢键形成的水分子团［$(H_2O)_{400}$］的摩尔质量。

解：O 的相对原子质量为 16.0，H 的相对原子质量为 1.0，因此 H_2O 的摩尔质量为：

$$M(H_2O) = 16.0 + 2 \times 1.0 = 18.0g \cdot mol^{-1}$$

由 400 个水分子构成的分子团 $(H_2O)_{400}$ 的摩尔质量为：

$$400 \times 18.0 = 7.2 \times 10^3 g \cdot mol^{-1}$$

需要指出的是书写某物质的摩尔质量时，必须同时标明该物质的化学式，即对该物质的计数方法。这是因为一些化学物质并没有明确的分子定义，需要特别指明该物质的基本计数单元是什么。例如氯化钾，它是离子晶体，当溶解在水中后会发生解离，其形式是一个个的 K^+ 和 Cl^-，而在苯中则是一些离子团［$(KCl)_n$］。因此，需要明确地标明：

（1）如果写成 KCl，则表示计数的单位是 1 个 K^+ 和 1 个 Cl^- 的离子对，则其摩尔质量为 $74.6g \cdot mol^{-1}$。

（2）如果写成 2KCl，则表示计数的单位是 1 个 KCl 对，则其摩尔质量为 $149.2g \cdot mol^{-1}$。

（3）如果写成$\frac{1}{2}$KCl，则表示计数的单位是半个 KCl 对，则其摩尔质量为 $37.3g \cdot mol^{-1}$。

当然，上面半个 KCl 对没有什么物理意义，仅仅强调计数方法对物质的量，特别是摩尔质量的影响很大。

2. 物质的量浓度　物质的量浓度（molarity），又称体积摩尔浓度，也可以简称浓度。溶质 B 的物质的量浓度定义为溶质 B 的物质的量除以溶液的体积，用符号 c_B 表示，即：

$$c_B = \frac{n_B}{V} \tag{2-3}$$

式中，c_B 为 B 的物质的量浓度；n_B 为物质 B 的物质的量；V 是溶液的体积。c_B 的 SI 单位是 $mol \cdot m^{-3}$，医学上常用的单位为 $mol \cdot L^{-1}$ 和 $mmol \cdot L^{-1}$。

应该指出的是在使用物质的量浓度时，必须指明物质的基本单元。如 $c(\frac{1}{2}HCl) = 1mol \cdot L^{-1}$；$c(Ca^{2+}) = 3mol \cdot L^{-1}$。物质的量浓度的单位 mol/L 在国际上通行的科学文献中，通常简写为 M。使用物质的量浓度的方便之处是很容易通过体积量取准确的物质的量。当前的化学、生物和医学研究及实际应用中，液体的体积操作是非常方便和精密的，人们可以量取大到几升小到几纳升（$10^{-9}L$）的溶液。因此，物质的量浓度是最广泛应用的浓度。

由式（2-1）和式（2-3），物质 B 的质量浓度 ρ_B 与物质的量浓度 c_B 之间的关系为：

$$\rho_B = c_B M_B \tag{2-4}$$

【例 2-3】 每 100ml 正常人血浆中含 326mg Na^+、10mg Ca^{2+}、164.7mg HCO_3^-，计算它们的物质的量浓度各是多少？

解：$c(Na^+) = \frac{0.326g \times 1000}{23.0g \cdot mol^{-1} \times 0.1L} = 142mmol \cdot L^{-1}$

$$c(Ca^{2+}) = \frac{0.010g \times 1000}{40g \cdot mol^{-1} \times 0.1L} = 2.5mmol \cdot L^{-1}$$

$$c(HCO_3^-) = \frac{0.1647g \times 1000}{61.0g \cdot mol^{-1} \times 0.1L} = 27.0mmol \cdot L^{-1}$$

【例 2-4】 200ml 生理盐水中含 1.8g NaCl，计算生理盐水的质量浓度和物质的量浓度。

解：生理盐水的质量浓度为：

$$\rho(NaCl) = \frac{m(NaCl)}{V} = \frac{1.8g}{0.20L} = 9.0g \cdot L^{-1}$$

NaCl 的摩尔质量为 $58.5g \cdot mol^{-1}$，生理盐水的物质的量浓度为：

$$c(NaCl) = \frac{\rho(NaCl)}{M(NaCl)} = \frac{9.0g \cdot L^{-1}}{58.5g \cdot mol^{-1}} = 0.15mol \cdot L^{-1}$$

三、摩尔分数与质量摩尔浓度

1. 摩尔分数　摩尔分数（mole fraction）又称为物质的量分数或物质的量比。溶质 B 的摩尔分数定义为 B 的物质的量与混合物的物质的量之比，用符号 x_B 表示，即

$$x_B = \frac{n_B}{\sum n} \tag{2-5}$$

式中，n_B 为 B 的物质的量；$\sum n$ 为混合物的物质的量。

如果溶液中只有溶质 B 和溶剂 A，则：

$$x_B = \frac{n_B}{n_B + n_A}$$

$$x_A = 1 - x_B$$

摩尔分数单位为 1，在物理化学推导中使用非常方便。

2. 质量摩尔浓度　溶质 B 的质量摩尔浓度（molality）定义为溶质 B 的物质的量除以溶剂的质量。用符号 b_B 表示，即：

$$b_B = \frac{n_B}{m_A} \tag{2-6}$$

式中，n_B 为溶质 B 的物质的量；m_A 为溶剂 A 的质量。质量摩尔浓度的 SI 单位是 $mol \cdot kg^{-1}$。在用称量法配制溶液时，质量摩尔浓度显得非常方便。在研究简单溶液并且没有溶液混合等操作时，质量摩尔浓度相当实用。许多物理化学常数都是用这种方式测定的。

【例 2-5】 在 200ml 水中溶解 0.54g KCl 晶体，计算溶液中 KCl 的质量摩尔浓度。

解：KCl 的质量摩尔浓度为：

$$b(\mathrm{KCl}) = \frac{n(\mathrm{KCl})}{m(\mathrm{H_2O})} = \frac{m(\mathrm{KCl})}{M(\mathrm{KCl})m(\mathrm{H_2O})}$$

$$= \frac{0.54\mathrm{g}}{74.6\mathrm{g} \cdot \mathrm{mol^{-1}} \times 0.20\mathrm{kg}} = 0.036\mathrm{mol} \cdot \mathrm{kg^{-1}}$$

在稀的水溶液中，c_B、b_B 和 x_B 三种浓度的转换关系为：

$$\{b_B\} = \frac{n_B}{m_A} = \frac{n_B}{V_A \rho_A} = \frac{n_B}{V_A \cdot 1} \approx \frac{n_B}{V} = \{c_B\}$$

$$\{x_B\} = \frac{n_B}{n_B + n_A} \approx \frac{n_B}{n_A} = \frac{n_B}{\left(\dfrac{m_A}{\mathrm{MW_A}}\right)} = \mathrm{MW_A}\frac{n_B}{m_A} = \mathrm{MW_A} \cdot b_B = 0.018\{b_B\}$$

注意：上式中 ρ_A 是稀的水溶液近似为纯水的密度，m_A 的单位是 kg，相应的 $\mathrm{MW_A}$ 的单位是 $kg \cdot mol^{-1}$。

第三节　电解质溶液

电解质（electrolytes）是指在水溶液中或在熔融状态下能够导电的化合物。电解质种类繁多，性质也不尽相同。按照在水溶液中解离程度的不同，一般可分为强电解质和弱电解质两类。强酸、强碱及大部分盐类都是强电解质，它们在水溶液中是完全解离的，以水合离子形式存在，具有较强的导电性。弱酸、弱碱和某些盐类［如 $Pb(Ac)_2$，$HgCl_2$］等都是弱电解质，在水溶液中仅部分解离，未解离的分子与解离产生的离子之间存在着解离平衡，导电能力较弱。

一、电解质在水中的溶解过程

电解质的溶解过程是一个复杂的过程。首先电解质在水中解离成阴、阳离子，然后再与溶剂分子形成溶剂化阴、阳离子。因此，电解质解离程度的强弱除与电解质本身性质有关外，还与溶剂的性质有关。例如，CH_3COOH 在水中为弱电解质，而在液 NH_3 中则全部解离，属强电解质。

阿伦尼乌斯（Arrhenius）提出的电离理论认为，当电解质在水中解离成阴、阳离子时，由于水分子是极性分子，两者便产生离子-偶极分子之间的作用：阳离子与水分子的负极相互吸引，阴离子与水分子的正极相互吸引。阴、阳离子与水分子之间的这种相互作用，称为水合作用。水合作用使每个离子周围形成一个水合膜。所以电解质溶液中阴、阳离子并非是“裸露”的自由离子，而是被水分子紧密包围着的水合离子。由于水的介电常数较高，水合离子之间的相互吸引或排斥作用被大大减弱，在极稀的溶液中可以忽略不计，因此水合的阴、阳离子可以看作是一个个独立存在于水中的游离离子。由于参加水合的水分子数目并不固定，所以在书写时仍以简单离子的符号表示，如 H^+、OH^-、Na^+、Cl^- 离子等（图 2-1）。

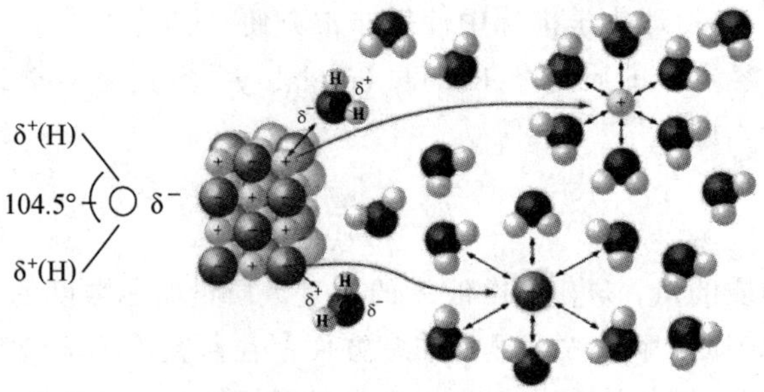

图 2-1 离子的水合示意图

二、强电解质溶液

(一) 强电解质溶液理论简介

根据近代物质结构理论，强电解质（strong electrolyte）在水溶液中是完全解离的，即强电解质的解离度为 100%；溶液中不存在未解离的强电解质与其离子之间的解离平衡。在极稀的理想溶液中，强电解质溶液中全部的阴、阳离子以独立的水合离子形式存在。

但是，溶液导电性的实验数据表明，强电解质水溶液中的实际解离度均小于 100%。如表 2-2 所示，强电解质在水溶液中似乎不是完全解离的。这是因为虽然强电解质在水溶液中是完全解离的，但当离子浓度不是很小时，阴、阳离子间必然发生较强的相互作用，使每个离子不能完全自由地发挥出它作为溶质粒子的作用，即表观上离子的浓度比实际浓度要小一些。

表 2-2 几种强电解质的表观解离度（298K，0.10mol · L^{-1}）

电解质	KCl	HCl	HNO_3	H_2SO_4	NaOH	$Ba(OH)_2$	$ZnSO_4$
表观解离度（%）	86	92	92	61	91	81	40

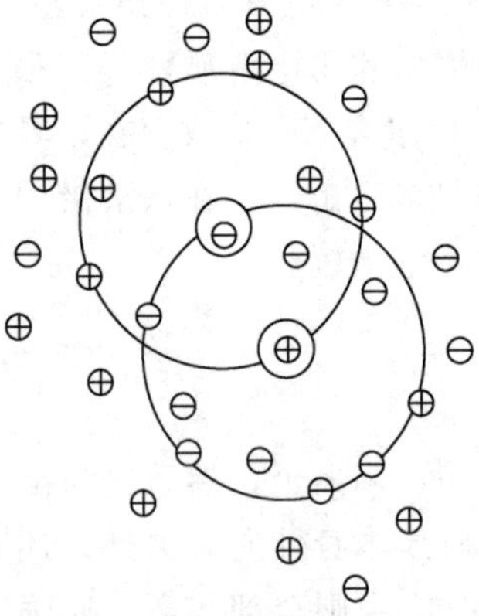

图 2-2 离子氛示意图

关于强电解质溶液中离子间的相互作用，1923 年，德拜（Debye）和休克尔（Hückle）提出了强电解质离子相互作用理论（ion interaction theory）。这一理论认为强电解质水溶液中由于阴、阳离子间的相互作用（同号电荷的离子间相互相斥，异号电荷的离子间相互相吸），使得离子在溶液中呈现不均匀的分布状态。在阳离子周围阴离子要多一些，在阴离子附近阳离子要多一些。结果每一个离子都被异号电荷离子所形成的"离子氛"所包围。被包围的离子成为中心离子，同时它又参与形成另一个中心离子的离子氛（ionic atmosphere），如图 2-2 所示。整个溶液可看成是由处在溶剂中的许许多多的中心离子及其离子氛所组成的系统。

在溶液中由于离子不断运动，所以"离子氛"随时拆散，又随时形成。在离子氛的影响下，溶液中的离子受到带有相反电荷"离子氛"的影响，而不能完全自由活动，离子活动的自由度降低，致使强电解质溶液中的每个离子不能百分之百地发挥应有的效能。从离子的表观性质来看，离子的有效性降低了，即在单位体积溶液中所含的离子数目比按其完全解离的数目要小。另外在强电解质溶液中，不但有"离子氛"存在，而且带相反电荷的离子还可以缔合成"离子对"作为一个独立单位而运动。离子对的存在也使自由离子的浓度下降。此外，对于电荷正好抵消的中性离子对，它们没有导电能力，导致溶液的导电能力下降。所以由实验测得的强电解质表观解离度均小于 100%。这也是强电解质溶液离子的活度（activity）一般小于实际浓度的原因。

离子氛和离子对的形成显然与溶液的浓度和离子所带电荷有关。溶液愈浓，离子所带的电荷愈多，上述效应愈显著。

严格地说，强电解质溶液计算需要考虑解离度和离子的活度等。离子的活度系数可以根据溶液的离子强度估算出来（本书不作要求）。需要指出：强电解质的解离度的意义和弱电解质不同，弱电解质的解离度能真实地反映出其解离程度，而强电解质的解离度只能反映离子间相互牵制作用的强弱。因此，强电解质的解离度称为表观解离度。

（二）强电解质溶液的性质

1. 强电解质溶液的导电性　强电解质溶液的一个重要特性是导电性。电解质溶液为什么能够导电呢？其导电机制与金属不同。金属是依靠自由电子的定向运动而导电；而电解质溶液依靠阳离子和阴离子的定向运动而导电，因此溶液的导电能力取决于其中所含离子的数目、离子的电荷数和离子的移动能力。

对于强电解质来说，它们在溶液中完全是以离子形式存在的，其溶液中的离子的浓度和离子所带的电荷数决定了溶液的电荷总数。因此，当溶液中电荷总数相同的情况下，强电解质溶液的导电能力主要取决于溶液中各种离子的移动能力。电化学中离子的移动能力用离子迁移率（ionic mobility）来衡量。离子迁移率用符号 u_B 表示，即在给定溶液浓度和温度的条件下，离子的运动速率 v_B 除以电场强度 E 称为离子迁移率：

$$\mu_B = v_B/E \tag{2-7}$$

表 2-3 列出了一些离子在无限稀释的水溶液中的极限迁移率。

表 2-3　298.15K 时水溶液中离子的极限迁移率

离子	极限迁移率 $(cm^2 \cdot s^{-1} \cdot V^{-1})$	离子	极限迁移率 $(cm^2 \cdot s^{-1} \cdot V^{-1})$	离子	极限迁移率 $(cm^2 \cdot s^{-1} \cdot V^{-1})$
H^+	0.00362	OH^-	0.00206	$\frac{1}{2}Cu^{2+}$	0.00059
Li^+	0.00040	Cl^-	0.00079	$\frac{1}{2}Zn^{2+}$	0.00055
Na^+	0.00052	Br^-	0.00081	$\frac{1}{2}Ba^{2+}$	0.00066
K^+	0.00076	I^-	0.00080	$\frac{1}{2}CO_3^{2-}$	0.00072
NH_4^+	0.00076	NO_3^-	0.00074	$\frac{1}{2}SO_4^{2-}$	0.00083
Ag^+	0.00064	Ac^-	0.00042		

从表 2-3 中可以看出，一般离子在水溶液中的离子迁移率在 0.0005～0.001$cm^2 \cdot s^{-1} \cdot V^{-1}$之间，比电子在金属汞中的迁移率 3$cm^2 \cdot s^{-1} \cdot V^{-1}$要小得多。因此溶液的导电能力比金属要小得多。此外，还应注意以下三个方面：

（1）在 Li^+、Na^+、K^+ 三种碱金属离子中，Li^+ 的半径最小，但迁移率最小，其原因是离子在水溶液中是以水合离子形式存在的，由于 Li^+ 的半径最小，离子势（z/r）最大，所以离子的电场强度较大，吸引水分子的数目较多，形成的水合离子的半径较大，因此 Li^+ 在水中的迁移率最小，而 K^+ 的半径最大，离子势（z/r）最小，迁移率最大。

（2）H^+ 和 OH^- 的离子迁移率显著高于其他离子，而且 H^+ 更高。实际上 H^+ 在水溶液中是以 H_3O^+ 的形式存在，较 OH^- 离子的半径更大。之所以 H^+ 和 OH^- 的离子迁移率高，其原因在于 H_3O^+ 和 OH^- 离子在水中和水分子形成氢键网，它们在氢键网中的移动，是通过水分子传递的，因此移动能力比其他离子高得多。

（3）在离子中，迁移率最为接近的是 K^+ 和 Cl^-。设想在一段长度溶液中，如果阴、阳离子的移动能力不一样，相同时间内从这一段长度溶液出来的阴、阳离子数量将不同，于是溶液中就会出现净电荷。在生命体系中，细胞中的主要电解质离子之所以选择 K^+ 和 Cl^-，正是由于这个原因。但是，细胞外液中的主要电解质离子是 Na^+ 和 Cl^-，因此借助 Na^+ 和 K^+ 迁移率的差异，一些细胞如神经细胞可以在细胞膜上产生电势差，形成细胞膜电位。

2. 强电解质在生物体中的作用　强电解质在生物体中的作用主要包括以下几个方面：

(1) 维持体液的渗透压和体液平衡。体液主要是由水和溶解于其中的电解质等所组成的。生物体的大部分生命活动是在体液中进行的。为保证体内正常的生理、生化活动和功能，需要维持体液中水、电解质、酸碱平衡及其渗透压。承担这个任务的是存在于体液中的一些无机离子，主要是 Na^+、K^+、Cl^- 等。Na^+ 和 K^+ 对维持和调节体液的渗透压起着重要作用。细胞膜可近似看作半透膜，蛋白质和很多无机离子不能自由通过。体液中含有很多种溶质粒子，既有生物大分子、小分子还有盐类，而其中盐类的含量最高，在体液中形成晶体渗透压，远大于蛋白质等大分子产生的胶体渗透压。因而决定细胞内外水移动方向的主要因素是晶体渗透压，对维持体液的平衡起着重要作用。

电解质是调节细胞内外盐水平衡的主要驱动力；当细胞外离子浓度升高时，水流向细胞外，引起细胞皱缩；反之水流向细胞内，引起细胞肿胀。例如人体必须饮用淡水止渴，其原因是水的吸收是通过渗透作用；肾每天会产生几百升的原尿，而最后形成的尿液每天不足 2L，大部分的水分在肾小管中被重新吸收。在肾小管上皮细胞膜上有很多离子转运体，可以从原尿中吸收 Na^+ 和 Cl^- 离子，从而带动作为溶剂的水发生移动，使其从原尿中重新回到血液。当人体电解质失衡时，就会发生体液代谢的障碍如水肿等。

(2) 参与细胞膜电位的形成和维持。Na^+ 和 K^+ 在体内的分布不是随机的，而是高度有序的。由于细胞膜上 Na^+ 和 K^+ 转运体的离子转运方向不同，从而使得 K^+ 主要集中在细胞内，而 Na^+ 则集中于细胞外。在浓度梯度的驱动下，K^+ 有由膜内流向膜外，Na^+ 有由膜外流向膜内的倾向。一般情况下，细胞膜的“钾通道”开启，对 K^+ 有更大的通透性，致使膜外带正电，膜内带负电，形成膜电位。当神经或肌肉组织兴奋时，“钠通道”开启，这时对 Na^+ 有更大的通透性，导致膜外带负电，膜内带正电。这种膜电位变化形成神经传递信号，支配多种生理活动。

(3) 酶的激活剂。一些酶只有在金属离子存在时才能被激活，发挥它的催化作用，这些酶称为金属激活酶。例如各种 ATP 酶均需要 Mg^{2+} 激活，亮氨酸氨基肽酶需要镁及锰激活，二肽酶需要锰及钴激活，精氨酸酶需要锰激活等。K^+、Na^+、Mg^{2+}、Ca^{2+}、Zn^{2+} 和 Fe^{2+} 等金属离子均可作为酶的激活剂。除金属离子以外，H^+、Cl^-、Br^- 等离子也可作为酶的激活剂。动物唾液中的 α-淀粉酶需 Cl^- 激活。

(4)“信使”作用。生物体需要不断地协调机体内各种生化过程，这就要求有各种传递信息的系统。通过化学信使传递信息就是其中的一种方式。人体中最重要的化学信使是 Ca^{2+}。Ca^{2+} 有多方面的生物功能。钙是骨中羟基磷灰石的组成部分，除参与骨骼和牙齿的构成外，也参与许多极重要的生理过程，例如血液凝结、激素释放、乳汁分泌、神经传导、肌肉收缩等。Ca^{2+} 最重要的生物功能是“信使”作用。Ca^{2+} 在细胞中是功能最多的信使，它的主要受体就是广泛分布于生物界的钙调蛋白。每个钙调蛋白分子最多可结合 4 个 Ca^{2+}，钙调蛋白与 Ca^{2+} 结合而被活化，进而调节其他多种酶的活力。

三、弱电解质溶液

我们知道，弱电解质（weak electrolyte）在水溶液中仅部分解离。在水溶液中，弱电解质一部分是以分子的形式存在于溶液中，另有一部分解离成离子，这些离子又互相吸引，一部分重新结合成分子，因而弱电解质的解离过程是可逆的，在溶液中建立一个动态的解离平衡。为了定量地表示电解质在水溶液中解离程度的大小，引入了解离度的概念。

解离度（degree of dissociation）符号是 α，其定义为电解质达到解离平衡时，已解离的电解质的浓度与电解质的起始浓度之比。

$$\alpha=\frac{\text{已解离的电解质浓度}}{\text{电解质的起始浓度}} \tag{2-8}$$

实验表明，弱电解质的解离度的大小不仅与其本性有关，还与溶液的浓度、温度等因素有关。不同的弱电解质，在相同浓度时，它们的解离度不同。常用解离度大小来衡量弱电解质的相对强弱。电解质愈弱，解离度愈小。弱电解质在生命体系中是非常重要的，其中弱酸和弱碱、金属配合物等在生命体系中意义重大。有关弱酸与弱碱的解离平衡、标准解离常数（dissociation constant）和解离度等将在后文进行讨论。

第四节　稀溶液的依数性

物质的溶解是物理化学过程，溶液的性质与纯溶剂和纯溶质都不相同。溶液的性质可分为两类：第一类性质与溶质的本性有关，如溶液的颜色、导电性、旋光性、黏度和密度等。第二类性质与溶质的数目有关，而与溶质的本性没有关系。对于难挥发非电解质的稀溶液，溶液的一些性质的变化只与溶质粒子的数量有关，而与溶质本身性质（如分子大小、电荷等）没有关系。这些性质就是稀溶液的依数性（colligative properties），它包括溶液的蒸气压下降、沸点升高、凝固点降低和溶液渗透压。

稀溶液的依数性是溶液的一个最简单而基本的性质。其中，溶液渗透压在生物医学领域具有非常重要的意义；而所有依数性都可用稀溶液的蒸气压下降来解释。

一、稀溶液的蒸气压下降

在一定温度下，假定一个封闭的容器中有一杯纯溶剂——水。液面上动能较大的溶剂水分子可以克服液体分子间的引力从表面逸出，成为蒸气分子，这个过程叫蒸发（evaporation）。液面上的蒸气分子不断运动，在相互碰撞中变成液态水，这个过程叫凝聚（condensation）。当蒸发的速度和凝聚的速度相等时，蒸发和凝聚达到动态平衡（dynamic equilibrium），液体上方空间的蒸气压力将保持恒定，此时蒸气所具有的压力叫作该温度下液体的饱和蒸气压，简称蒸气压（vapor pressure），单位是 Pa 或 kPa。

蒸气压与液体的本性有关。不同的物质，在相同温度下蒸气压不同。如 20℃时，水的蒸气压为 2.34kPa，丙酮的蒸气压为 24.64kPa，而乙醚的蒸气压却高达 57.6kPa（图 2-3）。

蒸气压与温度有关。温度越高，同一液体的蒸气压则越大。如 20℃时，水的蒸气压为 2.34kPa，当温度为 100℃ 时，水的蒸气压则升高为 100kPa，即一个大气压（表 2-4）。

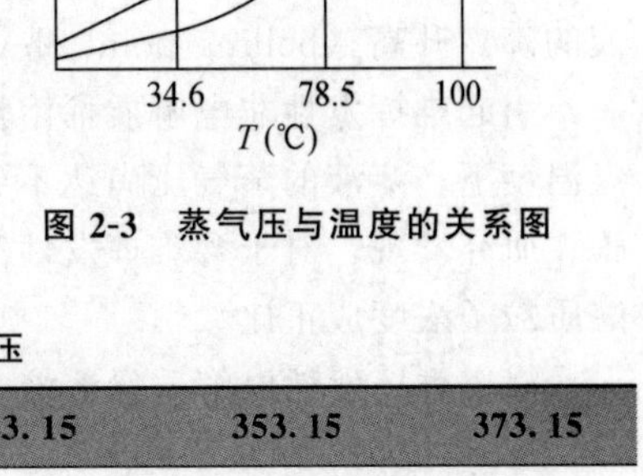

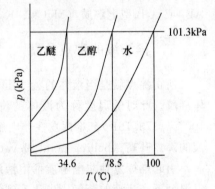

图 2-3　蒸气压与温度的关系图

表 2-4　不同温度下水的饱和蒸气压

T (K)	273.15	293.15	313.15	333.15	353.15	373.15
p(kPa)	0.6101	2.3385	7.3754	19.9183	47.3426	101.3247

溶有难挥发性非电解质的稀溶液的蒸气压要比纯溶剂的蒸气压低，这种性质称为稀溶液的蒸气压下降（vapor pressure depression）。这是由于在溶液中，溶质分子要占据部分液面，使单位时间内逸出液面的溶剂分子数相应地比纯溶剂时少，其结果是溶液中溶剂的蒸发速率比纯

溶剂时小，达到平衡时，溶液上方的饱和蒸气密度小于相同温度下纯溶剂饱和蒸气的密度，从而造成溶液的蒸气压比纯溶剂的蒸气压低。

法国物理学家拉乌尔（Raoult）做了大量实验来测量溶液上方溶剂的蒸气压，归纳出经验规律："在一定温度和压力下，难挥发的非电解质稀溶液的蒸气压等于同温同压下纯溶剂的蒸气压与溶剂摩尔分数的乘积"。这就是拉乌尔定律。可用下式表示。

$$p=p_A^0 x_A \tag{2-9}$$

式中，p 为溶液的蒸气压；p_A^0 为该温度下纯溶剂的蒸气压；x_A 为溶剂的摩尔分数。

如果溶液只含有一种溶质 B，则拉乌尔公式可以进一步推导下去。

$$p=p_A^0 x_A=p_A^0(1-x_B)=p_A^0-p_A^0 x_B \tag{2-10}$$

即有

$$p_A^0-p=\Delta p=p_A^0 x_B \tag{2-11}$$

进一步扩展到稀溶液中，代入

$$x_B=M_A \cdot b_B$$

则得到

$$\Delta p=p_A^0-p=p_A^0 x_B=p_A^0 \cdot M_A \cdot b_B=Kb_B \tag{2-12}$$

上式表明，在一定温度下，难挥发性非电解质溶质稀溶液的蒸气压下降与溶质的质量摩尔浓度 b_B 成正比，而与溶质的本性无关。这一结论称为拉乌尔定律（Raoult 定律）。

Raoult 定律的适用范围可扩展到难挥发电解质的稀溶液。由于电解质的一个溶质会在溶液中分解成若干个溶质粒子，我们需要对其浓度进行校正。例如 NaCl 溶液中，NaCl 解离出 Na^+ 和 Cl^- 两种独立溶质粒子，因此校正后 NaCl 溶液的所有独立溶质粒子的浓度 b_B' 和蒸气压下降的公式分别为

$$b_B'=2b_B$$

$$\Delta p=Kb_B'=2Kb_B$$

即对于电解质溶液

$$\Delta p=Kb_B'=iKb_B \tag{2-13}$$

式中，i 为校正因子（又称 Van't Hoff 系数）。AB 型电解质（NaCl、$CaSO_4$ 等）i 等于 2；AB_2 或 A_2B 型电解质（$MgCl_2$、K_2SO_4）i 等于 3。

二、稀溶液的沸点升高

所谓沸点就是当液体的蒸气压与外界压力相等时，液体的气化在表面和内部同时发生，液体沸腾。此时的温度称为液体的沸点。大气压一般为 100kPa，水在此压力下的正常沸点是 100℃（373.15K）。难挥发性非电解质稀溶液的沸点总是高于纯溶剂的沸点，这种现象叫作溶液的沸点升高（boiling point elevation）。

引起难挥发性非电解质稀溶液沸点升高的原因是溶液的蒸气压下降，因此在原来溶剂的沸点温度下，溶液的蒸气压尚达不到外界气压的强度。溶液需要比纯溶剂沸点更高的温度才能沸腾。研究发现，对于含难挥发性溶质的稀溶液来说，其沸点较纯溶剂沸点升高的大小与溶液中溶质粒子浓度成正比。

对于难挥发性电解质稀溶液

$$\Delta T_b=T_b-T_b^0=K_b b_B \tag{2-14}$$

$$\Delta T_b=T_b-T_b^0=iK_b b_B \tag{2-15}$$

式中，K_b 是一个常数，称为溶剂的沸点升高常数，不同溶剂的 K_b 存在较大差异。表 2-5 为几种常用溶剂的沸点 T_b^0 和 K_b 值。

表 2-5　常见溶剂的沸点（T_b^0）和凝固点（T_f^0）、质量摩尔沸点升高常数（K_b）以及质量摩尔凝固点降低常数（K_f）

溶剂	T_b^0(℃)	K_b(K·kg·mol^{-1})	T_f^0(℃)	K_f(K·kg·mol^{-1})
乙酸	118	2.93	17.0	3.90
水	100	0.512	0.0	1.86
苯	80	2.53	5.5	5.10
乙醇	78.4	1.22	−117.3	
四氯化碳	76.7	5.03	−22.9	32.0
乙醚	34.7	2.02	−116.2	1.8
萘	218	5.80	80.0	6.9

三、稀溶液的凝固点降低

所谓凝固点（freezing point），就是某一物质的液相和固相平衡共存时的温度。难挥发性非电解质稀溶液的凝固点低于纯溶剂的凝固点，这种现象称为溶液的凝固点降低（freezing point depression）。海水在0℃时并不冻结，正是因为海水中溶有较高浓度的盐。引起难挥发性非电解质稀溶液的凝固点降低的原因是溶液液相的蒸气压比相同温度下纯溶剂的蒸气压小，也比溶剂固相（此时与纯溶剂液相平衡）的蒸气压小。因此，需要更低的温度才能使凝固产生的溶剂固相的蒸气压和溶液的蒸气压相同，否则溶剂固相会融化。

对于难挥发溶质稀溶液来说，其凝固点降低也与溶液中溶质粒子浓度成正比。

$$\Delta T_f = T_f - T_f^0 = K_f b_B \tag{2-16}$$

$$\Delta T_f = T_f - T_f^0 = iK_f b_B \tag{2-17}$$

式中，K_f 叫作溶剂的质量摩尔凝固点降低常数。表 2-5 中列出了几种常用溶剂的凝固点 T_f^0 和 K_f。对水溶液来说，凝固点的变化比沸点要大。

需要说明的是，溶液的凝固点变化实际上是持续的。因为当溶剂从溶液中凝固出来后，溶剂的量减少，溶液浓度会增加，这样随着溶剂不断凝固，溶液浓度不断增加，溶液的凝固点也就不断下降。

四、难挥发非电解质稀溶液沸点/凝固点变化的应用

1. 测定分子量　利用溶液的沸点升高和凝固点降低可测定溶质分子的相对分子质量（摩尔质量）。需要说明两点：①沸点升高和凝固点降低适合测定小分子溶质的摩尔质量，对大分子溶质并不适用。对于摩尔质量较大的物质如血色素等生物大分子可采用后面介绍的渗透压法。②溶液的质量摩尔浓度指的是溶液中的溶质粒子的浓度。如果溶质会发生解离或缔合，溶质粒子浓度会与分析浓度不一致，计算时应特别注意。

【例 2-6】 将 1.09g 葡萄糖溶于 20g 水中所得溶液在一个大气压下，沸点升高了 0.156K，求葡萄糖的摩尔质量 M。已知水的 K_b=0.512K·kg·mol^{-1}。

解：ΔT_b=0.156K

$b_B = \Delta T_b / K_b$=0.156/0.512=0.305mol·kg^{-1}

$b_B = n_B/m_A = m_B/(M \cdot m_A)$　　0.305=1.09/(M·0.020)

M=179g·mol^{-1}（理论值为180g·mol^{-1}）

【例 2-7】 将 0.322g 萘溶于 80g 苯中所得溶液的凝固点为 278.34K，求萘的摩尔质量。已知苯的凝固点为 278.50K，K_f 为 5.10K·kg·mol^{-1}。

解：ΔT_f=278.50−278.34=0.16K

$b_B = \Delta T_f / K_f = 0.16/5.10 = 0.0314$

$b_B = n_B / m_A = m_B / (M \cdot m_A)$ $\quad 0.0314 = 0.322/(M \cdot 0.080)$

$M = 128.2 g \cdot mol^{-1}$（理论值为 $128g \cdot mol^{-1}$）

2. 干燥剂和冷冻剂 溶液的凝固点降低原理在实际工作中很有用处。工业上或实验室中常采用某些易潮解的固态物质，如氯化钙、五氧化二磷等作为干燥剂，就是因为这些物质能吸水，在表面形成饱和溶液，蒸气压非常低，这样，空气中水蒸气可不断凝聚——即这些物质能不断地吸收水蒸气。若在密闭容器内，直到空气中水蒸气的分压等于这些干燥剂饱和溶液的蒸气压为止。

利用溶液凝固点降低这一性质，盐和冰的混合物可以作为冷冻剂。冰的表面上有少量水，当盐与冰混合时，盐溶解在这些水里成为溶液。此时，由于所生成的溶液中水的蒸气压低于冰的蒸气压，冰就融化。冰融化时要吸收熔化热，使周围物质的温度降低。例如，采用氯化钠和冰的混合物，温度可以降低到－22℃；用氯化钙和冰的混合物，可以获得－55℃的低温。用 $CaCl_2$、冰和丙酮的混合物，可以制冷到－70℃以下。在严寒的冬天，为防止汽车水箱冻裂，常在水箱中加入甘油或乙二醇以降低水的凝固点，这样可以防止水箱中的水因结冰而体积膨大，胀裂水箱。

【例 2-8】 为防止汽车水箱在寒冬季节冻裂，需使水的凝固点降低到－20℃，则在每 1000g 水中应加入甘油多少克？已知甘油的摩尔质量为 $92g \cdot mol^{-1}$，水的 K_f 为 $1.86K \cdot kg \cdot mol^{-1}$。

解： $\Delta T_f = 20K$

$b_B = \Delta T_f / K_f = 20/1.86 = 10.8 mol \cdot kg^{-1}$

$b_B = n_B / m_A = m_B / (M \cdot m_A)$ $\quad 10.8 = m_B / (92 \times 1.000)$

$m_B = 993.6g$

本例是一个估算案例，因为按结果形成的甘油水溶液已经不再是稀溶液了，其性质可大大偏离稀溶液依数性规律。

五、稀溶液的渗透压

1. 渗透现象和渗透压 在两个烧杯中装入浓度不同的溶液并用一个玻璃罩密封起来。由于浓溶液的蒸气压低，稀溶液烧杯中的溶剂会不断通过蒸发和凝集过程，逐渐转移到浓溶液的烧杯中。直至两个烧杯中的溶液上方的蒸气压相等，即溶液的浓度相等（图 2-4）。

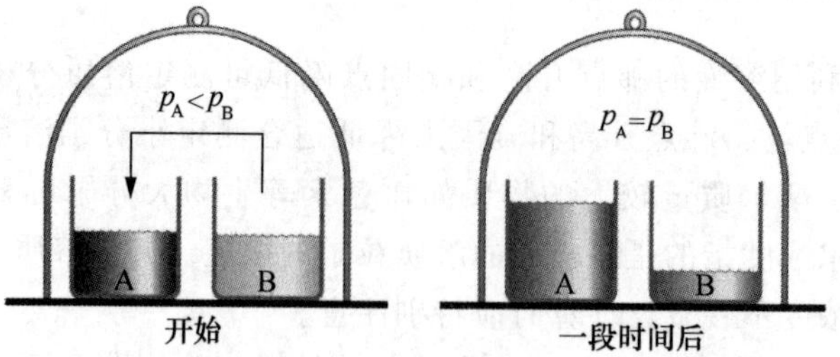

图 2-4 渗透现象

类似的溶剂转移过程也可以这样进行：把一个 U 形管的中间用一种半透膜（semi-permeable membrane）隔开，然后两侧分别放入等体积的水和蔗糖的水溶液。半透膜只允许溶剂水分子自由通过，而溶质蔗糖分子不能通过。放置一段时间后，会发现蔗糖一侧的水位升高，溶剂一侧的水位降低。说明溶剂水分子通过半透膜渗透进入了蔗糖溶液。由于一侧是水，两侧溶液的蔗糖浓度不可能达到相同。所以，这种溶剂水向蔗糖溶液一侧转移的现象会持续进行，直到两侧的溶液间液面高度不同产生的压力差达到一定数值，反向渗透的压力差与正向渗透的驱动

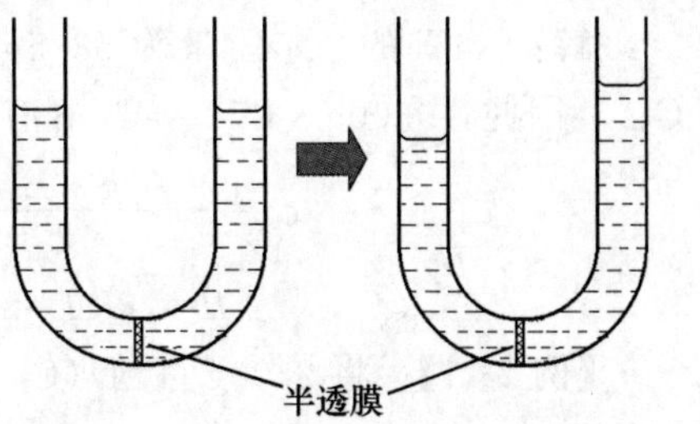

图 2-5　渗透过程的 U 形管实验示意图

力达到平衡，渗透过程才会停止（图 2-5）。

这种纯溶剂一侧的溶剂分子通过半透膜进入溶液一侧的过程，称为渗透作用（osmosis）。在渗透平衡时，两侧的液面水平的压力差称为渗透压（osmotic pressure）。渗透压用希腊字母 Π 表示，单位为 Pa 或 kPa。

产生渗透现象的必要条件：一是必须有半透膜的存在，二是半透膜两侧溶液的浓度不同。渗透的方向总是溶剂分子从纯溶剂一方，向溶液一方渗透；或是从稀溶液的一方，向浓溶液一方渗透。当在浓溶液的一方外加一个与渗透压 Π 相等的压力时，可以阻止渗透进行；而如果外加压力超过渗透压时，就会使溶剂向稀溶液（或纯溶剂）的方向流动，这种过程称为反向渗透（reverse osmosis），简称反渗。可以利用反渗现象进行水的净化或从海水中快速提取淡水等。由于渗透压通常很高，反渗装置需要高强度的半透膜。

半透膜是渗透发生的关键条件。半透膜是一种允许某些分子透过，而同时阻止另外一些分子通过的薄膜。究竟阻止哪些分子通过，取决于膜的性质。如人工制备的火棉胶膜、玻璃纸及羊皮纸等，可以让小分子包括溶剂水分子、小的溶质分子或离子透过，但生物大分子如蛋白质和高分子化合物则不能透过。一些半透膜允许通过的分子的大小可以人工控制，这些膜在生物化学实验中常常用到，如透析袋（dialysis tubing）和超滤膜（ultra-filtration membrane）。生物膜如萝卜皮、肠衣、膀胱内皮、血管壁和细胞膜等也都是半透膜，但生物膜的透过性能更为特殊和复杂。

2. 溶液的渗透压公式　荷兰物理化学家范特霍夫（Van't Hoff）研究发现了稀溶液的渗透压与溶液的浓度和温度的定量关系式，即：

$$\Pi V = n_B RT \quad 或 \quad \Pi = c_B RT \tag{2-18}$$

式中，Π 是渗透压，V 是溶液体积，n_B 是溶质 B 的物质的量（mol），c 是溶液的物质的量浓度，R 是气体常数，T 是绝对温度。特别提醒式中 Π 的单位为 kPa，该公式称为 Van't Hoff 公式。

对于非电解质稀溶液，其物质的量浓度与溶液的质量摩尔浓度近似相等，即 $c_B \approx b_B$，因此式（2-18）可改写为

$$\Pi = b_B RT \tag{2-19}$$

当 Van't Hoff 公式用于电解质溶液时，注意进行溶质质点浓度的校正，即用下列公式计算渗透压。

$$\Pi = i b_B RT \tag{2-20}$$

【例 2-9】 5.0g 马的血红素溶于 1.00L 溶液中，在 298K 时测得溶液的渗透压为 1.82×10^2 Pa，求溶液的凝固点降低值和血红素的摩尔质量。

解： $\Pi = 1.82 \times 10^2\ \text{Pa} = 0.182\ \text{kPa}$

$c_B = \Pi / RT = 0.182/(8.31 \times 298) = 7.35 \times 10^{-5}\ \text{mol} \cdot \text{L}^{-1}$

$\Delta T_f = K_f b_B = K_f c_B = 1.86 \times 7.35 \times 10^{-5} \approx 0.00℃$

$c_B = n_B / V = m_B / (M \cdot V)$

$M = m_B / (c_B \cdot V) = 5.0/(7.35 \times 10^{-5} \times 1.00) = 6.80 \times 10^4\ \text{g} \cdot \text{mol}^{-1}$

从上面例子可以看到，用渗透压来测定较大分子的摩尔质量时要比凝固点降低方法灵敏得多。因此，大分子物质的摩尔质量通常用渗透压法来测定。

3. 渗透压在医学上的应用

（1）渗透浓度：渗透压也是溶液的依数性质，它仅与溶液中溶质粒子的浓度有关，而与粒子的本性无关。我们将溶液中产生渗透效应的所有溶质粒子（分子、离子）统称为渗透活性物质。溶液中所有渗透活性物质的浓度之和称为渗透浓度（osmolarity），用符号 c_{os} 表示，单位为 $\text{mol} \cdot \text{L}^{-1}$ 和 $\text{mmol} \cdot \text{L}^{-1}$。医学上常用渗透浓度来衡量渗透压的大小。

【例 2-10】 计算生理盐水 NaCl 溶液（9.00g · L^{-1}）的渗透浓度和 37℃时的渗透压。

解： NaCl 的摩尔质量为 58.5g · mol^{-1}，1 个 NaCl 分子在溶液中产生 1 个 Na^+ 和 1 个 Cl^-，因此，9.00g · L^{-1} NaCl 溶液的渗透浓度为：

$$c_{os}=\frac{9.00g \cdot L^{-1}\times 1000mmol/mol}{58.5g \cdot mol^{-1}}\times 2=308mmol \cdot L^{-1}$$

$$\Pi=c_B RT=c_{os}RT=0.308\times 8.31\times 310=793kPa$$

【例 2-11】 将 2.00g 蔗糖（$C_{12}H_{22}O_{11}$）溶于水配成 50.0ml 溶液，求溶液的渗透浓度和在 37℃时的渗透压。

解： $C_{12}H_{22}O_{11}$ 的摩尔质量为 342g · mol^{-1}，则

$$c(C_{12}H_{22}O_{11})=\frac{n}{V}=\frac{2.00g}{342g \cdot mol^{-1}\times 0.0500L}=0.117mol \cdot L^{-1}$$

蔗糖分子不发生解离或缔合，因此：$c_{os}=c_B=0.117mol \cdot L^{-1}$

$$\Pi=c_B RT=0.117mol \cdot L^{-1}\times 8.314J \cdot K^{-1} \cdot mol^{-1}\times 310K=302kPa$$

(2) 等渗溶液、低渗溶液和高渗溶液：细胞外溶液与细胞内液保持接近乃至相同的渗透压对于维持细胞形状和功能是至关重要的。因此，临床上规定渗透浓度在 280～320mmol · L^{-1} 范围内的溶液为等渗溶液（isotonic solution），如生理盐水、12.5g · L^{-1} 的 $NaHCO_3$ 溶液。渗透浓度大于 320mmol · L^{-1} 的溶液为高渗溶液（hypertonic solution）；渗透浓度小于 280mmol · L^{-1} 的溶液为低渗溶液（hypotonic solution）（图 2-6）。

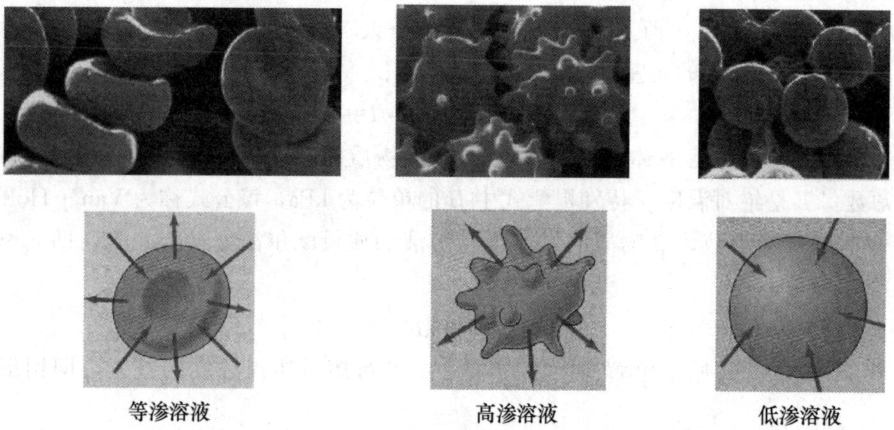

图 2-6 不同渗透强度下的红细胞状态

箭头表示溶剂水的迁移方向

(3) 溶液是否等渗可能引起细胞的变形和破坏。以红细胞为例说明在不同浓度的氯化钠溶液中的细胞的形态变化。将红细胞置于渗透浓度为 280～320mmol · L^{-1} 的等渗氯化钠溶液中，在显微镜下观察，可见红细胞可以保持正常形态。若将红细胞置于高渗氯化钠溶液中，可见红细胞逐渐皱缩。这是因为红细胞内液渗透浓度低，于是细胞内液中的水分子透过细胞膜渗透到氯化钠溶液中。如将红细胞置于低渗的氯化钠溶液中，则可见红细胞逐渐胀大，最后破裂，释放出红细胞内的血红蛋白使溶液染成红色，称为溶血（hemolysis）。临床上大量补液时必须考虑溶液的渗透浓度，尽量使用等渗溶液，例如生理盐水和 5% 葡萄糖溶液，避免血细胞特别是红细胞遭到破坏。

(4) 晶体渗透压和胶体渗透压：渗透压在生物体内极为重要，是调节细胞内外水分和组织间体液平衡的主要机制。体液（body fluid）包括血浆、细胞内液和组织间液。它们都是电解质（如 NaCl、KCl、$NaHCO_3$ 等）、小分子物质（如葡萄糖、尿素、氨基酸等）和高分子物质（如蛋白质、糖类、脂质等）溶解于水而形成的复杂的体系。这些体液的渗透压是由这些溶质

的渗透浓度决定的。表 2-6 列出了正常人血浆、组织间液和细胞内液中各种渗透活性物质的渗透浓度。

表 2-6　正常人血浆、组织间液和细胞内液中各种渗透活性物质的渗透浓度

渗透活性物质	浓度（$mmol\cdot L^{-1}$）			渗透活性物质	浓度（$mmol\cdot L^{-1}$）		
	血浆中	组织间液	细胞内液		血浆中	组织间液	细胞内液
Na^+	144	137	10	肌肽			14
K^+	5	4.7	141	氨基酸	2	2	8
Ca^{2+}	2.5	2.4		肌酸	0.2	0.2	9
Mg^{2+}	1.5	1.4	31	乳酸盐	1.2	1.2	1.5
Cl^-	107	112.7	4	腺苷三磷酸			5
HCO_3^-	27	28.3	10	己糖磷酸			3.7
HPO_4^{2-}、$H_2PO_4^-$	2	2	11	葡萄糖	5.6	5.6	
SO_4^{2-}	0.5	0.5	1	蛋白质	1.2	0.2	4
磷酸肌酸			45	尿素	4	4	4
总浓度	303.7	302.2	302.2				

由于生物膜的通透性存在很大差异，因此体内存在各种不同分子类型和分子大小的渗透物质来调节不同部位的渗透平衡。在医学上，由血浆中高分子、大离子物质产生的渗透压叫作胶体渗透压（colloidal osmotic pressure），其渗透压约为 4kPa；而由小分子、小离子物质产生的渗透压叫作晶体渗透压（crystalloid osmotic pressure），其渗透压为 766kPa。这个渗透压差具有重要意义。

我们知道，毛细血管内的血液与组织间液之间存在 25～10mmHg 的血压差。这是让血液在组织内流动所必需的压力差，但这种压力差会引起血管内的液体流向组织，在组织间潴留，形成水肿。毛细血管壁通透性较好，允许小分子的营养物质通过，但阻止大分子如血清蛋白的通过，毛细血管壁两侧存在胶体渗透压差，驱动水分向血管内流动。因而抵消了血压的影响，防止组织水肿。

再来看组织间液和细胞内液之间的渗透问题。组织间液和细胞内液之间的分隔是细胞膜。细胞膜只允许氧分子、二氧化碳、甘油、尿素和水分子等自由通透，而对其他物质均有选择性，如 Na^+、K^+、Mg^{2+}、Ca^{2+} 等均不透过细胞膜，所以细胞内外离子成分差别很大。这种差别对细胞功能是非常重要的（见生物化学有关课程）。从表 2-6 可以看出，细胞内液和组织间液的渗透浓度是相同的，两者没有渗透压差，以维持细胞的正常形状和功能。

思考题

1. 什么叫分散系统？分散系统是如何分类的？
2. 什么是渗透现象？产生渗透现象的条件是什么？
3. 在一密闭容器内，放有半杯纯水和半杯糖水，长时间放置会出现什么现象？为什么？
4. 为什么多数的海水鱼不能生活在淡水中？
5. 为什么施肥过多植物会枯死？
6. 把一小块冰放在 0℃ 的纯水中，另一小块冰放在 0℃ 的盐水中，各有什么现象发生？为什么？

7. 取相同质量的果糖（$C_6H_{12}O_6$）和蔗糖（$C_{12}H_{22}O_{11}$）分别溶于等体积的水中形成溶液。两种溶液的凝固点都在0℃以下，但是果糖溶液的凝固点较蔗糖溶液低。为什么？

习 题①

1. 已知质量分数为3.00%的Na_2CO_3溶液的密度为$1.03g \cdot ml^{-1}$，如配制500ml 3.00%的Na_2CO_3溶液，需称取固体Na_2CO_3多少克？计算此溶液的物质的量浓度$c(Na_2CO_3)$和质量浓度$\rho(Na_2CO_3)$。

2. 某患者需补充0.0500mol Na^+，应该补充多少克NaCl？若用生理盐水（$9.0g \cdot L^{-1}$ NaCl），则需要多少毫升？

3. 在90g质量分数为0.15的NaCl溶液里加入10g水和10g NaCl，分别计算用这两种方法配制的NaCl溶液中NaCl的质量分数。

4. 25℃时，将50ml水与150ml乙醇混合，所得乙醇溶液的体积为193ml。试计算此溶液中乙醇的体积分数。

5. 正常人血浆中Ca^{2+}和HCO_3^-的浓度分别是$2.5mmol \cdot L^{-1}$和$27mmol \cdot L^{-1}$，化验测得某患者血浆中Ca^{2+}和HCO_3^-的质量浓度分别是$300mmol \cdot L^{-1}$和$1mmol \cdot L^{-1}$。试通过计算判断该患者血浆中这两种离子的浓度是否正常。

6. 计算下列各溶液在37℃时的渗透压。

（1）$10.0g \cdot L^{-1}$葡萄糖（$C_6H_{12}O_6$）溶液；

（2）$10.0g \cdot L^{-1}$ NaCl溶液；

（3）$10.0g \cdot L^{-1}$ $MgCl_2$溶液。

7. 25℃时水的蒸气压为133.3kPa，若一甘油水溶液中甘油的质量分数为0.100，该溶液的蒸气压为多少？

8. 从某种植物中分离出一种未知结构的可抗白细胞增多症的生物碱，为了测定其相对分子质量，将19.0g该物质溶于100g水中，测得溶液的凝固点降低了0.220K。计算该生物碱的相对分子质量。

9. 人体血浆的凝固点为272.59K，计算在正常体温下血浆的渗透压。

10. 将2.00g白蛋白溶于水，制备成100ml溶液，在25℃测得此溶液的渗透压为0.717kPa，计算25℃时白蛋白的相对分子质量。

11. 蛙肌细胞内液的渗透浓度为$240mmol \cdot L^{-1}$，若把蛙肌细胞分别置于质量浓度分别为$10g \cdot L^{-1}$、$7g \cdot L^{-1}$、$3g \cdot L^{-1}$ NaCl溶液中，将各呈什么状态？

12. 将100ml $9g \cdot L^{-1}$生理盐水和100ml $50g \cdot L^{-1}$葡萄糖溶液混合，与血浆相比较，此混合溶液是高渗溶液、等渗溶液、低渗溶液中的哪一个？

13. 树干内部树汁的上升是由渗透压造成的。若树汁渗透浓度为$0.20mol \cdot L^{-1}$，树汁小管外部水溶液的渗透浓度为$0.010mol \cdot L^{-1}$，已知10.2cm水柱产生的压力为1kPa，试估算25℃时树汁上升的高度。

14. 糖尿病患者和健康人的血浆中葡萄糖的质量浓度分别为$1.80g \cdot L^{-1}$和$0.85g \cdot L^{-1}$。假定糖尿病患者和健康人血浆的渗透压的差异仅仅是由于糖尿病患者血浆中含有较高浓度的葡萄糖，计算在37℃时此渗透压的差值。

（孙 革）

① 本书习题答案请登录封底网址获取。

第三章 酸碱和缓冲溶液

酸和碱是两类特别重要的电解质。酸碱平衡在医学上具有非常重要的实际意义，它对于维持体液的正常渗透压，尤其是维持体液的正常 pH 等都是必不可少的，从而保证了人体的正常生理活动。人的体液都具有一定的pH，如血液的 pH 7.35～7.45，唾液 6.0～7.5 等。如果体液的 pH 偏离正常范围，就有可能导致疾病甚至死亡。

第一节 酸碱质子理论

人们通过对酸碱的性质与组成、结构关系的研究，提出了一系列的酸碱理论。电离理论是1887 年由瑞典化学家阿伦尼乌斯（Arrhenius）提出的。该理论认为：在水溶液中电离出的阳离子全部是 H^+ 的化合物是酸；电离出的阴离子全部是 OH^- 的化合物是碱。酸碱反应的实质就是 H^+ 与 OH^- 作用生成 H_2O。酸碱电离理论将酸碱仅限于水溶液中。而生命的溶液体系并非是均相的，质子（即 H^+）不仅在水相，也可在非水相中存在并发挥重要作用。因此我们需要一个能够更加普遍性描述质子存在形式的理论。1923 年，布朗斯特（Brϕnsted）和劳瑞（Lowry）各自提出了酸碱质子理论（proton theory of acid and base），正符合了我们的需要。

一、酸碱的定义

酸碱质子理论认为：凡能给出质子的物质都是酸；凡能接受质子的物质都是碱。例如，HAc、NH_4^+、HSO_4^- 等都能给出质子，它们都是酸；NH_3、PO_4^{3-}、CO_3^{2-} 等都能接受质子，它们都是碱。酸和碱既可以是中性分子，也可以是阳离子或阴离子。当酸给出一个质子后则变成了碱，碱得到一个质子后则变成了酸，酸和碱之间的转化关系可表示为：

$$酸 \rightleftharpoons 质子 + 碱$$

例如：

$$H_3PO_4 \rightleftharpoons H^+ + H_2PO_4^-$$
$$H_2PO_4^- \rightleftharpoons H^+ + HPO_4^{2-}$$
$$HPO_4^{2-} \rightleftharpoons H^+ + PO_4^{3-}$$
$$HAc \rightleftharpoons H^+ + Ac^-$$
$$NH_4^+ \rightleftharpoons H^+ + NH_3$$
$$H_3O^+ \rightleftharpoons H^+ + H_2O$$
$$H_2O \rightleftharpoons H^+ + OH^-$$
$$[Al(H_2O)_6]^{3+} \rightleftharpoons H^+ + [Al(OH)(H_2O)_5]^{2+}$$

酸与碱之间的这种相互依存、相互转化的关系称为酸碱的共轭关系，相互对应的一对酸碱称为共轭酸碱对（conjugate acid-base pair）。以上各式中左边的酸称为右边碱的共轭酸（conjugate acid），而右边的碱称为左边酸的共轭碱（conjugate base）。酸总是比其共轭碱多一个质子。有些物质既可以作为酸给出质子，又可以作为碱接受质子，这些物质称为两性物质（amphoteric substance），如 H_2O、HCO_3^-、$H_2PO_4^-$ 等都是两性物质。

因为 H^+ 半径小、电荷密度高，在溶液中一般不会单独存在。在水溶液中，H^+ 与水分子结合成 H_3O^+。水溶液中的酸碱反应一般都需要经由溶剂水分子来介导进行。

二、酸碱反应

根据酸碱质子理论，酸碱反应的实质是两对共轭酸碱对之间的质子传递反应（protolysis reaction），酸在反应中给出质子转化为它的共轭碱，所给出的质子必须经由溶剂分子传递给另一个能接受质子的碱。酸碱反应是两个共轭酸碱对共同作用的结果。例如，HAc 和 NH_3 的酸碱反应：

$$HAc + NH_3 \rightleftharpoons Ac^- + NH_4^+$$

首先，HAc 溶液呈酸性，是由于 HAc 和 H_2O 分子之间发生了质子的传递：

$$\overset{H^+}{\overbrace{HAc(酸_1) + H_2O}}(碱_2) \rightleftharpoons H_3O^+(酸_2) + Ac^-(碱_1)$$

NH_3 溶液呈碱性，是由于 NH_3 和 H_2O 分子之间发生了质子的传递：

$$\overset{H^+}{\overbrace{H_2O(酸_1) + NH_3}}(碱_2) \rightleftharpoons NH_4^+(酸_2) + OH^-(碱_1)$$

总反应便是上述反应的加合：

$$HAc + NH_3 + 2H_2O \rightleftharpoons NH_4^+ + Ac + H_3O^+ + OH^-$$

$$H_3O^+ + OH^- \rightleftharpoons 2H_2O$$

$$HAc + NH_3 \rightleftharpoons NH_4^+ + Ac^-$$

在共轭酸碱对中，若酸越强，则它给出质子的能力越强，其共轭碱接受质子的能力就越弱，因而碱性越弱；反之，酸越弱，其共轭碱越强。

酸碱反应的方向取决于酸碱的相对强弱。酸越强，其给出质子的能力就越强；碱越强，其接受质子的能力就越强。因此，酸碱反应是较强的酸与较强的碱作用，生成较弱的碱和较弱的酸的过程：

$$较强酸 + 较强碱 \rightleftharpoons 较弱碱 + 较弱酸$$

第二节 水的解离平衡和溶液的酸度

一、水的解离平衡

水是一种酸碱两性物质，在水分子之间也能发生质子的传递，一个 H_2O 分子能从另一个 H_2O 分子中得到质子形成 H_3O^+ 离子，而失去质子的 H_2O 分子则转化为 OH^- 离子。这种发生在同种溶剂分子之间的质子传递反应称为质子自递反应（proton self-transfer reaction）。水的质子自递反应也称水的解离反应，可表示如下。

$$H_2O + H_2O \rightleftharpoons H_3O^+ + OH^-$$

在一定温度下，水的解离反应达到平衡时，有

$$K_w = [H_3O^+][OH^-] \tag{3-1}$$

式中，K_w 称为水的离子积常数（ion product constant）；$[H_3O^+]$ 为 H_3O^+ 离子的平衡浓度；$[OH^-]$ 为 OH^- 离子的平衡浓度。

在一定温度下，纯水中 H_3O^+ 离子的相对平衡浓度与 OH^- 离子的相对平衡浓度的乘积为一常数。此关系式也适用于水溶液。若已知溶液中 H_3O^+ 离子或 OH^- 离子的浓度和某温度下的 K_w，利用式（3-1）可计算出溶液中 OH^- 离子或 H_3O^+ 离子的浓度。

水的解离反应是吸热反应，温度升高，K_w 随之增大。表 3-1 列出了不同温度下水的离子积常数。

表 3-1　不同温度下水的离子积常数

T（K）	K_w	T（K）	K_w
273	1.1×10^{-15}	313	2.9×10^{-14}
283	2.9×10^{-15}	323	5.5×10^{-14}
293	6.8×10^{-15}	363	3.8×10^{-13}
298	1.0×10^{-14}	373	5.5×10^{-13}

当温度在室温附近变化时，K_w 变化不大，一般可认为 $K_w=1.0\times10^{-14}$。

二、溶液的酸度

由水的解离平衡可知：水溶液中同时存在 H_3O^+ 离子与 OH^- 离子，两者的相对平衡浓度的乘积在一定温度下为一常数。因此，任何物质的水溶液，不论它是酸性、碱性还是中性，都同时含有 H_3O^+ 离子与 OH^- 离子，只不过是它们的浓度不同而已。据此，可以统一用 H_3O^+ 离子浓度来表示溶液的酸碱性。

水溶液中 H_3O^+ 离子浓度或活度（活度是指电解质溶液中实际上能起作用的离子浓度，即有效浓度）称为溶液的酸度。水溶液中 H_3O^+ 离子浓度的变化幅度往往很大，但常涉及的一般是 H_3O^+ 离子浓度很低的溶液，为了简便起见，常用 pH 来表示溶液的酸碱性。pH 的定义为

$$pH=-\lg[H_3O^+] \tag{3-2}$$

与 pH 相对应的还有 pOH 和 pK_w，它们的定义分别为

$$pOH=-\lg[OH^-] \tag{3-3}$$

$$pK_w=-\lg K_w \tag{3-4}$$

若将式（3-1）的等号两边取负常用对数，得 pH、pOH 和 pK_w 之间的关系为

$$pH+pOH=pK_w \tag{3-5}$$

pH 和 pOH 都可以表示溶液的酸碱性，但习惯上采用 pH。室温下，有

pH＝pOH＝7，溶液呈中性；

pH ＜ pOH，pH ＜ 7，溶液呈酸性；

pH ＞ pOH，pH ＞ 7，溶液呈碱性。

显然，pH 越小，溶液的酸性越强；pH 越大，溶液的酸性越弱。

H_3O^+ 离子相对浓度与 pH 的关系为

$$[H_3O^+]=10^{-pH} \tag{3-6}$$

已知溶液的 pH，利用上式即可算出溶液中 H_3O^+ 离子相对浓度。

第三节　弱酸和弱碱的解离平衡

一、一元弱酸和一元弱碱的解离平衡

（一）一元弱酸、弱碱的标准解离常数

只能给出一个质子的弱酸称为一元弱酸。例如：醋酸（HAc）、氢氰酸（HCN）、铵离子（NH_4^+）、抗坏血酸（维生素 C）等都是一元弱酸。在水溶液中，弱酸只有一部分的分子解离，失去质子的弱酸则变成共轭碱，一元弱酸（HA）解离平衡可用下式表示。

$$HA+H_2O \rightleftharpoons A^- +H_3O^+$$

上述可逆反应的标准平衡常数表达式为

$$K_a(HA)=\frac{[A^-][H_3O^+]}{[HA]} \tag{3-7}$$

式中，$K_a(HA)$ 称为一元弱酸（HA）的标准解离常数（standard dissociation constant）；$[A^-]$、$[H_3O^+]$、$[HA]$ 分别为 A^-、H_3O^+、HA 的相对平衡浓度。

只能接受一个质子的弱碱称为一元弱碱。例如：氨（NH_3）、氰化钠（NaCN）、醋酸钠（NaAc）、麻黄碱等都是一元弱碱。与一元弱酸类似，一元弱碱（A）的解离平衡为

$$A+H_2O \rightleftharpoons HA^+ +OH^-$$

上述可逆反应的标准平衡常数表达式为

$$K_b(A)=\frac{[HA^+][OH^-]}{[A]} \tag{3-8}$$

式中，$K_b(A)$ 称为一元弱碱（A）的标准解离常数；$[A]$、$[OH^-]$、$[HA^+]$ 分别为 A、OH^-、HA^+的相对平衡浓度。

一元弱酸（弱碱）标准解离常数的相对大小，反映了它们在水中给出（接受）质子的能力，因此其数值大小也体现了一元弱酸（弱碱）的相对强弱，一元弱酸（弱碱）的标准解离常数越大，它的酸性（碱性）就越强。

如其他标准平衡常数一样，弱酸和弱碱的标准解离常数 K_a 与 K_b 的大小，是由酸碱本性所决定的，除此之外还受温度的影响，而与浓度无关。弱酸和弱碱标准解离常数 K_a 与 K_b 虽随温度而变化，但由于解离过程热效应较小，温度改变对它们标准解离常数影响不大，数量级一般不变，所以，室温范围内可忽略温度对标准解离常数的影响。弱酸的 K_a 与弱碱的 K_b 通常较小，为了简便起见，通常用其负对数——pK_a 与 pK_b 来表示。

（二）共轭酸碱的 K_a 与 K_b 的关系

共轭酸碱对 HA-A^- 在溶液中存在下列解离平衡。

$$HA+H_2O \rightleftharpoons A^- +H_3O^+$$
$$A^- +H_2O \rightleftharpoons HA+OH^-$$

它们相应的标准解离常数表达式为

$$K_a(HA)=\frac{[A^-][H_3O^+]}{[HA]}$$

$$K_b(A^-)=\frac{[HA][OH^-]}{[A^-]}$$

观察弱酸的 K_a 及其共轭碱的 K_b，可以发现两者之间存在下列关系。

$$K_a(HA)\cdot K_b(A^-)=K_w \tag{3-9}$$

或

$$pK_a+pK_b=pK_w \tag{3-10}$$

从上面关系式可知，若已知酸的标准解离常数 K_a，就可求出其共轭碱的标准解离常数 K_b，反之亦然。书后附录中给出一些弱酸和弱碱的标准解离常数，它们对应的共轭碱（酸）的标准解离常数可以根据上述关系求得。

【例 3-1】 已知 298K 时麻黄碱的 K_b 为 1.4×10^{-4}，试求其共轭酸的 K_a。

解： $K_a=K_w/K_b=1.00\times10^{-14}/(1.4\times10^{-4})=7.1\times10^{-11}$

（三）一元弱酸溶液中 H_3O^+ 浓度的计算

一元弱酸 HA 溶液中存在下列解离平衡。

$$HA+H_2O \rightleftharpoons A^- +H_3O^+$$
$$H_2O+H_2O \rightleftharpoons OH^- +H_3O^+$$

H_2O 解离产生的 H_3O^+ 浓度等于 OH^- 浓度，HA 解离产生的 H_3O^+ 浓度等于 A^- 浓度，所

以一元弱酸 HA 溶液中 H_3O^+ 的平衡浓度为

$$[H_3O^+]=[A^-]+[OH^-]$$

在计算溶液中 H_3O^+ 浓度时，允许有不超过±5%的相对误差，因此当弱酸的酸性比水强，$c(HA)\cdot K_a(HA)>20K_w$ 时［其中 $c(HA)$ 为 HA 的起始浓度］，可以忽略水的解离，则上式简化为

$$[H_3O^+]=[A^-]$$

由一元弱酸 HA 的解离平衡得

$$[H_3O^+]=\frac{[HA]\cdot K_a(HA)}{[H_3O^+]}$$

$$[H_3O^+]=\frac{\{c(HA)-[H_3O^+]\}K_a(HA)}{[H_3O^+]} \tag{3-11}$$

由式（3-11）可解得

$$[H_3O^+]=\frac{-K_a(HA)+\sqrt{[K_a(HA)]^2+4c(HA)\cdot K_a(HA)}}{2} \tag{3-12}$$

式（3-12）是计算一元弱酸溶液中 H_3O^+ 相对平衡浓度的近似公式。

同时当 $c(HA)/K_a(HA)>500$ 时，$c(HA)-[H_3O^+]\approx c(HA)$。

由式（3-12）可解得

$$[H_3O^+]=\sqrt{c(HA)\cdot K_a(HA)} \tag{3-13}$$

式（3-13）是计算一元弱酸溶液中 H_3O^+ 相对平衡浓度的最简公式。

【例 3-2】 计算 25℃时 $0.10\text{mol}\cdot L^{-1}$ HAc 溶液的 pH。

解：25℃时，已知 $K_a(HAc)=1.8\times10^{-5}$，因为 $c(HAc)\cdot K_a(HAc)>20K_w$

且 $c(HAc)/K_a(HAc)>500$

所以，溶液中 H_3O^+ 相对浓度可以用最简公式进行计算。

$$\begin{aligned}[H_3O^+]&=\sqrt{c(HAc)\cdot K_a(HAc)}\\&=\sqrt{0.1\times1.8\times10^{-5}}\\&=1.3\times10^{-3}\text{mol}\cdot L^{-1}\end{aligned}$$

则：$pH=-\lg[H_3O^+]=-\lg(1.3\times10^{-3})=2.89$

一元弱酸（HA）在溶液中的解离程度常用解离度 α 表示。根据弱电解质解离度的定义可推得，其解离度表达式为

$$\alpha(HA)=\frac{c(HA)-[HA]}{c(HA)}\times100\% \tag{3-14}$$

如果 $c(HA)\cdot K_a(HA)>20K_w$，则

$$\alpha(HA)=\frac{[H_3O^+]}{c(HA)}\times100\% \tag{3-15}$$

如又满足 $c(HA)/K_a(HA)>500$，则

$$\alpha(HA)=\sqrt{\frac{c(HA)\cdot K_a(HA)}{c(HA)}}=\sqrt{\frac{K_a(HA)}{c(HA)}} \tag{3-16}$$

式（3-16）表明了一元弱酸的标准解离常数、解离度及其起始浓度三者之间的关系，称为稀释定律。

由稀释定律可知：在一定温度下，一元弱酸的解离度在一定范围内，与其浓度的平方根成反比，即其浓度越小，解离度越大。而当浓度相同时，在一定范围内，不同一元弱酸的解离度与其标准解离常数的平方根成正比，即其标准解离常数越大，解离度越大。

【例 3-3】 计算 25℃时，$0.10\text{mol}\cdot L^{-1}$ HAc 的解离度。

解：25℃时，已知 $K_a(HAc)=1.8\times10^{-5}$。因为 $c(HAc)\cdot K_a(HAc)>20K_W$，且 c

(HAc)/K_a(HAc)>500

所以 HAc 的解离度可利用稀释定律计算，有

$$\alpha(\mathrm{HA})=\sqrt{\frac{K_a(\mathrm{HAc})}{c(\mathrm{HAc})}}=\sqrt{\frac{1.8\times10^{-5}}{0.1}}=1.3\%$$

(四) 一元弱碱溶液 OH^- 浓度的计算

在一元弱碱 A 的水溶液中，存在下列解离平衡：

$$A+H_2O \rightleftharpoons HA^+ + OH^-$$

$$H_2O+H_2O \rightleftharpoons OH^- + H_3O^+$$

溶液中存在下列关系：

$$[OH^-]=[H_3O^+]+[HA^+]$$

与推导一元弱酸溶液 H_3O^+ 浓度的计算公式同理，可推导出一元弱碱溶液中 OH^- 浓度的计算公式。

当 $c(\mathrm{A})\cdot K_b(\mathrm{A})>20K_w$ 时，有

$$[OH^-]=\frac{-K_b(\mathrm{A})+\sqrt{[K_b(\mathrm{A})]^2+4c(\mathrm{A})\cdot K_b(\mathrm{A})}}{2} \tag{3-17}$$

式（3-17）是计算一元弱碱溶液中 OH^- 相对平衡浓度的近似公式。

若 $c(\mathrm{A})\cdot K_b(\mathrm{A})>20K_W$，且 $c(\mathrm{A})/K_b(\mathrm{A})>500$ 时，有

$$[OH^-]=\sqrt{c(\mathrm{A})\cdot K_b(\mathrm{A})} \tag{3-18}$$

式（3-18）是计算一元弱碱溶液中 OH^- 相对平衡浓度的最简公式。

【例 3-4】 若某温度下 $K_b(NH_3)=1.0\times10^{-5}$，今有该温度下 100ml 0.10mol·$L^{-1}$ 氨水，问此氨水的 pH 是多少？

解：$c(NH_3)\cdot K_b(NH_3)=1.0\times10^{-6}>20K_w$

又 $c(NH_3)/K_b(NH_3)=1.0\times10^4>500$

所以，溶液中 OH^- 浓度可以用最简公式进行计算，有

$$[OH^-]=\sqrt{c(NH_3)\cdot K_b(NH_3)}=\sqrt{0.10\times1.0\times10^{-5}}=1.0\times10^{-3}\mathrm{mol\cdot L^{-1}}$$

氨水的 pH 为

$$\mathrm{pH}=14.00+\lg(1.0\times10^{-3})=11.00$$

二、多元弱酸和多元弱碱的解离平衡

(一) 多元弱酸、多元弱碱的标准解离常数

凡是能给出两个或者两个以上质子的弱酸称为多元弱酸。例如碳酸（H_2CO_3）、邻苯二甲酸（$H_2C_8H_4O_4$）是二元酸。磷酸（H_3PO_4）、柠檬酸（H_3Cit）是三元酸。

多元弱酸在水溶液中的解离都是分步进行的。下面以 H_3PO_4 为例来说明多元弱酸的解离平衡。H_3PO_4 含有 3 个质子，因而其解离是分 3 步进行的，每一步都有相应的解离平衡和标准解离常数。

第一步解离：

$$H_3PO_4+H_2O \rightleftharpoons H_2PO_4^- + H_3O^+$$

$$K_{a1}(H_3PO_4)=\frac{[H_2PO_4^-][H_3O^+]}{[H_3PO_4]}$$

第二步解离：

$$H_2PO_4^- + H_2O \rightleftharpoons HPO_4^{2-} + H_3O^+$$

$$K_{a2}(H_3PO_4)=\frac{[HPO_4^{2-}][H_3O^+]}{[H_2PO_4^-]}$$

第三步解离：

$$HPO_4^{2-} + H_2O \rightleftharpoons PO_4^{3-} + H_3O^+$$

$$K_{a3}(H_3PO_4) = \frac{[PO_4^{3-}][H_3O^+]}{[HPO_4^{2-}]}$$

其中 $K_{a1}(H_3PO_4)$、$K_{a2}((H_3PO_4)$、$K_{a3}(H_3PO_4)$ 分别称为 H_3PO_4 的一级标准解离常数、二级标准解离常数及三级标准解离常数。在相同的温度下，$K_{a1}(H_3PO_4) \gg K_{a2}(H_3PO_4) \gg K_{a3}(H_3PO_4)$，说明 H_3PO_4 第二步解离与第三步解离比第一步解离弱得多，溶液中的 H_3O^+ 主要来自 H_3PO_4 的第一步解离。所以，多元弱酸的相对强弱取决于其一级标准解离常数 K_{a1} 的相对大小，K_{a1} 越大，多元弱酸的酸性就越强。

凡是能接受两个或者两个以上质子的弱碱称为多元弱碱。例如碳酸钠（Na_2CO_3）、硫化钠（Na_2S）是二元碱。磷酸钠（Na_3PO_4）是三元碱。与多元弱酸一样，多元弱碱在水溶液中的解离也都是分步进行的。下面以 PO_4^{3-} 为例来说明多元弱碱在水溶液中的解离平衡。PO_4^{3-} 能接受 3 个质子，因而其解离是分 3 步进行的。

第一步解离：

$$PO_4^{3-} + H_2O \rightleftharpoons HPO_4^{2-} + OH^-$$

$$K_{b1}(PO_4^{3-}) = \frac{[HPO_4^{2-}]\cdot[OH^-]}{[PO_4^{3-}]}$$

第二步解离：

$$HPO_4^{2-} + H_2O \rightleftharpoons H_2PO_4^- + OH^-$$

$$K_{b2}(PO_4^{3-}) = \frac{[H_2PO_4^-]\cdot[OH^-]}{[HPO_4^{2-}]}$$

第三步解离：

$$H_2PO_4^- + H_2O \rightleftharpoons H_3PO_4 + OH^-$$

$$K_{b3}(PO_4^{3-}) = \frac{[H_3PO_4]\cdot[OH^-]}{[H_2PO_4^-]}$$

其中 $K_{b1}(PO_4^{3-})$、$K_{b2}(PO_4^{3-})$、$K_{b3}(PO_4^{3-})$ 分别称为 PO_4^{3-} 的一级标准解离常数、二级标准解离常数及三级标准解离常数。在相同的温度下，$K_{b1}(PO_4^{3-}) \gg K_{b2}(PO_4^{3-}) \gg K_{b3}(PO_4^{3-})$，说明第二步解离与第三步解离比第一步解离弱得多，溶液中的 OH^- 主要来自 PO_4^{3-} 的第一步解离。所以，多元弱碱的相对强弱取决于其一级标准解离常数 K_{b1} 的相对大小，K_{b1} 越大，多元弱碱的碱性就越强。

（二）多元弱酸溶液中 H_3O^+ 浓度的计算

多元弱酸溶液中平衡系统比较复杂。既存在多元弱酸的多步解离平衡，又存在水的解离平衡。下面以二元弱酸 H_2A 为例，推导多元弱酸溶液中 H_3O^+ 浓度的计算公式。

在二元弱酸 H_2A 溶液中存在下列解离平衡。

$$H_2A + H_2O \rightleftharpoons HA^- + H_3O^+$$

$$HA^- + H_2O \rightleftharpoons A^{2-} + H_3O^+$$

$$H_2O + H_2O \rightleftharpoons OH^- + H_3O^+$$

根据质子平衡得到

$$[H_3O^+] = [HA^-] + 2[A^{2-}] + [OH^-]$$

由于在计算溶液中 H_3O^+ 浓度时，允许有不超过±5%的相对误差，因此当 $c(H_2A)\cdot K_{a1}(H_2A) > 20K_w$ 时［其中 $c(H_2A)$ 为 H_2A 的起始浓度］，可以忽略水的解离，则上式简化为

$$[H_3O^+] = [HA^-] + 2[A^{2-}]$$

如果 $\sqrt{c(H_2A)\cdot K_{a1}(H_2A)} > 40K_{a2}(H_2A)$，则上式可以进一步简化为

$$[H_3O^+] = [HA^-]$$

此种情况下，二元弱酸可以按一元弱酸处理，将上述关系代入二元弱酸 H_2A 一级标准解离常数 $K_{a1}(H_2A)$ 的表达式中，整理后得到计算二元弱酸溶液中 H_3O^+ 相对平衡浓度的近似公式。

$$[H_3O^+]=\frac{-K_{a1}(H_2A)+\sqrt{[K_{a1}(H_2A)]^2+4c(H_2A)\cdot K_{a1}(H_2A)}}{2} \tag{3-19}$$

在利用式（3-19）计算二元弱酸溶液中 H_3O^+ 浓度时，应满足两个条件：$c(H_2A)\cdot K_{a1}(H_2A)>20K_w$ 和 $\sqrt{c(H_2A)\cdot K_{a1}(H_2A)}>40K_{a2}(H_2A)$。

若除了满足上面两个条件以外，又满足 $c(H_2A)/K_{a1}(H_2A)>500$，式（3-19）还可进一步简化为

$$[H_3O^+]=\sqrt{c(H_2A)\cdot K_{a1}(H_2A)} \tag{3-20}$$

式（3-20）是计算二元弱酸溶液中 H_3O^+ 相对平衡浓度的最简公式。对于三元弱酸 H_3A 溶液中 H_3O^+ 浓度的计算，因为 $K_{a2}(H_3A)\gg K_{a3}(H_3A)$，可忽略三元弱酸第三步解离产生的 H_3O^+，按二元弱酸计算。

【例 3-5】 计算 25℃时 0.10mol·L^{-1} H_3PO_4 溶液的 pH。已知 $K_{a1}(H_3PO_4)=6.7\times10^{-3}$，$K_{a2}((H_3PO_4)=6.2\times10^{-8}$，$K_{a3}(H_3PO_4)=4.5\times10^{-13}$。

解：因为

$$K_{a1}(H_3PO_4)\cdot c(H_3PO_4)\gg20K_w$$

$$\sqrt{c(H_3PO_4)\cdot K_{a1}(H_3PO_4)}>40K_{a2}(H_3PO_4)$$

$$K_{a2}(H_3PO_4)\gg K_{a3}(H_3PO_4)$$

所以可以忽略 H_2O 的解离和 H_3PO_4 的第二级解离与第三级解离，按一元弱酸进行计算，但由于 $c(H_3PO_4)/K_{a1}(H_3PO_4)=15<500$，应利用近似公式计算。

$$[H_3O^+]=\frac{-6.7\times10^{-3}+\sqrt{(6.7\times10^{-3})^2+4\times0.1\times6.7\times10^{-3}}}{2}$$

$$=2.3\times10^{-2}$$

则

$$pH=-\lg[H_3O^+]=-\lg(2.3\times10^{-2})=1.64$$

（三）多元弱碱溶液 OH^- 浓度的计算

多元弱碱溶液 OH^- 浓度的计算公式，与推导多元弱酸溶液 H_3O^+ 浓度的计算公式同理，经推导可得多元弱碱溶液中 OH^- 浓度的计算公式。

设 c_b 为多元弱碱的起始浓度，当 $c_bK_{b1}>20K_w$ 时，可忽略水的解离；当 $\sqrt{c_bK_{b1}}>40K_{b2}$ 时，可忽略多元弱碱二级及二级以上的解离，按一元弱碱计算。得到多元弱碱溶液中 OH^- 浓度近似计算公式。

$$[OH^-]=\frac{-K_{b1}+\sqrt{(K_{b1})^2+4c_bK_{b1}}}{2} \tag{3-21}$$

若除了满足上面两个条件以外，又满足 $c_b/K_{b1}>500$，式（3-21）还可进一步简化为

$$[OH^-]=\sqrt{c_bK_{b1}} \tag{3-22}$$

式（3-22）是计算多元弱碱溶液中 OH^- 浓度相对平衡浓度的最简公式。

【例 3-6】 已知 25℃时，某二元弱酸 H_2A 的标准解离常数分别为 $K_{a1}(H_2A)=1.0\times10^{-5}$，$K_{a2}(H_2A)=1.0\times10^{-9}$。计算 0.10mol·L^{-1} Na_2A 溶液的 pH。

解：A^{2-} 的一级标准解离常数和二级标准解离常数分别为

$$K_{b1}(A^{2-})=\frac{K_w}{K_{a2}(H_2A)}=\frac{1.0\times10^{-14}}{1.0\times10^{-9}}=1.0\times10^{-5}$$

$$K_{b2}(A^{2-})=\frac{K_w}{K_{a1}(H_2A)}=\frac{1.0\times10^{-14}}{1.0\times10^{-5}}=1.0\times10^{-9}$$

由于
$$c(A^{2-})K_{b1}(A^{2-})=1.0\times10^{-6}>20K_w$$
$$\sqrt{c(A^{2-})\cdot K_{b1}(A^{2-})}=1.0\times10^{-3}>40K_{b2}(A^{2-})$$
$$c(A^{2-})/K_{b1}(A^{2-})=1.0\times10^{4}>500$$

所以可以用最简公式进行计算。OH^- 的相对浓度为
$$[OH^-]=\sqrt{c(A^{2-})\cdot K_{b1}(A^{2-})}=\sqrt{0.10\times1.0\times10^{-5}}=1.0\times10^{-3}$$

则 Na_2A 溶液的 pH 为
$$pH=pK_W-pOH=14.0+\lg(1.0\times10^{-3})=11.0$$

(四) 两性物质溶液 H_3O^+ 浓度的计算

既可以作为酸给出质子，又可以作为碱接受质子的物质称为两性物质，多元弱酸的酸式盐、弱酸弱碱盐和氨基酸等都属于两性物质。两性物质溶液中酸碱解离平衡十分复杂，应根据具体情况，适当地进行简化处理。

下面以二元弱酸的酸式盐 NaHA 为例，推导两性物质溶液 H_3O^+ 浓度的计算公式。

酸式盐 NaHA 在溶液中完全解离，有
$$NaHA \rightleftharpoons Na^+ + HA^-$$

溶液中存在下列解离平衡：
$$HA^- + H_2O \rightleftharpoons A^{2-} + H_3O^+$$
$$HA^- + H_2O \rightleftharpoons OH^- + H_2A$$
$$H_2O + H_2O \rightleftharpoons OH^- + H_3O^+$$

根据质子平衡得到：
$$[H_3O^+]+[H_2A]=[A^{2-}]+[OH^-]$$

利用二元弱酸 H_2A 的一级标准解离常数 $K_{a1}(H_2A)$ 和二级标准解离常数 $K_{a2}(H_2A)$ 的表达式得到 $[H_2A]$、$[A^{2-}]$ 后，代入上式，得
$$[H_3O^+]+\frac{[H_3O^+][HA^-]}{K_{a1}(H_2A)}=\frac{[HA^-]K_{a2}(H_2A)}{[H_3O^+]}+\frac{K_w}{[H_3O^+]}$$

整理后，得
$$[H_3O^+]=\sqrt{\frac{K_{a1}(H_2A)\{K_w+[HA^-]K_{a2}(H_2A)\}}{K_{a1}(H_2A)+[HA^-]}} \qquad (3\text{-}23)$$

由于 HA^- 给出质子或接受质子的能力都很弱，所以 $[HA^-]\approx c(HA^-)$。将上述关系代入式 (3-23)，整理后得到计算两性物质溶液 H_3O^+ 相对平衡浓度的近似公式。
$$[H_3O^+]=\sqrt{\frac{K_{a2}(H_2A)[K_w+c(HA^-)K_{a2}(H_2A)]}{K_{a1}(H_2A)+c(HA^-)}} \qquad (3\text{-}24)$$

若 $c(HA^-)>20K_{a1}(H_2A)$，则 $K_{a1}(H_2A)+c(HA^-)\approx c(HA^-)$；若 $c(HA^-)\cdot K_{a2}(H_2A)>20K_w$，则 $K_w+c(HA^-)\cdot K_{a2}(H_2A)\approx c(HA^-)\cdot K_{a2}(H_2A)$，可将式 (3-24) 进一步简化为
$$[H_3O^+]=\sqrt{K_{a1}(H_2A)\cdot K_{a2}(H_2A)} \qquad (3\text{-}25)$$

式 (3-25) 是计算两性物质 NaHA 溶液中 H_3O^+ 相对平衡浓度的最简公式。

对于除二元弱酸的酸式盐以外的其他两性物质，上述各式中的 $K_{a2}(H_2A)$ 为两性物质中弱酸的标准解离常数，而 $K_{a1}(H_2A)$ 为两性物质中弱碱的共轭酸的标准解离常数。例如，对于 Na_2HPO_4 溶液，计算 H_3O^+ 相对平衡浓度的近似公式为
$$[H_3O^+]=\sqrt{\frac{K_{a2}(H_3PO_4)\cdot[c(HPO_4^{2-})\cdot K_{a3}(H_3PO_4)+K_w]}{c(HPO_4^{2-})+K_{a2}(H_3PO_4)}} \qquad (3\text{-}26)$$

而对于 NH_4Ac 溶液，计算 H_3O^+ 相对平衡浓度的近似公式为

$$[H_3O^+]=\sqrt{\frac{K_a(HAc)[K_w+c(NH_4^+)\cdot K_a(NH_4^+)]}{K_a(HAc)+c(Ac^-)}} \qquad (3\text{-}27)$$

【例 3-7】 已知 25℃时，$K_{a2}(H_3PO_4)=6.2\times10^{-8}$，$K_{a3}(H_3PO_4)=4.5\times10^{-13}$。计算 0.10mol·L^{-1} Na_2HPO_4 溶液的 pH。

解：由于 $c(HPO_4^{2-})>20K_{a2}(H_3PO_4)$，所以 $c(HPO_4^{2-})+K_{a2}(H_3PO_4)\approx c(HPO_4^{2-})$。

根据式（3-26）溶液中 H_3O^+ 相对平衡浓度为

$$[H_3O^+]=\sqrt{\frac{K_{a2}(H_3PO_4)\cdot[c(HPO_4^{2-})\cdot K_{a3}(H_3PO_4)+K_W]}{c(HPO_4^{2-})+K_{a2}(H_3PO_4)}}$$

$$=\sqrt{\frac{K_{a2}(H_3PO_4)\cdot[c(HPO_4^{2-})\cdot K_{a3}(H_3PO_4)+K_W]}{c(HPO_4^{2-})}}$$

$$=\sqrt{\frac{6.2\times10^{-8}\times(0.10\times4.5\times10^{-13}+1.0\times10^{-14})}{0.10}}$$

$$=1.8\times10^{-10}$$

则 Na_2HPO_4 溶液的 pH 为

$$pH=-\lg[H_3O^+]=-\lg(1.8\times10^{-10})=9.74$$

【例 3-8】 已知 25℃时，$K_a(HAc)=1.8\times10^{-5}$，$K_b(NH_3)=1.8\times10^{-5}$，计算 0.10mol·L^{-1} NH_4Ac 溶液的 pH。

解：由于 $K_a(NH_4^+)=K_w/K_b(NH_3)=\frac{1.0\times10^{-14}}{1.8\times10^{-5}}=5.6\times10^{-10}$，所以 $c(NH_4^+)\cdot K_a(NH_4^+)>20K_w$，$c(Ac^-)>20K_a(HAc)$，可利用最简公式计算。根据式（3-25），溶液的 H_3O^+ 相对平衡浓度为

$$[H_3O^+]=\sqrt{K_a(HAc)\cdot K_a(NH_4^+)}$$

$$=\sqrt{1.8\times10^{-5}\times5.6\times10^{-10}}$$

$$=1.0\times10^{-7}$$

则 NH_4Ac 溶液的 pH 为

$$pH=-\lg(1.0\times10^{-7})=7.00$$

（五）同离子效应和盐效应

弱酸、弱碱的解离平衡与其他化学平衡一样，也是一种相对的、暂时的动态平衡，当外界条件发生改变时，解离平衡就会发生移动，直至在新的条件下又建立起新的解离平衡。如果在弱酸、弱碱的溶液中加入易溶强电解质，就会使弱酸、弱碱的解离平衡发生移动，从而导致弱酸、弱碱的解离度发生变化。

1. 同离子效应　在弱酸溶液中，加入与其含有相同离子的易溶强电解质，将使弱酸的解离平衡向生成弱酸的方向发生移动即同离子效应（common ion effect）。例如：弱酸 HA 在溶液中存在下面的解离平衡。

$$HA+H_2O \rightleftharpoons H_3O^++A^-$$

在弱酸 HA 溶液中，加入一些易溶强电解质 NaA。由于 NaA 是强电解质，在水溶液全部解离为 A^-，使溶液中 A^- 的浓度增大。按照平衡移动规律，HA 的解离平衡将向左移动，导致 HA 的解离度降低。

同理，在弱碱溶液中，加入与其含有相同离子的易溶强电解质，将使弱碱的解离平衡向生成弱碱的方向发生移动，弱碱的解离度降低。

这种在弱酸、弱碱溶液中，加入与弱酸、弱碱含有相同离子的易溶强电解质，使弱酸、弱碱的解离度降低的现象称为同离子效应。

【例 3-9】 在 0.10mol·L^{-1} HAc 溶液中，加入 NaAc 固体，使 NaAc 的浓度为 0.10mol·L^{-1}。

计算溶液中的 H_3O^+ 浓度和 HAc 的解离度。并与 0.10mol·L^{-1} HAc 溶液的 H_3O^+ 浓度和 HAc 的解离度进行比较。

解：根据题意，溶液中 HAc 和 Ac^- 的浓度都较大，远大于溶液中 H_3O^+ 和 OH^- 的浓度，可近似认为 $[HAc] \approx c(HAc)$，$[Ac^-] \approx c(Ac^-)$。

则溶液中 H_3O^+ 相对平衡浓度为

$$[H_3O^+] = K_a(HAc)\frac{c(HAc)}{c(Ac^-)}$$
$$= 1.8 \times 10^{-5} \times \frac{0.10}{0.10}$$
$$= 1.8 \times 10^{-5} \text{mol/L}$$

HAc 的解离度为：$\alpha(HAc) = \frac{[H_3O^+]}{c(HAc)} \times 100\%$

$$= \frac{1.8 \times 10^{-5}}{0.10} \times 100\% = 0.018\%$$

由例 3-3 可知不存在同离子效应时，0.10mol·L^{-1} HAc 溶液中 HAc 的解离度为 1.3%。当在 0.10mol·L^{-1} HAc 溶液中加入 NaAc 固体，使 NaAc 的浓度为 0.10mol·L^{-1}时，HAc 的解离度从 1.3%下降到 0.018%，为原来的 1/72。因此可利用同离子效应来控制弱酸的解离度和溶液的 pH。

2. 盐效应　在弱酸溶液中，加入与其含有离子不相同的易溶强电解质，将使弱酸的解离平衡向弱酸解离的方向移动，即盐效应（salt effect）。

例如在弱酸 HA 溶液中，加入 NaCl 固体，溶液中阴离子和阳离子的浓度都增大了，阴离子和阳离子间静电作用增强。在 H_3O^+ 的周围有许多阴离子（主要是 Cl^-），在 A^- 的周围有许多阳离子（主要是 Na^+），使 A^- 与 H_3O^+ 都受到较强的牵制作用，它们的移动速率减慢，A^- 与 H_3O^+ 结合为 HA 的速率减慢，HA 的解离速率大于它的生成速率，HA 的解离平衡向其解离的方向移动，当又建立起新的解离平衡时，HA 的解离度略有增大。

同理，在弱碱溶液中，加入与其不相同离子的易溶强电解质，也将使弱碱的解离平衡向弱碱解离的方向移动，弱碱的解离度也略有增大。

这种在弱酸、弱碱溶液中，加入与弱酸、弱碱不相同离子的易溶强电解质，使弱酸、弱碱的解离度略有增大的现象称为盐效应。

由于盐效应对弱酸、弱碱的解离度影响较小，因此在计算中可以忽略盐效应的影响。

第四节　缓 冲 溶 液

溶液的 pH 对于生物大分子的功能是非常关键的。不同组织正常功能的 pH 不一样，表3-2 列出了正常人各种体液的 pH 范围。胃蛋白酶需要较高的酸度（pH＝1～2）才能发挥消化功能，而血液的 pH 正常人范围为 7.35～7.45，若超出这个范围，就会出现不同程度的酸中毒或碱中毒症状，大于 7.8 或小于 7.0 就会有生命危险。同时，许多化学反应，也需要在一定 pH 条件下才能正常进行。例如，生物体内酶的催化反应、细菌培养等。如果反应过程中 pH 不合适或 pH 改变较大，都会影响反应的正常进行。总之，pH 的稳定对于生命体生理功能的正常运转至关重要，对于生命体以外的大量化学反应同样是必备条件。正常人体血液的 pH 能够保持在一个狭小的范围内，其中一个很重要的因素就是血液是缓冲溶液。因此，研究缓冲溶液的 pH 保持稳定的因素及其原理，无论在化学上还是医学上都是十分必要的。

表 3-2 正常人体各种体液的 pH 范围

体液	pH	体液	pH
血清	7.35～7.45	大肠液	8.3～8.4
成人胃液	1～2	乳汁	6.0～6.9
婴儿胃液	5.0	泪水	约 7.4
唾液	6.35～6.85	尿液	4.8～7.5
胰液	7.5～8.0	脑脊液	7.35～7.45
小肠液	6.5～7.6		

一、缓冲溶液的概念

能抵抗少量外来强酸、强碱或一定程度的稀释，而维持溶液的 pH 基本不变的溶液称为缓冲溶液（buffer solution）。缓冲溶液所具有的抵抗外加少量强酸、强碱或抗稀释的作用称为缓冲作用（buffer action）。

二、缓冲溶液的组成及作用机制

（一）缓冲溶液的组成

在较浓的强酸（如 HCl）或较浓的强碱（如 NaOH）溶液中，加入少量的强酸或强碱，其 pH 改变并不大，所以较浓的强酸（碱）溶液具有缓冲能力，但是没有抗稀释能力。由于这类溶液的酸性或碱性太强，实际上基本不把强酸或强碱当作缓冲溶液。

纯水吸收空气中的 CO_2 后，pH 可从 7.00 下降到 5.50 左右；又如受酸雨的侵袭，湖水会被酸化。所以纯水和某些简单的溶液容易受外界因素的影响而不能保持 pH 相对恒定，它们也不是缓冲溶液。

在 1.0L 含 HAc 和 NaAc 均为 $0.01mol \cdot L^{-1}$ 的混合溶液中，如果加入 0.01mol HCl，pH 会从 4.75 下降到 4.66；如果加入 0.01 mol NaOH，pH 会从 4.75 上升到 4.84，pH 的改变仅为 0.09。在一定范围内加水稀释时，该混合溶液的 pH 改变幅度也很小。以上事实可以说明，由 HAc 和 NaAc 组成的混合溶液具有抵抗外加的少量强酸、强碱，或有限量稀释时而保持溶液 pH 基本不变的能力。

由此可见，缓冲溶液是由具有足够浓度、适当比例的共轭酸碱对的两种物质组成的。习惯上把组成缓冲溶液的共轭酸碱对称为缓冲对（buffer pair）或缓冲系（buffer system）。常见缓冲溶液的组成如表 3-3 所示。

表 3-3 常见的缓冲系

缓冲体系	弱酸	共轭碱	质子转移平衡	pK_a(25℃)
HAc-NaAc	HAc	Ac^-	$HAc \rightleftharpoons Ac^- + H^+$	4.76
H_3PO_4-NaH_2PO_4	H_3PO_4	$H_2PO_4^-$	$H_3PO_4 \rightleftharpoons H_2PO_4^- + H^+$	2.16
Tris · HCl-Tris①	Tris · H^+	Tris	$Tris \cdot H^+ \rightleftharpoons Tris + H^+$	7.85
$H_2C_8H_4O_4$-$KHC_8H_4O_4$	$H_2C_8H_4O_4$	$HC_8H_4O_4^-$	$H_2C_8H_4O_4 \rightleftharpoons HC_8H_4O_4^- + H^+$	2.89
NH_4Cl-NH_3	NH_4^+	NH_3	$NH_4^+ \rightleftharpoons NH_3 + H^+$	9.25
$CH_3NH_2 \cdot HCl$-CH_3NH_2	$CH_3NH_3^+$	CH_3NH_2	$CH_3NH_3^+ \rightleftharpoons CH_3NH_2 + H^+$	10.63
NaH_2PO_4-Na_2HPO_4	$H_2PO_4^-$	HPO_4^{2-}	$H_2PO_4^- \rightleftharpoons HPO_4^{2-} + H^+$	7.21
Na_2HPO_4-Na_3PO_4	HPO_4^{2-}	PO_4^{3-}	$HPO_4^{2-} \rightleftharpoons PO_4^{3-} + H^+$	12.32

①三（羟甲基）甲胺盐酸盐-三（羟甲基）甲胺

（二）缓冲溶液的作用机制

下面以 HAc-NaAc 缓冲系为例，说明缓冲溶液的缓冲作用机制。

在 HAc-NaAc 混合溶液中，NaAc 是强电解质，在溶液中完全解离，以 Na^+ 和 Ac^- 存在。而 HAc 是弱电解质，解离度很小，并且由于来自 NaAc 和 Ac^- 的同离子效应，进一步抑制了 HAc 的解离，使得 HAc 几乎完全以分子的状态存在于溶液中。因此在 HAc-NaAc 混合溶液中 HAc 和 Ac^- 的浓度都较大，而 H_3O^+ 浓度却很小。溶液中存在下述解离平衡。

$$HAc+H_2O \rightleftharpoons H_3O^+ + Ac^-$$

如果向此缓冲溶液中加入少量强酸，强酸中解离出的 H_3O^+ 与 Ac^- 结合生成 HAc 和 H_2O，使解离平衡向左移动，溶液中 H_3O^+ 浓度不会显著增大，溶液的 pH 基本不变。共轭碱 Ac^- 起到抵抗少量强酸的作用，称为缓冲溶液的抗酸成分。

如果向此缓冲溶液中加少量强碱，强碱解离产生的 OH^- 与溶液中的 H_3O^+ 结合生成 H_2O，HAc 的解离平衡向右移动，H_3O^+ 浓度也不会显著减小，pH 也基本不变。共轭酸 HAc 起到抵抗少量强碱的作用，称为缓冲溶液的抗碱成分。

缓冲溶液之所以具有缓冲作用，是因为溶液中同时存在足量的抗酸和抗碱成分，它们能够通过共轭酸碱对之间的质子转移平衡来抵抗外加的少量强酸或强碱，从而保持溶液的 pH 基本不变。如果加入大量的强酸或强碱，缓冲溶液中的抗酸成分或抗碱成分将耗尽，缓冲溶液就丧失了缓冲能力。

三、缓冲溶液的参数

（一）缓冲溶液 pH 的计算

弱酸 HB 及其共轭碱 B^- 组成的缓冲溶液中 HB 和 B^- 之间的质子转移平衡为

$$HB+H_2O \rightleftharpoons H_3O^+ + B^-$$

因为

$$K_a(HB)=\frac{[B^-][H_3O^+]}{[HB]}$$

所以，弱酸 HB 及其共轭碱 B^- 溶液的 $[H_3O^+]$ 为

$$[H_3O^+]=\frac{[HB]}{[B^-]}\times K_a(HB)=\frac{[共轭酸]}{[共轭碱]}\times K_a(HB)$$

即

$$pH=pK_a(HB)-\lg\frac{[HB]}{[B^-]}=pK_a(HB)+\lg\frac{[B^-]}{[HB]}=pK_a(HB)+\lg\frac{[共轭碱]}{[共轭酸]} \tag{3-28}$$

这个方程式称为 Henderson-Hasselbalch 公式，式中 K_a 为共轭酸碱对中弱酸的解离常数。共轭酸碱对｛$[B^-]$ + [HB]｝称为缓冲溶液的总浓度。$[B^-]$ / [HB] 称为缓冲比（buffer component radio）。

设 HB 的初始浓度为 c(HB)，其已经解离部分的浓度为 c'(HB)，B^- 的初始浓度为 $c(B^-)$，则平衡时 HB 和 B^- 的平衡浓度分别为

$$[HB]=c(HB)-c'(HB)$$

$$[B^-]=c(B^-)+c'(HB)$$

在溶液中 B^- 产生的同离子效应，使 HB 解离很少，c'(HB) 可以忽略不计，因此，[HB] 和 $[B^-]$ 可以分别用初始浓度 c(HB) 和 $c(B^-)$ 来表示，式（3-28）又可以表示为

$$pH=pK_a(HB)+\lg\frac{c(B^-)}{c(HB)} \tag{3-29}$$

如果用 n(HB) 和 $n(B^-)$ 分别表示体积 V 的缓冲溶液中所含有的共轭酸碱的物质的量，则

$$pH=pK_a(HB)+\lg\frac{n(B^-)}{n(HB)} \tag{3-30}$$

如果使用相同浓度的共轭酸碱，即 $c(HB)=c(B^-)$，则有

$$pH=pK_a(HB)+\lg\frac{V(B^-)}{V(HB)} \tag{3-31}$$

由以上各式可以得出以下结论。

1. 缓冲溶液的 pH 主要取决于弱酸的 pK_a，其次是缓冲比 $c(B^-)/c(HB)$。当弱酸的 pK_a 一定时，缓冲溶液的 pH 随缓冲比 $c(B^-)/c(HB)$ 的改变而改变。当缓冲比等于 1 时，缓冲溶液的 $pH=pK_a$。

2. 由于弱酸的 K_a 与温度有关，所以温度对缓冲溶液的 pH 也有影响，温度对缓冲溶液 pH 的影响比较复杂，在此不做进一步讨论。

3. 在一定范围内加水稀释时，缓冲溶液的缓冲比不变，根据缓冲溶液的计算公式，缓冲溶液的 pH 不发生变化，即缓冲溶液有一定的抗稀释能力。应当指出的是，稀释会引起溶液中离子强度发生改变，使 HB 和 B^- 的活度因子受到不同程度的影响，因此缓冲溶液的 pH 也会随着有微小的改变。如果过分稀释，不能维持缓冲系具有足够的浓度，缓冲溶液就会丧失缓冲能力。

【例 3-10】 向 25.00ml 约 $0.1000mol\cdot L^{-1}$ HAc 中加入 $0.2000mol\cdot L^{-1}$ NaOH 5.00ml 组成缓冲溶液，计算溶液的 pH。

解： 混合后 NaOH 和 HAc 反应生成 NaAc

混合后 HAc 的浓度为：$(0.1000\times25.00-0.2000\times5.00)/(25.00+5.00)$

NaAc 的浓度为：$0.2000\times5.00/(25.00+5.00)$

所以：$c(NaAc)/c(HAc)=0.2000\times5.00/(0.1000\times25.00-0.2000\times5.00)=0.67$

查表知 $pK_a(HAc)=4.76$，

$pH=pK_a+\lg[c(NaAc)/c(HAc)]=4.76+\lg0.67=4.58$

【例 3-11】 取 $0.10mol\cdot L^{-1}$ KH_2PO_4 和 $0.050mol\cdot L^{-1}$ NaOH 各 50ml 混合组成缓冲溶液。假定混合后溶液的体积为 100ml，求此缓冲溶液的 pH。

解： 当两种溶液混合时，$H_2PO_4^-$ 的一部分与 NaOH 反应生成 HPO_4^{2-}，形成 $H_2PO_4^-$-HPO_4^{2-} 缓冲系。$H_2PO_4^-$ 和 HPO_4^{2-} 的物质的量分别为

$$n(H_2PO_4^-)=0.10mol\cdot L^{-1}\times50ml-0.050mol\cdot L^{-1}\times50ml=2.5mmol$$

$$n(HPO_4^{2-})=0.050mol\cdot L^{-1}\times50ml=2.5mmol$$

因为在相同体积的溶液中，故：

$$c(H_2PO_4^-)/c(HPO_4^{2-})=n(H_2PO_4^-)/n(HPO_4^{2-})=2.5/2.5=1$$

查表得 H_3PO_4 的 $pK_{a2}=7.21$，代入 Henderson-Hasselbalch 公式，得溶液的近似 pH 为

$$pH=7.21+\lg1.0=7.21$$

【例 3-12】 在 25℃ 时，$K_a(HAc)=1.8\times10^{-5}$，在 1.0L HAc-NaAc 缓冲溶液中含有 0.10mol HAc 和 0.20mol NaAc。

(1) 计算此缓冲溶液的 pH。

(2) 向 100ml 该缓冲溶液加入 10ml $0.10mol\cdot L^{-1}$ HCl 溶液后，计算缓冲溶液的 pH。

(3) 向 100ml 该缓冲溶液中加入 10ml $0.10mol\cdot L^{-1}$ NaOH 溶液后，计算缓冲溶液的 pH。

(4) 向 100ml 该缓冲溶液中加入 1L 水稀释后，计算缓冲溶液的 pH。

解： (1) 缓冲溶液的 pH 为

$$pH=pK_a(HAc)+\lg\frac{c(Ac^-)}{c(HAc)}$$

$$=-\lg(1.8\times10^{-5})+\lg(0.20mol\cdot L^{-1}/0.10\ mol\cdot L^{-1})$$

$=5.05$

(2) 加入 10ml 0.10mol·L^{-1} HCl 溶液后，$c(HAc)$ 和 $c(Ac^-)$ 分别为

$$c(HAc)=\frac{100ml\times0.10mol\cdot L^{-1}+10ml\times0.10mol\cdot L^{-1}}{100ml+10ml}=0.10mol\cdot L^{-1}$$

$$c(Ac^-)=\frac{100ml\times0.20mol\cdot L^{-1}-10ml\times0.10mol\cdot L^{-1}}{100ml+10ml}=0.17mol\cdot L^{-1}$$

缓冲溶液的 pH 为

$$pH=-\lg(1.8\times10^{-5})+\lg(0.17mol\cdot L^{-1}/0.10\ mol\cdot L^{-1})=4.98$$

加入 10ml 0.10mol·L^{-1} HCl 溶液后，缓冲溶液的 pH 由 5.05 降为 4.98，仅减小了 0.07，表明缓冲溶液具有抵抗少量强酸的能力。

(3) 加入 10ml 0.10mol·L^{-1} NaOH 溶液后 HAc 和 Ac^- 的浓度分别为

$$c(HAc)=\frac{100ml\times0.10mol\cdot L^{-1}-10ml\times0.10mol\cdot L^{-1}}{100ml+10ml}=0.082mol\cdot L^{-1}$$

$$c(Ac^-)=\frac{100ml\times0.20mol\cdot L^{-1}+10ml\times0.10mol\cdot L^{-1}}{100ml+10ml}=0.19mol\cdot L^{-1}$$

缓冲溶液的 pH 为

$$pH=-\lg(1.8\times10^{-5})+\lg(0.19mol\cdot L^{-1}/0.082\ mol\cdot L^{-1})=5.11$$

加入 10ml 0.10mol·L^{-1} NaOH 溶液后，溶液 pH 由 5.05 升高到 5.11，仅增大了 0.06，表明缓冲溶液具有抵抗少量强碱的能力。

(4) 加水稀释后，HAc 和 Ac^- 的浓度分别为

$$c(HAc)=\frac{100ml\times0.10mol\cdot L^{-1}}{100ml+1000ml}=9.1\times10^{-3}mol\cdot L^{-1}$$

$$c(Ac^-)=\frac{100ml\times0.20mol\cdot L^{-1}}{100ml+1000ml}=1.8\times10^{-2}mol\cdot L^{-1}$$

缓冲溶液的 pH 为

$$pH=-\lg(1.8\times10^{-5})+\lg(1.8\times10^{-2}mol\cdot L^{-1}/9.1\times10^{-3}\ mol\cdot L^{-1})=5.05$$

加入 1L 水稀释后，溶液的 pH 未发生变化，表明缓冲溶液具有抗稀释的作用。

（二）缓冲容量

每一种缓冲溶液的缓冲能力都是有限的，当加入大量的强酸或强碱时，缓冲溶液的抗酸或抗碱成分就会被耗尽，从而丧失缓冲能力。1922 年，Slyke V 提出用缓冲容量（buffer capacity）作为衡量缓冲能力大小的尺度，用符号 β 来表示。

$$\beta=\frac{dc_B}{dpH}=\frac{dn_B}{V\cdot dpH}\text{或}\beta=\frac{dc_A}{dpH}=-\frac{dn_A}{V\cdot dpH} \tag{3-32}$$

式中，V 为缓冲溶液的体积；dn_B 为强碱的物质的量的微小变化；dn_A 为强酸的物质的量的微小变化；dpH 为缓冲溶液 pH 的微小变化。缓冲容量的 SI 单位为 mol·m^{-3}，其常用单位为 mol·L^{-1} 或 mmol·L^{-1}。

由式（3-32）可以看到，缓冲容量 β 的物理意义是单位体积的缓冲溶液的 pH 改变 1 个单位时，所需加入的一元强碱的量 n_B（或一元强酸的量 n_A）。因此，β 可以作为衡量缓冲能力大小的量度，β 值愈大，缓冲溶液的缓冲能力愈强；反之，则缓冲能力愈弱。

可进一步推导得出缓冲容量的计算公式，即

$$\beta=2.303\times\frac{c(HA)\cdot c(A^-)}{c(HA)+c(A^-)} \tag{3-33}$$

定义缓冲对中两种物质的比例（简称缓冲比）r

$$r=\frac{c(HA)}{c(A^-)}\text{或}r=\frac{c(A^-)}{c(HA)}$$

则可得到

$$\beta=2.303\cdot[c(HA)+c(A^-)]\cdot\frac{r}{(r+1)^2}=2.303\cdot c_{total}\cdot\frac{r}{(r+1)^2}$$

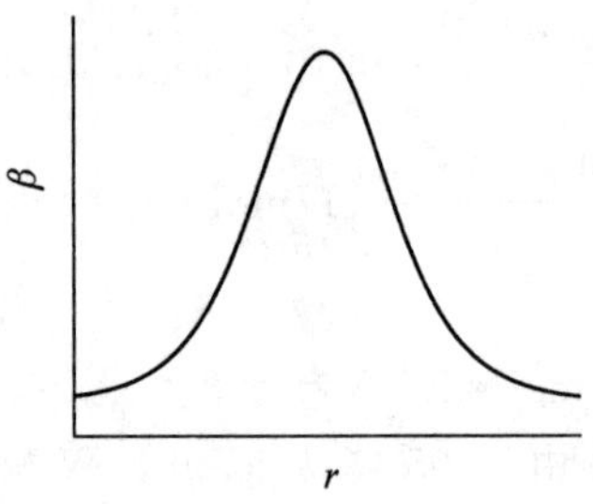

图 3-1 缓冲容量随缓冲比变化的关系曲线

于是，可以知道影响缓冲容量的因素包括以下几项。

1. 缓冲溶液的总浓度 缓冲比一定时，缓冲容量 β 随缓冲物质的总浓度 c(总) 增大而增大；总浓度增大 1 倍，缓冲容量也增大 1 倍。

2. 缓冲溶液的缓冲比 r 当总浓度 c_{total} 一定时，缓冲容量随着缓冲比的变化而变化，这是一个二次曲线关系（图 3-1）。

可见当 $r=1$ 时，缓冲容量 β 达到极大值为

$$\beta_{max}=0.576\times c_{total} \tag{3-34}$$

此时，缓冲溶液的 pH 为

$$pH=pK_a+\lg[c(A^-)/c(HA)]=pK_a+\lg1=pK_a$$

也就是说缓冲溶液在 $pH=pK_a$ 时缓冲能力最强。否则，若缓冲比 r 偏离 1 越大、pH 偏离 pK_a 越远，则缓冲容量愈小。

当使用缓冲溶液时，缓冲溶液的缓冲容量应该大于将向溶液中加入的（或溶液中反应产生的）酸或碱的量。

【例 3-13】 计算下列缓冲溶液的缓冲容量。

(1) $0.010mol\cdot L^{-1}$ HAc-$0.010mol\cdot L^{-1}$ NaAc 溶液。

(2) $0.10mol\cdot L^{-1}$ HAc-$0.10mol\cdot L^{-1}$ NaAc 溶液。

解：(1) 缓冲溶液的总浓度和缓冲比分别为

$$c(HAc)+c(Ac^-)=(0.010+0.010)mol\cdot L^{-1}=0.020mol\cdot L^{-1}$$

$$\frac{c(Ac^-)}{c(HAc)}=\frac{0.010mol\cdot L^{-1}}{0.010mol\cdot L^{-1}}=1$$

缓冲溶液的缓冲容量为

$$\begin{aligned}\beta&=2.303\times\frac{c(HA)\cdot c(A^-)}{c(HA)+c(A^-)}\\&=2.303\times\frac{0.010mol\cdot L^{-1}\times0.010mol\cdot L^{-1}}{(0.010+0.010)\ mol\cdot L^{-1}}\\&=0.0115mol\cdot L^{-1}\end{aligned}$$

(2) 缓冲溶液的总浓度和缓冲比分别为

$$c(HAc)+c(Ac^-)=(0.10+0.10)mol\cdot L^{-1}=0.20mol\cdot L^{-1}$$

$$\frac{c(Ac^-)}{c(HAc)}=\frac{0.10mol\cdot L^{-1}}{0.10mol\cdot L^{-1}}=1$$

缓冲溶液的缓冲容量为

$$\beta=2.303\times\frac{0.10mol\cdot L^{-1}\times0.10mol\cdot L^{-1}}{(0.10+0.10)mol\cdot L^{-1}}=0.115mol\cdot L^{-1}$$

计算结果表明：同一共轭酸碱对组成的缓冲溶液，当缓冲比相同时，总浓度比较大的，其缓冲容量也比较大。

【例 3-14】 计算下列缓冲溶液的缓冲容量。

(1) $0.10mol\cdot L^{-1}$ HAc-$0.10mol\cdot L^{-1}$ NaAc 溶液。

(2) $0.15mol\cdot L^{-1}$ HAc-$0.05mol\cdot L^{-1}$ NaAc 溶液。

(3) $0.020mol\cdot L^{-1}$ HAc-$0.180mol\cdot L^{-1}$ NaAc 溶液。

解：三种缓冲溶液的总浓度均为 $0.20mol\cdot L^{-1}$。

（1）缓冲溶液的缓冲比为　$\frac{c(\mathrm{Ac^-})}{c(\mathrm{HAc})}=\frac{0.10\mathrm{mol\cdot L^{-1}}}{0.10\mathrm{mol\cdot L^{-1}}}=1$

缓冲溶液的缓冲容量为

$$\beta=2.303\times\frac{0.10\mathrm{mol\cdot L^{-1}}\times0.10\mathrm{mol\cdot L^{-1}}}{(0.10+0.10)\ \mathrm{mol\cdot L^{-1}}}=0.115\mathrm{mol\cdot L^{-1}}$$

（2）缓冲溶液的缓冲比为　$\frac{c(\mathrm{Ac^-})}{c(\mathrm{HAc})}=\frac{0.050\mathrm{mol\cdot L^{-1}}}{0.15\mathrm{mol\cdot L^{-1}}}=\frac{1}{3}$

缓冲溶液的缓冲容量为

$$\beta=2.303\times\frac{0.15\mathrm{mol\cdot L^{-1}}\times0.05\mathrm{mol\cdot L^{-1}}}{(0.15+0.05)\mathrm{mol\cdot L^{-1}}}=0.086\mathrm{mol\cdot L^{-1}}$$

（3）缓冲溶液的缓冲比为　$\frac{c(\mathrm{Ac^-})}{c(\mathrm{HAc})}=\frac{0.18\mathrm{mol\cdot L^{-1}}}{0.02\mathrm{mol\cdot L^{-1}}}=9$

缓冲溶液的缓冲容量为

$$\beta=2.303\times\frac{0.020\mathrm{mol\cdot L^{-1}}\times0.18\mathrm{mol\cdot L^{-1}}}{(0.020+0.18)\mathrm{mol\cdot L^{-1}}}=0.041\mathrm{mol\cdot L^{-1}}$$

计算结果表明：同一共轭酸碱对组成的缓冲溶液，当总浓度相同时，缓冲比越接近1，缓冲容量越大；而当缓冲比等于1时，缓冲容量最大。

（三）缓冲范围

在缓冲溶液总浓度一定的条件下，HA浓度与A^-的浓度相差越大，缓冲溶液的缓冲容量就越小。当缓冲比大于10或小于0.1时，缓冲溶液的缓冲容量很小，可以认为没有缓冲能力。因此，只有当缓冲比在0.1～10范围内，缓冲溶液才能发挥缓冲作用。通常把缓冲溶液能发挥缓冲作用（缓冲比为0.1～10）的pH范围称为缓冲范围（buffer effective range）。由缓冲溶液的pH计算公式（3-29）可以推导出缓冲溶液的缓冲范围为

$$\mathrm{pH}=\mathrm{p}K_\mathrm{a}(\mathrm{HA})\pm1 \tag{3-35}$$

例如，HAc的$\mathrm{p}K_\mathrm{a}=4.76$，则HAc-NaAc缓冲溶液的缓冲范围为3.76～5.76。

四、缓冲溶液的选择与配制

配制一定pH的缓冲溶液是化学、生物学和医学研究和应用中的一个基本操作。为了使制备的溶液体系能够满足实际需要，应遵循以下原则和步骤。

（一）选择合适的缓冲系

选取的要点有两条：一是所配制的缓冲溶液的pH应该在所选缓冲对的缓冲范围（$\mathrm{p}K_\mathrm{a}\pm1$）之内，并尽量接近弱酸的$\mathrm{p}K_\mathrm{a}$，使所配的缓冲溶液有较大的缓冲容量；二是对于所要研究的化学体系或化学反应来说，所选缓冲系应该是惰性的，不与所要研究体系中的重要物质发生化学反应。

例如欲配制pH为7.40的细胞培养液，选择什么缓冲系呢？如果有下列候选缓冲对：醋酸HAc-NaAc（$\mathrm{p}K_\mathrm{a}=4.76$），次氯酸-次氯酸钠（$\mathrm{p}K_\mathrm{a}=7.40$），磷酸二氢钠-磷酸氢二钠（$\mathrm{p}K_\mathrm{a2}=7.21$），HEPES-HEPES钠［*N*-(2-羟乙基）哌嗪-*N*-2′-乙烷磺酸，$\mathrm{p}K_\mathrm{a}=7.47$］，碳酸氢钠-碳酸钠（$\mathrm{p}K_\mathrm{a2}=10.33$）。我们看到，其缓冲范围$\mathrm{p}K_\mathrm{a}\pm1$涵盖7.40的有三种选择：次氯酸-次氯酸钠（6.30～8.50），磷酸二氢钠-磷酸氢二钠（6.21～8.21），HEPES-HEPES钠（6.47～8.47）。但是，次氯酸是强氧化剂，对细胞有毒性。磷酸二氢盐是多种细胞培养基的营养组分之一，会参与细胞的代谢过程。HEPES对细胞无毒性作用，不参与细胞代谢，性质稳定，能较长时间控制恒定的pH范围。因此，可以选择HEPES缓冲体系。

（二）决定缓冲溶液的总浓度

缓冲溶液需要具备足够的缓冲容量，在确定了缓冲对和缓冲溶液的pH后，我们无法调节

缓冲比 r，只能靠调节缓冲溶液的总浓度来调节缓冲容量。如果缓冲溶液的总浓度太小，缓冲容量过小，不能满足实际工作需要；总浓度太高时，有可能造成溶液离子强度太大或渗透压过高，并且会造成试剂的浪费。在实际应用中，在满足最小缓冲容量的前提下，一般选用总浓度在0.05～0.2mol·L^{-1}范围内。

（三）计算缓冲比和所需缓冲物质的量

利用 Henderson-Hasselbalch 公式和弱酸缓冲体系在不同离子强度下的校正系数表估算缓冲溶液中弱酸及其共轭碱浓度的比值。

$$\mathrm{pH}=\mathrm{p}K_{\mathrm{a}}+\lg\frac{c(\mathrm{B}^-)}{c(\mathrm{HB})}+\text{校正系数}$$

$$\lg\frac{c(\mathrm{HB})}{c(\mathrm{B}^-)}=\lg r=\mathrm{p}K_{\mathrm{a}}+\text{校正系数}-\mathrm{pH}$$

由于校正系数一般比较小，而且最后我们通常要进行溶液 pH 的校正，因此在估算时可以先忽略校正系数（即认为校正系数为 0）。

知道了所需 $\mathrm{HB\text{-}B^-}$ 的总浓度 c_{total} 和缓冲比 r 后，所需 $c(\mathrm{HB})$ 和 $c(\mathrm{B}^-)$ 的量则分别为

$$c(\mathrm{HB})=c_{\mathrm{total}}\cdot r/(r+1),\quad n_{\mathrm{HB}}=V\cdot c(\mathrm{HB})=V\cdot c_{\mathrm{total}}\cdot r/(r+1)$$

$$c(\mathrm{B}^-)=c_{\mathrm{total}}/(r+1),\quad n_{\mathrm{B}^-}=V\cdot c(\mathrm{B}^-)=V\cdot c_{\mathrm{total}}/(r+1)$$

不过，我们仍然有下列三种配制缓冲溶液的方式可供选择。

1. 分别称/量取一定量的弱酸 HB 和共轭碱 B^-，溶于一定体积的水，配制成溶液。

2. 称/量取一定量的弱酸 HB，加入 n_{B^-} 量的强碱 NaOH（或 KOH），溶于一定体积 V 的水，配制成溶液。NaOH 在溶液中与弱酸反应生成所需量的 B^-。

3. 称/量取一定量的共轭碱 B^-，加入 n_{HB} 量的强酸 HCl，溶于一定体积 V 的水，配制成溶液。HCl 在溶液中与共轭碱反应生成所需量的 HB。

在实际的工作中，为了配制的方便，避免过多的计算，通常将计算好的缓冲物质的用量制作成一种适合应用的配方表，例如表 3-4 中所示配制一定 pH 的 0.050mol·L^{-1} $\mathrm{H_2PO_4^-}$-$\mathrm{HPO_4^{2-}}$ 溶液。

表 3-4 配制 0.050mol·L^{-1} $\mathrm{H_2PO_4^-}$-$\mathrm{HPO_4^{2-}}$ 缓冲溶液配方表（25℃）

0.1mol·L^{-1} $\mathrm{KH_2PO_4}$ 贮备液：13.6g 溶于 1.00L 去离子水 50ml 0.1mol·L^{-1} $\mathrm{KH_2PO_4}$＋$x$ml 0.1mol·L^{-1} NaOH，稀释至 100ml					
pH	x	β	pH	x	β
5.80	3.6	—	7.00	29.1	0.031
5.90	4.6	0.010	7.10	32.1	0.028
6.00	5.6	0.011	7.20	34.7	0.025
6.10	6.8	0.012	7.30	37.0	0.022
6.20	8.1	0.015	7.40	39.1	0.020
6.30	9.7	0.017	7.50	41.1	0.018
6.40	11.6	0.021	7.60	42.8	0.015
6.50	13.9	0.024	7.70	44.2	0.012
6.60	16.4	0.027	7.80	45.3	0.010
6.70	19.3	0.030	7.90	46.1	0.007
6.80	22.4	0.033	8.00	46.7	—
6.90	25.9	0.033			

(四) 计算缓冲溶液中其他物质的量

生理缓冲溶液（physiological media）中一般还含有其他物质，如加入一定量浓度的 Mg^{2+} 以维持某些酶的活性，或加入 NaCl 以维持溶液的渗透压等。在生物化学研究中，一种常用的溶液是在 $0.050mol \cdot L^{-1}$ $H_2PO_4^-$-HPO_4^{2-} 溶液中加入 $8.50g \cdot L^{-1}$ NaCl，这种溶液通常称为磷酸缓冲生理盐水（phosphate buffered saline，PBS）。

(五) 配制溶液并进行 pH 校正

按照上面的计算结果，称取（或量取）所需量的弱酸、共轭碱和其他物质，溶于体积为 80%～90%终体积的水中，并混合均匀。由于上面的计算只是估算，按照计算结果配制的溶液其 pH 与期待值一般都有一些出入。因此，在溶液最后定容之前，通常在 pH 计上对所配缓冲溶液的 pH 进行测量，如果偏离较大，可以滴加强酸（如 HCl）或强碱（如 NaOH）溶液，将 pH 调节到所需的大小。经这一步 pH 校正后，最后用去离子水将溶液定容。

【例 3-15】 现要研究 pH 5.0 条件下的反应，要求 pH 变动在±0.5 之内。

$$Fe^{3+} + H_2Y^{2-} = FeY^- + 2H^+$$

$$0.0020mol \cdot L^{-1}\quad 0.0020mol \cdot L^{-1}$$

如果使用 HAc-NaAc 缓冲体系，那么缓冲溶液的最小浓度是多少？

解：上述反应产生的氢离子浓度为

$$c(H^+) = 2 \times 0.0020 = 0.0040(mol \cdot L^{-1})$$

故所需缓冲溶液的缓冲容量为

$$\beta = \frac{\Delta c_B}{\Delta pH} = \frac{0.0040}{0.50} = 0.0080(mol \cdot L^{-1} \cdot pH^{-1})$$

查表知 $pK_a = 4.74$，忽略离子活度造成的校正系数。根据 Henderson-Hasselbalch 公式，此 pH 5.0 溶液的缓冲比为

$$\lg[c(HAc)/c(Ac^-)] = \lg r = pK_a + \text{校正系数} - pH = 4.74 - 0 - 5.0 = -0.26$$

$$r = 0.58$$

根据公式
$$\beta = 2.303 \cdot c_{total} \cdot \frac{r}{(r+1)^2}$$

因此，$c_{min} = 0.0080 \times (0.58+1)^2/(2.303 \times 0.58) = 0.015mol \cdot L^{-1}$

可以看到，一般选择 $0.05 \sim 0.2mol \cdot L^{-1}$ 的缓冲溶液浓度对于普通生物化学反应体系来说就足够了。

【例 3-16】 在提取质粒 DNA 所用的细胞裂解液Ⅰ中，缓冲溶液为 $25mmol \cdot L^{-1}$ pH=8.0 的 Tris・HCl-Tris 缓冲液。欲配制 100ml 此缓冲溶液，需多少克 Tris 碱（$MW = 121g \cdot mol^{-1}$，$pK_b = 5.92$）和 $0.100mol \cdot L^{-1}$ 的 HCl 多少毫升？

解：Tris 碱的酸性为 $TrisH^+$，其 pK_a 为

$$pK_a = pK_w - pK_b = 14.00 - 5.92 = 8.08$$

Tris 的总浓度为 $25mmol \cdot L^{-1}$，因此 100ml 需要 Tris 碱的量为

$$m_{Tris} = MW \cdot V \cdot c_{total} = 121 \times 0.100 \times 0.025 = 0.30(g)$$

忽略校正系数，此 pH 8.0 溶液的缓冲比为

$$\lg[c(TrisH^+)/c(Tris)] = \lg r = pK_a - pH = 8.08 - 8.0 = 0.08$$

$$c(TrisH^+)/c(Tris) = r = 1.2$$

所以溶液中 $TrisH^+$ 的量为

$$n_{TrisH^+} = V \cdot c_{total} \cdot r/(r+1) = 0.100 \times 0.025 \times 1.2/(1.2+1) = 0.0014mol$$

$$m_{TrisH^+} = 0.0014 \times 121 = 0.169g$$

需要相应盐酸的体积为

$$V = n_{HCl}/c_{HCl} = n_{TrisH^+}/c_{HCl} = 0.100 \times 0.025 \times 1.2/[(1.2+1) \times 0.100] = 0.014L = 14ml$$

【例 3-17】 用 1.00mol·L^{-1}NaOH 和 1.00mol·L^{-1}丙酸（用 HPr 代表，pK_a=4.86）贮备液配制 pH=5.00、总浓度为 0.100mol·L^{-1}的缓冲溶液 1.00L。请设计配制方法。

解：忽略校正系数，此 pH 5.0 溶液的缓冲比为

$$\lg[c(HPr)/c(Pr^-)]=\lg r=pK_a-pH=4.86-5.00=-0.14$$

$$c(HPr)/c(Pr^-)=r=0.72$$

所需丙酸溶液的体积为

$$V\cdot c_{total}/c_{(HPr)}=1.00\times0.100/1.00=0.100L=100ml$$

其中 Pr^- 的量为

$$n_{Pr^-}=V\cdot c(Pr^-)=V\cdot c_{total}/(r+1)=1.00\times0.100/(1+0.72)=0.058mol$$

丙酸钠是由 NaOH 中和部分丙酸生成的，有

$$HPr+NaOH=NaPr+H_2O$$

因此，所需 NaOH 溶液的体积为

$$V=n_{NaOH}/c_{NaOH}=n_{Pr^-}/c_{NaOH}=0.058/1.00=0.058L=58ml$$

配制方法为：量取 100ml 丙酸贮备溶液和 58ml NaOH 贮备溶液，混合均匀，并用去离子水稀释至 900ml，在 pH 计上调节 pH=5.00，最后用去离子水定容到 1.00L，即得到所需的缓冲溶液。

五、标准缓冲溶液

用 pH 计测定溶液的 pH 时，需要用标准缓冲溶液进行校正。标准缓冲溶液是由规定浓度的某些标准解离常数较小的单一两性物质或由共轭酸碱对组成的，其 pH 是在一定温度下通过实验准确测定的。表 3-5 列出了几种常用的标准缓冲溶液的组成及其 pH。

表 3-5 几种常用的标准缓冲溶液及其 pH

标准缓冲溶液	pH 标准（25℃）
0.034mol·L^{-1}饱和酒石酸氢钾溶液	3.56
0.050mol·L^{-1}邻苯二甲酸氢钾溶液	4.01
0.025mol·L^{-1} KH_2PO_4-0.025mol·L^{-1} Na_2HPO_4 溶液	6.86
0.010mol·L^{-1}硼砂溶液	9.18

六、人体酸碱内稳态的维持机制

人体内各种体液都有一定的较稳定的 pH 范围，离开正常范围太大，就可能引起机体内许多功能失调。在体液中，主要存在三种类型的缓冲体系，它们的总浓度和缓冲容量如表 3-6 所示。

表 3-6 血浆和细胞内的主要缓冲体系总浓度和缓冲容量

	碳酸盐	磷酸盐	蛋白质
血浆中	24mmol·L^{-1}（≈2.5mmol·L^{-1}·pH^{-1}）	2mmol·L^{-1}（≈1mmol·L^{-1}·pH^{-1}）	1.2mmol·L^{-1}
细胞内	10mmol·L^{-1}（≈1mmol·L^{-1}·pH^{-1}）	11mmol·L^{-1}（≈6.3mmol·L^{-1}·pH^{-1}）	4mmol·L^{-1}

碳酸盐系统：$CO_2(H_2CO_3)$-$NaHCO_3$

磷酸盐系统：$H_2PO_4^-$-HPO_4^{2-}

蛋白质分子系统：H^+-protein-Na^+/K^+-protein

可以看到，血浆中和细胞内的缓冲体系的作用是不同的。在血浆中，以碳酸缓冲系在血液中浓度最高，缓冲容量最大；而在细胞内，磷酸盐系统的缓冲容量相对较高，在维持细胞内正常 pH 中发挥最主要的作用。不过，体内总体上采用的是一种低容量的缓冲策略。下面我们讨论血液中维持 pH 平衡的碳酸缓冲系。

在血液中，溶解 CO_2 存在下列平衡。

$$CO_{2(溶解)} + H_2O \rightleftharpoons H_2CO_3 \rightleftharpoons H^+ + HCO_3^-$$

此平衡可以简写为

$$CO_{2(溶解)} + H_2O \rightleftharpoons H^+ + HCO_3^-$$

在普通条件下，CO_2 的水合解离速率是较慢的，因此在人体中，有一种含 Zn^{2+} 的酶——碳酸酐酶催化上述反应，使 CO_2 能够迅速地水合或者释放。

因此，可以看到在血液中溶解 CO_2 和 HCO_3^- 形成一对表观的缓冲体系。$CO_{2(溶解)}$ 是其中的弱酸，HCO_3^- 是其中的弱碱。血液中表观的碳酸盐缓冲溶液的 pH 为

$$pH = pK_a + \lg\frac{c(HCO_3^-)}{c(CO_2)_{溶解}}$$

式中，pK_a 为 37℃时校正后的 CO_2 水合解离常数，$pK_a = 6.10$。正常人血浆中 $c(HCO_3^-)$ 和 $c(CO_2)_{溶解}$ 浓度分别为 0.024mol·L^{-1}和 0.0012mol·L^{-1}，将其代入得到血液的正常 pH。

$$pH = 6.10 + \lg[c(HCO_3^-)/c(CO_2)_{溶解}] = 6.10 + \lg(20/1) = 7.40$$

我们很容易看出其中的一个问题是，正常血浆中碳酸盐系统的缓冲比为 20/1。这个数值已经超出一般缓冲溶液的有效缓冲比范围（1/10～10/1）。理论上，这个缓冲系的缓冲能力应该是很小的。那么血液为什么会采用这么一种碳酸盐缓冲体系呢？

我们注意到，虽然血液中的碳酸盐体系不在有效的缓冲比内，但事实上血液的 pH 维持得相当好，正常人血液的 pH 维持在 7.35～7.45 的狭小范围。这是因为人体是一个“开放系统”，由于 CO_2 是挥发性气体，可以通过肺呼吸作用被很容易地排出体外，而 HCO_3^- 也很容易被肾通过尿液排出体外；同时 CO_2 是人体正常代谢的产物，在体内不断地产生，正常人在基础代谢状态下每天体内可产生 15mol（336L）CO_2。因此，人体可以通过肺和肾的功能，通过控制 CO_2 和 HCO_3^- 的排出速度，有效地控制体内 CO_2 和 HCO_3^- 的浓度，从而控制缓冲对的比值，维持 pH 不变。

我们可以看到，血液中碳酸盐缓冲体系中拥有较高的共轭碱 HCO_3^- 浓度，被称为血液碱储。若体液中［H^+］升高，将和 HCO_3^- 结合，在碳酸酐酶的催化下转变成 CO_2，可以被迅速地释放出去；在这种条件下，任何其他形式的酸都可以通过 CO_2 气体的形式被快速地排出，而且这种排出酸的速度是其他途径（如肾排出）所无法比拟的。这是机体选择碳酸盐缓冲体系的一个巨大的优势。

我们知道，体内多数的代谢过程都是产生酸的过程；低糖类和高脂肪食物都会引起代谢酸的增加，然而身体可以简单地通过加快呼吸的速度，排除多余的酸。不过，如果人体因肺部疾病导致肺部换气不足时，便可能导致体内 pH 降低过多（$pH < 7.35$），引起酸中毒；或者反过来，如果人体因高热（CO_2 溶解度降低）和气喘换气过速等原因引起 CO_2 浓度过低，或者因肾疾病导致 HCO_3^- 不能正常排泄时，都会引起血液碱性增加，可能引起碱中毒（$pH > 7.45$）。

机体采用碳酸盐缓冲体系的另一个优点是将酸碱平衡的维持同体内 O_2/CO_2 气体交换过程偶联在一起。但是，机体采用的这种低容量的缓冲策略在非开放系统的条件下，会有一些问题。例如在口腔中，唾液的缓冲能力是非常低的。白天，由于进食、说话等各种原因，人们经

常张口，口腔内氧气含量较高。口腔细菌可以进行有氧发酵，不会产生太多的酸，并且唾液不停地冲刷，可以保持口腔正常的 pH（6.35～6.85）。但是到了夜晚，口腔长时间闭合，细菌主要进行无氧发酵，可以产生大量的酸性物质，引起口腔酸性增加，这可能导致龋齿发生。因此，我们需要健康的生活方式来维持口腔的正常 pH，这个问题将在后续讨论。

思考题

1. 酸碱质子理论如何定义酸和碱？什么叫作共轭酸碱对？

2. 为什么计算多元弱酸溶液的 H_3O^+ 浓度时，可以近似地用一级解离平衡进行计算？

3. 什么叫同离子效应和盐效应？

4. 强电解质的解离方式与弱电解质的解离方式有何不同？它们的解离度有何区别？

5. 何谓缓冲溶液？决定缓冲溶液 pH 的因素有哪些？

6. 按酸碱质子理论，下列物质在水溶液中哪些属于酸？哪些属于碱？哪些属于两性物质？

$$HS^-，CO_3^{2-}，NH_3，HF，H_3PO_4，H_2O$$

7. 何谓水的离子积常数？在纯水中加入少量酸或碱，水的离子积常数是否发生变化？H_3O^+ 浓度是否发生变化？

8. 共轭酸碱对的 K_a 与 K_b 之间有何定量关系？

9. 缓冲溶液的缓冲容量与哪些因素有关？

10. 按酸碱质子理论，HPO_4^{2-} 是一种酸碱两性物质，但为什么 Na_2HPO_4 溶液显碱性？

11. HAc 溶液中也同时含有 HAc 和 Ac^-，它为何不属于缓冲溶液？

12. 在 NH_3 溶液中加入少量下列物质时，NH_3 的解离度和溶液的 pH 将发生怎样的变化？

(1) NH_4Cl (s)　　(2) NaOH (s)　　(3) HCl (aq)　　(4) H_2O (l)

13. 某同学在计算 1.0×10^{-6} mol·L^{-1} HCN（$K_a=5.8\times10^{-10}$）溶液的 pH 时解答如下：

由于 $c/K_a=1.0\times10^{-6}/5.8\times10^{-10}>500$，则

$$[H_3O^+]=\sqrt{K_a(HCN)\cdot c(HCN)}=\sqrt{5.8\times10^{-10}\times1.0\times10^{-6}}=2.4\times10^{-8}(mol\cdot L^{-1})$$

$$pH=7.62$$

你认为上述解法是否正确？如果认为不妥，请推导出 H^+ 浓度的计算公式。

14. 甘氨酸 $H_2N—CH_2—COOH$ 中有一个羧基—COOH 和一个氨基—NH_2，且 K_a 和 K_b 几乎相等。试用酸碱质子理论判断在强酸性溶液、强碱性溶液或纯水中甘氨酸将主要以哪种离子形式存在。

15. 分别中和相同体积 pH 为 3.0 的盐酸溶液和醋酸溶液所需 NaOH 的质量是否相同？为什么？

16. 25℃时，$K_a(HAc)=1.8\times10^{-5}$，$K_{a2}(H_2CO_3)=4.7\times10^{-11}$。试利用酸碱质子理论判断下列反应进行的方向。

$$HAc+CO_3^{2-} \rightleftharpoons Ac^- +HCO_3^-$$

17. 在 HAc 溶液中加入 HCl 溶液，HAc 的解离度和溶液的 pH 将如何变化？

18. 溶液中 H_3O^+、OH^- 浓度的相对大小与溶液的酸碱性有何关系？

19. 在 HAc 溶液中存在哪些解离平衡？溶液中有哪些离子？其中哪一种离子的浓度最小？

20. pH 的定义是什么？如何用 pH 表征溶液的酸碱性？

21. 比较浓度相同的多元弱酸溶液的酸性强弱时，为什么只需比较它们的一级标准解离常数就可以了？

22. 多元弱酸在水溶液中解离的特点是什么？

23. 影响一元弱酸的标准解离常数和解离度的因素是什么？

24. 什么叫缓冲范围？如何确定缓冲溶液的缓冲范围？

25. 相同浓度的 HCl 溶液和 HAc 溶液的 pH 是否相同？为什么？

26. 以 $NH_3 \cdot H_2O$-NH_4Cl 缓冲系为例，简述缓冲溶液的作用机制。

27. 什么叫作缓冲容量？在什么条件下缓冲溶液具有最大缓冲容量？

28. 下列各组物质中哪些组合可能形成缓冲对？

(1) Na_2CO_3＋NaOH　(2) H_3PO_4＋NaH_2PO_4　(3) Tris＋HCl

(4) NaAc＋HCl　(5) KCN＋NaHS　(6) Na_2SO_4＋$NaHSO_4$

习　题

1. 25℃时，二元弱酸 H_2A 的标准解离常数分别为 $K_{a1}(H_2A)=1.0\times10^{-5}$，$K_{a2}(H_2A)=1.0\times10^{-9}$。试计算：

(1) $0.10mol \cdot L^{-1}$ H_2A 溶液的 pH；

(2) $0.10mol \cdot L^{-1}$ NaHA 溶液的 pH；

(3) $0.10mol \cdot L^{-1}$ H_2A-$0.010mol \cdot L^{-1}$ NaHA 混合溶液的 pH；

(4) $0.10mol \cdot L^{-1}$ Na_2A 溶液的 pH。

2. 25℃时，$K_a(HA)=1.0\times10^{-5}$。若用 $0.2000mol \cdot L^{-1}$ NaOH 溶液滴定 20.00ml $0.2000mol \cdot L^{-1}$ HA 溶液，试回答下列问题：

(1) 当滴定到溶液中 H_3O^+ 浓度为 $1.0\times10^{-4}mol \cdot L^{-1}$时，溶液中 HA 的浓度与其共轭碱 A^- 的浓度的比值是多少？

(2) 当 HA 被中和一半时，溶液的 pH 为多少？

(3) 当 HA 恰好被完全中和时，溶液的 pH 为多少？

3. 25℃时，一元弱酸 HA 的标准解离常数 $K_a(HA)=1.0\times10^{-6}$。在此温度下将 200ml $0.10mol \cdot L^{-1}$ HA 溶液与 100ml $0.10mol \cdot L^{-1}$ NaOH 溶液混合，计算混合溶液的 pH。

4. 25℃时，$0.10mol \cdot L^{-1}$ HA 溶液的 pH 为 4.00，计算此温度下 HA 的标准解离常数和解离度。

5. 25℃时，$0.10mol \cdot L^{-1}$某一元弱碱 A^- 溶液的 pH 为 10.00，计算此温度下 A^- 的标准解离常数 $K_b(A^-)$。

6. 在室温下将 10ml $0.10mol \cdot L^{-1}$ NH_3 溶液与 10ml $0.10mol \cdot L^{-1}$ NH_4Cl 溶液混合。已知 $pK_b(NH_3)=4.74$，计算所得混合溶液的 pH。

7. 已知 25℃时，三元酸 H_3A 的 $K_{a1}=1.0\times10^{-3}$，$K_{a2}=1.0\times10^{-7}$，$K_{a3}=1.0\times10^{-11}$。试计算此温度下 $0.10mol \cdot L^{-1}$ Na_2HA 溶液的 pH。

8. 已知 25℃时，三元酸 H_3A 的 $K_{a1}=1.0\times10^{-4}$，$K_{a2}=1.0\times10^{-8}$，$K_{a3}=1.0\times10^{-12}$。试计算此温度下 $0.10mol \cdot L^{-1}$ NaH_2A 溶液的 pH。

9. 25℃时，$pK_a(HAc)=4.74$。在此温度下，将 100ml $0.22mol \cdot L^{-1}$ HAc 溶液与 100ml $0.20mol \cdot L^{-1}$ NaOH 溶液混合配制缓冲溶液，计算此缓冲溶液的 pH。

10. 200ml $0.20mol \cdot L^{-1}$一元弱酸 HA 溶液中，加入 100ml $0.20mol \cdot L^{-1}$ NaOH 溶液，测得混合溶液的 pH 为 5.0，求 HA 的标准解离常数。

11. 25℃时，$K_a(HA)=1.0\times10^{-7}$。已知 HA 溶液的 pH 为 4.0，求此 HA 溶液的浓度。

12. 25℃时，$K_a(HA)=1.0\times10^{-6}$。现配制 pH 为 6.0 的 HA-NaA 缓冲溶液，需往 200ml $0.20mol \cdot L^{-1}$ HA 溶液中加入多少毫升 $0.20mol \cdot L^{-1}$ NaOH 溶液？

13. 已知 $0.10mol \cdot L^{-1}$ HA 溶液的 pH 为 3.0，计算 $0.10mol \cdot L^{-1}$共轭碱 NaA 的 pH。

14. 25℃时，$K_{a1}(H_2A)=1.0\times10^{-7}$，$K_{a2}(H_2A)=1.0\times10^{-14}$，计算 $0.10mol \cdot L^{-1}$ H_2A

溶液中 HA^-、A^{2-} 的浓度。

15. 已知 $pK_b(NH_3)=4.74$，$M(NH_4Cl)=53.5g\cdot mol^{-1}$。取 100ml 2.0mol·$L^{-1}$ NH_3 溶液配制 1.00L pH 为 9.26 的缓冲溶液，问需加入 NH_4Cl 多少克？

16. 25℃时，一元弱酸 HA 的标准解离常数 $K_a(HA)=1.0\times10^{-7}$。试计算 0.10mol·L^{-1} HA 溶液的 pH 和 HA 的解离度。

17. 25℃时，一元弱酸 HA 的标准解离常数 $K_a(HA)=1.0\times10^{-5}$。试计算 0.10mol·L^{-1} NaA 溶液的 pH。

18. 25℃时，二元弱酸 H_2A 的 $K_{a1}=1.0\times10^{-4}$，$K_{a2}=1.0\times10^{-8}$。

(1) 将 20ml 2.0mol·L^{-1} H_2A 溶液与 20ml 蒸馏水混合配成溶液，计算溶液的 pH；

(2) 将 20ml 1.0mol·L^{-1} H_2A 溶液与 10ml 1.0mol·L^{-1} NaOH 溶液混合，计算混合溶液的 pH。

19. 若室温下 $K_b(NH_3)=1.0\times10^{-5}$，今有 100ml 0.10mol·$L^{-1}$氨水，问：

(1) 此氨水的 pH 是多少？

(2) 向此氨水中加入 5.35g NH_4Cl [$M(NH_4Cl)=53.5g\cdot mol^{-1}$] 固体后，溶液的 pH 是多少（忽略加入 NH_4Cl 后溶液体积的变化）？

(3) 加入 NH_4Cl 固体前后氨的解离度各为多少？

20. 已知 0.10mol·L^{-1} NaA 溶液的 pH 为 9.0，试计算其共轭酸 HA 的标准解离常数。

21. 25℃时，$K_a(HAc)=1.8\times10^{-5}$。将 20ml 0.10mol·$L^{-1}$ HAc 溶液与 10ml 0.10mol·L^{-1} NaOH 溶液混合后，溶液的 H^+ 浓度是多少？

22. 已知 0.10mol·L^{-1} NaA 溶液的 pH 为 11.0，求一元弱酸 HA 的标准解离常数。

23. 已知 $K_b(NH_3)=1.0\times10^{-5}$，$K_{a1}(H_3PO_4)=6.7\times10^{-3}$，$K_{a2}(H_3PO_4)=6.2\times10^{-8}$，$K_{a3}(H_3PO_4)=4.5\times10^{-13}$。通过计算判断在水溶液中 NH_3 与 HPO_4^{2-} 哪一个碱性较强。

24. 25℃时，丙酸的 $pK_a=4.87$。把 0.20mol 丙酸和 0.020mol 丙酸钠溶解在纯水中配成 1.0L 缓冲溶液。

(1) 计算该缓冲溶液的 pH；

(2) 向 100ml 该缓冲溶液加入 9.0mmol NaOH 固体，溶液的 pH 是多少？

25. 100ml 0.20mol·L^{-1} HA 溶液与 50ml 0.080mol·L^{-1} NaOH 溶液混合后，将此溶液再稀释到 200ml，测得溶液的 pH 为 4.00，求 HA 的标准解离常数。

26. 25℃时，三元酸 H_3A 的 $K_{a1}=1.0\times10^{-3}$，$K_{a2}=1.0\times10^{-7}$，$K_{a3}=1.0\times10^{-11}$。将 200ml 0.24mol·L^{-1} NaH_2A 溶液与 100ml 0.36mol·L^{-1} Na_2HA 溶液混合后，溶液的 pH 为多少？若向此混合溶液中加入 100ml 0.12mol·L^{-1} NaOH 溶液，溶液的 pH 为多少？

27. 在某混合溶液中，HCOOH 和 HCN 的浓度分别为 0.10mol·L^{-1}和 0.20mol·L^{-1}，已知 $K_a(HCOOH)=1.6\times10^{-4}$，$K_a(HCN)=5.0\times10^{-10}$，计算此混合溶液中 H^+、$HCOO^-$ 和 CN^- 的浓度。

28. 25℃时，三元弱酸 H_3A 的标准解离常数分别为 $K_{a1}=1.0\times10^{-5}$，$K_{a2}=1.0\times10^{-9}$，$K_{a3}=1.0\times10^{-13}$。已知在某浓度的 H_3A 溶液中 $[A^{3-}]=1.0\times10^{-19}mol\cdot L^{-1}$，试计算此溶液中 H_3A 的浓度。

29. 某混合溶液由 300ml 0.15mol·L^{-1} HA 溶液与 150ml 0.30mol·L^{-1} HB 溶液混合后组成，已知 $K_a(HA)=1.0\times10^{-5}$，$K_a(HB)=1.0\times10^{-6}$，计算混合溶液中 H^+、A^- 和 B^- 离子的浓度。

30. 25℃时，H_3PO_4 的 $K_{a1}(H_3PO_4)=7.6\times10^{-3}$，$K_{a2}(H_3PO_4)=6.2\times10^{-8}$，$K_{a3}(H_3PO_4)=4.5\times10^{-13}$。将等物质的量的 Na_2HPO_4 和 Na_3PO_4 溶于水，使其总浓度为 0.20mol·L^{-1}，计算此混合溶液的 H^+ 离子浓度。

31. 某一元弱酸 HA 溶液的 pH 为 3.00，其共轭碱 NaA 溶液的 pH 为 9.00，将上述两种溶液等体积混合后 pH 为 9.00，计算 HA 的标准解离常数。

32. 在人体血液中起缓冲作用的主要是 H_2CO_3-HCO_3^- 缓冲对，已知 37℃时正常人血液的 H^+ 离子浓度为 4.0×10^{-8}mol·L^{-1}，经校正后 H_2CO_3 的 $K_{a1}=8.0\times10^{-7}$。试求正常人血液中 HCO_3^- 浓度与 H_2CO_3 浓度的比值。

33. 25℃时，HAc 的 $pK_a=4.74$。要配制 500ml pH=3.74 的缓冲溶液，需用 0.10mol·L^{-1} HAc 溶液和 0.10mol·L^{-1} NaOH 溶液的体积各为多少？

34. 某三元弱酸 H_3A 的 $K_{a1}=1.0\times10^{-3}$，$K_{a2}=1.0\times10^{-5}$，$K_{a3}=1.0\times10^{-12}$。将等物质的量的 NaH_2A 和 Na_2HA 溶于水配制成总浓度为 0.20 的混合溶液，计算溶液的 pH。此混合溶液能否用作缓冲溶液？

35. 25℃时，0.010mol·L^{-1} H_2SO_4 溶液中 H^+ 离子浓度为 0.0145mol·L^{-1}，计算 HSO_4^- 的标准解离常数。

36. 25℃时，一元弱酸 HA 的 $K_a=1.0\times10^{-5}$。已知在某浓度的 HA 溶液中 HA 的解离度为 1.0%，计算此 HA 溶液的浓度。

37. 25℃时，HA 的 $K_a=1.0\times10^{-5}$。将 pH 为 3.0 的 HA 溶液与 pH 为 9.0 的 NaA 溶液等体积混合，计算混合溶液的 pH。

38. 血浆和尿液中都含有 $H_2PO_4^-$-HPO_4^{2-} 缓冲对，正常人血浆和尿液中 $c(HPO_4^{2-})$ 和 $c(H_2PO_4^-)$ 的比值分别为 4 和 1/9。已知 $H_2PO_4^-$ 的 pK_a 为 6.80（考虑了其他因素的影响，校正后的数值），分别计算血浆和尿液的 pH。

39. 血浆中 H_2CO_3 和 HCO_3^- 的总浓度为 2.52×10^{-2} mol·L^{-1}。37℃时 H_2CO_3 的 $pK_{a1}=6.10$（考虑血浆的温度及其他因素对 pK_{a1} 的影响，校正后的数值），血浆的 pH 为 7.40。计算血浆中 $c(H_2CO_3)/c(HCO_3^-)$、$c(H_2CO_3)$ 和 $c(HCO_3^-)$。

40. 37℃时需 pH=7.40 的 0.050mol·L^{-1} Tris·HCl-Tris 缓冲溶液 500ml，应取 0.100mol·L^{-1} Tris 溶液和 0.100mol·L^{-1} HCl 溶液各多少毫升？已知 pK_a(Tris·HCl) =7.85。

41. 配制 pH=10.00 的缓冲溶液，需要向 100ml 0.050mol·L^{-1}的 $NH_3\cdot H_2O$ 加入多少克固体 NH_4Cl？此缓冲溶液的缓冲容量是多少？

42. 现有 0.20mol·L^{-1}的 H_3PO_4 溶液和 0.10mol·L^{-1}的 NaOH 溶液，欲用上述溶液混合配制下列缓冲溶液各 1L，需上述两种溶液各多少毫升？

（1）pH=3.00 的缓冲溶液；

（2）pH=7.00 的缓冲溶液。

43. 计算下列缓冲溶液的缓冲范围。

（1）$NH_3\cdot H_2O$-NH_4Cl 溶液；

（2）KH_2PO_4-Na_2HPO_4 溶液；

（3）Na_2HPO_4-Na_3PO_4 溶液。

44. 由一元弱酸 HA（$K_a=5.0\times10^{-6}$）和它的共轭碱 NaA 组成的缓冲溶液中，HA 的浓度为 0.25mol·L^{-1}，若在此溶液中加入 5.0mmol NaOH 固体，溶液的 pH 变为 5.60。计算加入 NaOH 固体前缓冲溶液的 pH。

45. 计算 0.10mol·L^{-1} $NH_3\cdot H_2O$-0.10mol·L^{-1} NH_4Cl 缓冲溶液的 pH 和缓冲容量。

46. 配制 1L pH=10 的 $NH_3\cdot H_2O$-NH_4Cl 缓冲溶液，用去 35ml 15mol·L^{-1}的氨水，计算需要 NH_4Cl 多少克？

47. 3 位住院患者的化验报告如下。

（1）甲：$c(HCO_3^-)=24.0$mmol·L^{-1}，$c(H_2CO_3)=1.20$mmol·L^{-1}；

(2) 乙：$c(HCO_3^-)=21.6mmol\cdot L^{-1}$，$c(H_2CO_3)=1.35mmol\cdot L^{-1}$；

(3) 丙：$c(HCO_3^-)=56.0mmol\cdot L^{-1}$，$c(H_2CO_3)=1.40mmol\cdot L^{-1}$。

已知在血浆中校正后的 $pK_{a1}=6.10$，计算 3 位患者血浆的 pH。并判断谁属于正常，谁属于酸中毒，谁属于碱中毒。

（张乐华）

第四章　化学热力学

热力学是研究宏观系统的热现象和能量相互转化的一门科学。利用热力学的基本原理研究化学反应的学科称为化学热力学（thermodynamics）。化学热力学重点解决两个问题：一是化学反应中的能量转化问题，即化学反应热效应的计算；二是化学反应进行的方向与限度的问题。化学热力学研究的是大量物质质点构成的宏观物系，是大量粒子的统计行为，不追究系统变化的具体途径，不考虑物质的精细结构，也不涉及化学反应速率等问题。化学热力学对生产实践（如设计反应路线等）有重大的指导意义。

第一节　化学热力学基本概念和热力学第一定律

生产实践中，能量是如何产生的？产生的能量是如何计算的？这些问题对工业及人类的生活等是十分重要的。人们每天活动需要大量的能量，不同食物产生的能量是不一样的，这些能量维系着人们正常的生理活动。诸如此类关于能量的产生及其数值的大小等问题，是热力学第一定律所需要解决的。

一、基本概念

（一）系统和环境

研究热力学问题时，通常把一部分物体和周围其他物体划分开来，作为研究的对象，这些研究的对象称为系统（system)，系统以外并与系统有相互作用的其他部分称为环境（surroundings)。

系统和环境间可以进行物质或能量的交换，据此可将系统分为三类。

1. 开放系统（open system）　系统和环境间同时进行物质和能量的交换。例如盐酸和锌粒的反应，如果在烧杯中进行，盐酸和锌反应放出的氢气可以进入大气，而反应放出的热量释放到环境中。

2. 封闭系统（closed system）　系统和环境间只进行能量的交换，而没有物质交换。如上例盐酸和锌粒的反应，如果是在密封的容器中进行，反应产生的氢气就不能释放到大气中，但热量可以通过器壁散发到环境中。

3. 孤立系统（isolated system）　系统和环境没有任何物质和能量的交换。如上例，如果反应是在绝热的保温瓶中进行的，则其中的盐酸和锌粒反应系统可近似地看作孤立系统，该系统完全不受环境的影响。

（二）状态和状态函数

描述一个系统，必须确定其一系列的物理、化学性质，例如温度、压力、体积、组成、能量和聚集态等，这些性质的综合表现称为系统的状态（state)，而用来表征系统宏观性质的这些可测物理量称之为状态函数（state function)。

当系统的所有性质都有确定值时，该系统就处于一定的热力学状态；反之，当系统状态一定时，系统的所有性质也都有确定值，即状态函数就有一个相应的确定值。实验证明，没有发生化学变化，只含有一种物质的封闭系统，一般只需指定两个强度性质，其他强度性质也就确定了。变化前的状态，称为起始状态（始态，initial state）；变化后的状态，则称为最终状态（终态，final state）。系统状态发生变化，只要终态和始态一定，那么状态函数的变化值就是唯一的数值，而与其变化途径及历史无关。

系统的状态函数分为两类。

1. 广度性质（extensive property） 其数值与系统的数量成正比。例如，体积、质量、熵和热力学能等就属于广度性质的状态函数。在相同状态下，物质的数量扩大1倍，其值也扩大1倍。这种性质具有加和性，在相同的条件下，整个系统的某个广度性质是系统中各部分该性质的加和。

2. 强度性质（intensive property） 这类性质取决于系统自身的特性，而与系统的数量无关，不具有加和性，如温度、压力、密度等。

两个广度性质相除，或将某个广度性质除以系统总质量或物质的量，就得到强度性质。例如，$\rho=m/V$，将质量除以体积，就得到体积质量，即密度这个强度性质；$V_m=V/n$，将体积除以系统的物质的量，就得到了摩尔体积这个强度性质。

（三）过程与途径

在一定的环境条件下，系统发生了从始态到终态的变化，称之为系统发生一个热力学过程，简称为过程（process）。从始态到终态可以由不同的方式来完成，可以经由一个或多个不同步骤来完成，其具体的步骤则称为途径（path）。

常见的热力学过程如下。

1. 等温过程（isothermal process） 系统由始态变到终态，保持温度不变，且与环境的温度相同，即有 $T_{始态}=T_{终态}=T_{环境}$。

2. 等压过程（isobaric process） 系统的始态压力等于终态压力，且与环境的压力相同，即 $p_{始态}=p_{终态}=p_{环境}$。

3. 等容过程（isochoric process） 系统在变化过程中，体积保持不变。在刚性容器中发生的变化一般是等容过程。

4. 绝热过程（adiabatic process） 系统在变化过程中与环境没有任何热交换。

5. 循环过程（cyclic process）绝热过程（adiabatic process） 系统从始态出发，经过一系列变化，最后又回到原来的状态。在这个过程中，所有状态函数的变量都等于零。

生命系统通常存在于大气压下，并维持于某一特殊温度——体温条件，因此，等温等压过程是我们最为关心的过程。

（四）热和功

热量（heat）简称热，是由于温度不同而在系统与环境之间传递的能量。热用符号 Q 来表示，SI 单位是 J。因为热是“传递”的能量，即“交换”的能量，所以不能说系统本身有多少热。热不是系统本身固有的东西，而是系统与环境交换的一部分能量。在本书中规定：系统吸热为正，即 $Q>0$；系统放热为负，即 $Q<0$。

系统和环境之间可以以多种方式传递能量。人们把除热以外，在系统与环境之间传递的其他各种能量叫作功（work），用符号 W 表示，单位是 J。国际纯粹与应用化学联合会规定，系统对环境做功，即 $W<0$；系统从环境得到功，$W>0$。

系统与环境之间传递能量，必然伴随着系统状态发生变化。因此，只有当系统经历一个过程时，才有功和热。系统处于一个平衡状态时，无功和热可言。也就是说，功和热不是系统的性质，它们与过程紧密联系，有过程才可能有功和热，没有过程就没有功和热。所以，W 和 Q 不是状态函数而是过程量。如果系统由状态 A 到达状态 B，一般来说，途径不同，过程的功和热都互不相等，因此 W 和 Q 与途径有关，是过程的函数，这是过程量 W 和 Q 与状态函数改变量的根本区别。

功又分为体积功和非体积功。体积功（又称为膨胀功）是在一定的环境压力下，系统的体积发生变化反抗外力所做的功。除了体积功以外的一切其他形式的功，如电功、表面功等统称为非体积功，用符号 W' 表示。由于非体积功需要特殊条件才能实现，通常情况下，认为化学反应中系统只做体积功而忽略非体积功。

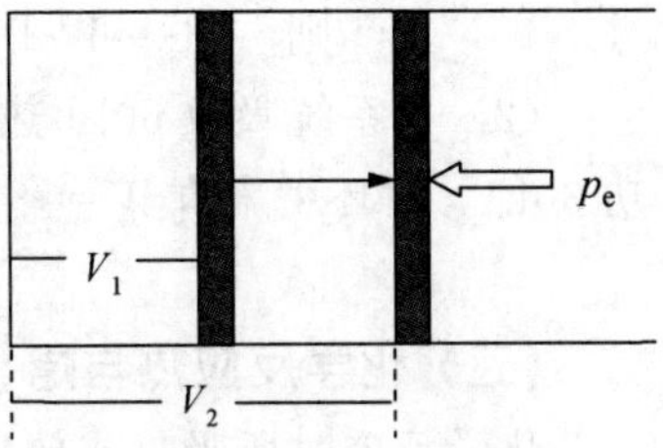

图 4-1　体积功示意图

体积功的计算可用图 4-1 来说明。假定一定量的理想气体被密封在一活塞气缸中，活塞面积为 A。若忽略活塞质量和移动过程中与气缸壁的摩擦力，设环境的压力为 p_e。若气体等压膨胀，活塞的体积从 $V_1 \rightarrow V_2$，系统反抗外力做功，如施加在活塞上的外力用 F 表示，则体积功为

$$W = -F \cdot \Delta l = p_e \cdot A \cdot \Delta l = -p_e \cdot A \cdot (l_2 - l_1) = -p_e(Al_2 - Al_1)$$
$$= -p_e(V_2 - V_1) = -p_e \cdot \Delta V \tag{4-1}$$

（五）内能

内能（internal energy）主要是指系统内部所有微观粒子（如分子、原子、电子等）的微观无序运动的动能（如平动能、转动能、振动能、电子和核运动的能量）以及所有相互作用的势能等，也称热力学能（thermodynamic energy），是系统能量的总和，用符号 U 表示，其 SI 单位为 $J \cdot mol^{-1}$。

内能的绝对值无法知道，但这并不妨碍人们对实际问题的解决。当系统从一个状态变化到另一个状态时，内能的变化量（ΔU）是可以测量和计算的，即内能变化可以从系统与环境交换的能量求得。热力学正是通过内能的变化量来解决实际问题的。

内能也是状态函数，是系统自身的性质，系统的状态确定了，内能也就有了定值。其变化值取决于系统的始态和终态，而与变化的途径无关。

二、热力学第一定律与反应热

（一）热力学第一定律

“自然界的一切物质都具有能量，能量有各种不同的形式，能够从一种形式转化为另一种形式，在转化的过程中，不生不灭，能量的总值不变”。这就是能量守恒和转化定律。

能量守恒和转化定律表明：要想制造出一种机器，它既不靠外界供给能量，同时自身的能量也不减少，却能不断地对外做功（人们把这种假想的机器称为第一类永动机），这显然是不可能的。因此，能量守恒定律又可以表述为：“第一类永动机是不可能的”。因为第一类永动机与能量守恒和转化定律相矛盾，所以永动机是永远不可能造成的。

热力学第一定律是人类长期的、大量的、经验的总结，至今尚未发现与之相违背的现象或结果，迄今的实验检验都证明了其正确性。

把能量守恒与转化定律用于具体的热力学系统，就称为热力学第一定律（first law of thermodynamics）。对封闭系统由始态（热力学能为 U_1）变化到终态（热力学能为 U_2），同时系统从环境吸热 Q，从环境得到的功为 W，则系统热力学能的变化为

$$\Delta U = W + Q \tag{4-2}$$

这就是热力学第一定律的数学表达式，只适用于封闭系统。因为这里只考虑了热力学能的变化 ΔU，未考虑系统与环境之间除了热、功交换以外的物质交换。

热力学第一定律表述了内能、功和热之间可以相互转化，且说明了它们之间转化的定量关系。

【例 4-1】　某一封闭系统，从环境吸热 50kJ，对环境做功 30kJ。试问：

（1）系统热力学能变是多少？

（2）此过程中环境能量又发生了什么变化？

解：（1）由题意可知：$Q = +50\text{kJ}$，$W = -30\text{kJ}$

则 $\Delta U=W+Q=50\text{kJ}+(-30\text{kJ})=20\text{kJ}$

（2）当系统吸收 50kJ 热时，环境必然放热 50kJ，对环境来讲 $Q=-50\text{kJ}$；系统对环境做功 30kJ，对环境来讲 $W=+30\text{kJ}$，于是环境的能量改变为

$$\Delta U=W+Q=-50\text{kJ}+30\text{kJ}=-20\text{kJ}$$

（二）化学反应热与焓

化学反应时所吸收或放出的热叫作反应的热效应，简称反应热。化学反应热是指等温过程，即系统发生变化后，使生成物的温度（终态 T_2）回到反应前（始态 T_1）的温度，系统放出或吸收的热量。为了讨论问题的方便，在研究化学反应热效应时系统通常不做非体积功，只做体积功，大多数化学反应都在等容或等压条件下进行，下面主要讨论这两种过程热的计算。

1. 等容反应热 Q_V　如果化学反应是在等容条件下进行，且系统不做非体积功，此过程的反应热称为等容反应热。用符号 Q_V 表示。

由于等容过程，$V=0$，$W'=0$，所以 $W=0$。

根据热力学第一定律　$\Delta U=W+Q$，可得

$$Q_V=\Delta U \tag{4-3}$$

该式说明在等容过程中，化学反应热全部用于改变系统的热力学能。虽然热是过程的函数，但在等容条件下，等容反应热 Q_V 只取决于始态和终态。

2. 等压反应热 Q_P　如果化学反应是在等压条件下进行，且系统不做非体积功，此过程的反应热称为等压反应热。用符号 Q_P 表示。

在等压且 $W'=0$ 时，热力学第一定律记作：$\Delta U=Q_P-p\Delta V$

因此

$$\begin{aligned}Q_P&=\Delta U+p\Delta V=U_2-U_1+pV_2-pV_1\\&=(U_2+pV_2)-(U_1+pV_1)\end{aligned}$$

定义

$$H=U+pV \tag{4-4}$$

则

$$Q_P=H_2-H_1=\Delta H \tag{4-5}$$

H 称为焓（enthalpy）。因为 U、p、V 均为状态函数，所以焓也是热力学的状态函数，焓是实际应用中非常有用的函数。焓的变化值（ΔH）只取决于系统变化的终态和始态，而与变化的具体途径无关。焓和热力学能一样，具有能量的单位（$\text{kJ}\cdot\text{mol}^{-1}$），其绝对值也无法测定，而人们关心的是状态变化时的焓变（ΔH）。另外，焓不像热力学能 U 具有明确的物理意义，但等温等压下，且不做非体积功过程的焓变 ΔH，代表化学反应的热效应。$\Delta H<0$，表示系统放热；$\Delta H>0$，表示系统吸热。一般化学反应都是在大气压下敞口进行的，故可以认为在等压条件下，即无特别指明，通常计算反应热就是计算 ΔH。

虽说热是过程的函数，但式 4-5 说明在等压条件下，等压反应热 Q_P 与焓这一状态函数的改变量相等，故等压反应热 Q_P 也只取决于始态和终态。

综上所述，在等容或等压条件下，化学反应的反应热只与反应的始态和终态有关，而与变化的途径无关。

根据焓的定义 $H=U+pV$

$$\Delta H=\Delta U+\Delta(pV)$$

对于凝聚相（固相、液相）反应，$\Delta(pV)$ 值较小，可以忽略不计，$\Delta H=\Delta U$。

对于有气体参与的反应，并假定气体是理想气体，在反应温度 T 下，则有

$$\Delta(pV)=\Delta n_g RT$$

代入上式得：

$$\Delta H=\Delta U+\Delta n_g RT \tag{4-6}$$

式中，Δn_g 为反应前后气体物质的量的差值。上式说明 ΔH 和 ΔU 相差一个 $\Delta n_g RT$。

【例 4-2】 在 100℃和 100kPa 下，有 1.0mol $H_2O(l)$ 气化变成 1.0mol $H_2O(g)$。若 $\Delta H=40.63\text{kJ}\cdot\text{mol}^{-1}$，则 ΔU 是多少？

解：该气化过程为 $H_2O(l) \rightleftharpoons H_2O(g)$

等温等压下只做体积功，根据 $\Delta H=\Delta U+\Delta n_g RT$

$$\Delta U=\Delta H-\Delta n_g RT=(40.63-1\times 8.314\times 373.15\times 10^{-3})\text{kJ}\cdot\text{mol}^{-1}$$
$$=37.53\text{kJ}\cdot\text{mol}^{-1}$$

（三）热化学方程式

表示化学反应与热效应关系的方程式称为热化学方程式（thermochemical equation）。书写热化学方程式时，先写出反应的化学方程式，然后在方程式下方（或右方）写出相应的焓变。由于化学反应热与反应时的条件（温度、压力等）、物质的聚集状态及物质的量有关，因此在书写热化学方程式时，必须注意以下几点。

1. 要注明反应的温度、压力等条件。如果温度是 298.15K，压力是 100kPa，习惯上可不加注明。

2. 必须在化学式后标注物质的聚集状态和浓度。如 s、l、g、aq 分别表示固态、液态、气态和稀的水溶液。

3. 同一化学反应，化学计量数不同，反应热 ΔH 不同。并且反应热 ΔH 的数值表示一个已经完成的反应所吸收或放出的热量。例如

$$H_2(g)+\frac{1}{2}O_2(g)=H_2O(l),\ \Delta_r H^{\circ}_{m,298.15K}=-285.8\text{kJ}\cdot\text{mol}^{-1}$$

上式表明，在温度 298.15K，各种物质的压强是 100kPa 时进行等温等压反应，由 1mol $H_2(g)$ 与 $\frac{1}{2}$mol $O_2(g)$ 反应生成 1mol $H_2O(l)$ 时，反应放出的热量为 285.8kJ · mol^{-1}。

（四）盖斯定律

盖斯（Hess）在 1840 年根据大量的实验结果总结出一条规律：一个化学反应不管是一步完成，还是分几步完成，反应的热效应总是相同的。这就是盖斯定律。

显然，盖斯定律是热力学第一定律的特殊形式和必然结果。由于等压热效应数值上等于反应的焓变 $\Delta_r H$，而焓是状态函数，其变化值 $\Delta_r H$ 只取决于始态和终态，当然与所经历的途径或完成的步骤无关。这就是盖斯定律的实质。

盖斯定律奠定了整个热化学的基础，其重要意义在于能使热化学方程式像普通代数方程式那样进行运算，从而可根据已经准确测定的反应热计算难于测量或不能测量的反应的热效应。

【例 4-3】 计算 $C(s)+\frac{1}{2}O_2(g)\rightleftharpoons CO(g)$ 的热效应。

解：这一反应的热效应很难直接测量，因为人们很难控制 C(s) 氧化只生成 CO(g) 而不继续氧化生成 $CO_2(g)$。但 C(s) 燃烧为 $CO_2(g)$ 和 CO(g) 燃烧为 $CO_2(g)$，这两个反应的热效应都易测得，为

$$C(s)+O_2(g)\rightleftharpoons CO_2(g),\Delta_r H^{\circ}_{m,1}=-393.5\text{kJ}\cdot\text{mol}^{-1}$$
$$CO(s)+\frac{1}{2}O_2(g)\rightleftharpoons CO_2(g),\Delta_r H^{\circ}_{m,2}=-283.0\text{kJ}\cdot\text{mol}^{-1}$$

根据盖斯定律

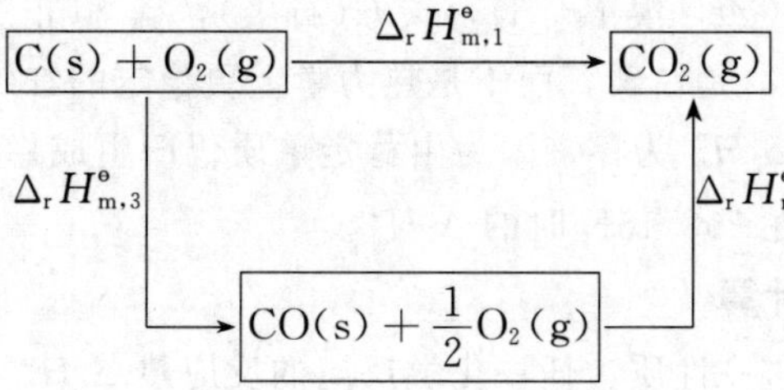

$$\Delta_r H^\ominus_{m,1}=\Delta_r H^\ominus_{m,2}+\Delta_r H^\ominus_{m,3}$$

$$\Delta_r H^\ominus_{m,3}=\Delta_r H^\ominus_{m,1}-\Delta_r H^\ominus_{m,2}$$

$$=[(-393.5)-(-283.0)]\ \text{kJ}\cdot\text{mol}^{-1}$$

$$=-110.5\text{kJ}\cdot\text{mol}^{-1}$$

也可以利用反应式间的代数式关系进行计算，如

(1) $C(s)+O_2(g)\rightleftharpoons CO_2(g)$，$\Delta_r H^\ominus_{m,1}=-393.5\text{kJ}\cdot\text{mol}^{-1}$

(2) $CO(s)+\frac{1}{2}O_2(g)\rightleftharpoons CO_2(g)$，$\Delta_r H^\ominus_{m,2}=-283.0\text{kJ}\cdot\text{mol}^{-1}$

(1)－(2)＝(3)

(3) $C(s)+\frac{1}{2}O_2(g)\rightleftharpoons CO(g)$

$\Delta_r H^\ominus_{m,3}=\Delta_r H^\ominus_{m,1}-\Delta_r H^\ominus_{m,2}$

所以实际计算时可以不绘图，像处理代数方程式那样，将反应式加减后求出所需的方程式，反应的热效应也相应地加减，无需考虑所设计的中间途径是如何进行的。但必须注意两点：

1. 只有条件相同的反应和聚集状态相同的同一物质才能相消或合并。

2. 将反应式乘以（或除以）某数时，$\Delta_r H$ 也必须同时乘以（或除以）该数。

三、化学反应摩尔焓变的计算

（一）热力学标准状态与物质的标准摩尔生成焓

从焓的定义式 $H=U+pV$ 可知，与热力学能 U 相似，物质的焓 H 的绝对值也无法确定。但在实际应用中人们关心的是反应或过程中系统的焓变 ΔH，为此人们采用了相对值的办法，即采用了物质的相对焓值。同时，为了得到一整套的可用于不同反应系统的热力学状态函数，国际标准规定了一个公共的参考状态—— 标准状态（简称标准态）。

1. 气体的标准态　在任一温度 T，100kPa 压力下的纯理想气体。

2. 液体的标准态　在任一温度 T，100kPa 压力下的纯液体。

3. 固体的标准态　在任一温度 T，100kPa 压力下的纯固体。

4. 溶液的标准状态　溶液中的溶剂为在任一温度、100kPa 下的纯液体；溶液中的溶质为在任一温度、100kPa 下，$c^\ominus=1\text{mol}\cdot\text{L}^{-1}$（或 $b^\ominus=1\text{mol}\cdot\text{kg}^{-1}$）。

热力学标准态强调物质的压力必须为标准压力 $p^\ominus=100\text{kPa}$，对温度并无限定，一般默认为 298.15K。

物质的相对焓值规定：在标准状态下，由稳定的单质生成 1mol 化合物时反应的焓变叫作该物质的标准摩尔生成焓（standard molar enthalpy of formation），用 $\Delta_f H^\ominus_m$ 表示，单位为 $\text{kJ}\cdot\text{mol}^{-1}$。符号中的下角标“f”表示“生成”，上角标“ө”表示“标准状态”，下角标“m”表示“生成 1mol 物质 B”。

定义中的稳定单质通常为选定温度 T 和标准压力 $p^\ominus$ 的最稳定单质。例如，氢是 $H_2(g)$，氮 $N_2(g)$，氧 $O_2(g)$，氯 $Cl_2(g)$，溴 $Br_2(l)$，碳 C(石墨)，硫 S(正交)，钠 Na(s)，铁 Fe(s) 等；磷较为特殊，“稳定单质”是白磷，而不是热力学上更稳定的红磷。

按照定义，稳定单质的 $\Delta_f H^\ominus_m$ 为零，因为由稳定单质仍旧生成稳定单质，这意味着未起反应。附录中列举了一些物质在 298.15K 时的 $\Delta_f H^\ominus_m$。

（二）化学反应焓变的计算

根据焓是系统状态函数这一性质，任一化学反应的反应热 $\Delta_r H^\ominus_m$ 可利用各物质的标准摩尔生成焓 $\Delta_f H^\ominus_m$ 进行计算。对于一般的化学反应，有

$$aA+bB=gG+eE$$

把反应前（各反应物）看作始态，反应后（各生成物）看作终态，反应的标准摩尔焓变（反应热）的计算式可写成

$$\begin{aligned}\Delta_r H_m^\circ &= \sum \Delta_f H_m^\circ(\text{生成物}) - \sum \Delta_f H_m^\circ(\text{反应物}) \\ &= g\Delta_f H_m^\circ(G) + e\Delta_f H_m^\circ(E) - a\Delta_f H_m^\circ(A) - b\Delta_f H_m^\circ(B) \\ &= \sum \nu_B \cdot \Delta_f H_m^\circ \end{aligned} \tag{4-7}$$

由于标准摩尔生成焓 $\Delta_f H_m^\circ$ 的默认温度 $T=298.15\text{K}$，由其计算出的标准摩尔反应焓 $\Delta_r H_m^\circ$ 也是温度 $T=298.15\text{K}$ 的值。温度虽然对物质的标准摩尔生成焓 $\Delta_f H_m^\circ$ 有影响，但由于反应物与生成物的标准摩尔生成焓都随温度的升高而增大，故在温度变化不大，未引起反应物和生成物聚集态发生变化时，反应的焓变随温度的变化较小，即反应的焓变基本不随温度而变。因此利用 298.15K 温度下的标准摩尔反应焓变作为任意温度下化学反应热来使用。即

$$\Delta_r H_m^\circ(T) \approx \Delta_r H_m^\circ(298.15\text{K})$$

【例 4-4】 利用附录，计算 37℃下葡萄糖氧化反应过程的标准焓变：

$$C_6H_{12}O_6(s)+6O_2(g) \rightleftharpoons 6CO_2(g)+6H_2O(l)$$

解： $\Delta_r H_m^\circ = \sum \Delta_f H_m^\circ(\text{产物}) - \sum \Delta_f H_m^\circ(\text{反应物})$

$=6\times\Delta_f H_m^\circ(CO_2,g)+6\times\Delta_f H_m^\circ(H_2O,l)-\Delta_f H_m^\circ(C_6H_{12}O_6,s)-6\times\Delta_f H_m^\circ(O_2,g)$

$=6\times(-393.5)+6\times(-285.8)-(-1273.3)-6\times0$

$=-2802.5(\text{kJ}\cdot\text{mol}^{-1})$

$\Delta_r H_m^\circ(310.15\text{K}) \approx \Delta_r H_m^\circ(298.15\text{K}) = -2802.5\text{kJ}\cdot\text{mol}^{-1}$

第二节 化学反应的方向和限度

在人体中，每天进行着大量的化学反应，这些反应释放出大量的能量，从而维持着人们的正常的生理活动。热力学第一定律可以回答化学反应中能量的变化，但却不能回答化学反应进行的方向和程度。如反应：

$$A+B \rightleftharpoons C+D$$

热力学第一定律可以回答正反应或逆反应进行时能量的变化，正反应和逆反应的化学热效应数值相等但符号相反。至于反应在指定条件下方向如何，却无法做出回答。违反热力学第一定律的反应不会发生，但不违反第一定律的反应却不一定可以自发进行。如反应 $CO_2 \rightleftharpoons C+O_2$ 不会自动发生，虽然可以计算出其反应的热效应。而逆反应却可以自发进行。

化学反应发生的方向如何判断？进行的程度如何确定？如反应 $aA+bB \rightleftharpoons dD+eE$ 有无发生的可能性？反应的优势方向是哪个方向？以上问题是热力学研究的重要内容。本节从系统能量变化的角度讨论化学反应的方向性。

一、化学反应进行的方向和吉布斯自由能

（一）自发过程

自然界中所发生的过程都具有一定的方向性。例如，高处的水会自动地流向低处；热量会自动地从高温物体传向低温物体；气体会自动从高压区流向低压区。而上述逆反应却不能自发进行。这种在一定条件下不需要外界做功就能自动进行的过程，称为自发过程（spontaneous process）。而只有借助外力做功才能进行的过程称为非自发过程（non-spontaneous process）。自发过程是指不借助于外力可以自动发生，而逆反应却不能自动发生。但这并不意味着逆反应

根本不能发生，而是指逆反应不借助于外力是不能发生的。如气体真空膨胀，不用借助于外力可以自动发生，是自发过程。如果要恢复原状，可以用活塞进行等温压缩，但结果却是环境付出了功，而且热储器得到了热，发生了功转化成热的变化，留下了变化"痕迹"，即逆反应不能自动发生，只能借助于外力才可能发生，且会引起其他变化。

人们经过长期实践总结出热力学第二定律（second law of thermodynamics），该定律有两种说法：一是不可能将热从低温物体传递给高温物体，而不引起其他变化，这种说法称为 Clasius 说法；另一种说法是不可能从单一热源取出热使之完全转化为功，而不发生其他的变化，这种说法称为 Kelvin 说法。这种说法是说功可以无条件地完全转化为热；而热则不能无条件地完全转化为功，如果让热完全转化为功，则必定要引发其他变化。这说明热和功之间的转化是不可逆的、有方向性的。

这两种说法都说明了变化的单向性，这两种说法从本质来说是等效的。Kelvin 说法还可描述为"第二类永动机不可能制成"。第二类永动机是指这样的机器，它可以从单一热源吸收热量，并将所吸收的热全部转化为功而没有发生其他变化。虽然它没有违反热力学第一定律，但却违背了热力学第二定律，所以不可能制成。

热力学第二定律与热力学第一定律一样，也是建立在无数实验事实的基础上的，是经过长期实践得出的结论，反映了客观规律，具有高度的可信性。

决定自发变化方向和限度的因素是什么呢？表面上看来对不同的过程有不同的因素。例如：决定水流动的方向是高度（h），水从高处流向低处，直到高度相等；决定热量传递的方向是温度（T），热从高温传向低温，直到温度相等；决定气体扩散的方向是压力（p），气体从高压流向低压，直到压力相等。那么，这些自发过程变化的方向和限度有没有一个共同的规律呢？

人们在对自然界的自发变化过程的研究中发现，自发过程的发生是由于系统的能量有自然降低的倾向。系统的能量越低，其状态就越稳定。化学反应中同样也伴随着能量的变化，能否据此判断化学反应的方向和限度？若能预言一个化学反应的自发性，将会给人类研究和利用化学反应带来极大的帮助。为此，化学家们进行了大量的工作，寻找判断反应自发进行的判据。19 世纪 70 年代，曾经有人把热效应看作是化学反应的动力，认为在恒温恒压下，只有放热反应（即 $\Delta_r H_m < 0$）能自发进行，而吸热反应（即 $\Delta_r H_m > 0$）不能自发进行。这可以解释许多反应发生的方向。但是后来人们发现有些反应却是向吸热方向自发进行的。下面这些反应中，正反应有的是吸热反应，有的是放热反应。

1. $C(s) + \frac{1}{2}O_2(g) \longrightarrow CO(g)$，$\Delta_r H_m^\circ = -110.5\text{kJ} \cdot \text{mol}^{-1}$

正反应为放热反应，反应在任何温度下均正向进行。

2. $HCl(g) + NH_3(g) \longrightarrow NH_4Cl(s)$，$\Delta_r H_m^\circ = 176.9\text{kJ} \cdot \text{mol}^{-1}$

正反应为吸热反应，反应在常温下正向进行，但在高温下则逆向进行。

3. $CaCO_3(s) \longrightarrow CaO(s) + CO_2(g)$，$\Delta_r H_m^\circ = 178.3\text{kJ} \cdot \text{mol}^{-1}$

正反应为吸热反应，常温下不反应，但在高温（$T > 1110\text{K}$）时反应正向进行。

4. $N_2(g) + \frac{1}{2}O_2(g) \longrightarrow N_2O(g)$，$\Delta_r H_m^\circ = 81.2\text{kJ} \cdot \text{mol}^{-1}$

正反应为吸热反应，反应在任何温度下均不能正向进行。

从上面的几个反应可以看出：温度和反应的焓变对反应进行的方向有很大的影响，焓变小于零的放热反应，有利于化学反应正向进行。虽然反应 3 的焓变大于零，但该反应在高温下却可以正向进行；但同样是焓变大于零的吸热反应 4，却在任何温度下都不能正向进行。又例如硝酸钾溶于水以及冰的融化，二者虽然都是吸热过程，但在一定温度下也能自发进行。这些事实表明，影响反应进行的方向的因素除了温度和反应焓变外，还有另外的因素。大量研究发现，影响反应自发性的一个重要因素是系统的混乱度的变化，即反应的熵变。

（二）混乱度与熵

系统混乱的程度称为混乱度。显然，气体的混乱度比液体大，液体的混乱度比固体大。

系统的自发变化总是从有序到无序。例如：将一瓶氨气放在室内，如果瓶是开口的，则不久氨气会扩散到整个室内与空气混合，这个过程是自发的，但不能自发地逆向进行。又如：向一杯水中滴入几滴墨水，蓝墨水就会自发地逐渐扩散到整杯水中，这个过程也不能自发地逆向进行。再如，$CaCO_3$ 的分解反应，生成 CaO 固体和 CO_2 气体，不仅分子数增多，而且增加了气体产物，整个系统的混乱度增大。常温下，硝酸钾溶于水以及冰的融化，也是系统混乱度增大的过程。

大量的研究表明：在孤立系统中，自发过程总是朝着混乱度增大的方向进行，而混乱度减小的过程是不可能自发进行的；当混乱度达到最大时，系统就达到平衡状态，这就是自发过程的限度。这种以系统的混乱度变化来判断反应方向的依据，简称熵判据。

1865 年德国物理学家克劳修斯引入了一个新的物理量——熵（entropy，S），用于表示系统内部质点运动的混乱度。一定条件下处于一定状态的物质及整个系统都有各自确定的熵值，故熵是描述系统混乱度大小的物理量，与系统的状态有关，也是系统的状态函数。物质（或系统）的混乱度越大，对应的熵值就越大。系统内物质微观粒子的混乱度与其聚集状态和温度有关。温度越低，内部微粒运动的速率越慢，也越趋近于有序排列，混乱度越小，其熵值越低。在绝对零度时，晶体内分子的各种运动都将停止，物质的微观粒子处于完全整齐有序的状态。人们根据一系列低温实验事实和推测，总结出一个经验定律：在热力学温度 0K 时，一切纯物质的完美晶体的熵值都等于零，称为热力学第三定律（third law of thermodynamics）。

根据热力学第三定律，可以求出物质在其他温度 T 时的熵值（S_T）。例如：将一种纯晶体从 0K 升温到任一温度 T，并测量出过程的熵变（ΔS），则

$$\Delta S = S_T - S_0 = S_T - 0 = S_T$$

上式说明，1mol 某物质的完美晶体从 0K 等压升温到 T 时，其过程的熵变就是此物质在温度 T 下的摩尔熵值，称为摩尔规定熵，用 S_m 表示。标准状态下物质的摩尔熵称为该物质的标准摩尔熵，用符号 $S_m^\ominus$ 表示，其单位为 $J \cdot mol^{-1} \cdot K^{-1}$。附录中列出了一些物质在 298.15K 时的标准摩尔熵 $S_m^\ominus$。

从常见物质的标准摩尔熵数据上，我们可以看到标准熵的一些规律。

1. 对同一物质而言，气态的熵值大于液态的熵值，而液态的熵值又大于固态的熵值。即 $S_m^\ominus(g) > S_m^\ominus(l) > S_m^\ominus(s)$。例如：298.15K 时

$$S_m^\ominus(H_2O,g) = 188.72 J \cdot mol^{-1} \cdot K^{-1}$$

$$S_m^\ominus(H_2O,l) = 69.91 J \cdot mol^{-1} \cdot K^{-1}$$

$$S_m^\ominus(H_2O,s) = 39.33 J \cdot mol^{-1} \cdot K^{-1}$$

2. 同一物质在相同的聚集状态时，其熵随温度升高而增大。即 $S_m^\ominus$(高温)$>S_m^\ominus$(低温)。例如：$S_m^\ominus(Fe, s, 500K) = 41.2 J \cdot mol^{-1} \cdot K^{-1}$，$S_m^\ominus(Fe, s, 298.15K) = 27.3 J \cdot mol^{-1} \cdot K^{-1}$。

3. 一般说来，温度和聚集状态相同的物质，摩尔质量大的熵值大，分子结构复杂的熵值大。例如：$S_m^\ominus(HI) > S_m^\ominus(HBr) > S_m^\ominus(HCl) > S_m^\ominus(HF)$。

4. 混合物或溶液的熵值往往比相应的纯物质的熵值大。即 $S_m^\ominus$(混合物)$>S_m^\ominus$(纯物质)。

利用这些简单的规律，可得出一条定性判断过程熵变的有用规律：对于物理或化学变化而论，一个导致气体分子数增加的过程或反应总伴随着熵值的增大；如果气体分子数减少，熵值将减小。

熵是状态函数，化学反应的熵变同样只取决于反应的始态和终态，而与变化的途径无关。因此应用物质的标准摩尔熵的数值可以计算出化学反应的标准摩尔熵变：

$$\Delta_r S_m^\ominus = \sum S_m^\ominus(\text{生成物}) - \sum S_m^\ominus(\text{反应物})$$
$$= \sum \nu_B \cdot S_m^\ominus(B) \tag{4-8}$$

应当指出，虽然物质的标准摩尔熵随温度的升高而增大，但温度升高在没有引起任一物质聚集状态的改变时，生成物的标准摩尔熵的总和随温度升高而引起的增大与反应物的标准摩尔熵总和的增大通常相差不大，大致可以互相抵消。所以反应的 $\Delta_r S_m^\ominus$ 与 $\Delta_r H_m^\ominus$ 相似，通常在近似计算时，可忽略温度的影响，可认为反应的熵变基本不随温度而变。因此可利用 298.15K 温度下的标准摩尔熵变作为任意温度下化学反应的熵变来使用，即

$$\Delta_r S_m^\ominus(T) \approx \Delta_r S_m^\ominus(298.15K)$$

【例 4-5】 利用附录，计算 37℃下葡萄糖氧化反应过程的标准摩尔熵变：

$$C_6H_{12}O_6(s) + 6O_2(g) \rightleftharpoons 6CO_2(g) + 6H_2O(l)$$

解：根据纯物质的标准摩尔熵 $S_m^\ominus$（298.15K）表，有

$$S_m^\ominus(C_6H_{12}O_6, s) = 212.1 J \cdot mol^{-1} \cdot K^{-1}; S_m^\ominus(O_2, g) = 205.2 J \cdot mol^{-1} \cdot K^{-1}$$
$$S_m^\ominus(CO_2, g) = 213.8 J \cdot mol^{-1} \cdot K^{-1}; S_m^\ominus(H_2O, l) = 70.0 J \cdot mol^{-1} \cdot K^{-1}$$

$$\Delta_r S_m^\ominus(298.15K) = \sum S_m^\ominus(\text{生成物}) - \sum S_m^\ominus(\text{反应物})$$
$$= 6\times213.8 + 6\times70.0 - 212.1 - 6\times205.2 = 259.5 J \cdot mol^{-1} \cdot K^{-1}$$
$$\Delta_r S_m^\ominus(310.15K) \approx \Delta_r S_m^\ominus(298.15K) = 259.5 J \cdot mol^{-1} \cdot K^{-1}$$

（三）吉布斯自由能与化学反应自发性的判据

1. 吉布斯自由能　由前面的讨论可知，决定某反应过程的自发性与焓变、熵变及温度三大因素有关。1875 年，美国著名物理化学家吉布斯（J. W. Gibbs）定义了一个新的函数——吉布斯自由能（或称吉布斯函数，Gibbs free energy），该函数将这三大因素综合在了一起，用符号 G 表示，其定义为

$$G = H - TS \tag{4-9}$$

式中，吉布斯函数 G 是状态函数 H 和 T、S 的组合，故 G 也是一个状态函数，并且属于广度性质，单位为 $kJ \cdot mol^{-1}$。

对于等温过程，则有

$$\Delta G = \Delta H - T\Delta S \tag{4-10}$$

ΔG 表示反应或过程的吉布斯函数的变化，简称吉布斯函数变。式（4-10）称为吉布斯等温方程，是物理化学中最重要和最有用的方程之一。ΔG 的物理意义就是等温等压过程中系统能做的最大非体积功（或称有用功）。

2. 化学反应进行方向的判据　从热力学第二定律可以导出如下结论：在等温等压和不做非体积功的条件下，自发过程总是朝着自由能减少的方向进行，而吉布斯自由能增加的过程不能自动发生。

化学反应大多数是在等温等压且不做非体积功的条件下进行的，因此可以利用反应的 ΔG 来判断化学反应自发进行的方向和限度。

$\Delta G < 0$　正反应可以自发进行

$\Delta G = 0$　体系处于平衡状态

$\Delta G > 0$　正反应不能自发进行（其逆过程可自发进行）

3. 反应的摩尔吉布斯自由能变的计算

（1）利用物质的 $\Delta_f G_m^\ominus$ 来计算：与物质的焓相似，物质的吉布斯函数也采用相对值。在标准状态时，由稳定单质生成 1mol 化合物时反应的吉布斯函数变，叫作该物质的标准摩尔生成吉布斯函数，用 $\Delta_f G_m^\ominus$ 表示，其 298.15K 时的数据列在附录中。

反应的标准摩尔吉布斯函数变与反应的标准摩尔焓变的计算相似。

$$\Delta_r G_m^\ominus = \sum \Delta_f G_m^\ominus(\text{产物}) - \sum \Delta_f G_m^\ominus(\text{反应物})$$
$$= \sum \nu_B \cdot \Delta_f G_m^\ominus(B) \tag{4-11}$$

式（4-11）表明，298.15K温度下反应的标准摩尔吉布斯函数变等于同温度下各参加反应物质的标准摩尔生成吉布斯函数与其化学计量数乘积的总和。

（2）利用物质的 $\Delta_f H_m^\ominus$ 和 $S_m^\ominus$ 的数据计算：可查表找出反应物、生成物的 $\Delta_f H_m^\ominus$ 和 $S_m^\ominus$ 数据，然后利用式（4-7）和（4-8）求出反应的 $\Delta_r H_m^\ominus$ 和 $\Delta_r S_m^\ominus$，再利用吉布斯等温方程式求出反应的 $\Delta_r G_m^\ominus$，即

$$\Delta_r G_m^\ominus = \Delta_r H_m^\ominus - T\Delta_r S_m^\ominus$$

值得特别说明的是，同 $\Delta_r H_m^\ominus$ 和 $\Delta_r S_m^\ominus$ 不同，$\Delta_r G_m^\ominus$ 中包括了温度 T 一项，因此 $\Delta_r G_m^\ominus$ 受温度的影响很大，绝不能用室温下的 $\Delta_r G_m^\ominus(298.15\text{K})$ 近似替代其他温度的 $\Delta_r G_m^\ominus(T)$。对于其他温度下的 $\Delta_r G_m^\ominus(T)$，可利用上式，通过近似法求得，即

$$\Delta_r G_m^\ominus(T) = \Delta_r H_m^\ominus(T) - T\Delta_r S_m^\ominus(T) \tag{4-12}$$
$$\approx \Delta_r H_m^\ominus(298.15\text{K}) - T\Delta_r S_m^\ominus(298.15\text{K})$$

利用式（4-12）可以近似计算标准状态和温度 T 时进行的化学反应的 $\Delta_r G_m^\ominus(T)$，还可以估算该反应能自发进行的温度范围。由于 ΔS 和 ΔH 均既可为正值又可为负值，有可能出现下列四种情况。

1）若某一反应是放热的（$\Delta H<0$），并且是混乱度增加的系统（$\Delta S>0$），则有

$$\Delta G = \Delta H - T\cdot\Delta S < 0$$

不论 ΔH 和 ΔS 数值大小，任何温度下，反应都能正向自发进行。

2）若某一反应是吸热的（$\Delta H>0$），并且是混乱度减小的系统（$\Delta S<0$），则有

$$\Delta G = \Delta H - T\cdot\Delta S > 0$$

不论 ΔH 和 ΔS 数值大小，任何温度下，反应都不能正向自发进行。

3）若某一反应是放热的（$\Delta H<0$），并且是混乱度减小的系统（$\Delta S<0$），则

$$\Delta G = \Delta H - T\cdot\Delta S$$

ΔG 究竟为正值还是负值，将取决于 ΔH 和 $T\cdot\Delta S$ 的相对大小。降低温度，可减小 $T\cdot\Delta S$ 值，有利于 ΔG 趋向于负值，也就有利于反应正向自发进行，因此有转向温度存在。转向温度的具体数值取决于 ΔH 和 ΔS 的相对大小。

4）若某一反应是吸热的（$\Delta H>0$），并且是混乱度增加的系统（$\Delta S>0$），则

$$\Delta G = \Delta H - T\cdot\Delta S$$

ΔG 究竟为正值还是负值，将取决于 ΔH 和 $T\cdot\Delta S$ 的相对大小。升高温度可增大 $T\cdot\Delta S$ 值，有利于 ΔG 趋向于负值，也就有利于反应正向自发进行，因此有转向温度存在。

将此规律列于表4-1。

表4-1　ΔH、ΔS 及 T 对反应自发性的影响

反应	ΔH	ΔS	ΔG	反应的自发性
① $H_2(g)+Cl_2(g) = 2HCl(g)$	－	＋	－	任何温度下正反应自发进行
② $CO(g) = C(s)+\frac{1}{2}O_2(g)$	＋	－	＋	任何温度下正反应非自发进行
③ $CaCO_3(s) = CaO(s)+CO_2(g)$	＋	＋	升高至某温度时，由“＋”值变“－”	升高温度，有利于正反应的自发进行
④ $3H_2(g)+N_2(g) = 2NH_3(g)$	－	－	降低至某温度时，由“＋”值变“－”	降低温度，有利于正反应的自发进行

【例 4-6】 利用附录中的热力学数据表，计算 25℃和 37℃下葡萄糖氧化反应过程的标准自由能变化。

$$C_6H_{12}O_6(s)+6O_2(g)=\!=\!=6CO_2(g)+6H_2O(l)$$

解：$\Delta_r G_m^\circ = \sum \Delta_f G_m^\circ(\text{产物}) - \sum \Delta_f G_m^\circ(\text{反应物})$

$=6\times\Delta_f G_m^\circ(CO_2,g)+6\times\Delta_f G_m^\circ(H_2O,l)-\Delta_f G_m^\circ(C_6H_{12}O_6,s)-6\times\Delta_f G_m^\circ(O_2,g)$

$=[6\times(-394.4)+6\times(-237.1)-(-910.6)-6\times0]kJ\cdot mol^{-1}$

$=-2878kJ\cdot mol^{-1}$（此为 25℃时的标准自由能变化）

在前面的例题中我们已经计算得到了：

$\Delta_r H_m^\circ(310.15K)=-2802.5kJ\cdot mol^{-1}$，$\Delta_r S_m^\circ(310.15K)=259.5J\cdot mol^{-1}\cdot K^{-1}$

因此 37℃下标准自由能变化为：

$$\Delta_r G_m^\circ=\Delta_r H_m^\circ-T\Delta_r S_m^\circ=(-2802.5-310.15\times259.5/1000)kJ\cdot mol^{-1}=-2883kJ\cdot mol^{-1}$$

【例 4-7】 对于反应 $2Cu_2O(s)=\!=\!=4Cu(s)+O_2(g)$，查表计算：

①523K 下反应自发进行的方向；

②反应自发进行的转向温度。

解：①查表并将数据在各物质下标出：

	$2Cu_2O(s)$	$4Cu(s)$	$O_2(g)$
$\Delta_r H_m^\circ(298.15K)/kJ\cdot mol^{-1}$	−168.6	0	0
$S_m^\circ(298.15K)/J\cdot mol^{-1}\cdot K^{-1}$	93.14	33.15	205.03

得：

$\Delta_r H_m^\circ(298.15K)=[4\times\Delta_f H_m^\circ(Cu,s,298.15K)+\Delta_f H_m^\circ(O_2,g,298.15K)$
$-2\times\Delta_f H_m^\circ(Cu_2O,s,298.15K)]$
$=[4\times0+0-2\times(-168.6)]kJ\cdot mol^{-1}$
$=337.2kJ\cdot mol^{-1}$

$\Delta_r S_m^\circ(298.15K)=[4\times S_m^\circ(Cu,s,298.15K)+S_m^\circ(O_2,g,298.15K)$
$-2\times S_m^\circ(Cu_2O,s,298.15K)]$
$=[4\times33.15+205.03-2\times93.14]J\cdot mol^{-1}\cdot K^{-1}$
$=151.35J\cdot mol^{-1}\cdot K^{-1}$

$\Delta_r G_m^\circ(T)=\Delta_r H_m^\circ(T)-T\Delta_r S_m^\circ(T)\approx\Delta_r H_m^\circ(298.15K)-T\Delta_r S_m^\circ(298.15K)$
$=(337.2-523\times151.35\times10^{-3})kJ\cdot mol^{-1}$
$=258.0kJ\cdot mol^{-1}$

由于 $\Delta_r G_m^\circ(523K)=258.0kJ\cdot mol^{-1}>0$，此温度下反应不能正向进行。

②转向温度：$\Delta_r G_m^\circ=0$ 时的温度 T 为反应的转向温度，即

$$T=\frac{\Delta_r H_m^\circ(298.15K)}{\Delta_r S_m^\circ(298.15K)}=\frac{337.2}{151.35\times10^{-3}}K=2228K$$

当温度 $T<2228K$ 时，反应不能正向进行；当温度 $T>2228K$ 时，反应能正向自发进行。

(3) 利用 ΔG 的加和性：G 作为一个广度性质的状态函数，上述焓变的 Hess 定律可以推广到 $\Delta_r G_m^\circ$。我们可以利用一些已知反应的 $\Delta_r G_m^\circ$，按照 Hess 定律求 $\Delta_r H_m^\circ$ 的方法，通过反应的加、减求算未知反应的 $\Delta_r G_m^\circ$。

【例 4-8】 已知室温下，下列反应以及 $\Delta_r G_m^\circ$：

反应 1：$CH_3COOH+2O_2=\!=\!=2CO_2+2H_2O$　$\Delta_r G_m^\circ=-784.0kJ\cdot mol^{-1}$

反应 2：$2CH_3CHO+5O_2=\!=\!=4CO_2+4H_2O$　$\Delta_r G_m^\circ=-2090.8kJ\cdot mol^{-1}$

请计算下列反应 3 的 $\Delta_r G_m^\circ$：

$$2CH_3CHO+O_2=2CH_3COOH$$

解：可知反应 3＝反应 2－2×反应 1，所以：

$$\Delta_r G_m^\ominus(3)=\Delta_r G_m^\ominus(2)-2\times\Delta_r G_m^\ominus(1)=(-2090.8)-2\times(-784.0)=-522.8(\mathrm{kJ\cdot mol^{-1}})$$

二、化学反应进行的限度与化学平衡

（一）可逆反应与化学平衡

对于一个化学反应，人们不仅关心它在一定条件下能否发生，如果能发生，还必须知道它能进行到什么程度。一定条件下，不同化学反应进行的程度是不相同的，有些反应进行之后，反应物几乎全部变成生成物，但大多数反应进行到一定程度即达到平衡状态时还剩下不少反应物。所以，研究化学平衡的规律，从理论上掌握一定条件下反应进行的限度，具有重要的现实意义。

在同一条件下，既能向正方向进行又能向逆方向进行的反应叫作可逆反应。绝大多数的化学反应都是可逆反应。实验证明，在一定的温度和压力下，所有的可逆反应都会到达平衡。

可逆反应达到平衡状态时，有以下三个特征。

1. 化学平衡（chemical equilibrium）是一种动态平衡　可逆反应达到平衡时，只要外界条件不变，反应系统中各物质的量将不随时间改变，表面上看起来反应似乎已经停止了，实际上反应仍在进行，只不过此时正、逆反应的速率相等。

2. 化学平衡是一种有条件的平衡　化学平衡只能在一定的条件下才能保持，当外界条件改变时，原有的平衡就会被破坏，将在新的条件下建立新的平衡。

3. 当系统达到化学平衡时，化学反应的 $\Delta_r G_m=0$。

可以看出：化学平衡是化学反应的最大限度。这一反应限度一般用化学反应的平衡常数来表示。

（二）平衡常数

大量的实验事实表明，在一定的反应条件下，任何一个可逆反应经过或长或短的时间达到平衡时，以其化学反应的化学计量数（stoichiometric number）为指数的各产物与各反应物浓度或分压的乘积之比为一常数，称为化学平衡常数。例如，对于一般的化学反应

$$a\mathrm{A}+b\mathrm{B}\rightleftharpoons d\mathrm{D}+e\mathrm{E}$$

若为气体反应：

$$K_p=\frac{[p_{eq}(\mathrm{D})]^d[p_{eq}(\mathrm{E})]^e}{[p_{eq}(\mathrm{A})]^a[p_{eq}(\mathrm{B})]^b} \tag{4-13}$$

若为溶液中的溶质反应：

$$K_c=\frac{[c_{eq}(\mathrm{D})]^d[c_{eq}(\mathrm{E})]^e}{[c_{eq}(\mathrm{A})]^a[c_{eq}(\mathrm{B})]^b} \tag{4-14}$$

K_p 和 K_c 分别称为压力平衡常数与浓度平衡常数，都是从考查实验数据而得到的，所以称为实验平衡常数，式中上角标 eq 表示“平衡”。一般情况下，反应的 $\sum \nu_B\neq 0$，所以 K_P 和 K_c 都是有量纲的量，且随反应的不同量纲也不同，给平衡计算带来很多麻烦，为此国际上现已统一改用标准平衡常数。

标准平衡常数 $K^\ominus$ 表达式如下。

若为气体反应：

$$K^\ominus=\frac{[p_{eq}(\mathrm{D})/p^\ominus]^d[p_{eq}(\mathrm{E})/p^\ominus]^e}{[p_{eq}(\mathrm{A})/p^\ominus]^a[p_{eq}(\mathrm{B})/p^\ominus]^b} \tag{4-15}$$

若为溶液中的溶质反应：

$$K^{\ominus}=\frac{[c_{eq}(D)/c^{\ominus}]^{d}[c_{eq}(E)/c^{\ominus}]^{e}}{[c_{eq}(A)/c^{\ominus}]^{a}[c_{eq}(B)/c^{\ominus}]^{b}} \tag{4-16}$$

与实验平衡常数表达式相比，不同之处在于标准平衡常数表达式中每种溶质的平衡浓度项均应除以标准浓度，每种气体物质的平衡分压均应除以标准压力。也就是说对于气体物质用相对分压表示，对于溶液用相对浓度表示，这样标准平衡常数没有量纲，即量纲为1。标准压力为 $p^{\ominus}=100kPa$，标准浓度 $c^{\ominus}=1.0mol \cdot L^{-1}$。

标准平衡常数只与温度有关，而与压力和浓度无关。在一定温度下，每个可逆反应均有其特定的标准平衡常数。标准平衡常数的大小表明了在一定条件下反应进行的程度，标准平衡常数越大，表明反应向右进行的趋势越大，该反应进行得越彻底，反应物的转化率越高，达到平衡时系统中生成物的量就越多；反之，标准平衡常数越小，表明反应向右进行的趋势越小，该反应进行得越不彻底，反应物的转化率越低，达到平衡时系统中反应物的量就越多。

书写标准平衡常数表达式时，应注意以下几个问题。

1. 在标准平衡常数表达式中，各物质浓度或分压均为平衡时的浓度或分压。其中，生成物浓度或分压在分子上，反应物浓度或分压在分母上。

2. 如果反应中既有气体又有溶液参加，那么在标准平衡常数表达式中，气体是其平衡时的相对分压，溶液是其平衡时的相对浓度。

3. 反应中有纯固体或纯液体参加，它们的浓度在平衡常数表达式中通常不表现出来。例如：

$$CaCO_3(s) \overset{\triangle}{\rightleftharpoons} CaO(s)+CO_2(g)$$

$$K^{\ominus}=\frac{p^{eq}(CO_2)}{p^{\ominus}}$$

4. 标准平衡常数 $K^{\ominus}$ 表达式与方程式书写形式有关，所以，一个标准平衡常数 $K^{\ominus}$ 对应于一个化学反应方程式。

（三）多重平衡

前面讨论的都是由单一化学反应所构成的系统的化学平衡问题，但实际的生物化学过程中，往往有若干种化学平衡同时存在，一种或一种以上物质同时参与几种平衡，这种现象称为多重平衡（multiple equilibrium）。多重平衡的基本特征是参与多个反应的物质的浓度或分压必须同时满足这些平衡。例如，CO_2 溶解于 Na_2CO_3 溶液的反应分成下列过程。

（1）$CO_2+H_2O \rightleftharpoons H_2CO_3$，$K_1^{\ominus}=1.8$

在生物体内，这个反应通常需要一种生物酶——碳酸酐酶催化进行。

（2）$H_2CO_3 \rightleftharpoons H^{+}+HCO_3^{-}$，$K_2^{\ominus}=4.3\times10^{-7}$

碳酸解离产生的 H^{+} 会与 CO_3^{2-} 进一步发生下列反应。

（3）$H^{+}+CO_3^{2-} \rightleftharpoons HCO_3^{-}$，$K_3^{\ominus}=1.8\times10^{10}$

上述总反应为：

$$CO_2+H_2O+CO_3^{2-} \rightleftharpoons 2HCO_3^{-}$$

平衡常数也是广度性质的状态函数。即 $K^{\ominus}$ 和 $\Delta_rG_m^{\ominus}$ 一样具有加和性。不同的是，$\Delta_rG_m^{\ominus}$ 是算术加和，例如当反应③=①+②时，有

$$\Delta_rG_3^{\ominus}=\Delta_rG_1^{\ominus}+\Delta_rG_2^{\ominus}$$

而 $K^{\ominus}$ 为几何乘积，即

$$K_3^{\ominus}=K_1^{\ominus} \cdot K_2^{\ominus}$$

在多重平衡系统中，若两个或多个反应相加或相减，则总反应的标准平衡常数等于这两个或多个反应的标准平衡常数的乘积或商。这个规则叫多重平衡规则。

根据多重平衡规则，上述总反应的 $K^\ominus$ 为

$$K_3^\ominus = K_1^\ominus \cdot K_2^\ominus = 1.8 \times 4.3 \times 10^{-7} \times 1.8 \times 10^{10} = 1.4 \times 10^4$$

（四）化学反应等温方程式

在等温等压条件下，某气相反应：

$$aA + bB \rightleftharpoons dD + eE$$

当反应物或产物的分压不等于标准压力时，反应的吉布斯自由能变 $\Delta_r G_m$ 与标准状态下的吉布斯自由能变 $\Delta_r G_m^\ominus$ 的关系根据热力学可导出

$$\Delta_r G_m = \Delta_r G_m^\ominus + RT\ln\frac{[p(D)/p^\ominus]^d[p(E)/p^\ominus]^e}{[p(A)/p^\ominus]^a[p(B)/p^\ominus]^b}$$

令
$$Q = \frac{[p(D)/p^\ominus]^d[p(E)/p^\ominus]^e}{[p(A)/p^\ominus]^a[p(B)/p^\ominus]^b} \quad (4\text{-}17)$$

Q 称为反应商，故式 4-17 可写成

$$\Delta_r G_m = \Delta_r G_m^\ominus + RT\ln Q$$

此式称为化学反应等温方程式。

当反应达到平衡时，$\Delta_r G_m = 0$，则有

$$0 = \Delta_r G_m^\ominus + RT\ln\frac{[p(D)/p^\ominus]^d[p(E)/p^\ominus]^e}{[p(A)/p^\ominus]^a[p(B)/p^\ominus]^b} = \Delta_r G_m^\ominus + RT\ln K^\ominus$$

即
$$\Delta_r G_m^\ominus = -RT\ln K^\ominus \quad (4\text{-}18)$$

式 4-18 表示反应的 $\Delta_r G_m^\ominus$ 与标准平衡常数 $K^\ominus$ 之间的关系：在一定的温度下，$\Delta_r G_m^\ominus$ 的代数值越小，则标准平衡常数 $K^\ominus$ 越大，反应进行的程度越大；反之，$\Delta_r G_m^\ominus$ 的代数值越大，则标准平衡常数 $K^\ominus$ 越小，反应进行的程度越小。

根据化学反应的等温方程式，可以进行标准平衡常数与标准摩尔吉布斯自由能变的相互换算。如果已知了一些热力学数据，就可以求得反应的标准摩尔吉布斯自由能变 $\Delta_r G_m^\ominus$，进而求出该反应的标准平衡常数 $K^\ominus$ 的数值。反之，如果知道了标准平衡常数 $K^\ominus$ 的数值，就可以求得该反应的标准摩尔吉布斯自由能变 $\Delta_r G_m^\ominus$ 的数值。

【例 4-9】 反应：$H_2(g) + I_2(g) \rightleftharpoons 2HI(g)$ 在 25℃ 的 $K^\ominus = 8.90 \times 10^2$，试计算：

（1）25℃时反应的 $\Delta_r G_m^\ominus$。

（2）当 $p_{H_2} = 0.100\text{kPa}$，$p_{I_2} = 0.500\text{kPa}$，$p_{HI} = 0.050\text{kPa}$ 时，此反应的 $\Delta_r G_m$。

解：（1）$\Delta_r G_m^\ominus = -RT\ln K^\ominus = -8.314 \times 10^{-3} \times 298.15 \times \ln(8.90 \times 10^2) = -16.8\text{kJ} \cdot \text{mol}^{-1}$

（2）$Q = \dfrac{(p_{HI}/p^\ominus)^2}{(p_{H_2}/p^\ominus)(p_{I_2}/p^\ominus)} = \dfrac{(0.050)^2}{0.100 \times 0.500} = 0.050$

$$\Delta_r G_m = \Delta_r G_m^\ominus + RT\ln Q = -16.8 + 8.314 \times 10^{-3} \times 298.15 \times \ln 0.050 = -24.2\text{kJ} \cdot \text{mol}^{-1}$$

（五）化学平衡的移动

化学平衡状态只有在一定条件下才能保持。当外界条件改变时，平衡就被破坏，化学反应将在新的条件下向某一方向自发进行，直到建立其与新条件相适应的新平衡为止。这种因外界条件的改变，使化学反应从一种平衡状态移向另一平衡状态的过程，称为化学平衡的移动（shift of chemical equilibrium）。

当条件发生改变时，化学反应由原来的平衡状态变为不平衡状态，此时反应移动的方向是什么？对此，可应用热力学进行分析。根据热力学等温方程式

$$\Delta_r G_m = \Delta_r G_m^\ominus + RT\ln Q$$

和

$$\Delta_r G_m^\ominus = -RT\ln K^\ominus$$

得

$$\Delta_r G_m^\ominus = RT\ln\frac{Q}{K^\ominus} \tag{4-19}$$

根据此式，只需比较指定态的反应商 Q 与标准平衡常数 $K^\ominus$ 的相对大小，就可以判断反应进行（即平衡移动）的方向，可分下列三种情况。

$Q<K^\ominus$，则 $\Delta_r G_m<0$，平衡向右移动，直到新的平衡。

$Q>K^\ominus$，则 $\Delta_r G_m>0$，平衡向左移动，直到新的平衡。

$Q=K^\ominus$，则 $\Delta_r G_m=0$，处于平衡状态，不移动。

这样，根据上述情况可以判断反应的自发性和反应进行的方向。

下面分别分析浓度、压力和温度对化学平衡移动的影响。

1. 浓度对化学平衡的影响　一定温度下，反应达平衡时，$Q=K^\ominus$，$\Delta_r G_m=0$。当增大反应物的浓度（或降低产物浓度）时，$Q<K^\ominus$，$\Delta_r G_m<0$，反应自发向正方向进行，平衡向右移动，直到重新使 $Q=K^\ominus$，建立新的平衡系统。同理，增加产物浓度（或降低反应物浓度）时，$Q>K^\ominus$，$\Delta_r G_m>0$，反应自发向逆方向进行，平衡向左移动。

在实验室或化工生产中，为了尽可能充分利用某一种较为贵重的物料，往往使用过量的价格便宜、比较容易得到的另一种物料，使平衡向正方向移动，以提高前者的转化率（或利用率）。

如果从反应系统中不断降低生成物的浓度，如移去生成物中的气体或将产物结晶分离等，那么平衡将不断向生成物方向移动，直到某一反应物基本上被完全消耗，这样便可以使可逆反应进行得比较完全。

【例 4-10】 在密闭容器中，CO 和 H_2O 在 850℃时建立平衡：

$$CO(g)+H_2O(g) \rightleftharpoons CO_2(g)+H_2(g)$$

其标准平衡常数 $K^\ominus=1.00$，试求：

(1) CO 和 H_2O 的起始浓度均为 $1.000mol\cdot L^{-1}$时，CO 和 H_2O 的转化率及各组分的平衡浓度。

(2) CO 和 H_2O 的起始浓度分别为 $1.000mol\cdot L^{-1}$和 $3.000mol\cdot L^{-1}$时，CO 和 H_2O 的转化率及各组分的平衡浓度。

(3) CO 和 H_2O 的起始浓度分别为 $2.000mol\cdot L^{-1}$和 $3.000mol\cdot L^{-1}$时，CO 和 H_2O 的转化率及各组分的平衡浓度。

解：设平衡系统中 CO_2 的浓度为 $x mol\cdot L^{-1}$。

(1) 当 CO 和 H_2O 的起始浓度均为 $1.000mol\cdot L^{-1}$时

	CO(g)	+ $H_2O(g)$ ⇌	$CO_2(g)$	+ $H_2(g)$
起始浓度（$mol\cdot L^{-1}$）	1.000	1.000	0	0
平衡浓度（$mol\cdot L^{-1}$）	$1.000-x$	$1.000-x$	x	x

带入到标准平衡常数表达式，于是

$$1.00=\frac{x^2}{(1.000-x)^2}$$

解得：$x=0.500mol\cdot L^{-1}$，即转化率为

CO：0.500/1.000＝0.500＝50%

H_2O：0.500/1.000＝50%

平衡各组分的浓度：

$$[CO]=[H_2O]=1.000-0.500=0.500(mol\cdot L^{-1})$$

$$[CO_2]=[H_2]=0.500(mol\cdot L^{-1})$$

(2) 当 CO 和 H_2O 的起始浓度分别为 $1.000mol \cdot L^{-1}$ 和 $3.000mol \cdot L^{-1}$ 时，可导出

$$1.00=\frac{x^2}{(1.000-x)(3.000-x)}$$

解得：$x=0.750mol \cdot L^{-1}$，即转化率为

$$CO: 0.750/1.000=75\%$$
$$H_2O: 0.750/3.000=25\%$$

平衡时各组分的浓度：

$$[CO]=1.000-0.750=0.250(mol \cdot L^{-1})$$
$$[H_2O]=3.000-0.750=2.250(mol \cdot L^{-1})$$
$$[CO_2]=[H_2]=0.750mol \cdot L^{-1}$$

(3) CO 和 H_2O 的起始浓度分别为 $2.000mol \cdot L^{-1}$ 和 $3.000mol \cdot L^{-1}$ 时，可导出

$$1.00=\frac{x^2}{(2.000-x)(3.000-x)}$$

解得：$x=1.200mol \cdot L^{-1}$，即转化率为

$$CO: 1.200/2.000=60\%$$
$$H_2O: 1.200/3.000=40\%$$

平衡时各组分的浓度：

$$[CO]=2.000-1.200=0.800(mol \cdot L^{-1})$$
$$[H_2O]=3.000-1.200=1.800(mol \cdot L^{-1})$$
$$[CO_2]=[H_2]=1.200mol \cdot L^{-1}$$

2. 压力对化学平衡的影响 压力对于凝聚相（固体、液体）的反应影响很小，可忽略。对于涉及气体的反应，压力变化可能引起化学平衡发生变化，而在一定条件下，压力对化学平衡的影响情况视具体情况而定。

对于气相反应：

$$aA+bB \rightleftharpoons dD+eE$$

达到平衡时：

$$K^\ominus=\frac{[p^{eq}(D)/p^\ominus]^d[p^{eq}(E)/p^\ominus]^e}{[p^{eq}(A)/p^\ominus]^a[p^{eq}(B)/p^\ominus]^b}$$

令 $\Delta n=\sum \upsilon_B=d+e-a-b$，$n$ 为反应前后气体物质的量的变化值。

对于已达到平衡的反应系统，在保持温度不变的条件下，若将总压 $p_{总}$ 增大（或减小）N 倍，由道尔顿分压定律 $p_B=x_B p_{总}$ 可知，每一组分气体的分压也会增加（或降低）N 倍。

$$Q=\frac{[Np^{eq}(D)/p^\ominus]^d[Np^{eq}(E)/p^\ominus]^e}{[Np^{eq}(A)/p^\ominus]^a[Np^{eq}(B)/p^\ominus]^b}=N^{\Delta n}K^\ominus$$

(1) 当 $\Delta n>0$ 时，若将总压增加 N 倍，则 $N^{\Delta n}>1$，所以 $Q>K^\ominus$，平衡向逆反应方向（即气体分子数之和减少的方向）移动。反之，总压减小，平衡向正反应方向（即气体分子数之和增加的方向）移动。

(2) 当 $\Delta n<0$ 时，若将总压增加 N 倍，则 $N^{\Delta n}<1$，所以 $Q<K^\ominus$，平衡向正反应方向（即气体分子数之和减少的方向）移动。反之，总压减小，平衡向逆反应方向（即气体分子数之和增加的方向）移动。

(3) 对于 $\Delta n=0$ 的反应，由于系统总压的改变同等程度地改变了反应物和生成物的分压，即 $N^{\Delta n}=1$，故总压力改变对平衡无影响。

(4) 在等容条件下，反应达平衡后向系统中加入惰性气体时，尽管总压增大，但各组分的分压不变，$Q=K^\ominus$，则无论 $\Delta n=0$ 还是 $\Delta n \neq 0$，都不引起平衡移动。

(5) 在定压条件下，反应达平衡后向系统中加入惰性气体时，为了维持压力不变，必然增

大系统的体积，这时各组分的分压下降，系统总压减小，平衡向气体分子数之和增加的方向移动。

【例 4-11】 已知 400℃时合成氨反应：

$$N_2(g)+3H_2(g)\rightleftharpoons 2NH_3(g)$$

标准平衡常数 $K^\ominus=6.14\times10^{-4}$。$N_2:H_2=1:3$ 的氮氢混合气体合成氨，分别计算系统的总压为 1000kPa 和 5000kPa 时，反应达到平衡后的 H_2 转化率。

解：(1) 总压为 1000kPa 时，在开始反应前，因 $N_2:H_2=1:3$，因此 N_2 和 H_2 的分压分别为

$$p_{N_2}=1000\times1/(1+3)=250\text{kPa},p_{H_2}=1000\times3/(1+3)=750\text{kPa}$$

设平衡时 N_2 分压减少 x，于是有

$$N_2(g)+3H_2(g)\rightleftharpoons 2NH_3(g)$$

	$N_2(g)$	$3H_2(g)$	$2NH_3(g)$
起始分压（kPa）	250	750	0
平衡分压（kPa）	$250-x$	$750-3x$	$2x$

$$K^\ominus=\frac{(p_{NH_3}/100)^2}{(p_{N_2}/100)\cdot(p_{H_2}/100)^3}=\frac{(p_{NH_3})^2}{p_{N_2}\cdot(p_{H_2})^3}\times10^4=\frac{(2x)^2}{(250-x)(750-3x)^3}\times10^4=\frac{(2x)^2}{(250-x)^4}\times\frac{10^4}{3^3}$$

$$2.7\times10^{-3}K^\ominus=\frac{(2x)^2}{(250-x)^4}$$

解之，得到：$x/250=0.125$，即 H_2 转化率为 $3x/750=x/250=0.125=12.5\%$

(2) 总压为 5000kPa 时，在开始反应前，因 $N_2:H_2=1:3$，因此 N_2 和 H_2 的分压分别为

$$p_{N_2}=5000\times1/(1+3)=5\times250\text{kPa},p_{H_2}=5000\times3/(1+3)=5\times750\text{kPa}$$

设平衡时 N_2 分压减少 $5x$，于是有

$$N_2(g)+3H_2(g)\rightleftharpoons 2NH_3(g)$$

	$N_2(g)$	$3H_2(g)$	$2NH_3(g)$
起始分压（kPa）	5×250	5×750	0
平衡分压（kPa）	$5\times(250-x)$	$5\times(750-3x)$	$5\times2x$

$$K^\ominus=\frac{(p_{NH_3}/100)^2}{(p_{N_2}/100)\cdot(p_{H_2}/100)^3}=\frac{(p_{NH_3})^2}{p_{N_2}\cdot(p_{H_2})^3}\times10^4=\frac{(5\times2x)^2}{5\times(250-x)\times5^3\times(750-3x)^3}\times10^4$$

之dℓ $5^2\times2.7\times10^{-3}K^\ominus=\frac{(2x)^2}{(250-x)^4}$

解之，得到：$x/250=0.35$，即转化率为 $5\times3x/(5\times750)=x/250=0.35=35\%$

3. 温度对化学平衡的影响 温度对化学平衡的影响与前两种情况有质的区别。在等温下，改变浓度或压力时，反应商 Q 发生变化，标准平衡常数 $K^\ominus$ 保持不变。而改变温度时，标准平衡常数 $K^\ominus$ 将发生变化，从而使化学平衡发生移动。

温度对化学平衡的影响可从热力学等温方程式加以说明。根据

$$\Delta_r G_m^\ominus=-RT\ln K^\ominus$$

$$\Delta_r G_m^\ominus=\Delta_r H_m^\ominus-T\Delta_r S_m^\ominus$$

两式相减整理得

$$\ln K^\ominus=-\frac{\Delta_r H_m^\ominus}{RT}+\frac{\Delta_r S_m^\ominus}{R} \tag{4-20}$$

设某一可逆反应在温度 T_1 时标准平衡常数为 $K_1^\ominus$，在温度 T_2 时标准平衡常数为 $K_2^\ominus$，在温度变化范围较小时，反应的标准摩尔焓变 $\Delta_r H_m^\ominus$ 和标准摩尔熵变 $\Delta_r S_m^\ominus$ 随温度变化不明显，可近似看作常数。则有

$$\ln K_1^\ominus=-\frac{\Delta_r H_m^\ominus}{RT_1}+\frac{\Delta_r S_m^\ominus}{R}$$

$$\ln K_2^\ominus=-\frac{\Delta_r H_m^\ominus}{RT_2}+\frac{\Delta_r S_m^\ominus}{R}$$

将两式相减整理得 $$\ln\frac{K_2^\circ}{K_1^\circ}=\frac{\Delta_r H_m^\circ}{R}\left(\frac{1}{T_1}-\frac{1}{T_2}\right) \tag{4-21}$$

式 4-21 表明了温度对平衡常数的影响。如果是放热反应，$\Delta_r H_m^\circ<0$，提高反应温度（$T_2>T_1$）时，$\ln(K_2^\circ/K_1^\circ)<0$，标准平衡常数 K° 随温度升高而减小，平衡向逆反应方向移动；如果是吸热反应，$\Delta_r H_m^\circ>0$，提高反应温度（$T_2>T_1$）时，$\ln(K_2^\circ/K_1^\circ)>0$，标准平衡常数 K° 随温度升高而增大，平衡向正反应方向移动。

总之，当温度升高时，平衡向吸热方向移动；降温时平衡向放热方向移动。

式 4-21 的意义还在于，如果知道了 T_1 温度下的标准平衡常数 K_1°，就可以求出另一温度 T_2 下的标准平衡常数 K_2°。

【例 4-12】 已知反应 $C(s)+CO_2(g) \rightleftharpoons 2CO(g)$ 在总压力为 100kPa 下，773K 达到平衡时 $n_{CO}:n_{CO_2}=0.0526:1.00$，1073K 达到平衡时 $n_{CO}:n_{CO_2}=9.00:1.00$，试计算平衡常数 K_1° 和 K_2° 及反应的 $\Delta_r H_m^\circ$。

解：设平衡时 $n_{CO_2}=1.0\text{mol}$，则 773K 下

$$C(s)+CO_2(g) \rightleftharpoons 2CO(g)$$

	$CO_2(g)$	$CO(g)$	
平衡时/mol	1	0.0526	$n_{总}=1.0526\text{mol}$
平衡时/kPa	$\frac{1}{1.0526}\times100$	$\frac{0.0526}{1.0526}\times100$	

$$K_{773}^\circ=\frac{(p_{CO}/p^\circ)^2}{p_{CO_2}/p^\circ}=\frac{\left(\frac{0.0526}{1.0526}\times100/100\right)^2}{\left(\frac{1}{1.0526}\times100/100\right)}=2.63\times10^{-3}$$

同理

$$K_{1073}^\circ=\frac{(p_{CO}/p^\circ)^2}{p_{CO_2}/p^\circ}=\frac{\left(\frac{9}{10}\times100/100\right)^2}{\left(\frac{1}{10}\times100/100\right)}=8.10$$

$$\ln\frac{K_{1073}^\circ}{K_{773}^\circ}=\frac{\Delta_r H_m^\circ}{R}\left(\frac{1}{773}-\frac{1}{1073}\right)$$

$$\ln\frac{8.10}{2.63\times10^{-3}}=\frac{\Delta_r H_m^\circ}{8.314}\left(\frac{1}{773}-\frac{1}{1073}\right)$$

$$\Delta_r H_m^\circ=184552.9\text{J}\cdot\text{mol}^{-1}\approx185\text{kJ}\cdot\text{mol}^{-1}$$

总之，平衡移动是有规律的。任何处于化学平衡的系统，如果影响平衡的某一个因素发生了改变，平衡将向着减弱这个改变的方向移动。升高系统的温度，平衡向吸热反应的方向移动，使升高了的温度再降低；增大平衡系统的压力，平衡向着气体分子数减少的方向移动，使增大的压力再逐步减小；若增大平衡系统中反应物的浓度，平衡就向着生成物的方向移动，使反应物的浓度再逐步降低。这就是勒夏特列（Le Chatelier）原理。

思考题

1. 举例说明什么是开放系统、封闭体系和孤立系统。地球是一个什么体系？

2. 什么是状态函数？状态函数有哪些特性？本章中涉及的体系的状态函数有哪些？其物理意义分别是什么？

3. 什么是功和热？体系凭什么可以做功或放热？$\Delta U=W+Q$ 的意义是什么？

4. 焓的物理意义是什么？它和系统过程中的热有什么关系？

5. 什么是自发过程？非自发过程是不可能发生的么？两者有何区别？

习 题

1. 298K 时，1mol 理想气体从 500kPa 对抗 100kPa 外压等温膨胀至平衡，求此过程中的 Q、W、$\Delta_r U$、和 $\Delta_r H$，此过程是否可逆？

2. 100kPa、273K 条件下，冰的熔解热为 $334.7\text{J}\cdot\text{g}^{-1}$，水的蒸发热为 $2235\text{J}\cdot\text{g}^{-1}$，将 1mol 的冰转变为水蒸气，试计算此过程的 $\Delta_r U$ 和 $\Delta_r H$。

3. 已知 298K、标准压力下葡萄糖和乙醇的燃烧焓分别为：$-2803.0\text{kJ}\cdot\text{mol}^{-1}$ 和 $-1366.8\text{kJ}\cdot\text{mol}^{-1}$，试求 1mol 葡萄糖发酵生成乙醇时放出多少热量。

4. 估计下列各变化过程是熵增，还是熵减？

（1）$3O_2(g) \rightarrow 2O_3(g)$

（2）1mol O_2(298K，100kPa)→ 1mol O_2(373K，100kPa)

（3）1mol H_2O(l，298K，100kPa)→ 1mol H_2O(g，298K，100kPa)

（4）$NH_4Cl(s) \rightarrow NH_3(g) + HCl(g)$

5. 已知 298K 时，下列反应的 $\Delta_r S_m^\circ$：

$2HgS + 3O_2 \longrightarrow 2HgO + 2SO_2$ $\Delta_r S_m^\circ = -143.4\text{J}\cdot\text{mol}^{-1}\cdot\text{K}^{-1}$

$S + O_2 \longrightarrow SO_2$ $\Delta_r S_m^\circ = 10.9\text{J}\cdot\text{mol}^{-1}\cdot\text{K}^{-1}$

求 298K 时反应：$2HgS + O_2 \longrightarrow 2HgO + 2S$ 的 $\Delta_r S_m^\circ$。

6. 在标准压力和 298K 下，C（金刚石）和 C（石墨）的摩尔熵分别为 2.439 和 $5.694\text{J}\cdot\text{mol}^{-1}\cdot\text{K}^{-1}$，燃烧热分别是 -395.32 和 $-393.44\text{kJ}\cdot\text{mol}^{-1}$，它们的密度分别是 3.513 和 $2.260\text{g}\cdot\text{ml}^{-1}$，试求：

（1）此条件下石墨→金刚石转变的 $\Delta_r G_m^\circ$；

（2）比较此条件下石墨与金刚石哪一个较稳定。

（3）增加压力能否使石墨转变为金刚石？如果能，需要增加多少压力？

7. 写出下列反应的平衡常数（K_p，K_c 和 K°）表达式：

（1）$CH_4(g) + 2O_2(g) \rightleftharpoons CO_2(g) + 2H_2O(l)$

（2）$2H_2S(g) + SO_2(g) \rightleftharpoons 2H_2O(l) + 3S(s)$

（3）$PbCl_2(s) \rightleftharpoons Pb^{2+}(aq) + 2Cl^-(aq)$

（4）$ATP + H_2O \rightleftharpoons ADP + H_2PO_4^-$

8. 已知 298K 时，下列反应的 $\Delta_r G_m^\circ$。

（1）$CO_2 + 4H_2 \rightleftharpoons CH_4 + 2H_2O$ $\Delta_r G_m^\circ = -112.6\text{kJ}\cdot\text{mol}^{-1}$

（2）$2H_2 + O_2 \rightleftharpoons 2H_2O$ $\Delta_r G_m^\circ = -456.11\text{kJ}\cdot\text{mol}^{-1}$

（3）$2C + O_2 \rightleftharpoons 2CO$ $\Delta_r G_m^\circ = -272.04\text{kJ}\cdot\text{mol}^{-1}$

（4）$C(s) + 2H_2 \rightleftharpoons CH_4$ $\Delta_r G_m^\circ = -51.07\text{kJ}\cdot\text{mol}^{-1}$

试求 298K 时 $CO_2 + H_2 \rightleftharpoons H_2O + CO$ 的 $\Delta_r G_m^\circ$ 和平衡常数 K°。

9. 腺苷三磷酸（ATP）的水解反应：

$$ATP + H_2O = ADP + H_2PO_4^-$$

在 37℃及 pH=7.0 时的水解平衡常数是 1.3×10^5。求：

（1）在生物化学标准状态下，37℃时 ATP 水解可以释放多少有用功？

（2）如果 $\Delta_r H_m^\circ = -20.08\text{kJ}\cdot\text{mol}^{-1}$，试计算 4℃时 ATP 的水解平衡常数。

（3）在生物体内，实际 $[ATP]/([ADP]\cdot[H_2PO_4^-]) = 500$，求 37℃时 ATP 水解实际释放多少有用功？

10. 向下列各平衡体系加入一定量惰性气体并保持总体积不变，平衡如何移动？

(1) $CO(g) + H_2O(g) \rightleftharpoons CO_2(g) + H_2(g)$

(2) $4NH_3(g) + 7O_2(g) \rightleftharpoons 4NO_2(g) + 6H_2O(l)$

(3) $CaCO_3(s) \rightleftharpoons CaO(s) + CO_2(g)$

（王广斗）

第五章　化学动力学

化学热力学解释了一个化学反应从自发趋势上能否进行，能否通过某种反应获得需要的化学物质。但实际上，一个自发的反应能否实际发生还存在其他决定性的因素。让我们看下列问题。

(1) 蛋白质、脂肪、糖类等生命分子的氧化反应都是高度热力学自发的反应，为什么人体没有被空气中的氧气很快氧化燃烧了呢？

(2) 生物体（包括人）内每时每刻都在进行着大量的生物化学反应，但这些生物化学反应在体外往往需要较复杂的条件（如较高温度或压力等）才能发生，为什么在生物体内常温下就能够温和地进行呢？

(3) 合成氨工业生产中，为什么一定要加入（铁）做催化剂呢？

(4) 工业生产中经常会遇到某反应物 A 自发地生成两种不同产物：

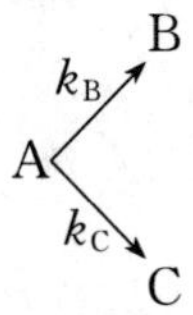

其中哪种产物会是主要产物？哪种是副产物呢？假如 B 为主产物，又该如何控制反应条件，加大主产物的产率呢？

热力学不能回答上述问题，这是化学反应的速率，即动力学研究解决的问题。下面以葡萄糖在体内氧化分解和合成糖原为例，说明热力学和动力学在解决问题中的区别。

(1) 葡萄糖（glucose）氧化分解反应

$$C_6H_{12}O_6(s)+6O_2(g)=6CO_2(g)+6H_2O(l)$$

(2) 糖原（glycogen）合成反应

$$\text{Glucose}+\text{Glycogen}_n=\text{Glycogen}_{n+1}+H_2O$$

第一个葡萄糖氧化反应，在热力学中（$\Delta_r G_m^\ominus=-2876\text{kJ}\cdot\text{mol}^{-1}$），反应自发进行的趋势很高，但事实上在常温下直接氧化的速度却非常慢。在体内，葡萄糖的氧化反应要经过多个步骤，每步都在特定酶的催化下，才得以在常温下温和地进行，其反应速度被酶的活性控制。

第二个反应不是一个自发反应，糖原的合成需要同 2 个 ATP 水解反应偶联起来才能自发进行。

$$\text{Glucose}+\text{Glycogen}_n+2\text{ATP}+H_2O=\text{Glycogen}_{n+1}+2\text{ADP}+2H_2PO_4^-$$

糖原合成反应由于和 ATP 水解反应偶联，也可以自发进行，其合成反应的速度也是由反应过程中参与催化的各种活性酶分子的浓度来控制的。

从热力学自发趋势上分析，进入体内的葡萄糖应该最终都被氧化分解。但实际上，糖原合成在机体获得大量葡萄糖供应时，进行得非常之快，摄入的葡萄糖迅速转化成糖原储存起来。这是因为葡萄糖究竟是进行氧化反应还是合成糖原，不是由两种反应的热力学趋势决定，而是由控制两个反应方向进行的速率决定的；而在生物体内，反应速率则是由催化该反应的酶浓度决定的。当机体需要更多的能量时，催化葡萄糖氧化的酶浓度就提高，于是葡萄糖被氧化；而当机体的葡萄糖供应超过机体能量需要时，催化糖原合成的酶浓度就增大，于是多余的葡萄糖被转化成糖原储存起来。在生命过程中，生物催化剂——酶发挥了至关重要的意义。

回到上面的氨合成反应，

$$N_2(g)+3H_2(g)\rightarrow 2NH_3(g)\qquad \Delta_r H_m^\ominus=-91.8kJ\cdot mol^{-1}$$
$$\Delta_r S_m^\ominus=-198J\cdot K^{-1}\cdot mol^{-1}$$
$$\Delta_r G_m^\ominus=-32.8kJ\cdot mol^{-1}$$

热力学分析此反应可知，低温有利于反应进行，在 298.15K 条件下，本反应可以自发进行。然而此反应在常温常压下实际进行的速率几乎为零，换句话说常温常压下氨合成反应基本观察不到。只有用铁做触媒（催化剂），在一定的高温下（虽然高温不利于反应趋势）进行反应，才能获得需要产量的氨气。

以上例子可以看出化学热力学只能解决反应的可能性问题，而化学动力学（chemical kinetics）解决实际化学反应中的速率问题，即解决现实问题。

第一节　动力学基本概念

一、化学反应速率

化学反应速率（rate of chemical reaction）通常用单位时间内反应物或生成物浓度的变化来表示。如有化学反应

$$aA\rightarrow dD$$

反应速率为 v，则

$$v=-\frac{\Delta c_A}{\Delta t}\quad 或\quad v=\frac{\Delta c_D}{\Delta t}$$

可以有几种表示方式。

1. 平均速率　平均速率（average rate）是反应进行的两个时间点之间反应物或产物浓度在单位时间内变化的平均值。图 5-1 为反应物 A 的浓度随时间的变化曲线，从时间 t_1 到时间 t_2 反应物 A 的浓度从 $c_{A,1}$ 减小到 $c_{A,2}$，则此时间段内的平均速率表示为

$$\overline{v}=-\frac{c_{A,2}-c_{A,1}}{t_2-t_1}$$

由于化学反应中反应速率不断变化，因此如果想粗略地计算某一时间段（从时间 t_1 到时间 t_2）的反应速率，通常采用平均速率。

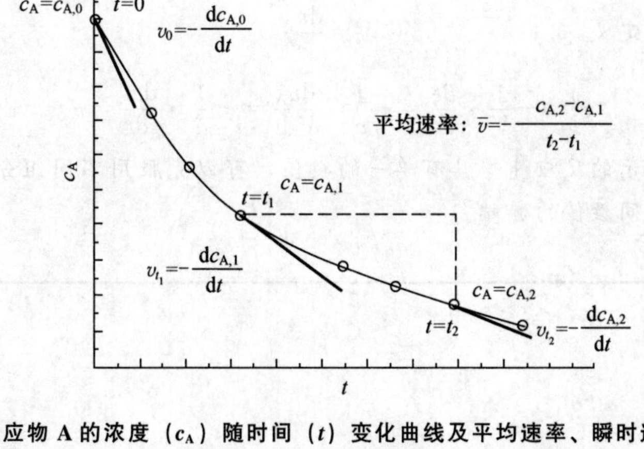

图 5-1　反应物 A 的浓度（c_A）随时间（t）变化曲线及平均速率、瞬时速率示意图

2. 瞬时速率　由图 5-1，化学反应速率随时间变化。为了准确掌握整个过程中反应速率的变化，需要采用瞬时速率（instantaneous rate）。瞬时速率是某一时间点时反应物或产物浓度

的变化率，它是平均速率的极限值，即当 t_2 趋近于 t_1 时的平均速率便是 t_1 时刻的瞬时速率。瞬时速率的计算采用微分公式

$$v_A = -\frac{dc_A}{dt}, \quad v_D = \frac{dc_D}{dt}$$

在浓度变化曲线图（图 5-1）上，某一时刻 t 的瞬时速率就是在时间 t 点的切线斜率。在讨论反应速率时，一般指的就是瞬时速率。

初始速率 v_0（initial rate）是 $t=0$ 时的反应瞬时速率，即

$$v_0 = -\frac{dc_{A,0}}{dt} \quad (c_{A,0}\text{为反应物 A 的初始浓度})$$

初始速率是化学动力学中应用最为广泛的速率参数。对一个特定的化学反应，初始速率是反应过程中速率的最大值。

测定瞬时速率一般需以下步骤。

（1）先测定不同时刻反应物或产物浓度。

（2）绘制 c-t 变化曲线。

（3）直接从图上计算某一时间点的切线斜率。或者通过曲线拟合，获得反应的速率方程，然后代入速率方程求得任何时间点 t 的反应速率。

延伸阅读

标准反应速率（v'）和调整反应速率（v''）

如前所述，反应速率因用不同组分表示而数值不同。为了克服这种数值上的差异，使反应速率表达标准化，可以用调整反应速率 v' 来表示，即用不同定义的反应速率除以反应方程式中该物种计量系数（υ_B）：

$$v' = \frac{v_A}{a} = \frac{v_D}{d}$$

$$v' = -\frac{1}{a}\frac{dc_A}{dt} = \frac{1}{d}\frac{dc_D}{dt}$$

标准反应速率（v''）是用单位体积的反应体系中反应进度 ξ[①] 随时间的变化率来表示的，在数值上等于调整反应速率：

$$v'' = -\frac{1}{V}\frac{d\xi}{dt}$$

根据反应进度定义 $$d\xi = \frac{dn_A}{a}$$

因此 $$v'' = -\frac{1}{V}\cdot\frac{d\xi}{dt} = -\frac{1}{a}\cdot\frac{dn_A}{V dt} = -\frac{1}{a}\cdot\frac{dc_A}{dt} = v'$$

用反应进度表示的反应速率具有单一的数值，可以克服用不同组分浓度的变化表示同一反应的速率不同数值的弊端。

---

① 反应进度即反应进行的程度，其定义为某物种 B 的变化量 Δn_B 除以该物质在化学反应方程式中的系数 υ_B：$\Delta\xi = \Delta n_B/\upsilon_B$。

二、化学反应机制

少数的化学反应是由反应物微粒（分子、原子、离子或自由基等）一步结合，直接生成产物的。这类反应称为元反应，例如：

$$SO_2Cl_2(g) \longrightarrow SO_2(g) + Cl_2(g)$$

$$H_2O(g) + CO(g) \longrightarrow H_2(g) + CO_2(g)$$

但是，常常一个化学反应不是一步完成的，而是由多个元反应顺序进行。例如 H_2 和 I_2 的气相反应。

$$H_2 + I_2 \longrightarrow 2HI \qquad \text{（总反应）}$$

分两个步骤进行：(1) $I_2 \longrightarrow 2I\cdot$ （快反应）

(2) $H_2 + 2I\cdot \longrightarrow 2HI$ （慢反应）

式中，I·代表自由碘原子，“·”表示未配对的价电子。像这种由多个元反应组成的反应称为复杂反应（complex reaction），复杂反应的分步过程称为该反应的反应机制（reaction mechanism）。

对于总反应 $H_2 + I_2 \rightarrow 2HI$ 来说，其第二步是慢反应，此步骤的速率决定了总反应的速率。对于复杂反应来说，像这种决定了总反应的速率的元反应步骤称为速率控制步骤（rate controlling step），简称“决速步”。

再例如 N_2O_5 的分解：

$$2N_2O_5(g) \longrightarrow 4NO_2(g) + O_2(g)$$

上述反应机制为：

(1) $N_2O_5(g) \underset{k_{-1}}{\overset{k_1}{\rightleftharpoons}} NO_2(g) + NO_3(g)$ （慢）

(2) $NO_3(g) \longrightarrow NO(g) + NO_2(g)$ （快）

(3) $2NO(g) + O_2(g) \longrightarrow 2NO_2(g)$ （快）

因此，此反应的决速步为第一步：$N_2O_5(g) \underset{k_{-1}}{\overset{k_1}{\rightleftharpoons}} NO_2(g) + NO_3(g)$。

三、化学反应的速率方程

1. 元反应的速率方程和反应分子数　在恒温下，元反应的速率符合质量作用定律，即反应速率与各反应物浓度的幂的乘积成正比。各浓度的幂数等于元反应方程中各相反应物的化学计量数。假设元反应：

$$A + 2B \longrightarrow D$$

则其反应速率方程为

$$v = kc_A c_B^2$$

式中，k 为反应速率常数，与反应物浓度无关，而受温度、溶剂、催化剂等的影响。

元反应方程中各反应物分子（包括分子、离子、自由原子或自由基的总称）微粒数之和称为反应分子数（molecularity of reaction）。按反应分子数不同可将元反应分为单分子反应、双分子反应和三分子反应。目前还没有发现有大于三分子的元反应。

(1) 单分子反应：热分解反应或异构化反应通常为单分子反应。例如：

$$CH_3CH_2F \longrightarrow CH_2CH_2 + HF$$

(2) 双分子反应：大多数反应为双分子反应，例如：

$$CH_3COOH + C_2H_5OH \longrightarrow CH_3COOC_2H_5 + H_2O$$

(3) 三分子反应：一般只出现在有自由基或自由原子参加的反应中，比较少见，例如：

$$H_2+2I\cdot \longrightarrow 2HI$$

2. 复杂反应的速率方程 总反应由若干个元反应组成，只有元反应的速率方程适用于质量作用定律，总反应的速率方程由元反应中速率控制步骤决定。

如前述 H_2 和 I_2 的气相反应

$$H_2+I_2 \longrightarrow 2HI \qquad （总反应）$$

这一反应的反应机制为：

(1) $I_2 \longrightarrow 2I\cdot$ 快反应，迅速达到平衡；

(2) $H_2+2I\cdot \longrightarrow 2HI$ 慢反应，决速步反应。

由于第二步是决速步，总反应的速率等于此步反应的速率，即：

$$v=kc_{I\cdot}^2 c_{H_2}$$

上面的速率方程中有 I·原子的浓度 $c_{I\cdot}$，需要用反应物的浓度来进一步替代。考虑到第一步是快反应，I_2 分子很快解离为活泼碘原子并达平衡，于是有：

$$\frac{[I\cdot]^2}{[I_2]}=K$$

因此：

$$[I\cdot]^2=K[I_2]$$

由于第一步快反应会产生足够的 I·原子供第二步慢反应所需，且 I_2 分子的解离度很小，所以 I_2 的平衡浓度 $[I_2]$ 就相当于反应物 I_2 的起始浓度 c_{I_2}，即有：

$$c_{I\cdot}=[I\cdot],[I_2]\approx c_{I_2}$$
$$c_{I\cdot}^2=[I\cdot]^2=K[I_2]\approx K\cdot c_{I_2}$$

代入得到总反应的速率方程：

$$v=kc_{I\cdot}^2 c_{H_2}=kKc_{I_2}c_{H_2}=k'c_{I_2}c_{H_2}$$

该速率方程式很像由元反应的质量作用定律得到的速率方程式，但不能由此说该反应是元反应，因为反应机理已经证实该反应实际上是由两个元反应组成的复杂反应。某些复杂反应可有非常复杂的速率方程，如：

$$H_2+Br_2 \longrightarrow 2HBr$$

其反应速率方程为：

$$v=\frac{kc_{H_2}\sqrt{c_{Br_2}}}{1+\frac{k'c_{HBr}}{c_{Br_2}}}$$

对于复杂反应，通常要由实验测定出速率方程。根据实验测定、数据归纳出的速率方程，称为经验反应速率方程。假如化学反应

$$aA+bB \rightarrow eE+fF$$

实验测得其经验反应速率方程为：

$$v=kc_A^{\alpha}c_B^{\beta}$$

对于经验方程中，有几点注意之处：

(1) 反应物浓度的幂 α、β 由实验确定，与反应物的计量系数 a、b 无关。虽然很多情况下 α、β 在数值上和 a、b 相等。α、β 的计算方法是在固定 c_B 的条件下，测定不同 c_A 下的反应速率 v，将 $\ln v$ 对 $\ln c_A$ 作图，即：

$$v=kc_A^{\alpha}c_B^{\beta}=(kc_B^{\beta})c_A^{\alpha}=k'c_A^{\alpha}$$
$$\ln v=\ln k'+\alpha\ln c_A$$

可见，直线的斜率即为幂。α、β 的计算方法以此类推。

(2) 在经验速率方程中，各反应物浓度的幂称为该反应物的级数（reaction order），即 α、β 分别为物质 A、B 的级数。所有反应物级数之和 $n=\alpha+\beta$，称为总反应级数。反应级数可以是

整数，也可是分数，可以是正数，也可以是负数或零，例如：

$$H_2+I_2 \longrightarrow 2HI$$

反应速率方程为：$v=kc_{I_2}c_{H_2}$，总反应级数为2级。再如：

$$H_2+Cl_2 \longrightarrow 2HCl$$

反应速率方程为 $v=kc_{H_2}c_{Cl_2}^{0.5}$，总反应级数为1.5级。

反应的级数表示浓度对反应速率的影响程度，级数越大，速率受浓度影响越大。

(3) 反应级数与反应分子数是两个不同的概念。反应分子数是元反应中参加反应的分子数，其值是正整数，目前已知的只有1、2、3分子反应。通常元反应的分子数与反应级数相等，几分子反应就是几级反应。但反过来不成立，即几级反应不一定是几分子反应。复杂反应不能讨论反应分子数，只讨论反应级数，即浓度对速率的影响程度。级数越大，相应浓度改变时引起的速率的变化越大。

第二节 简单级数的反应的数学计算

速率方程反映了速率与浓度的关系，在实际应用中，人们关注浓度如何随时间变化，因此，需要对反应速率方程进行数学变换，获得浓度与时间的关系式即可求得某时刻的浓度。下面就一些简单级数的反应进行介绍。

一、一级反应

假如反应

$$A \longrightarrow 产物$$

为一级反应（first order reaction），则其微分速率方程为

$$v_A=-\frac{dc_A}{dt}=k_Ac_A$$

进行积分处理：

$$\frac{dc_A}{c_A}=-k_A dt$$

$$\int_{c_{A,0}}^{c_t}\frac{dc_A}{c_A}=\int_0^t -k_A dt$$

得积分速率方程：

$$\ln\frac{c_{A,0}}{c_A}=k_At$$

或

$$\ln c_A=\ln c_{A,0}-k_At$$

或其指数形式：

$$c_A=c_{A,0}\exp(-k_At)$$

属于一级反应的有：大多数热分解反应、放射性核素的蜕变反应、分子重排反应、水解反应等。一级反应的特征：

1. $\ln c_A$ 与 t 呈线性关系，$\ln c_A$ 对 t 作图，直线的斜率为 $-k_A$，截距是 $\ln c_{A,0}$。

2. 速率常数 k_A 的量纲为［时间］$^{-1}$（s^{-1}、min^{-1}、h^{-1}、d^{-1}等），k 的量纲与浓度无关。

3. 反应物的半衰期（half life，$t_{1/2}$，即反应物消耗一半时所需时间）为与速率常数有关的确定值，而与反应物浓度无关：

$$t_{1/2}=\frac{\ln 2}{k_A}$$

【例 5-1】 某抗生素在人体血液中分解，患者上午 7 时注射一次抗生素后，测得在不同时刻 t 抗生素在血液中的浓度 $c(\mathrm{mg \cdot dl^{-1}}$，$1\mathrm{dl}=0.1\mathrm{L})$ 数据如下。

$t(\mathrm{h})$	4	8	12	16
$c(\mathrm{mg \cdot dl^{-1}})$	0.3930	0.2773	0.1938	0.1366

（1）确定该抗生素在人体血液中的分解反应级数。

（2）求反应的速率常数 k_A 和半衰期 $t_{1/2}$。

（3）若抗生素在血液中浓度不低于 $0.36\mathrm{mg \cdot dl^{-1}}$ 才有效，问如果想保持治疗效果，何时需要注射第二次？

解：（1）以 $\ln c$ 对 t 作图得一直线（图 5-2），说明该反应为一级反应。

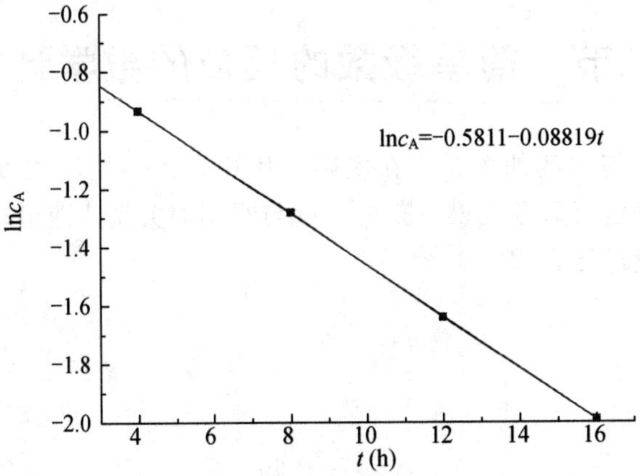

图 5-2 lnc 对 t 作图

（2）线性回归，得方程 $\ln c_A=-0.5811-0.08819t$，故

$$\ln c_{A,0}=-0.5811, k_A=0.08819\mathrm{h^{-1}}$$

$$t_{1/2}=\frac{\ln 2}{k_A}=\frac{0.693}{0.08819}=7.858\mathrm{h}$$

（3）将 $0.36\mathrm{mg \cdot dl^{-1}}$ 带入回归方程，得

$$t_{0.36}=-(\ln 0.36+0.5811)/0.08819=5.00\mathrm{h}$$

二、二级反应

假设反应

$$2\mathrm{A} \longrightarrow \text{产物}$$

则速率方程为：

$$v_A=-\frac{\mathrm{d}c_A}{\mathrm{d}t}=k_A c_A^2$$

整理后定积分得：

$$\frac{1}{c_A}-\frac{1}{c_{A,0}}=k_A t$$

此为二级反应（second order reaction）的积分速率方程。

延伸阅读

二级反应还有另一种形式，即

$$A+B \longrightarrow 产物$$

则速率方程分别为：

$$v_A=-\frac{dc_A}{dt}=k_A c_A c_B$$

此时分两种情况：

(1) 两种反应物A、B初浓度相等，即 $c_{A,0}=c_{B,0}$。则反应进行到任意时间

$$c_A=c_B$$

速率方程可简化为：

$$v_A=-\frac{dc_A}{dt}=k_A c_A^2$$

此时与 $2A \longrightarrow$ 产物的情形相同。

(2) 两种反应物A、B初浓度不相等，即 $c_{A,0}\neq c_{B,0}$，则积分得：

$$\frac{1}{c_{A,0}-c_{B,0}}\ln\frac{c_{B,0}c_A}{c_{A,0}c_B}=k_A t \text{ 或 } \frac{1}{c_{A,0}-c_{B,0}}\ln\frac{c_{B,0}(c_{A,0}-x)}{c_{A,0}(c_{B,0}-x)}=k_A t$$

二级反应是一类常见的反应，溶液中的许多有机反应都是二级反应，如加成、取代和消除反应等。二级反应的特征有以下几点。

1. 由 $\frac{1}{c_A}-\frac{1}{c_{A,0}}=k_A t$ 知，$\frac{1}{c_A}$ 与 t 呈线性关系，直线的斜率是 k_A，截距为 $\frac{1}{c_{A,0}}$。

2. 速率常数 k_A 的量纲为 [浓度]$^{-1}$·[时间]$^{-1}$($L \cdot mol^{-1} \cdot s^{-1}$)，$k_A$ 的值与浓度和时间均有关。

3. 反应物的半衰期 $t_{1/2}$ 与反应物浓度成反比：

$$t_{1/2}=\frac{1}{k_A c_{A,0}}$$

对于 $c_{A,0}\neq c_{B,0}$ 的二级反应，半衰期对A、B数值上是不同的，对整个反应来说无半衰期的概念。

4. 在实际处理时，常常将二级（或更高级）反应进行简化，成为准一级反应，然后方便计算。

准一级反应（pseudo first-order reaction）是指二级（或更高级）反应中，若非观察的所有反应物数量保持大量（浓度一般比待观察反应物大20倍以上），则可认为非观察的反应物在反应过程中浓度保持不变，因而使反应速率只与待观察的反应物浓度成正比，反应相对于待观察反应物来说符合一级反应特点和规律。

例如蔗糖水解的反应：

$$C_{12}H_{22}O_{11}+H_2O \longrightarrow C_6H_{12}O_6(\text{葡萄糖})+C_6H_{12}O_6(\text{果糖})$$

此反应为二级反应，其速率方程为：

$$v=kc_{H_2O}c_{\text{蔗糖}}$$

因水是过量的，在反应过程中水的浓度几乎不变，可视为常数，合并在常数 k' 中：

$$v=k'c_{\text{蔗糖}}$$

此反应即为准一级反应。

【例 5-2】 在 298K，乙酸乙酯皂化反应：

$$CH_3COOC_2H_5 + NaOH \longrightarrow CH_3COONa + C_2H_5OH$$

为二级反应。反应开始时：

（1）若溶液中 NaOH 和 $CH_3COOC_2H_5$ 的浓度均为 $0.0200mol \cdot L^{-1}$，每隔 20min 后，NaOH 的浓度变化了 $0.0142mol \cdot L^{-1}$，求该反应的速率常数。

（2）若 NaOH 的初浓度为 $0.0200mol \cdot L^{-1}$，$CH_3COOC_2H_5$ 的初浓度为 $0.0100mol \cdot L^{-1}$，反应 20min 后，NaOH 的浓度为 $0.00609mol \cdot L^{-1}$，$CH_3COOC_2H_5$ 的浓度为 $0.00108mol \cdot L^{-1}$，求该反应的速率常数。

（3）若 $CH_3COOC_2H_5$ 的初浓度为 $0.02mol \cdot L^{-1}$，NaOH 初浓度为 $0.4mol \cdot L^{-1}$，计算需要多长时间可以使 $CH_3COOC_2H_5$ 水解 90%。

解：（1）两个反应物初浓度相等 $c_{NaOH,0} = c_{CH_3COOC_2H_5,0} = 0.0200mol \cdot L^{-1}$ 且为等摩尔反应，因此，其反应速率方程符合

$$\frac{1}{c_A} - \frac{1}{c_{A,0}} = k_A t$$

反应 20min 后，$CH_3COOC_2H_5$ 与 NaOH 的浓度为

$$c_{NaOH} = c_{CH_3COOC_2H_5} = (0.0200 - 0.0142)mol \cdot L^{-1} = 0.0058mol \cdot L^{-1}$$

代入速率方程

$$\frac{1}{0.0058} - \frac{1}{0.0200} = 20k_A$$

$$k_A = 6.1L \cdot mol^{-1} \cdot min^{-1}$$

（2）两个反应物初浓度不相等 $c_{NaOH,0} \neq c_{CH_3COOC_2H_5,0}$，反应的速率方程符合

$$\frac{1}{c_{A,0} - c_{B,0}} \ln \frac{c_{B,0} c_A}{c_{A,0} c_B} = k_A t$$

将 $c_{NaOH,0} = 0.02mol \cdot L^{-1}$，$c_{CH_3COOC_2H_5,0} = 0.01mol \cdot L^{-1}$，$c_{NaOH} = 0.00609mol \cdot L^{-1}$，$c_{CH_3COOC_2H_5} = 0.00108mol \cdot L^{-1}$，$t = 20min$ 代入速率方程解得

$$k_A = 6.1L \cdot mol^{-1} \cdot min^{-1}$$

（3）NaOH 的初浓度 $c_{NaOH,0} = 0.4mol \cdot L^{-1}$，远大于乙酸乙酯的初浓度 $c_{CH_3COOC_2H_5,0} = 0.0200mol \cdot L^{-1}$，反应可简化为准一级反应，速率方程符合

$$v = k' c_{CH_3COCOOC_2H_5}$$

$$k' = k \cdot c_{NaOH} = (6.1 \times 0.4)min^{-1} = 2.44min^{-1}$$

一级反应的积分速率方程：$\ln \frac{c_A}{c_0} = -k't$

$$t = -\ln(c_A/c_0)/k' = -\ln(10/100)/2.44 = 0.94min$$

三、零级反应

反应速率与反应物浓度无关的反应称为零级反应（zero order reaction）。例如

$$A \longrightarrow B$$

反应的速率方程为

$$v = -\frac{dc_A}{dt} = k_A c_A^0$$

积分速率方程为

$$c_{A,0} - c_A = k_A t$$

零级反应通常是固相反应或有催化剂参加的反应。比如酶 E 催化的反应：

$$S \longrightarrow 产物$$

反应速率符合米氏（Michaelis-Menten）方程：

$$v=\frac{dc_P}{dt}=\frac{K_{cat}c_{E,0}c_S}{K_M+c_S}$$

其中 k_{cat} 和 K_M 是两个常数。当底物浓度很大，即 $c_S \gg K_M$ 时，则有：

$$v=\frac{dc_P}{dt}=\frac{K_{cat}c_{E,0}c_S}{K_M+c_S}\approx\frac{K_{cat}c_{E,0}c_S}{c_S}=K_{cat}c_{E,0}$$

由于酶的浓度受基因表达控制，在一定时间内也可以看作是一个常数。当酶浓度恒定时，此反应就是零级反应。

零级反应的特征：

1. 反应速率为常数，是恒速反应。

2. c_A 与 t 成线性关系，直线的斜率为 $-k_A$，截距为 $c_{A,0}$。反应速率常数 k_A 的量纲为［浓度］·［时间］$^{-1}$，常用单位为 mol·L^{-1}·s^{-1}。

3. 反应物的半衰期为

$$t_{1/2}=\frac{c_{A,0}}{2k_A}$$

四、简单级数的反应的速率方程小结

一些典型的简单级数反应的微分及积分速率方程及其特征比较见表 5-1。除上面介绍的几种典型简单级数的反应外，n 级反应在这里只列出了微分速率方程为 $-\frac{dc_A}{dt}=k_Ac_A^n$ 的一种简单形式。

表 5-1　简单级数反应的速率方程及特征小结

n	微分速率方程	积分速率方程	$t_{1/2}$	线性关系	k_A 的单位
0	$-\frac{dc_A}{dt}=k_A$	$c_{A,0}-c_A=k_At$	$\frac{c_{A,0}}{2k_A}$	c_A-t	mol·L^{-1}·s^{-1}
1	$-\frac{dc_A}{dt}=k_Ac_A$	$\ln\frac{c_{A,0}}{c_A}=k_At$	$(\ln 2)/k_A$	$\ln c_A$-t	s^{-1}
2	$-\frac{dc_A}{dt}=k_Ac_A^2$	$\frac{1}{c_A}-\frac{1}{c_{A,0}}=k_At$	$\frac{1}{k_Ac_{A,0}}$	$1/c_A$-t	L·mol^{-1}·s^{-1}
2	$-\frac{dc_A}{dt}=k_Ac_Ac_B$	$\frac{1}{c_{A,0}-c_{B,0}}\ln\frac{c_{B,0}c_A}{c_{A,0}c_B}=k_At$	—	$\ln\frac{c_{B,0}c_A}{c_{A,0}c_B}$-$t$	L·mol^{-1}·s^{-1}
n	$-\frac{dc_A}{dt}=k_Ac_A^n$	$\frac{(1/c_A^{n-1}-1/c_{A,0}^{n-1})}{n-1}=k_At$	—	$1/c_A^{n-1}$-t	(mol·L^{-1})$^{1-n}$·s^{-1}

注：本书仅对一级反应的数学计算做要求

第三节　影响反应速率的因素及控制反应速率的策略

一、影响反应速率的因素

前面学习了反应的速率方程，假设元反应：

$$A+2B\longrightarrow D$$

则其反应速率方程为：

$$v=kc_Ac_B^2$$

从速率方程可知，影响反应速率的因素包括：①反应物的浓度；②反应的速率常数。后者对于一个给定条件的反应来说更为重要。

那么，影响反应速率常数的因素有哪些呢？阿伦尼乌斯在大量实验的基础上，提出了速率常数的函数关系式，即著名的阿伦尼乌斯公式（Arrhenius equation）：

$$k=A\exp\left(\frac{-E_a}{RT}\right)\text{或 }\ln k=-\frac{E_a}{RT}+\ln A$$

式中，T 为反应温度；E_a 称为活化能（activation energy），由于在指数项上，E_a 对反应速率的影响较大；A 为指前因子，在一定温度范围内可认为是常数。

化学反应的过渡态理论（transition state theory）认为，对于某个元反应 A ⟶ P 来说，反应物粒子 A（分子或离子）在转变为产物之前要经历一个能量较高的中间状态——反应的过渡态 A^*。

$$A \longrightarrow A^* \longrightarrow P$$

过渡态分子 A^* 的能量与反应物 A 的平均能量之差为活化能 E_a（图 5-3）。因此，遵循化学反应的微观可逆原理，这个反应的逆反应也存在一个活化能 E_a'。过渡态理论推导指出，E_a 与 E_a'之差为该反应的反应焓变，即：$\Delta_r H_m=E_a-E_a'$。

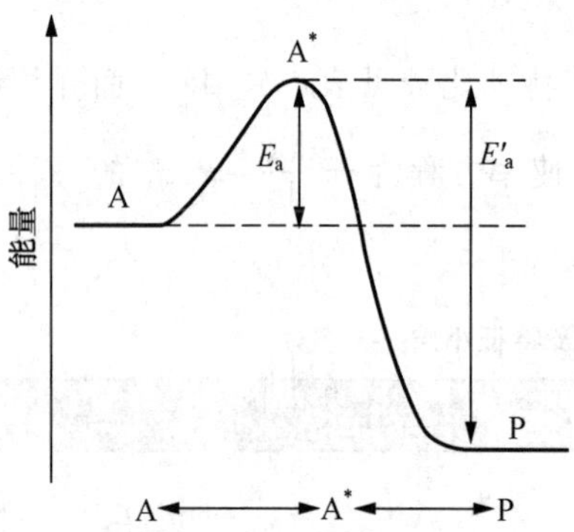

图 5-3 化学反应过程的能量变化和活化能 E_a

从阿伦尼乌斯公式，可以看出温度 T 和活化能 E_a 如何影响反应速率常数 k。

1. $\ln k$ 与 $1/T$ 呈线性关系，直线的斜率为 $-E_a/R$。因此，活化能越大，k 越小；而温度 T 越高，则 k 越大。

2. 将公式进行变换处理

$$\frac{\mathrm{d}\ln k}{\mathrm{d}T}=-\frac{E_a}{RT^2}$$

积分可得

$$\ln\left(\frac{k_2}{k_1}\right)=-\frac{E_a}{R}\left(\frac{1}{T_2}-\frac{1}{T_1}\right)$$

利用此式，对同一反应，在已知两个温度的速率常数的条件下，可求反应的活化能；或已知活化能和某一温度及该温度下的速率常数时，可求另一温度下的速率常数。

【例 5-3】 尿素水解反应 $CO(NH_2)_2+H_2O \longrightarrow 2NH_3+CO_2$ 为一级反应。在 373.15K 和 325.15K 温度下的速率常数分别为 $6.456\times10^{-2}\,s^{-1}$ 和 $2.080\times10^{-4}\,s^{-1}$，求该反应的活化能和在 333.15K 下的速率常数 $k_{333.15}$。

解： 由式 $\ln\left(\frac{k_2}{k_1}\right)=-\frac{E_a}{R}(\frac{1}{T_2}-\frac{1}{T_1})$

得 $E_a=\frac{R\ln(6.456\times10^{-2}/2.080\times10^{-4})}{1/325.15-1/373.15}=44.68(\text{kJ/mol})$

$$k_{333.15}=k_{325.15}\exp\left[-\frac{E_a}{R}\left(\frac{1}{333.15}-\frac{1}{325.15}\right)\right]=1.25\times10^{-3}(s^{-1})$$

【例 5-4】 硝基异丙烷水溶液与碱的中和反应是二级反应，其速率常数与温度的关系为

$$\ln k=-\frac{7654.6}{T}+27.435$$

（1）计算反应的活化能。

（2）在 298K 时，若硝基异丙烷与碱的浓度均为 $0.009\text{mol}\cdot\text{dm}^3$，求反应的半衰期。

解：（1）由阿伦尼乌斯公式 $\ln k=-\frac{E_a}{RT}+\ln A$

得 $E_a=7654.6\times8.314=63.638$kJ/mol

(2)$\ln k=-\dfrac{7654.4}{298}+27.435=1.749$

$$k=5.749$$

$$t_{1/2}=\frac{1}{kc_0}=\frac{1}{5.749\times0.009}=19.327(\text{min})$$

【例 5-5】 现有两个化学反应，一个反应的活化能为 120.0kJ·mol^{-1}，另一个反应的活化能为 230.0kJ·mol^{-1}。试计算当两反应的温度都由 298K 上升为 318K 时，反应速率分别是原来的几倍？温度变化对哪一个反应影响更大？

解：不同温度下速率常数的关系方程为

$$\ln\left(\frac{k_2}{k_1}\right)=-\frac{E_a}{R}\left(\frac{1}{T_2}-\frac{1}{T_1}\right)$$

对活化能为 120.0kJ·mol^{-1}的反应，

$$\ln\left(\frac{k_2}{k_1}\right)=-\frac{120\times10^3}{8.314}\left(\frac{1}{318}-\frac{1}{298}\right)=3.197$$

$$k_2/k_1=e^{3.197}=24.46$$

对活化能为 230.0kJ·mol^{-1}的反应，

$$\ln\left(\frac{k_2}{k_1}\right)=-\frac{230\times10^3}{8.314}\left(\frac{1}{318}-\frac{1}{298}\right)=6.128$$

$$k_2/k_1=e^{6.128}=458.52$$

上述计算结果表明，温度变化对活化能大的反应影响更大。

二、催化剂

催化剂（catalyst）是能使化学反应的速率显著增大，而本身在反应前后数量及化学性质都不改变的物质。催化剂可以是各种类型的固体（如金属、金属盐、配合物等）、分子（如 NO、H_2O）或离子（如 H^+、OH^- 等）；酶是一种天然的催化剂，在生命系统中，酶发挥了至关重要的作用。

1. 催化机制　催化剂作用的机制是与反应物分子形成不稳定的中间化合物或配合物，从而改变了反应的途径，使反应通过一条具有较小的活化能 E_a 的途径进行，从而使反应速率大大增加。

假设某反应：

$$\text{A}+\text{D}\longrightarrow\text{AD}$$

在无催化剂时，其反应途径为：

$$\text{A}+\text{D}\longrightarrow\text{A}\cdots\text{D}\longrightarrow\text{AD}$$

此时，反应的活化能为 E_a，E_a 较高，因此反应进行较慢（图 5-4）。

当加入催化剂 K 时，其反应途径则变为以下过程。

第一步 A 与 K 反应，形成中间产物 AK。

$$\text{A}+\text{K}\longrightarrow\text{A}\cdots\text{K}\longrightarrow\text{AK}$$

此步骤为可逆反应，正反应的活化能为 E_{a1}，逆反应的活化能为 E_{a2}。

第二步 AK 与 D 反应，K 获得再生。

$$\text{AK}+\text{D}\longrightarrow\text{A}\cdots\text{K}\cdots\text{D}\longrightarrow\text{AD}+\text{K}$$

此步骤也为可逆反应，正反应的活化能为 E_{a3}。

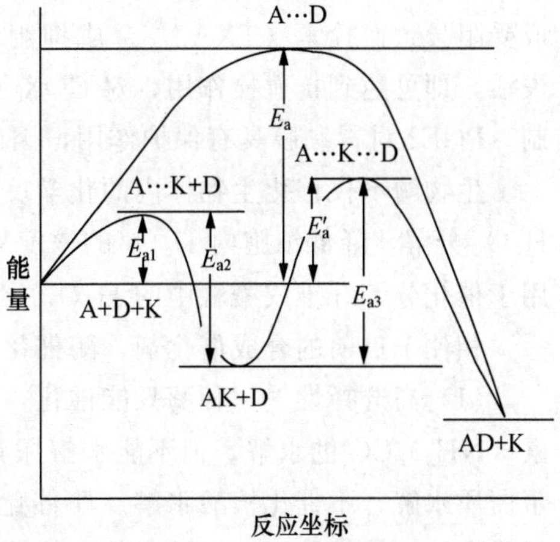

图 5-4　催化反应的活化能与反应的途径

如图 5-4 所示，由于 $E_{a3}>E_{a1}$，因此第二步反应

AK＋D ⟶ AD＋K 是总反应的决速步，总反应的速率取决于第二步反应的速率，催化总反应的活化能 E_a' 约等于第二步的活化能 E_{a3}。与无催化剂时反应的活化能 E_a 比较，催化反应的活化能 $E_a'<E_a$，反应在催化剂作用下大大加快。

2. 生物催化剂——酶　生物体（包括人）内每时每刻都在进行着大量的生物化学反应。如生物体摄入的食物（包含有蛋白质、脂肪、糖类等）本身并不能为人体所利用，蛋白质必须被蛋白酶分解成氨基酸才能透过肠黏膜吸收入血，通过血液运送到全身各个组织细胞，再被细胞利用；脂肪必须由脂肪酶分解成甘油和脂肪酸才能被吸收入血，被组织细胞利用；糖类必须被淀粉酶分解成小分子的葡萄糖才能被吸收入血，然后运输到各组织器官，并进入细胞内，再在各种酶的作用下，被燃烧产生能量，放出水和 CO_2。只要生命在持续，各种生物化学反应一刻也不能停息。成千上万种的生物化学反应过程中必须有酶进行催化促进，酶的浓度和活力影响机体生化反应的速率，从而影响机体的正常功能。

人体中的酶促反应是人体正常生命活动不可缺少的，如羟甲戊二酰辅酶 A（HMG-CoA）还原酶是内源性胆固醇的合成限速酶，其在人体中催化羟甲戊二酰辅酶 A 还原得到胆固醇，如图 5-5 所示。

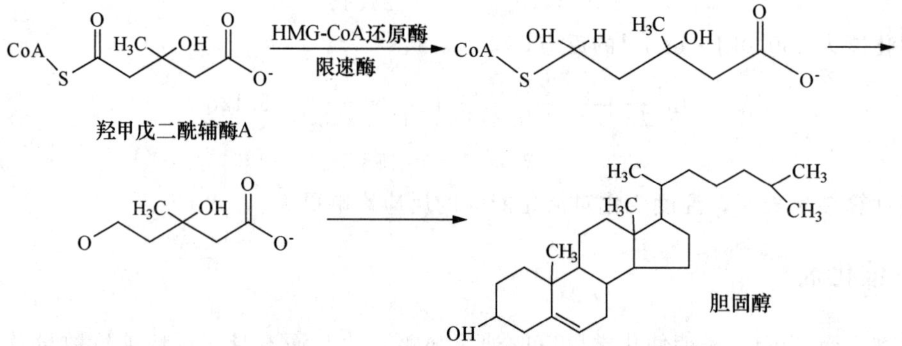

图 5-5　内源性胆固醇合成途径

但人体内源性的胆固醇合成过多会导致高脂血症，抑制内源性的胆固醇合成，可以达到降低血脂的目的。根据此原理，人们发现了能抑制 HMG-CoA 还原酶的药物如美伐他汀、辛伐他汀等。

这些药物是酶的非底物物质，它们与酶结合，导致酶的失活，这些药物分子称为酶的抑制剂。现今很多药物都是通过对生物酶的特异性抑制而发挥作用。又如大家熟知的阿司匹林是环氧合酶（COX）的抑制剂，它能抑制 COX-2，从而抑制前列腺素（PGE1）的合成，PGE1 合成受阻导致血栓素（TXA2）合成抑制，TXA2 具有血小板聚集作用，因此阿司匹林使 COX 失活，即可达到抗血栓作用，对 COX 另一亚型 COX-1 的抑制，则导致前列腺素 PGE2 合成抑制，PGE2 对胃黏膜具有保护作用，因此阿司匹林会导致胃黏膜的损伤。

生物酶不仅催化生物体内的化学反应，也被利用在生产中。如过氧化氢酶在体内可以催化 H_2O_2 分解，降低细胞内 H_2O_2 的浓度从而避免机体的氧化损伤；在纺织业中，过氧化氢酶可用于催化分解纤维或染缸中的 H_2O_2。

相比于目前的合成催化剂，酶催化具有以下的特征。

（1）高选择性。一种酶只能催化一种或一类化合物的特定化学反应。如尿素酶只能催化尿素 $(NH_2)_2CO$ 的水解，但不能水解尿素的取代物如甲脲 $CH_3NH\text{-}CO\text{-}NH_2$。蛋白酶只能催化蛋白质水解，不催化核酸水解。酶催化反应的化合物称为酶的底物（substrate），酶与其底物间具有"一把钥匙开一把锁"的底物特异性。肉食动物不能以植物为食，草食动物不能以肉为食，因为都缺乏相应的食物蛋白质的酶。

(2) 高催化效率。酶催化效率为一般合成酸碱催化剂的 $10^8 \sim 10^{11}$ 倍。如 SOD 酶，其催化反应的速率常数数量级达 $10^9 \sim 10^{10}\ \mathrm{L \cdot mol^{-1} \cdot s^{-1}}$。

(3) 反应条件温和。大多数的酶催化反应可在体温和近中性条件下完成。酶也具有多样性，可以适应多种特殊条件的催化反应。例如胃蛋白酶工作 pH 在 1～2 之间；胰蛋白酶则在中性或弱碱性条件下工作；普通的 DNA 聚合酶在 37℃效率最高；而生活于温泉中的细菌的 TaqDNA 聚合酶，其工作最佳温度则为 70～80℃。

酶催化反应的过程，一般分成下列步骤：

第一步：反应物与酶结合。在酶学中，与某个酶结合的反应物通常称为这个酶的底物（substrate，简写成 S）。

$$\mathrm{E+S} \underset{k_2}{\overset{k_1}{\rightleftharpoons}} \mathrm{ES}\ \text{（快反应）}$$

第二步：在酶分子中底物 S 发生化学反应，生成产物 P。

$$\mathrm{ES} \xrightarrow{k_3} \mathrm{EP}\ \text{（慢反应，速率控制步骤）}$$

第三步：产物与酶脱离。

$$\mathrm{EP} \xrightarrow{k_4} \mathrm{E+P}\ \text{（快反应）}$$

米恰利和门顿推导出了酶催化过程的反应速率的通式

$$v=\frac{\mathrm{d}c_\mathrm{P}}{\mathrm{d}t}=\frac{k_3 c_{\mathrm{E},0} c_\mathrm{S}}{K_\mathrm{M}+c_\mathrm{S}}$$

此式称为米氏方程（Michaelis-Menten equation），其中 k_3（亦称 k_{cat}）和 K_M 是两个常数，k_{cat} 是催化反应中第二步——速率控制步骤中的表观速率常数，K_M 称为 Michaelis 常数，是第一步中酶与底物的反应的表观解离常数。

$$K_\mathrm{M}=\frac{k_2+k_3}{k_1}=\frac{c_\mathrm{E} c_\mathrm{S}}{c_\mathrm{ES}}$$

从米氏方程可以看到如图 5-6 所示的几点。

①在 $c_\mathrm{S} \gg K_\mathrm{M}$ 时，反应速率达到极大值：$v_{max}=k_3 c_{\mathrm{E},0}$。酶催化反应速率与加入的酶的浓度 $c_{\mathrm{E},0}$ 成正比。

②当酶的浓度 c_E 不变时，反应速率随底物浓度 c_S 的增大而增大。表现为图 5-6 所示曲线。

③在 $c_\mathrm{S} \ll K_\mathrm{M}$ 时，v 与 c_S 成正比。$v \approx \frac{k_3}{K_\mathrm{M}} c_{\mathrm{E},0} c_\mathrm{S}$。

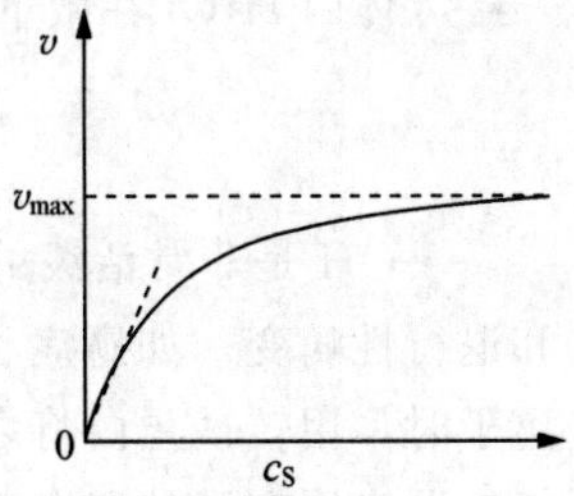

图 5-6　酶催化反应速率与底物浓度关系曲线

酶的浓度受基因表达的控制，在一定时间内可看作一个常数，即 $c_{\mathrm{E},0}$ 近似为常数，本条件下，$v \approx \frac{k_3}{K_\mathrm{M}} c_{\mathrm{E},0} c_\mathrm{S}=k' c_\mathrm{S}$，可近似为准一级反应，则底物转化的半衰期为

$$t_{1/2}=\frac{0.693}{k'}=\frac{0.693}{\frac{k_3}{K_\mathrm{M}} c_{\mathrm{E},0}}$$

可以看出，若酶的浓度增加 1 倍，底物的半衰期就降低一半。

三、控制反应速率的策略

在实际生产生活中，我们有时需要加快化学反应的速率，如在一些化工生产中加入催化剂加快反应速率；有时需要降低化学反应的速率，如在药品的存贮中，希望它被氧化降解的速率越慢越好。根据前面学习的化学反应的动力学原理，通过控制影响化学反应速率的因素可以控制化学反应的速率。

1. 控制反应物的浓度

(1) 加速。加大反应物浓度，可以增大反应速率。如生产氨时，增加反应物氢气和氮气的浓度，可以加快反应速率，同时不断将生成的产物氨转移出去，以增加反应的转化率。

(2) 减速。降低全部或关键反应物的浓度，可以降低反应的速率。例如食物和药物容易氧化变质，在保存时，可以将食物、药物密封隔绝空气，或在包装中加入脱氧剂，脱氧剂优先与氧气反应，将包装中的氧气快速耗尽，从而延长保存时间。

2. 控制反应温度

(1) 加速。在反应热力学许可的范围内，升高温度是提高反应速率的最有效和方便的途径之一。如生活中，用高压锅煮饭可大大缩短食物煮熟的时间。

(2) 减速。同理，降低温度可以有效减慢反应的速率。如通常将食物或药品存放在冰箱中，以减慢其腐败或氧化的速率。

3. 控制催化剂

(1) 加速。选择合适的催化剂或酶，可以大大加快反应速率。例如，在烹饪牛肉时，先用木瓜蛋白酶（俗称嫩肉粉）处理牛肉，使牛肉蛋白质发生部分水解，不仅可增加肉的口感，而且水解产生的氨基酸可增加食物的鲜味。

(2) 减速。催化剂只能加速反应，而不能降低反应速率。但是，对于需要催化剂进行的反应来说，可以通过让催化剂失活（俗称“催化剂中毒”）的方式阻止催化反应，从而使反应减速。例如，茶叶从茶树上采摘以后，叶细胞死亡时释放大量的酶使茶叶发酵，根据发酵的程度不同形成红茶（如乌龙茶等）和黑茶（如普洱茶等）。但如果想得到绿茶（如西湖龙井、碧螺春、信阳毛尖茶等），就需要阻止上述发酵过程。方法是将采摘后的茶叶立即用烘烤、蒸汽和微波加热等方法进行高温处理，让细胞的酶迅速地变性失活。同时加热可散发鲜叶的青臭味，促进成品茶叶良好香气的形成。此外，加热后由于部分脱水，茶叶变软，便于揉捻成形。这一过程俗称茶叶的“杀青”。

人体内 H_2O_2 在微量的铁离子催化下，可发生 Fenton 和 Haber-Weisz 反应，生成·OH。

$$Fe^{2+} + H_2O_2 \longrightarrow Fe^{3+} + \cdot OH + OH^-$$

$$Fe^{3+} + e(\text{细胞内的还原剂提供}) \longrightarrow Fe^{2+}$$

·OH 是非常活泼的自由基，可导致严重的氧化损伤，导致基因突变和人体的各种代谢性和退行性病变，如癌症、心脑血管疾病、阿尔茨海默病和糖尿病等。因此，人体通常在转运铁离子时，用转铁蛋白将之紧密地结合，而多余的铁离子则形成更为紧密的铁蛋白复合物，避免任何游离铁离子的存在而引发自由基生成。

思考题

1. 化学反应速率的表达方式有几种？分别如何表示？
2. 什么是元反应？什么是反应机制？
3. 反应分子数指什么？什么是反应级数？两者是否相同？
4. 一级反应有哪些特征？
5. 二级反应速率方程为 $-dc_A/dt = k_A c_A^2$，二级反应的特征有哪些？
6. 影响反应速率的因素主要有哪些？
7. 什么是活化能？
8. 催化剂的作用是什么？其对反应速率的调节机制是什么？
9. 酶催化的特征是什么？

10. 复杂反应的近似处理方法有几种？在中间产物 B 浓度很小，反应能力很强，且满足 $dc_B/dt=0$ 时，可以应用哪种近似处理？

习　题

1. 在呼吸时，吸入的氧气与肺血液中的血红蛋白（Hb）反应，生成氧合血红蛋白（HbO_2），反应方程式为：$Hb+O_2 \longrightarrow HbO_2$。反应为一级反应。为保持肺血液中血红蛋白的正常浓度为 8.0×10^{-6}mol/L，则肺血液中氧的浓度必须保持为 1.6×10^{-6}mol/L。已知上述反应在正常体温下的速率常数为 $k=2.1\times10^{6}\text{L}\cdot\text{mol}^{-1}\cdot\text{s}^{-1}$。试计算：

(1) 正常情况下，肺血液中氧合血红蛋白的生成速率及氧的消耗速率为多少？

(2) 由于疾病的原因，患者的氧合血红蛋白的生成速率达到 $1.1\times10^{-4}\text{mol}\cdot\text{L}^{-1}\cdot\text{s}^{-1}$，此时需输氧保持血红蛋白的正常浓度，求肺血液氧的浓度应达多高？

2. ^{60}Co 广泛用于癌症治疗和灭菌消毒，其衰变反应为一级反应：${}^{60}_{27}\text{Co}\longrightarrow{}^{60}_{28}\text{Co}+{}^{0}_{-1}\text{e}$，常温 298K 时的速率常数 $k=3.43\text{s}^{-1}$，问当^{60}Co 衰变 50%和 75%时分别需要多长时间？

3. 二级反应 $A+B\longrightarrow G$，反应的活化能为 $83.5\text{kJ}\cdot\text{mol}^{-1}$，A 和 B 的初始浓度均为 $1\text{mol}\cdot\text{dm}^{-3}$，在 298.15K 条件下反应 0.5h 后，A 和 B 各消耗一半。求：

(1) 在 298.15K 条件下，反应 1h 后，两者各剩余多少？

(2) 323.15K 温度下的速率常数是多少？

4. 盐酸丁卡因水溶液在一定温度下分解，其速率常数与温度之间的关系为

$$\ln k=-\frac{7765}{T}+20.40$$

k 的单位为 h^{-1}，T 用绝对温度。求：

(1) 室温（25℃）每小时分解百分之几？

(2) 若此药物分解 30%即失效，25℃下保存的有效期为多长？

(3) 若要求此药物有效期达 2 年，保存温度不能超过多少度？

5. HO_2是大气中起重要作用的高度活性的化学物种，其在大气中的反应为 $2HO_2(g)\rightarrow H_2O_2(g)+O_2(g)$，该反应为二级反应。在 25℃，该反应的速率常数 $k=1.40\times10^{9}\text{L}\cdot\text{mol}^{-1}\cdot\text{s}^{-1}$，若 HO_2的起始浓度为 $2.00\times10^{-7}\text{mol}\cdot\text{L}^{-1}$，则 2s 后剩余浓度是多少？

6. 某 1-1 对峙反应 $A \underset{k_2}{\overset{k_1}{\rightleftharpoons}} B$，A 的初始浓度为 $c_{A,0}$；时间为 t 时，A 和 B 的浓度分别为 $c_{A,0}-c_B$ 和 c_B。

(1) 试证：$\ln\dfrac{c_{A,0}}{c_{A,0}-\dfrac{k_1+k_2}{k_1}c_B}=(k_1+k_2)t$。

(2) 已知 A、B 两物质的半衰期均为 10min，$c_{A,0}=1.0\text{mol}\cdot\text{L}^{-1}$，求 10min 后可得到 B 的量。

7. 已知某气相反应

$$A(g)\underset{k_2}{\overset{k_1}{\rightleftharpoons}}B(g)+C(g)$$

在 298K 时，$k_1=0.31\text{s}^{-1}$，$k_2=6\times10^{-9}\text{s}^{-1}$，当温度升至 310K 时，$k_1$ 和 k_2 都增加 1 倍。试求：

(1) 298K 时的平衡常数 K_p。

(2) 正、逆反应的实验活化能。

8. 蛋白的热变作用为一级反应，其活能约为 $85\text{kJ}\cdot\text{mol}^{-1}$，在正常大气压下 p°，地面上沸水中“煮熟”蛋需要 7min，试求在山顶（气压为 $0.70p^{\circ}$）的沸水中“煮熟”鸡蛋需要多长

时间？

9. 氯苯与氯在碘作催化剂下发生如下平行反应：

$$C_6H_5Cl+Cl_2 \xrightarrow{k_1} HCl+L\text{-}C_6H_4Cl_2$$

$$C_6H_5Cl+Cl_2 \xrightarrow{k_2} HCl+D\text{-}C_6H_4Cl_2$$

设在一定温度和碘的浓度时，C_6H_5Cl 和 Cl_2 的初始浓度均为 $0.5mol\cdot L^{-1}$，30min 后有 20%转化为 $L\text{-}C_6H_4Cl_2$，30%转化为 $D\text{-}C_6H_4Cl_2$，试求 k_1、k_2。

10. 生物体内的一种超氧化物歧化酶 E，可将有害的 O_2^- 变成 O_2，反应如下：

$$2O_2^-+2H^+ \xrightarrow{E} O_2+H_2O_2$$

酶的初始浓度 $c_{E,0}=6\times10^{-7}mol\cdot L^{-1}$，设反应机理为

$$E+O_2^- \xrightarrow{k_1} O_2+E^-$$

$$E^-+O_2^- \xrightarrow[k_2]{2H^+} H_2O_2+E$$

已知：$k_2=2k_1$，测得实验数据如下：

$v(mol\cdot L^{-1}\cdot s^{-1})$	$c_{O_2^-}(mol\cdot L^{-1}\cdot s^{-1})$
3.94×10^{-3}	8.76×10^{-6}
1.71×10^{-2}	3.81×10^{-5}
1.02	2.28×10^{-4}

求 k_1、k_2。

（李 森）

第六章　氧化还原反应

众多的无机化学反应可以分为两大类：有电子转移的氧化还原反应和没有电子转移的非氧化还原反应。

生物体内有许多重要的反应属于氧化还原反应。如体内的各种营养物质（糖、脂肪、蛋白质等）通过氧化分解最终生成 CO_2 和 H_2O，同时释放能量形成腺苷三磷酸（ATP）的过程，称为生物氧化（biological oxidation）。生物氧化实际上是细胞有氧呼吸作用的一系列氧化还原反应，又称为细胞氧化或细胞呼吸。生物体的光合作用、生物固氮以及生物体内的许多代谢过程也都涉及氧化还原反应。此外，人体的一些病理现象（如：酒精中毒原因之一的活性氧物种对肝组织造成的肝损伤）、某些药物的药理毒理作用（如：维生素 C 的抗氧化作用及其过量引发的细胞损伤）也与氧化还原反应密切相关。

那么，氧化还原的本质是什么？如何判断一个反应是否是氧化还原反应？氧化还原反应如何转化为电能？生物体的电现象如何对维持正常的生理功能起作用呢？

下面我们通过学习氧化还原反应和原电池等相关知识来回答上述问题。

第一节　氧化还原反应的基本概念

一、氧化还原反应

什么是氧化还原反应（oxidation-reduction reactions）？起初人们认为，氧化是指物质与氧结合的过程，还原是指物质失去氧的过程。目前普遍接受的观点是从氧化数（氧化值）的概念出发，把在反应前后元素的氧化数发生了改变的化学反应称为氧化还原反应。

1. 氧化数　1970 年，国际纯粹与应用化学联合会（International Union of Pure and Applied Chemistry，IUPAC）规定氧化数（oxidation number）的定义是：某元素一个原子的表观电荷数，是假设把每个化学键的电子指定给电负性较大的原子而求得的。

按上述规定可知，氧化数是一个经验值，是人为规定的形式电荷数。即：不论是离子键中电子的得失还是共价键中电子的偏移，总认为电负性较大的原子获得电子，电负性较小的原子失去电子。若获得一个电子，则该原子的氧化数为－1。而失去一个电子，其氧化数为＋1。例如，在 H_2O 中，H 的氧化数为＋1，氧的氧化数为－2。

确定元素氧化数的原则如下。

（1）单质中，元素的氧化数为零。

（2）单原子离子中，元素的氧化数等于该离子所带的电荷数。例如，NaCl 中 Na^+ 的氧化数为＋1，Cl^- 的氧化数为－1。

（3）多原子离子团中，各元素氧化数的代数和等于离子团所带的电荷。例如，SO_4^{2-} 带两个负电荷，O 的氧化数为－2，故 S 的氧化数为＋6。

（4）在大多数化合物中，氢的氧化数为＋1。但在活泼金属的氢化物如 NaH、CaH_2、$NaBH_4$、$LiAlH_4$ 中氢的氧化数为－1。

(5) 通常，氧在化合物中的氧化数一般为−2。但在过氧化物如 H_2O_2、Na_2O_2 中，氧的氧化数为−1；在超氧化物 KO_2 中，氧的氧化数为$-\frac{1}{2}$；在氟的氧化物中，如 OF_2中，氧的氧化数为+2。

(6) 在所有氟化物中，氟的氧化数为−1。

(7) 中性分子中，各元素氧化数的代数和等于零。

根据以上规则，可以计算出各种物质中任一元素的氧化数。

【例 6-1】 求 $Cr_2O_7^{2-}$ 中 Cr 和 $Na_2S_4O_6$ 中 S 的氧化数。

解： 设 $Cr_2O_7^{2-}$ 中 Cr 的氧化数为 x，由于氧的氧化数为−2，则

$$2x+7\times(-2)=-2 \qquad x=+6$$

故 Cr 的氧化数为+6。

设 $Na_2S_4O_6$ 中 S 的氧化数为 x，由于氧的氧化数为−2，钠的氧化数为+1，则

$$2\times(+1)+4x+6\times(-2)=0 \qquad x=+\frac{5}{2}$$

故 S 的氧化数为$+\frac{5}{2}$。

同理，可以计算出 Fe_3O_4 分子中，Fe 的氧化数为$+\frac{8}{3}$，由此可见，元素的氧化数既可以是整数，也可以是分数（或小数）。

2. 氧化还原反应　如何判断一个反应是否是氧化还原反应？可以利用氧化数的变化来判断氧化还原反应。而氧化还原反应中氧化数的变化，从本质上讲是元素发生了电子的转移（或偏移），即：氧化还原反应的实质是参与反应的物质之间的电子转移过程。

氧化反应（oxidation reaction）：元素的氧化数升高（失去电子）的反应，称为氧化反应，该物质被氧化，称为还原剂（reducing agent）。

还原反应（reduction reaction）：元素的氧化数降低（得电子）的反应，称为还原反应，该物质被还原，称为氧化剂（oxidizing agent）。

氧化反应和还原反应是同时发生、互相依存的，如果有得到电子的物质，必有失去电子的物质，而且得失电子总数一定相等。

例如，在反应 $Zn(s)+Cu^{2+}(aq) \rightleftharpoons Zn^{2+}(aq)+Cu(s)$ 中，每个 Zn 失去两个电子，变为 Zn^{2+}，其氧化数由 0 升到+2，Zn 被氧化，是还原剂；每个 Cu^{2+} 接受两个电子，变为 Cu，氧化数由+2 降到 0，Cu^{2+} 被还原，是氧化剂。因此，每个氧化还原反应都可以拆分成以下两个半反应，称氧化还原半反应（redox half-reaction）。

氧化半反应：$Zn-2e^- \longrightarrow Zn^{2+}$

还原半反应：$Cu^{2+}+2e^- \longrightarrow Cu$

半反应中，还原剂 Zn 失去电子，其产物为氧化剂 Zn^{2+}；氧化剂 Cu^{2+} 得到电子，其产物为还原剂 Cu。将某氧化剂和其得到电子形成的还原剂（或者某还原剂和其失去电子形成的氧化剂）称为共轭的氧化还原电对（redox electric couple）。即 Zn^{2+}/Zn 及 Cu^{2+}/Cu 为共轭的氧化还原电对。

氧化还原半反应的通式为

$$\text{氧化型}+ne^- \rightleftharpoons \text{还原型} \tag{6-1a}$$

或

$$Ox+ne^- \rightleftharpoons Red \tag{6-1b}$$

式中，n 为半反应中电子转移的数目。

氧化还原电对习惯上写成氧化型/还原型（Ox/Red）的形式。

Zn^{2+}/Zn　　　　Cu^{2+}/Cu

（氧化型）（还原型）（氧化型）（还原型）

氧化还原电对中，还原剂还原性越强（失去电子的能力越大），则其共轭氧化剂氧化性越弱（得到电子能力越小）；反之，如果氧化剂的氧化性越强，则其共轭还原剂的还原性越弱。例如，在 $Cr_2O_7^{2-}/Cr^{3+}$ 电对中，$Cr_2O_7^{2-}$ 是一个强氧化剂，Cr^{3+} 是一个弱还原剂。

我们来分析一个发生在生物呼吸作用中的有机化学反应：乙醛（CH_3CHO）被还原成乙醇（CH_3CH_2OH）。

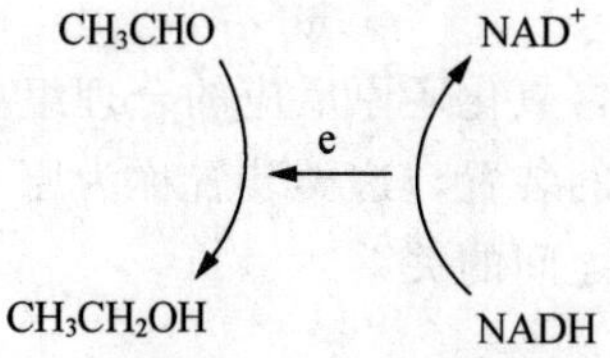

图 6-1　电子转移

$$CH_3CHO + H^+ + NADH \longrightarrow CH_3CH_2OH + NAD^+$$

其中，NADH 是一种生物体内非常重要的还原剂分子，NAD^+ 是它的共轭氧化形式，也是生物体内常见的氧化剂。上述反应可以看成是下列两个半反应之和。

氧化半反应：$NADH \longrightarrow NAD^+ + H^+ + 2e$

还原半反应：$CH_3CHO + 2H^+ + 2e \longrightarrow CH_3CH_2OH$

在生物化学中常用图示表示反应的电子转移过程，如图 6-1 所示。

二、氧化还原反应方程式的配平

配平氧化还原反应方程式常用的有氧化数法和离子-电子法（the ion-electron method，又叫半反应法）。氧化数法中学阶段已经介绍，下面介绍离子-电子法。可以用下面的例子来说明离子-电子法配平氧化还原反应方程式的具体步骤。

【例 6-2】 用离子-电子法配平以下氧化还原反应方程式。

$$MnO_4^- + H_2O_2 + H^+ \longrightarrow Mn^{2+} + O_2 + H_2O$$

解： 氧化还原反应方程式的配平步骤如下。

（1）先将反应物和产物以离子或分子的形式列出（难溶物、弱电解质和气体均以分子式表示）。

$$MnO_4^-, H_2O_2, H^+, Mn^{2+}, O_2, H_2O$$

（2）将反应式拆分成两个半反应（一个是氧化半反应，另一个是还原半反应）。

$$MnO_4^- \longrightarrow Mn^{2+}$$

$$H_2O_2 \longrightarrow O_2$$

（3）分别配平氧化半反应和还原半反应。

①首先配平半反应两边的各原子的个数。先判断反应是在酸性还是在碱性介质中。若在酸性介质中，去氧加 H^+，添氧加 H_2O；若在碱性介质中，去氧加 H_2O，添氧加 OH^-。上述反应显然是在酸性条件下进行的。

$$MnO_4^- + 8H^+ \longrightarrow Mn^{2+} + 4H_2O$$

$$H_2O_2 \longrightarrow O_2 + 2H^+$$

②然后配平半反应两边的电荷数。

$$MnO_4^- + 8H^+ + 5e \longrightarrow Mn^{2+} + 4H_2O \quad ①$$

$$H_2O_2 \longrightarrow O_2 + 2H^+ + 2e \quad ②$$

（4）根据氧化还原反应中得失电子数必须相等，求最小公倍数，分别用其约数乘两个半反应式，使氧化剂和还原剂得失电子数相等，最后将两式相加，合并成一个配平的离子反应方程式。

$$①\times 2 \quad 2MnO_4^- + 16H^+ + 10e \longrightarrow 2Mn^{2+} + 8H_2O \quad ③$$

$$②\times 5 \quad 5H_2O_2 \longrightarrow 5O_2 + 10H^+ + 10e \quad ④$$

③＋④得

$$2MnO_4^- + 5H_2O_2 + 6H^+ \longrightarrow 2Mn^{2+} + 5O_2 + 8H_2O$$

第二节 原 电 池

氧化还原反应在生物体内无时无刻不在发生，这些氧化还原反应有时会在人体构成生物电池，如生物体中细胞膜内的葡萄糖与细胞膜外的富氧液体及细胞构成微型的生物原电池。其氧化还原反应过程为葡萄糖中的碳元素失电子，电子经过细胞膜传递给氧，使其成为负氧离子。

还原反应：$O_2 + 4e^- + 2H_2O \xlongequal{} 4OH^-$

氧化反应：$C_6H_{12}O_6 - 24e^- + 24OH^- \xlongequal{} 6CO_2\uparrow + 18H_2O$

生物体内的氧化反应是产生生物电现象的原因之一。在自然界中，氧化还原反应的合理组合，可将化学能转化为电能，如手机电池等都是将化学能转化为电能的装置，这类装置称为原电池。下面将通过对原电池的学习，进一步了解氧化还原反应与电池之间的关系。

一、原电池及其表示方法

（一）原电池

原电池（galvanic cell 或 primary cell）为将化学能转化为电能的装置。其组成主要包括电极、电解液和外接导线（图 6-2）。

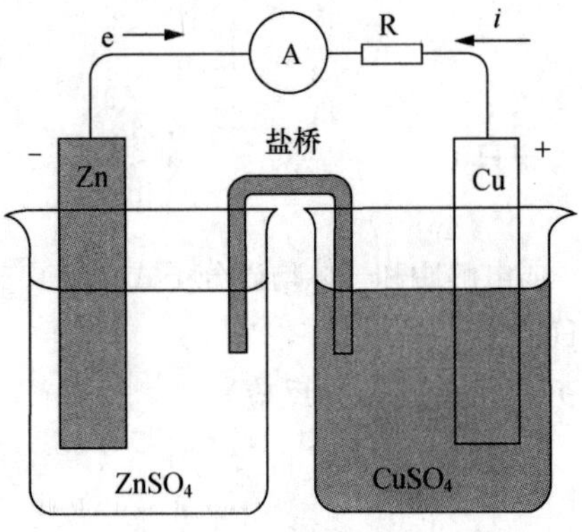

图 6-2 铜锌原电池

锌片和铜片分别插入盛有 $ZnSO_4$ 和 $CuSO_4$ 溶液的烧杯中，两溶液之间用盐桥（salt bridge）连接，然后用一条金属导线连接锌片和铜片。盐桥一般是一个倒置的 U 型管，其内填充的琼脂凝胶将饱和的电解质溶液如 KCl、KNO_3 或 NH_4NO_3 固定于其中，在电场中盐桥通过离子的迁移起导电作用，沟通原电池的回路，降低液接电势。在导线中连接一个灯泡或电流表。实验发现，电流表指针发生偏转或者灯泡发光，说明导线上有电流通过。这就是著名的 Daniell 原电池，也称铜-锌双液电池。

在这个电池中，发生了如下氧化还原反应。

在锌片一方，Zn 失去电子成为 Zn^{2+} 进入溶液中，发生的氧化反应为

$$Zn \longrightarrow Zn^{2+} + 2e$$

电子由导线从锌片传递给铜片。

在铜片一方，溶液中 Cu^{2+} 从铜片上得到电子成为 Cu 原子，在铜片上析出，发生的还原反应为

$$Cu^{2+} + 2e \longrightarrow Cu$$

总反应为

$$Zn + Cu^{2+} \xlongequal{} Cu + Zn^{2+}$$

按电化学惯例，通常将发生氧化反应放出电子的电极称为阴极（cathode），而将发生还原反应获得电子的电极称为阳极（anode）。按物理学惯例，电流由高电势流向低电势，电势高的电极为正极（positive electrode），电势低的电极为负极（negative electrode），因此，在此原电池中，锌片为阴极（负极），铜片为阳极（正极）。发生在两电极上的氧化还原反应称为电极反应（reaction of electrode），电极反应的总结果称为电池反应（reaction of cell）。

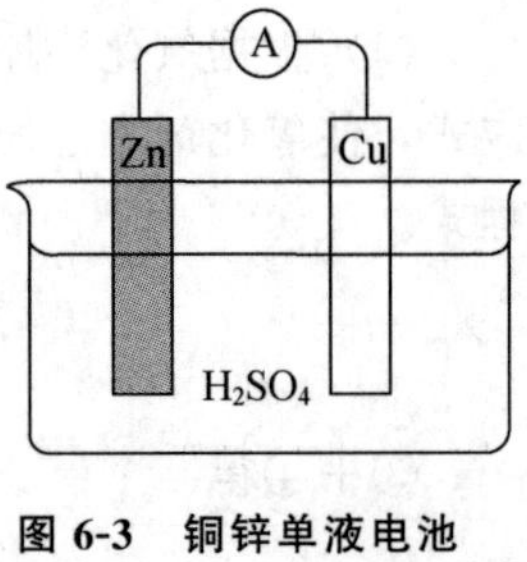

图 6-3 铜锌单液电池

如果将锌片和铜片放入同一个反应液中（图 6-3），两极将发生如

下氧化还原反应。

在锌片一方，Zn 失去电子成为 Zn^{2+} 进入溶液中，发生的氧化反应为

$$Zn \longrightarrow Zn^{2+} + 2e$$

电子由导线从锌片传递给铜片。

在铜片一方，溶液中的 Cu^{2+} 得电子能力不如 H^+ 强，因此，溶液中的 H^+ 从铜片上得到电子成为 H_2，可以看到铜片上有气泡生成，发生的还原反应为

$$2H^+ + 2e \longrightarrow H_2$$

总反应为

$$Zn + 2H^+ \rightleftharpoons Zn^{2+} + H_2$$

这个电池叫铜锌单液电池，也称伏打电池。其中锌片仍然是阳极（负极），Cu 片是阴极（正极）。

以上两个电池的区别，不仅在于两极发生的氧化还原反应不同，还在于前者为热力学可逆电池，即无论其作为原电池放电还是当其外接电源变成电解池进行充电时，两极反应和总反应均为可逆反应，即放电（原电池）时铜锌双液电池的电池总反应为 $Zn + Cu^{2+} \rightleftharpoons Cu + Zn^{2+}$，充电（电解池）时电池总反应为 $Cu + Zn^{2+} \rightleftharpoons Zn + Cu^{2+}$；而铜锌单液电池放电（原电池）时电池总反应为 $Zn + 2H^+ \rightleftharpoons Zn^{2+} + H_2$，充电时（作为电解池时）电池总反应为 $Cu + 2H^+ \rightleftharpoons Cu^{2+} + H_2$。电解池在本书中不作过多介绍。

从理论上讲，任何一个氧化还原反应都可以设计成一个原电池。现实生活中应用较多的是可逆电池，在不明确强调的情况下，以下介绍均为可逆电池性质的原电池。

（二）原电池及电极的表示方法

原电池一般由两个半电池（或电极）组成。在可逆电池性质的原电池中，每个半电池由一个可逆的电极组成，而两个可逆电极组成可逆原电池。

1. 常见可逆电极的类型　可逆电极的种类较多，但通常分为以下四类。

（1）金属电极：将金属板（或柱体）插入到含该金属离子的溶液中制成。在金属电极中，金属既是电极的导体柱，同时金属本身也参加电极反应。

例如：将锌板插入 Zn^{2+} 的溶液中，构成锌电极。

电极符号　$Zn(s) \mid Zn^{2+}(c)$

电极反应　$Zn(s) - 2e \rightleftharpoons Zn^{2+}(c)$

有些金属如 K、Na 等性质比较活泼，在空气和水溶液中均不稳定，不能作为电极导体柱，可以把金属溶于汞中作成汞齐电极，如钠汞齐电极。

钠汞齐电极：

电极符号　$Na^+(c) \mid Hg, Na$

电极反应　$Na^+(c) + e \rightleftharpoons Na(Hg)$

（2）气体电极：惰性金属（Pt 等）或碳棒等作为电极导体柱，置入含气体的离子溶液，气体通入电极表面吸附达平衡形成电极，常见的气体电极有氢电极、氯电极、氧电极等。

氢电极：

电极符号　$Pt, H_2(p) \mid H^+(c)$

电极反应　$2H^+(c) + 2e \rightleftharpoons H_2(p)$

氯电极：

电极符号　$Pt, Cl_2(p) \mid Cl^-(c)$

电极反应　$Cl_2(p) + 2e \rightleftharpoons 2Cl^-(c)$

（3）金属难溶盐电极：将金属表面覆盖一层该金属的难溶盐，然后浸入含有该难溶盐负离子的溶液中构成的电极，如银-氯化银电极和甘汞电极。

银-氯化银电极：

电极符号 $Ag(s) | AgCl(s) | Cl^-(c)$

电极反应 $AgCl(s)+e \rightleftharpoons Ag(s)+Cl^-(c)$

甘汞电极：

电极符号 $Hg(s), Hg_2Cl_2(s) | Cl^-(c)$

电极反应 $Hg_2Cl_2(s)+2e \rightleftharpoons 2Hg(s)+2Cl^-(c)$

（4）氧化还原电极：在含有某氧化还原电对的溶液中，插入一惰性电极。例如 Fe^{3+}/Fe^{2+} 电极和醌-氢醌电极。

$Fe^{3+}(c_1)/Fe^{2+}(c_2)$ 电极：

电极符号 $Pt | Fe^{3+}(c_1), Fe^{2+}(c_2)$

电极反应 $Fe^{3+}(c_1)+e \rightleftharpoons Fe^{2+}(c_2)$

醌-氢醌电极：

电极符号 $Pt | C_6H_4O_2(c_1), C_6H_6O_2(c_2), H^+(c_3)$

电极反应 $C_6H_4O_2(c_1)+2H^+ +2e \rightleftharpoons C_6H_6O_2(c_2)$

2. 原电池的表示方法 原电池的组成可以用电池符号（电池组成式）表示。上述 Cu-Zn 原电池的电池符号是

$$(-)Zn(s)|Zn^{2+}(c_1) \| Cu^{2+}(c_2)|Cu(s)(+)$$

书写电池符号要注意以下几点。

（1）用双竖线“‖”表示盐桥，将两个半电池分开，一般将负极（发生氧化反应）写在左边，正极（发生还原反应）写在右边，并用“－”“＋”标注。

（2）单竖线“|”通常用来表示相界，因此电极板与溶液之间需要用“|”隔开。

（3）同一物态中不同物质之间（如两种可混溶的液体）以及电极中的相界面（如 Ag 与 AgCl）用逗号“,”隔开。

（4）写出电池中各物质的化学组成，并注明物态（g、l、s），溶液要注明浓度（c）或活度（a），气体应标明压力（p）。如不注明，一般是指标准浓度（即 $c^\ominus=1mol \cdot L^{-1}$）或标准压力（即 $p^\ominus=100kPa$）。

（5）在书写电极反应时，一般都写成还原反应的形式。

【例 6-3】 将氧化还原反应：$Sn^{2+}+2Fe^{3+} \rightleftharpoons Sn^{4+}+2Fe^{2+}$ 设计成一个原电池，写出电极反应及电池符号。

解： 电极反应

负极：$Sn^{2+}-2e \rightleftharpoons Sn^{4+}$

正极：$Fe^{3+}+e \rightleftharpoons Fe^{2+}$

电池反应：$2Fe^{3+}+Sn^{2+} \rightleftharpoons 2Fe^{2+}+Sn^{4+}$

电池符号：$(-)Pt | Sn^{2+}(c_1), Sn^{4+}(c_2) \| Fe^{3+}(c_3), Fe^{2+}(c_4) | Pt(+)$

【例 6-4】 将氧化还原反应

$$2MnO_4^-(aq)+10Cl^-(aq)+16H^+(aq) \rightleftharpoons 2Mn^{2+}(aq)+5Cl_2(g)+8H_2O(l)$$

设计成原电池，写出该原电池的符号。

解： 先将氧化还原反应拆分为两个半反应。

氧化反应 $2Cl^- -2e \rightleftharpoons Cl_2(g)$

还原反应 $MnO_4^- +8H^+ +5e^- \rightleftharpoons Mn^{2+}+4H_2O$

原电池的正极发生还原反应，负极发生氧化反应。因此将两个电对组成原电池时，电对 MnO_4^-/Mn^{2+} 为正极，电对 Cl_2/Cl^- 为负极，原电池符号为

$$(-)Pt|Cl_2(p)|Cl^-(c_1) \| H^+(c_2), Mn^{2+}(c_3), MnO_4^-(c_4)|Pt(+)$$

二、原电池的热力学

根据热力学知识，等温、等压条件下化学反应吉布斯自由能变小于等于体系的非体积功（$\Delta_r G_m < W_{max}$），化学反应能够自发进行，$\Delta_r G_m = W_{max}$时为可逆过程。而原电池的电动势是原电池能够产生电流的推动力，也是电池反应（氧化还原反应）自发进行的推动力。因此，原电池的电动势和 Gibbs 自由能之间必定存在某种联系。

电池的电动势（electromotive force，用 E 表示）等于正极的电极电势与负极的电极电势之差。

$$E = \varphi_+ - \varphi_- \tag{6-2}$$

根据物理学原理，一个原电池的最大电功等于电池电动势 E 与电流的电量 Q 的乘积。

$$W_{max} = -QE = -nFE \tag{6-3}$$

式中，F 为 Faraday 常量，$F = 96485\text{C} \cdot \text{mol}^{-1}$，$n$ 为该原电池反应转移的电子数。

由于电池反应是在恒温恒压下进行的，对于可逆电池，所做的最大电功即电池所做的非体积功为

$$\Delta_r G_m = W_{max} \tag{6-4}$$

由上述两式得

$$\Delta_r G_m = -nFE \tag{6-5}$$

如果电池反应是在标准状态下进行的，E 即是 $E^\ominus$，则

$$\Delta_r G_m^\ominus = -nFE^\ominus \tag{6-6}$$

式（6-5）、(6-6）将电池反应的 $\Delta_r G_m$ 和 E（或 $\Delta_r G_m^\ominus$ 和 $E^\ominus$）联系在一起。若已知电池电动势 E（或 $E^\ominus$），可以求出电池反应的 $\Delta_r G_m$（或 $\Delta_r G_m^\ominus$）；反之亦然。

由式（6-5）、(6-6）可知，电池反应自发方向的判据既可以用 $\Delta_r G_m$（或 $\Delta_r G_m^\ominus$），也可用 E。可得关系如下。

1. 若 $E > 0$，可得到 $\Delta_r G_m < 0$，反应正向自发进行。

2. 若 $E < 0$，可得到 $\Delta_r G_m > 0$，反应逆向自发进行。

3. 若 $E = 0$，可得到 $\Delta_r G_m = 0$，反应达到平衡。

对于恒温、恒压、不做非体积功的氧化还原反应，其化学反应自发进行的方向既可以利用 $\Delta_r G_m$ 判据，也可以使用电池电动势判据。

通过第三章热力学知识的学习可知，$\Delta_r G_m$ 是个广度状态函数，其值大小和参与反应的物质的量有关。从 $\Delta_r G_m$ 和 E 的关系可以看出，E 本质上是单位电子转移的电池反应所释放的自由能，因此是个强度状态函数。

三、原电池的电动势

由式（6-2）可知，原电池的电动势（E）来源于组成电池的两电极之间的电势差（$\varphi_+ - \varphi_-$）。如何衡量每个电极的电势呢？实际上，单个电极的绝对意义上的电极电势值还无法测定。我们可以测定的只是电池的电动势，即两个电极之间的电势差。因此，要测量某一电极的电势，选择一个电极作为参比电极，称为标准电极，规定其电极电势为零，将待测电极与标准电极组成原电池，所测得的电池电动势即为该待测电极的电极电势（electrode potential）。

（一）标准电极电势

1. 标准氢电极　IUPAC 规定，以标准氢电极（standard hydrogen electrode，SHE）为通用标准电极。标准氢电极是指氢离子浓度为 $1\text{mol} \cdot \text{L}^{-1}$（$c^\ominus$，严格地讲是活度为 1），氢气的压力为 100kPa 时的电极。此时，标准氢电极的电极电势定义为零，即

$$\varphi^\ominus_{H^+/H_2} = 0.0000\text{V} \quad \text{或} \quad \varphi^\ominus(H^+/H_2) = 0.0000\text{V}$$

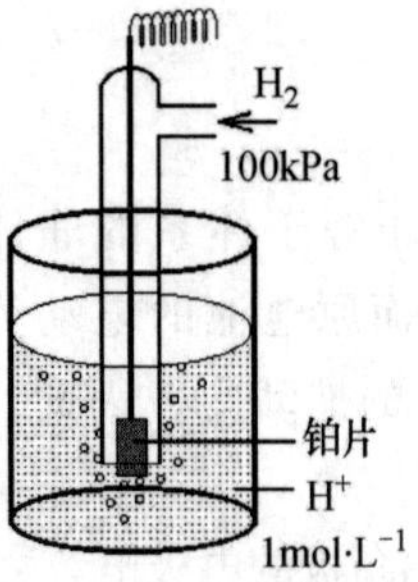

图 6-4 标准氢电极装置示意图

标准氢电极的装置如图 6-4 所示。将一铂片插入到氢离子浓度为 $1mol \cdot L^{-1}$（严格地讲是活度为 1）的硫酸溶液中，不断通入压力为 100kPa 的 H_2。为了降低氢电极的超电势（某一电流密度下的电极电势与可逆电极电势的差值），需要在铂片上电镀一层疏松而又多孔的铂黑。氢电极的电极反应为

$$2H^+ + 2e \longrightarrow H_2$$

从实验的角度来看，标准氢电极的制作很困难。实际工作中常常使用饱和甘汞电极代替氢电极作为标准。饱和甘汞电极的电势是恒定的，数值为 0.2415V。

2. 标准电极电势　在确定了电极电势的相对标准（即零点）后，其他电极的电极电势便可以确定了。根据 IUPAC 建议，测定一个电极标准电极电势（standard electrode potential）的方法是：将标准氢电极与待测电极组成原电池，假定标准氢电极为负极，待测电极为正极。测定该原电池的电动势 E 就等于待测电极的电极电势，并且规定待测电极反应的各物质浓度 $c^\ominus = 1mol \cdot L^{-1}$（若有气体参加反应，则气体分压为 $p^\ominus = 100kPa$）时测得的电极电势为待测电极标准电极电势，用符号 $\varphi^\ominus$（Ox/Red）或 $\varphi^\ominus_{Ox/Red}$ 表示，单位是伏特（V），即 $\varphi^\ominus_{Ox/Red} = E$。反应温度未指定，IUPAC 推荐参考温度为 298.15K。

例如，测定标准铜电极的标准电极电势，将标准铜电极与标准氢电极组成原电池。

$$(-)Pt \mid H_2(100kPa) \mid H^+(1mol \cdot L^{-1}) \parallel Cu^{2+}(1mol \cdot L^{-1}) \mid Cu(+)$$

298.15K 时，测得电池电动势 $E = +0.3419V$，则

$$\varphi^\ominus(Cu^{2+}/Cu) = 0.3419V$$

再如，测定锌电极的标准电极电势，将标准锌电极与标准氢电极组成原电池。

$$(-)Pt \mid H_2(100kPa) \mid H^+(1mol \cdot L^{-1}) \parallel Zn^{2+}(1mol \cdot L^{-1}) \mid Zn(+)$$

298.15K 时，测得 $E = -0.7628V$，则

$$\varphi^\ominus(Zn^{2+}/Zn) = -0.7628V$$

应该指出，得到电极的标准电极电势的方法，除了按上述方式组成电池，测定其电动势的方法外，还可通过热力学数据计算或通过实验方法如电池电动势外推法得到。

在本书后的附录六中列出了 298.15K 时，水溶液中一些氧化还原电对的标准电极电势。在使用标准电极电势表时，应注意以下几点。

(1) $\varphi^\ominus$ 是指在热力学标准态下的电极电势，应在满足标准态的条件下使用。此外，标准电极电势表中的数据是在水溶液中求得的，因此不能用于非水溶液或高温下的固相反应。

(2) 标准电极电势表中，电极反应均写成还原反应的形式。

$$Ox + ne \rightleftharpoons Red$$

因此，表中给出的是氧化还原电对中氧化型物质（氧化剂）的"还原电势"，它表示了氧化剂的氧化能力的强弱。即 $\varphi^\ominus$ 越大，则氧化剂的氧化能力越强，其相应的共轭还原剂的还原能力越弱；若 $\varphi^\ominus$ 越小，则氧化剂的氧化能力越弱，而其共轭还原剂还原能力越强。例如 $\varphi^\ominus(Cu^{2+}/Cu) > \varphi^\ominus(Zn^{2+}/Zn)$，因此 Cu^{2+} 的氧化能力比 Zn^{2+} 强，而 Zn 的还原能力比 Cu 强。

(3) 与电池电动势 $E(E^\ominus)$ 相同，电极电势 $\varphi_{Ox/Red}$（$\varphi^\ominus_{Ox/Red}$）也是一个强度状态函数。不同的是，E 是整个电池反应的单位自由能释放，而 $\varphi_{Ox/Red}$ 是一个电池半反应的单位自由能释放，即存在下列关系。

$$\Delta_r G_m(\text{电极半反应}) = -nF\varphi, \Delta_r G^\ominus_m(\text{电极半反应}) = -nF\varphi^\ominus$$

因此 $\varphi^\ominus$ 值与半反应的书写无关，即与电极反应中物质的计量系数无关。例如 $Ag \mid Ag^+$ 电极的电极反应可以写成 $Ag^+ + e \longrightarrow Ag$ 或 $2Ag^+ + 2e \longrightarrow 2Ag$，但 $\varphi^\ominus(Ag^+/Ag)$ 均为 +0.7996V。

(4) 在不同的电极中，同一种物质可以作为氧化剂，也可以是还原剂。例如，在 Fe^{3+}/Fe^{2+}

电极中，$\varphi^{\ominus}(Fe^{3+}/Fe^{2+})=0.771V$，此时 Fe^{2+} 是氧化还原电对中的还原剂，而在 Fe^{2+}/Fe 电极中，$\varphi^{\ominus}(Fe^{2+}/Fe)=-0.447V$，$Fe^{2+}$ 则是氧化剂。

（5）表中的 $\varphi^{\ominus}$ 数据为 298.15K 下的，由于在一定温度范围内，电极电势随温度变化并不显著，其他温度下的电极电势也可参照使用。

（6）在生物化学体系中，设立了生物化学标准电极电势。在生物化学标准中，氢离子的标准浓度不是通常的标准浓度 $1mol\cdot L^{-1}$，而是 $1\times10^{-7}\ mol\cdot L^{-1}$。也就是说，在生物化学标准状态下，溶液的 pH=7.0。生物化学标准电极电势又称为次标准电极电势，用符号 $\varphi^{\ominus\prime}$ 表示。

3. 标准电极电势表的应用

（1）利用标准电极电势判断氧化剂、还原剂的相对强弱。标准电极电势表示了标准状态下，共轭氧化还原电对中氧化剂的氧化能力。$\varphi^{\ominus}$ 越大，氧化型物质得电子能力越强；$\varphi^{\ominus}$ 越小，还原型物质失电子能力越强。由附录六可见，在表中所列的各物质中，F_2 是最强的氧化剂，Li 是最强的还原剂。

【例 6-5】 已知钒的常见氧化数有 V^{V}、V^{IV}、V^{II}，根据下列钒等金属离子的标准电极电势：

$\varphi^{\ominus}(V^{V}/V^{IV})=1.00V$；$\varphi^{\ominus}(V^{IV}/V^{II})=0.31V$；

$\varphi^{\ominus}(Zn^{2+}/Zn)=-0.7628V$；$\varphi^{\ominus}(Fe^{3+}/Fe^{2+})=0.771V$；

$\varphi^{\ominus}(Sn^{4+}/Sn^{2+})=0.151V$

请从 Zn、Sn^{2+}、Fe^{2+} 中选择适当的还原剂，实现从 V^{V} 到 V^{IV} 的转变，且不让 V^{IV} 进一步还原为 V^{II}。

解：从不同氧化数的钒的标准电极电势看，若要在标准状态下将 V^{V} 还原为 V^{IV}，同时不让 V^{IV} 进一步还原为 V^{II}，那么需要一个还原剂，其电势：$1.00>\varphi^{\ominus}>0.31$。所以，只能选 Fe^{2+} 离子作还原剂。

（2）判断氧化还原反应自发进行的方向。可以用 E 代替 $\Delta_r G_m$ 判断反应的方向。因此在标准状态下，有：①$E^{\ominus}>0$，反应正向自发进行；②$E^{\ominus}<0$，反应逆向自发进行；③$E^{\ominus}=0$，反应达到平衡。

【例 6-6】 根据标准电极电势，计算下列反应的 $\Delta_r G_m^{\ominus}$，并判断反应是否自发进行。

$$MnO_4^- + 5Fe^{2+} + 8H^+ \rightleftharpoons Mn^{2+} + 5Fe^{3+} + H_2O$$

解：首先将氧化还原反应拆成两个半反应。

正极反应：$MnO_4^- + 8H^+ + 5e \rightleftharpoons Mn^{2+} + 4H_2O$　　$\varphi^{\ominus}=1.507V$

负极反应：$Fe^{3+} + e \rightleftharpoons Fe^{2+}$　　$\varphi^{\ominus}=0.771V$

因此，可计算得到电池电动势。

$$E^{\ominus}=\varphi_+^{\ominus}-\varphi_-^{\ominus}=1.507V-0.771V=0.736V$$

故反应在标准状态下正向自发进行。

其中电子转移的总数 $n=5$，所以计算 $\Delta_r G_m^{\ominus}$ 为

$$\Delta_r G_m^{\ominus}=-nFE^{\ominus}=-5\times96.485C\cdot mol^{-1}\times0.736V=-355kJ\cdot mol^{-1}$$

（3）计算氧化还原反应的平衡常数 $K^{\ominus}$。化学反应进行的最大限度可以通过平衡常数表示，氧化还原反应的平衡常数可以根据原电池的标准电动势求算。根据式（6-6），有

$$\Delta_r G_m^{\ominus}=-nFE^{\ominus}$$

又

$$\Delta_r G_m^{\ominus}=-RT\ln K^{\ominus}$$

即得

$$RT\ln K^{\ominus}=nFE^{\ominus}$$

可以推导得出

$$\ln K^{\ominus}=\frac{nFE^{\ominus}}{RT}$$

在 298.15K 下，将 $R=8.314\text{J}\cdot\text{K}^{-1}\cdot\text{mol}^{-1}$，$F=96.485\text{C}\cdot\text{mol}^{-1}$代入上式得

$$\lg K^{\ominus}=\frac{nE^{\ominus}}{0.05916} \tag{6-7}$$

式中，n 是配平的氧化还原反应方程式中转移的电子数。

根据式（6-7）可得出氧化还原反应的平衡常数有如下规律。

①氧化还原反应的平衡常数与氧化剂和还原剂的本性有关，即与电池的标准电动势（$E^{\ominus}$）有关，而与反应体系中的物质浓度（或分压）无关。

②氧化还原反应的平衡常数 $K^{\ominus}$ 与电子转移数（n）有关，即与反应方程式的写法有关，且 $\lg K^{\ominus}$ 与 n 成正比。尽管 $E^{\ominus}$ 具有强度性质，但 n 具有广度性质。根据 $\Delta_r G_m^{\ominus}=-RT\ln K^{\ominus}=-nFE^{\ominus}$，表明 $\Delta_r G_m^{\ominus}$ 具有广度性质，这是热力学的明确结论。

③氧化还原反应的平衡常数与温度有关。式（6-7）是 298.15K 时的关系式，在其他任意温度下，平衡常数的计算公式是：

$$\ln K^{\ominus}=\frac{nFE^{\ominus}}{RT} \tag{6-8}$$

应注意此时的 $E^{\ominus}$ 不是 298.15K 下的，应与体系的温度 T 一致。

【例 6-7】 求反应 $Zn+Cu^{2+} \rightleftharpoons Cu+Zn^{2+}$ 在 298.15K 时的 $K^{\ominus}$。

解：先将反应设计成原电池，该原电池的两个半反应分别为

正极：$Cu^{2+}+2e \rightleftharpoons Cu$，查表得 $\varphi^{\ominus}(Cu^{2+}/Cu)=0.3419\text{V}$

负极：$Zn^{2+}+2e \rightleftharpoons Zn$，查表得 $\varphi^{\ominus}(Zn^{2+}/Zn)=-0.7628\text{V}$

电池电动势为

$$E^{\ominus}=\varphi^{\ominus}_{+}-\varphi^{\ominus}_{-}=0.3419\text{V}-(-0.7628\text{V})=1.1047\text{V}$$

$$\lg K^{\ominus}=2\times1.1047/0.05916=37.35$$

故 $K^{\ominus}=2.2\times10^{37}$，反应进行的程度非常大。

不仅氧化还原反应的平衡常数可以通过电池电动势求得，一些非氧化还原反应的平衡常数如沉淀平衡常数、酸（碱）质子转移平衡常数等也可以通过将反应设计成合适的原电池来计算。

【例 6-8】 已知 $Ag^{+}+e^{-} \rightleftharpoons Ag$　　$\varphi^{\ominus}=0.7996\text{V}$

$AgCl+e^{-} \rightleftharpoons Ag+Cl^{-}$　　$\varphi^{\ominus}=0.22233\text{V}$

求 AgCl 在 298.15K 下的 K_{sp}。

解：根据标准电极电势，将以上两个电极组成原电池，并确定 Ag^{+}/Ag 做正极，AgCl/Ag 做负极，构成原电池的电池反应为

$$Ag^{+}(aq)+Cl^{-}(aq) \rightleftharpoons AgCl(s) \qquad 且\ n=1$$

显然该电池的总反应为 AgCl 在水溶液中溶解平衡的逆反应，求出电池反应的平衡常数即为 AgCl 的 K_{sp}的倒数值。

因为在 298.15K 时　　$\lg K^{\ominus}=\frac{nE^{\ominus}}{0.05916}$

所以

$$\lg K^{\ominus}=\frac{n[\varphi^{\ominus}(Ag^{+}/Ag)-\varphi^{\ominus}(AgCl/Ag)]}{0.05916\text{V}}=\frac{1\times(0.7996\text{V}-0.22233\text{V})}{0.05916\text{V}}=9.7577$$

$$pK_{sp}=-\lg K_{sp}=-\lg(1/K^{\ominus})=\lg K^{\ominus}=9.7577$$

$$K_{sp}=1.74\times10^{-10}（与实验值\ 1.77\times10^{-10}\ 很接近）$$

（二）非标准状态下的电极电势和 Nernst 方程

1. Nernst 方程　标准电极的标准电极电势可以查标准电极电势表得到，那么，非标准电

极的电极电势是否可以通过标准电极电势求得呢？

由热力学等温方程可知，标准状态下反应自由能的变化和非标准状态时自由能变化的关系为

$$\Delta_r G_m = \Delta_r G_m^{\ominus} + RT\ln Q \tag{6-9}$$

代入式（6-5）和（6-6）得

$$-nFE = -nFE^{\ominus} + RT\ln Q \tag{6-10}$$

两边同除以$-nF$，得

$$E = E^{\ominus} - \frac{RT}{nF}\ln Q \tag{6-11}$$

Q称为反应商。式（6-11）称为电池电动势的 Nernst 方程（Nernst equation），反映了可逆电池的电动势与参加电池反应的各物质浓度之间的关系。

类似地，可以推得电极反应的 Nernst 方程为

$$\varphi = \varphi^{\ominus} - \frac{RT}{nF}\ln Q_H \tag{6-12}$$

式中，$\varphi^{\ominus}$为电极标准电动势，Q_H为电极反应的反应商。式（6-12）称为电极电势的 Nernst 方程。它是电化学中非常重要的公式之一。

当$T=298.15K$时，代入相关常数，式（6-11）和（6-12）可分别变为

$$E = E^{\ominus} - \frac{0.05916V}{n}\lg Q \tag{6-13}$$

$$\varphi = \varphi^{\ominus} - \frac{0.05916V}{n}\lg Q_H \tag{6-14}$$

对于任意一个已配平的氧化还原反应方程式

$$a\mathrm{Ox}_1 + b\mathrm{Red}_2 \rightleftharpoons d\mathrm{Red}_1 + e\mathrm{Ox}_2$$

其反应商可表示为

$$Q = \frac{(c_{\mathrm{Red}_1})^d (c_{\mathrm{Ox}_2})^e}{(c_{\mathrm{Ox}_1})^a (c_{\mathrm{Red}_2})^b} \tag{6-15}$$

氧化还原反应由两个氧化还原电对组成，即电池总反应由正极和负极反应组成，电极反应可写成如下的通式。

$$p\mathrm{Ox} + ne \rightleftharpoons q\mathrm{Red}$$

式中，p、q分别代表一个已配平的电极反应（氧化还原半反应）中氧化型和还原型各物质前的化学计量系数。其反应商可表示为

$$Q_H = \frac{(c_{\mathrm{Red}})^q}{(c_{\mathrm{Ox}})^p} \tag{6-16}$$

将式（6-16）代入式（6-14）可得

$$\varphi = \varphi^{\ominus} - \frac{0.05916V}{n}\lg\frac{(c_{\mathrm{Red}})^q}{(c_{\mathrm{Ox}})^p}$$

$$\varphi = \varphi^{\ominus} + \frac{0.05916V}{n}\lg\frac{(c_{\mathrm{Ox}})^p}{(c_{\mathrm{Red}})^q} \tag{6-17}$$

使用 Nernst 方程时，应注意以下几点。

(1) 电极电势不仅与电极的本性有关，影响电极电势的因素还有反应时的温度，以及氧化剂、还原剂及其介质浓度、压力等。

(2) Nernst 方程中的反应商Q（或Q_H），并非专指有电子得失（或氧化数有改变）的物质，而是包含参与电极反应的所有物质，如：H^+或OH^-，也应把这些物质的相对浓度表示在方程中。

(3) 反应商 Q（或 Q_H）中的 c_{Ox} 和 c_{Red} 分别代表电对中氧化型和还原型及相关介质的浓度，严格地讲，其浓度以相对浓度（$c/c^{\ominus}$）表示，若为气体物质，应以相对分压（$p/p^{\ominus}$）表示，纯固体、纯液体或溶剂水为 1。

(4) 电极反应中各物质前的系数作为相应各相对浓度或相对分压的幂指数。

根据已配平的电极反应式，可以方便地写出其电极电势的 Nernst 方程。例如：

电极反应（半反应） 对应的电极电势的 Nernst 方程

$Fe^{3+}+e^- \rightleftharpoons Fe^{2+}$ $\quad \varphi(Fe^{3+}/Fe^{2+})=\varphi^{\ominus}(Fe^{3+}/Fe^{2+})-\dfrac{0.05916}{1}\lg\dfrac{c(Fe^{2+})}{c(Fe^{3+})}$

$Zn^{2+}+2e^- \rightleftharpoons Zn$ $\quad \varphi(Zn^{2+}/Zn)=\varphi^{\ominus}(Zn^{2+}/Zn)-\dfrac{0.05916}{2}\lg\dfrac{1}{c(Zn^{2+})}$

$Br_2(l)+2e^- \rightleftharpoons 2Br^-$ $\quad \varphi(Br_2/Br^-)=\varphi^{\ominus}(Br_2/Br^-)-\dfrac{0.05916}{2}\lg\dfrac{c^2(Br^-)}{1}$

$2H^++2e^- \rightleftharpoons H_2(g)$ $\quad \varphi(H^+/H_2)=\varphi^{\ominus}(H^+/H_2)-\dfrac{0.05916}{2}\lg\dfrac{p(H_2)/p^{\ominus}}{c^2(H^+)}$

$Cr_2O_7^{2-}+14H^++6e^-$ $\quad \varphi(Cr_2O_7^{2-}/Cr^{3+})=\varphi^{\ominus}(Cr_2O_7^{2-}/Cr^{3+})-\dfrac{0.05916}{6}\lg\dfrac{c^2(Cr^{3+})}{c(Cr_2O_7^{2-})c^{14}(H^+)}$

$\rightleftharpoons 2Cr^{3+}+7H_2O$

2. Nernst 方程的应用

(1) 非标准状态下的电极电势的求算。

【例 6-9】 计算 298.15K，锌离子浓度为 0.01mol·L^{-1}时，Zn^{2+} | Zn 电极的电极电势。

解： 查表知，电极反应 $Zn^{2+}+2e \rightleftharpoons Zn$ $\quad \varphi^{\ominus}$（Zn^{2+}/Zn）$=-0.7628$V

［Zn^{2+}］＝0.01mol·L^{-1}，由 Nernst 方程式（6-17）可得

$$\varphi(Zn^{2+}/Zn)=\varphi^{\ominus}(Zn^{2+}/Zn)-\frac{0.05916}{2}\lg\frac{1}{c(Zn^{2+})}=-0.7628+\frac{0.05916}{2}\lg c(Zn^{2+})$$

$$=-0.7628+(0.05916/2)\lg 0.01=-0.82(V)$$

【例 6-10】 计算 $c(Cl^-)$ 为 0.100mol·L^{-1}，$p(Cl_2)=300$kPa 时 $\varphi(Cl_2/Cl^-)$ 为多少。

解： 电极反应为 $Cl_2+2e \rightleftharpoons 2Cl^-$ $\quad \varphi^{\ominus}(Cl_2/Cl^-)=1.35827$V

由 Nernst 方程式（6-17）得

$$\varphi(Cl_2/Cl^-)=\varphi^{\ominus}(Cl_2/Cl^-)-\frac{0.05916}{2}\lg\frac{c^2(Cl^-)}{p(Cl_2)/p^{\ominus}}$$

$$=1.35827-\frac{0.05916}{2}\lg\frac{(0.100)^2}{300/100}$$

$$=1.431(V)$$

因为 $c^2(Cl^-)<p(Cl_2)/p^{\ominus}$，$Q_H<1$，所以 $\varphi(Cl_2/Cl^-)>\varphi^{\ominus}(Cl_2/Cl^-)$。

从上述计算结果看出，若电对氧化型的各物种浓度或分压增大，以及还原型一侧各物种浓度或分压减小，都将使电极电势增大，即电对中氧化型物质的氧化能力越强；反之，电极电势将减小，即电对中的还原型物质的还原能力越强。电极反应中各物种浓度或分压对电极电势的影响符合 Le Chatelier 原理。

【例 6-11】 判断反应：$Pb^{2+}+Sn \longrightarrow Pb+Sn^{2+}$ 在下列条件下进行的方向：①标准状态下；②当［Pb^{2+}］＝0.0010mol·L^{-1}，［Sn^{2+}］＝0.100mol·L^{-1}时。

解： 查表知，$Pb^{2+}+2e \rightleftharpoons Pb$，$\quad \varphi^{\ominus}$（$Pb^{2+}/Pb$）$=-0.1262$V

$Sn^{2+}+2e \rightleftharpoons Sn$，$\quad \varphi^{\ominus}$（$Sn^{2+}/Sn$）$=-0.1375$V

①标准状态下，由于 $\varphi^{\ominus}(Pb^{2+}/Pb)>\varphi^{\ominus}(Sn^{2+}/Sn)$，此时铅电极为正极，锡电极为负极。

由式（6-2）得：$E^{\ominus}=\varphi^{\ominus}_+-\varphi^{\ominus}_-=-0.1262+0.1375=0.0113V>0$

反应正向自发进行。

②当 $[Pb^{2+}]=0.0010mol\cdot L^{-1}$，$[Sn^{2+}]=0.100mol\cdot L^{-1}$时，

由式（6-2）得：$E=\varphi_{+}-\varphi_{-}=\varphi(Pb^{2+}/Pb)-\varphi(Sn^{2+}/Sn)$

据式（6-17），可以分别求得两个电极在非标准态下的电极电势。

$$\varphi(Pb^{2+}/Pb)=\varphi^{\ominus}(Pb^{2+}/Pb)-\frac{0.05916}{2}\lg\frac{1}{c(Pb^{2+})}=-0.1262+\frac{0.05916}{2}\lg 0.0010$$

$$\varphi(Sn^{2+}/Sn)=\varphi^{\ominus}(Sn^{2+}/Sn)-\frac{0.05916}{2}\lg\frac{1}{c(Sn^{2+})}=-0.1375+\frac{0.05916}{2}\lg 0.100$$

代入电池电动势的表达式中，则

$$E=\varphi(Pb^{2+}/Pb)-\varphi(Sn^{2+}/Sn)=-0.047986V<0$$

此时，反应逆向自发进行。

（2）酸度对电极电势的影响。

【例 6-12】 已知电极反应：

$$Cr_2O_7^{2-}(aq)+14H^{+}(aq)+6e^{-}\rightleftharpoons 2Cr^{3+}(aq)+7H_2O(l)\qquad \varphi^{\ominus}=1.36V$$

若 $Cr_2O_7^{2-}$ 和 Cr^{3+} 的浓度均为 $1mol\cdot L^{-1}$、求 298.15K、pH=6.0 时该电极的电极电势。

解： 根据电极反应 $Cr_2O_7^{2-}(aq)+14H^{+}(aq)+6e^{-}\rightleftharpoons 2Cr^{3+}(aq)+7H_2O(l)$，且 $n=6$

在 298.15K 下，据式（6-17）可得

$$\varphi(Cr_2O_7^{2-}/Cr^{3+})=\varphi^{\ominus}(Cr_2O_7^{2-}/Cr^{3+})-\frac{0.05916}{6}\lg\frac{c^2(Cr^{3+})}{c(Cr_2O_7^{2-})c^{14}(H^{+})}$$

已知 $c(Cr_2O_7^{2-})=c(Cr^{3+})=1mol\cdot L^{-1}$，

$pH=6.0$，$c(H^{+})=1.0\times10^{-6}\ mol\cdot L^{-1}$，$n=6$

所以 $$\varphi(Cr_2O_7^{2-}/Cr^{3+})=1.36+\frac{0.05916V}{6}\lg\frac{(10^{-6})^{14}}{1}=0.532\ (V)$$

由于在电极反应中 H^{+} 的计量系数很大（为 14），pH 的改变将导致电极电势的显著变化，电极电势从 1.36V 降到 0.532V，降低了 0.828V，此时 $Cr_2O_7^{2-}$ 的氧化性较标准状态下的氧化性明显降低。

【例 6-13】 某氢电极 $2H^{+}(aq)+2e\rightleftharpoons H_2(g)$，若 H_2 的分压保持 100kPa 不变，将溶液换成 $1.0mol\cdot L^{-1}$ HAc，求氢电极的电极电势。

解： 根据 Nernst 方程，氢电极电势

$$\varphi(H^{+}/H_2)=\varphi^{\ominus}(H^{+}/H_2)-\frac{0.05916}{2}\lg\frac{p(H_2)/p^{\ominus}}{c^2(H^{+})}$$

$$=0.0000-\frac{0.05916}{2}\lg\frac{1}{c^2(H^{+})}=0.05916\lg[H^{+}]$$

$1mol\cdot L^{-1}$ HAc 溶液中，有

$$[H^{+}]=\sqrt{K_a c}=\sqrt{1.8\times10^{-5}\times1.0}$$

代入上式得：$\varphi(H^{+}/H_2)=-0.1403V$

（3）沉淀剂对电极电势的影响。在氧化还原电对中，加入某种物质使氧化型或还原型物质生成沉淀将显著地改变它们的浓度，使电极电势发生变化。

【例 6-14】 已知 $Ag^{+}(aq)+e^{-}\rightleftharpoons Ag(s)$ $\varphi^{\ominus}=0.7996V$，若在电极溶液中加入 NaCl，使其生成 AgCl 沉淀，并保持 Cl^{-} 浓度为 $1mol\cdot L^{-1}$，求 298.15K 时的电极电势［已知 AgCl 的 $K_{sp}(AgCl)=1.77\times10^{-10}$］。

解： 根据电极反应 $Ag^{+}(aq)+e^{-}\rightleftharpoons Ag(s)$ 且 $n=1$

其电极电势的 Nernst 方程为 $\varphi(Ag^{+}/Ag)=\varphi^{\ominus}(Ag^{+}/Ag)-\frac{0.05916V}{1}\lg\frac{1}{c(Ag^{+})}$

加入 NaCl 后将建立如下平衡：

$$Ag^{+}(aq)+Cl^{-}(aq)\rightleftharpoons AgCl(s)，且\ [Ag^{+}][Cl^{-}]=K_{sp}=1.77\times10^{-10}$$

则有 $$[Ag^+]=K_{sp}/[Cl^-]=1.77\times10^{-10}\text{mol}\cdot L^{-1}$$

$$\varphi(Ag^+/Ag)=0.7996V+0.05916V\times\lg\frac{1.77\times10^{-10}}{1}=0.7996V-0.577V=0.223V$$

显然由于有沉淀生成，使 Ag^+ 的浓度急剧降低，对 $\varphi(Ag^+/Ag)$ 造成了较大的影响。

实际上，在 Ag^+ 溶液中加入 Cl^-，原来氧化还原电对中的 Ag^+ 已转化为 AgCl 沉淀，并组成了一个新电对 AgCl/Ag，电极反应为：$AgCl(s)+e^- \rightleftharpoons Ag(s)+Cl^-(aq)$，由于平衡溶液中的 Cl^- 浓度为 $1mol\cdot L^{-1}$，这时 $\varphi(Ag^+/Ag)=\varphi^\ominus(AgCl/Ag)=0.223V$，并有

$$\varphi^\ominus(AgCl/Ag)=\varphi^\ominus(Ag^+/Ag)+0.05916V\times\lg K_{sp}(AgCl)$$

根据上述例题的思路，可推知其他金属-难溶盐-阴离子电极与对应的金属-金属离子电极的标准电极电势之间的定量关系。例如：

$$AgCl+e \rightleftharpoons Ag+Cl^- \quad K_{sp}(AgCl)=1.77\times10^{-10},\varphi^\ominus(AgCl/Ag)=0.223V$$

$$AgBr+e \rightleftharpoons Ag+Br^- \quad K_{sp}(AgBr)=5.35\times10^{-13},\varphi^\ominus(AgBr/Ag)=0.071V$$

$$AgI+e \rightleftharpoons Ag+I^- \quad K_{sp}(AgI)=8.52\times10^{-17},\varphi^\ominus(AgI/Ag)=-0.152V$$

可见，由于 $K_{sp}(AgCl)>K_{sp}(AgBr)>K_{sp}(AgI)$，则 $\varphi^\ominus(AgCl/Ag)>\varphi^\ominus(AgBr/Ag)>\varphi^\ominus(AgI/Ag)$。显然，AgX 溶度积 K_{sp} 越小，$c(Ag^+)$ 越小，AgX 的氧化能力越弱，Ag 的还原能力越强。

此外，氧化还原电对的氧化型或还原型与配体生成配位化合物之后，也会导致电对的氧化型或还原型的浓度改变，从而使 φ 值发生改变。若氧化型生成配位化合物，使氧化型的浓度变小，则 φ 变小；若还原型生成配位化合物，使还原型的浓度变小，则 φ 变大（此内容将在配位化合物一章中介绍）。

延伸阅读

氧化还原反应速率与超电势

由于氧化还原反应的实质是电子转移，因此氧化还原反应的速率也就是电子在反应物之间流动的速率。如果能将一个氧化还原反应设计成原电池的方式进行，就可以得到能做有用功的定向的电子流动即电流。此时，氧化还原反应的速率可以用原电池的电流强度的大小来表征。

从理论上来说，一个原电池只要其电池电动势 $E>0$，即它的正极的电极电势高于负极的电极电势，则电池反应就能够自发进行，电路中就会有电流通过。电流 I 的大小与电池电动势 E 和电流回路的电阻 R 有关，即

$$I=\frac{E}{R}$$

然而，如果能够真正观察到氧化还原反应的电流，实际上往往需要 E 的数值超过某一特定的值 η。

$$I=\frac{E-\eta}{R}$$

即：只有当 $E>\eta$ 时，氧化还原反应才能够实际上发生，电路中才会有电流。这一特定的值 η 称为超电势（over potential）。

可以说，超电势 η 是氧化还原反应活化能的一种表现形式。η 越高，则反应的活化能越大，反应速度越慢。例如下列电极反应。

$$MnO_4^- +4H^+ +3e \rightleftharpoons MnO_2+2H_2O, \qquad \varphi^\ominus=1.679V$$

$$O_2+4H^+ +4e \rightleftharpoons 2H_2O, \qquad \varphi^\ominus=1.229V$$

从理论上来说，据上述电极的电极电势可以判定，MnO_4^- 具有将 H_2O 氧化并释放出 O_2 的能力，即发生下列反应。

$$4MnO_4^- + 4H^+ + 6H_2O \rightleftharpoons 4MnO_2 + 8H_2O + 3O_2 \qquad E^\circ = 0.450V$$

但实际上，MnO_4^- 确能稳定地存在于水中；$KMnO_4$ 溶液（俗称灰锰氧）是临床上常用的外用消毒剂，可以存放相当长的时间。研究表明，MnO_4^- 之所以在水溶液中并不迅速发生氧化 H_2O 的反应，其原因是此反应具有很大的超电势。

又如 H^+ 得电子的电极反应：$2H^+ + 2e \rightleftharpoons H_2$。在铂黑电极上，几乎没有超电势（$\eta \approx 0$），但在铁电极上 η 接近于 10V。在铁制品上常常电镀上一层金属锌防锈，正是利用了超电势的原理。假定用 $1mol \cdot L^{-1}$ 的 $ZnCl_2$ 溶液进行电镀，此时，Zn^{2+} 的电极反应为

$$Zn^{2+} + 2e \rightleftharpoons Zn, \qquad \varphi = \varphi^\circ = -0.7628V$$

假定溶液中的 $[H^+] = 1.0 \times 10^{-7}\ mol \cdot L^{-1}$，外部氢气压力 $p(H_2) \approx 1kPa$，则此时的 $\varphi(H^+/H_2)$ 为：

$$\varphi = \frac{0.05916}{2}\lg\frac{[H^+]^2}{(p_{H_2}/100)} = \frac{0.05916}{2}\lg\frac{1.0\times10^{-14}}{1.0\times10^{-2}} \approx -0.36V$$

从热力学角度上，由于 $\varphi(H^+/H_2) > \varphi(Zn^{2+}/Zn)$，溶液中 H^+ 的氧化能力要比 Zn^{2+} 强，H^+ 将优先于 Zn^{2+} 得到电子。如果仅由热力学因素决定，那么电镀时我们只能得到 H_2 而得不到金属锌的电镀层。事实上，在铁和锌的电极上，由于 H^+ 的超电势 η 很大，H^+ 实际上并不能发生得电子的反应，即只有 Zn^{2+} 从电极板上获得电子，从而在铁制品上形成了金属锌的电镀层。H^+ 在许多金属电极上存在较大的超电势，故在电镀时，主要是发生金属离子的还原反应，而很少产生氢气。

第三节　浓差电池、膜电势和电化学分析法

一、浓差电池

由电极电势的 Nernst 方程可知，同类电极如果其中氧化还原电对的浓度不同，则其电极电势值不同。将相同种类但电极电势值不同的两个电极连接起来组成原电池，由于其两个电极之间存在电势差，也会产生电流。这种电池称为浓差电池（concentration cell），例如下面的电池。

$$(-)Cu|CuSO_4(c_1)\,\|\,CuSO_4(c_2)|Cu(+)$$

在这个电池中，正极和负极都是铜电极，两极之间的不同在于溶液中的 Cu^{2+} 浓度有差别。假定 $T=298.15K$，$c_2 > c_1$，分析可知两个电极的电极电势分别为

正极：$Cu^{2+}(c_2) + 2e \rightleftharpoons Cu$，$\varphi_+ = \varphi^\circ(Cu^{2+}/Cu) + (0.05916/2)\lg c_2$

负极：$Cu^{2+}(c_1) + 2e \rightleftharpoons Cu$，$\varphi_- = \varphi^\circ(Cu^{2+}/Cu) + (0.05916/2)\lg c_1$

电池总反应：$Cu^{2+}(c_2) \rightleftharpoons Cu^{2+}(c_1)$

电池电动势：$E = \varphi_+ - \varphi_- = (0.05916/2)\lg(c_2/c_1)$

由上可知，浓差电池的电动势取决于两侧电极溶液的浓度差别。浓差电池产生电动势的过程就是一种电极物质从浓溶液向稀溶液转移的过程；当两个半电池的溶液浓度相等时，即浓差消失时，电池电动势为零。

【例 6-15】 计算下面浓差电池的电动势。

(－)Pt，H_2(100kPa)|HCl(0.010mol·L^{-1}) ‖ HCl(0.10mol·L^{-1})|H_2(100kPa)，Pt(＋)

解：正极反应：$2H^+(0.10mol \cdot L^{-1})+2e \rightleftharpoons H_2(100kPa)$，

负极反应：$2H^+(0.010mol \cdot L^{-1})+2e \rightleftharpoons H_2(100kPa)$

电池反应为：$2H^+(0.10mol \cdot L^{-1}) \rightleftharpoons 2H^+(0.010mol \cdot L^{-1})$

正、负极的电极电势和电池电动势分别为：

$$\varphi_+ = \varphi^\ominus(H^+/H_2) - \frac{0.05916}{2}\lg\frac{p(H_2)/p^\ominus}{c^2(H^+)} = \frac{0.05916}{2}\lg\frac{(0.10)^2}{1}$$

$$\varphi_- = \varphi^\ominus(H^+/H_2) - \frac{0.05916}{2}\lg\frac{p(H_2)/p^\ominus}{c^2(H^+)} = \frac{0.05916}{2}\lg\frac{(0.010)^2}{1}$$

$$E = \varphi_+ - \varphi_- = \frac{0.05916}{2}\lg\frac{(0.10)^2}{(0.010)^2} = 0.05916(V)$$

二、膜电势及其意义和应用

在生物体内也有一类由浓度差引起的电势，这就是膜电势（membrane potential），对维持正常的人体功能具有重要的意义。虽然膜电势现象并不发生实际的氧化还原反应，但却可有电流发生，是一种非氧化还原反应推动的电子转移现象。因此，也在本章讲解。

1. 跨膜浓差形成的膜电势 如果将不同浓度的 HCl 用一种特殊的膜隔开（是一种选择通透性膜，只允许 H^+ 透过）。于是 H^+ 会从高浓度 c_2 的一侧向低浓度 c_1 的一侧进行扩散。此时，由于 Cl^- 不能同时扩散通过，这样跨过膜的 H^+ 在低浓度的一侧就会形成正电荷层，而滞留于高浓度一侧的 Cl^- 便形成了负电荷层，从而形成了跨膜电势，如图 6-5 所示。

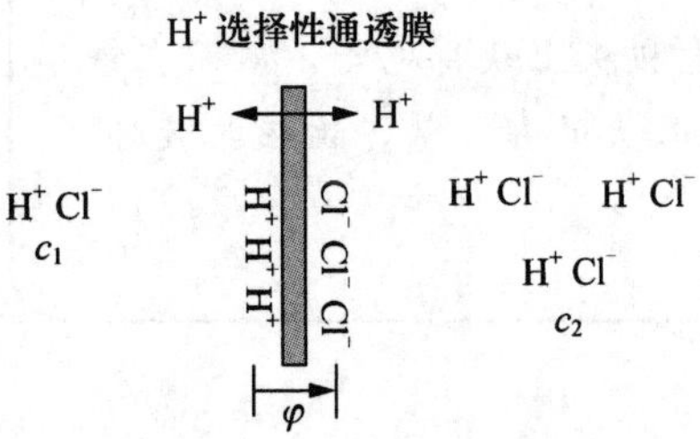

图 6-5 跨膜电势的形成

跨膜电势的方向是使 H^+ 逆着浓度梯度的方向运动；当达到跨膜电势和扩散平衡时，即

$$-zF = RT\ln Q = RT\ln(c_1/c_2)$$

则

$$\varphi = (RT/zF)\ln(c_2/c_1)$$

式中，z 是跨膜离子（H^+）的电荷数。对于电荷数 $z=+1$ 的离子，在 37℃体温条件下，上式可以变换为

$$\varphi = 0.0615\lg(c_2/c_1) \tag{6-18}$$

即膜电势的大小由膜两侧最初的浓度差的大小决定。将膜两侧的浓度差和膜本身的电信号相互联系起来，可以研究生物机体活动的情况，这是当前生物电化学研究的重要领域之一，而且在电化学分析中也具有重要的应用。下面将分别讨论之。

2. 细胞膜电势和神经电信号 膜电势的存在表明每个细胞膜上都有一个双电层，相当于一些电偶极子分布在细胞表面。神经系统中的信号传导是通过神经细胞产生的脉冲电信号进行的，而神经细胞的脉冲电信号则是通过细胞膜电势的变化来实现的。

在细胞膜内外两侧，K^+ 和 Na^+ 浓度有很大的差别。细胞内部的阳离子主要是 K^+，其浓度（～140mmol·L^{-1}）远大于细胞膜外的 K^+ 浓度（～5mmol·L^{-1}）。细胞外液中，阳离子主要为 Na^+，其浓度（～145mmol·L^{-1}）远大于细胞膜内 Na^+ 浓度（～10mmol·L^{-1}）。

细胞膜实际上是一种超分子体系，主要由卵磷脂和蛋白质组成，构成了磷脂双层的主体结构，在磷脂双层中，组装了一些具有各种功能的蛋白质分子。其中有些蛋白质分子由于结构排列疏密不同而形成空穴，成为离子通道（ion channels），负责控制离子穿越细胞膜的自由扩散过程，对离子的通透性有高度的调节性和选择性。

在神经细胞膜上，同时存在了 K^+ 通道和 Na^+ 通道。细胞膜在静息状态时，Na^+ 通道关闭，而 K^+ 通道开放（图 6-6）。随着细胞内高浓度的 K^+ 向细胞外扩散，在膜内产生净负电荷而膜外产生净正电荷，其结果是在细胞膜上形成了外侧为正、内侧为负的跨膜电势，这个过程称为膜的极化（polarization）。

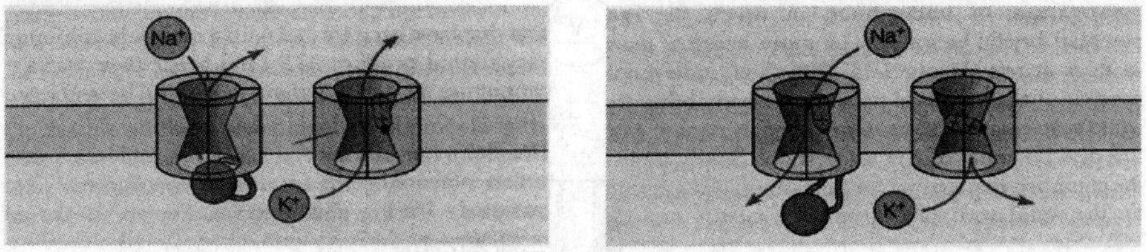

图 6-6　细胞电脉冲过程

细胞膜极化过程中 Na^+ 通道关闭，而 K^+ 通道开放（左）；细胞膜去极化过程中 K^+ 通道关闭，而 Na^+ 通道开放（右）

据式（6-18），K^+ 的平衡膜电势 φ_K 为

$$\varphi_K = 0.0615\lg(5/140) \approx -0.090\text{V} = -90\text{mV}$$

此处的 φ_K 是理论上的最大值。事实上，由于 Na^+ 通道不可能完全封闭，因此实际的细胞膜电势比这个理论值要小。通常，静息状态下极化的细胞膜（内侧）电势在 $-50 \sim -70$mV（平均 -60mV）。

当细胞膜受到适宜的刺激时，会发生 K^+ 通道关闭、Na^+ 通道开放的过程。在此过程中，细胞外高浓度的 Na^+ 流入细胞内，抵消了 K^+ 的膜电势，并且随着 Na^+ 向内扩散的进一步进行，细胞膜两侧的电荷状态被反转过来，形成外负内正的电势分布。此时膜内侧电势升高到 $+40$mV 左右。这个过程称为细胞膜的去极化（depolarization）过程。

当细胞刺激结束时，K^+ 通道会再次开放，而 Na^+ 通道重新关闭。于是细胞膜重新被极化，即发生再极化（repolarization）过程回到静息状态时的膜电势。经过这样的去极化和再极化，细胞完成一次电脉冲过程（图 6-7）。

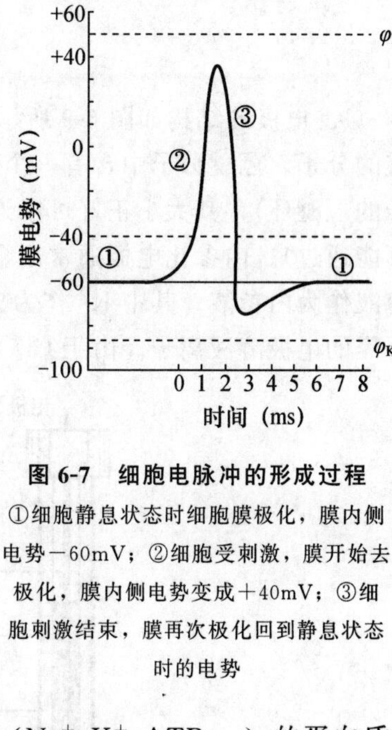

图 6-7　细胞电脉冲的形成过程

①细胞静息状态时细胞膜极化，膜内侧电势 -60mV；②细胞受刺激，膜开始去极化，膜内侧电势变成 $+40$mV；③细胞刺激结束，膜再次极化回到静息状态时的电势

在每一次膜电势电脉冲形成的过程中，都会有 K^+ 的外流和 Na^+ 的内流过程，造成细胞内外 K^+、Na^+ 浓度的暂时性变化。但是，细胞膜上还存在一种称为 Na^+、K^+-腺苷三磷酸酶（Na^+-K^+-ATPase）的蛋白质。Na^+-K^+-ATPase 是一种特殊的离子运输分子（ion transporter），又称 Na^+-K^+ 泵，它可以利用水解一个 ATP 释放的能量，向细胞外每次输送 3 个 Na^+ 离子并同时向细胞内摄入 2 个 K^+，使细胞内外 K^+、Na^+ 浓度重新回到原来的状态。Na^+-K^+-ATPase 是细胞中消耗 ATP 的主要物质之一，它消耗的 ATP 量可占静息时细胞消耗 ATP 总量的 1/4 左右。

利用膜电势变化的规律可以研究生物机体活动的一些情况，如心电图、脑电图、肌电图等都是膜电势在医学科学研究中的应用成果。

3. 膜电势的测定　根据上述膜电势的形成原理，如果能够找到一种离子选择性膜，就可以将跨膜的某种离子的浓度差值转换成膜电势。如果膜一侧的离子浓度已知，通过测定膜电势的大小，就可以计算出膜另一侧的离子的浓度。

为了测定膜电势，需要将两个电极电势已知的测量电极组成一个测定膜电势的电路。实际操作中，这个测量电路可以做成两个工作电极：离子选择电极和参比电极。在测量时，将两个工作电极连接上电位计，并同时插入待测溶液中，就可以测定出某种离子的浓度。

（1）离子选择电极（ion selective electrode）：离子选择电极由电极引线、电极杆、内参比电极、内参比溶液（内参液）和离子选择性膜组成（图 6-8）。内参液既提供了内参比电极所需的电极溶液，又提供了离子选择性膜一侧的已知浓度的离子溶液，无需再使用盐桥。

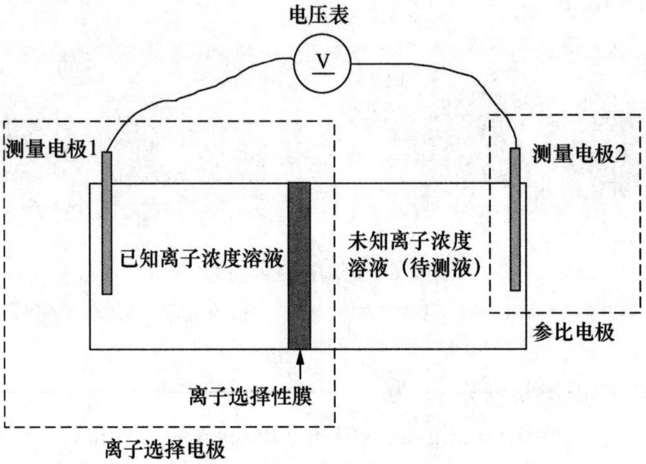

图 6-8 离子选择电极的工作原理

K^+电极的结构如图 6-9 所示。K^+选择性膜是一层很薄的塑料膜，膜中溶解了一种称为冠醚的分子。冠醚分子中含有一个孔穴结构（如图 6-8 所示，含有 6 个 O 原子的总共有 18 个原子的冠醚环），其大小正好可以通过一个水合 K^+（而 Na^+由于水合层较厚，水合离子较大而不能通过）。内参比电极通常用金属难溶盐电极如 $AgCl/Cl^-$ 电极，通常选用 1.0mol·L^{-1}KCl 溶液作为内参液；其中 K^+ 作为离子选择性膜一侧的已知浓度的溶液，Cl^- 则是 $AgCl/Cl^-$ 电极所需的电极溶液离子。由于 Cl^- 浓度确定，因此内参比电极的电极电势是已知的。

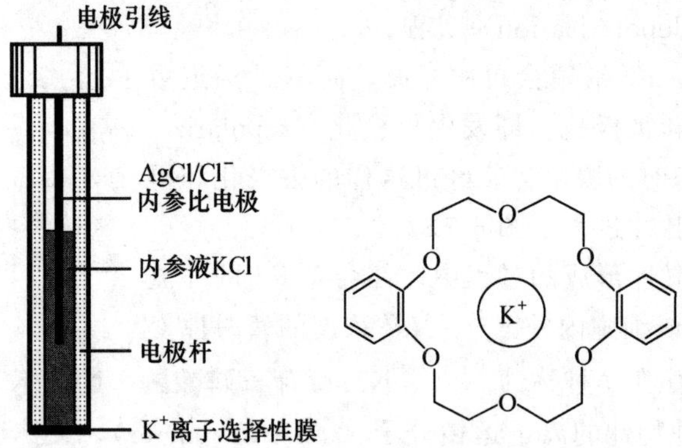

图 6-9 K^+电极和合成 K^+载体分子——冠醚的结构示意图

（2）参比电极（reference electrode）：在电化学分析应用中，常用的参比电极是饱和甘汞电极（saturated calomel electrode，SCE）。其结构如图 6-10（左）所示，由内、外两个玻璃套管组成。内管上部为汞，连接电极引线。汞的下方充填甘汞（Hg_2Cl_2）和汞的糊状物。内管的下端用石棉封口。外管中加入饱和氯化钾溶液，通过石棉封口浸透甘汞/汞糊。外管的下端有多孔的素烧瓷。盛有 KCl 溶液的外管还可起到盐桥的作用。

饱和甘汞电极的组成式为：Pt，Hg(l)，Hg_2Cl_2(s) | KCl(饱和)

电极反应式为

$$Hg_2Cl_2(s) + 2e \rightleftharpoons 2Hg(l) + 2Cl^-(aq), \qquad \varphi_{SCE,298.15K} = 0.2412V$$

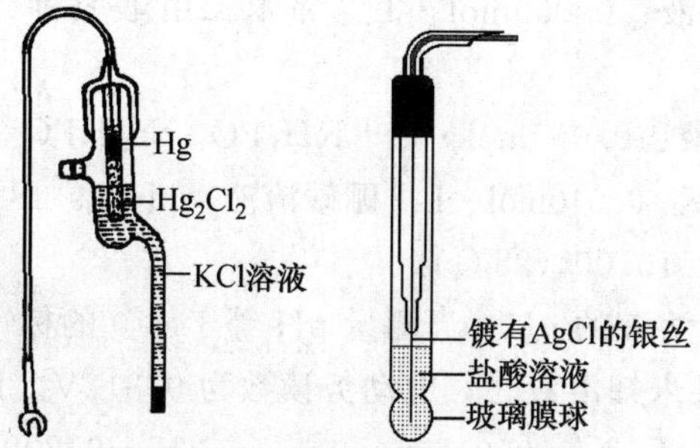

图 6-10 饱和甘汞电极（左）和玻璃膜电极（右）的构造示意图

（3）玻璃膜电极和溶液 pH 的测定：玻璃膜电极的构造如图 6-10（右）所示。在玻璃电极（glass electrode）管的下端有一个厚度为 50～100μm 的半球形玻璃薄膜。膜内盛有 $0.1mol \cdot L^{-1}$ 盐酸的内参比溶液。并用氯化银-银电极作内参比电极。玻璃膜电极的组成式为

$$Ag, AgCl(s) \mid HCl(0.1mol \cdot L^{-1}) \mid 玻璃膜 \mid pH 待测溶液$$

玻璃膜是对 H^+ 敏感的选择性交换膜，与选择性离子通透膜一样，其膜电势取决于两侧 $[H^+]$ 的差别，玻璃膜电极的 Nernst 方程为

$$\varphi_{玻} = K_{玻} + \frac{RT}{F}\ln a(H^+) = K_{玻} - \frac{2.303RT}{F}pH$$

式中，$K_{玻}$ 在理论上是常数，但由于玻璃膜电极在生产过程中其表面存在一定的差异，不同的玻璃膜电极可能有不同的 $K_{玻}$，即使是同一支玻璃膜电极在使用过程中 $K_{玻}$ 也会缓慢发生变化，所以每次使用前必须校正。

实际测定时，常用饱和甘汞电极作参比电极，即将饱和甘汞电极和玻璃膜电极同时置于待测溶液中组成如下电池。

$$Ag \mid AgCl(s) \mid Cl^-(0.1mol \cdot L^{-1}), H^+(0.1mol \cdot L^{-1}) \mid 玻璃膜 \mid 待测溶液 \parallel$$
$$KCl(饱和) \mid Hg_2Cl_2(s) \mid Hg(l) \mid (Pt)$$

则电池的电动势为

$$E = \varphi_{SCE} - \varphi_{玻} = \varphi_{SCE} - \left(K_{玻} - \frac{2.303RT}{F}pH\right)$$

在一定温度下，φ_{SCE} 为常数，令 $K_E = \varphi_{SCE} - K_{玻}$

$$E = K_E + \frac{2.303RT}{F}pH \qquad (6\text{-}19)$$

由于式（6-19）中有两个未知数 K_E 和 pH，通常我们先测量已知 pH 的标准缓冲溶液。若此标准溶液为 pH_s，测出电动势为 E_s，则有

$$E_s = K_E + \frac{2.303RT}{F}pH_s \qquad (6\text{-}20)$$

然后，测量待测 pH_x 溶液的电池电动势为 E_x，则可以得出

$$pH_x = pH_s + \frac{(E_x - E_s)F}{2.303RT} \qquad (6\text{-}21)$$

式（6-21）称为 pH 的操作定义。在 25℃，代入各常数可得

$$pH_x = pH_s + \frac{E_x - E_s}{0.05916} \qquad (6\text{-}22)$$

酸度计又称 pH 计（pH meter），就是借用上述原理来测定待测溶液 pH 的。在实际工作中，用 pH 计测量 pH 时，先用 pH 标准缓冲溶液对仪器进行校正，然后测量待测液，从仪表上可直接读出待测液的 pH。

在 pH 测量中，常用的标准缓冲溶液有下列几种。

①酸性 pH 标准缓冲溶液：0.050mol·L^{-1}邻苯二甲酸氢钾（$KHC_8H_4O_4$），pH＝4.00（25℃）。

②中性 pH 标准缓冲溶液：0.050mol·L^{-1} KH_2PO_4-Na_2HPO_4，pH＝6.86(25℃)。

③碱性 pH 标准缓冲溶液：0.010mol·L^{-1}硼砂溶液，pH＝9.18（25℃）；或 0.010mol·L^{-1} borate-boric acid 溶液，pH＝10.00（25℃）。

【例 6-16】 在 25℃测量溶液的 pH。当测量 pH 等于 4.0 的标准缓冲溶液时，测得电池的电动势为 0.209V；当测量某未知溶液时，电动势读数为 0.312V。计算该未知溶液的 pH 值。

解： $pH_{试}=pH_{标}+(E-E_{标})/0.05916=4.0+(0.312-0.209)/0.05916=5.74$

延伸阅读

生物体内的氧化还原反应

除了厌氧生物以外，多数生物都需要氧，因此氧化还原反应是生物体内的一类重要的反应。为了维持生物体的新陈代谢等生命活动，生物体需要将生物分子（如糖、脂肪、蛋白质等）氧化，最终生成二氧化碳和水，同时释放能量生成 ATP；此外，由于生命分子的氧化也会导致这些分子失去生物功能，进而导致生物体的疾病、衰老和死亡。因此，生物体需要有效地控制上述两类不同作用的氧化还原反应，才能维持生命活动的正常进行。

有机分子的生物氧化还原过程主要是在细胞的线粒体中进行的。线粒体中的电子传递过程称为线粒体呼吸链，这里简要讨论一下生物氧化还原反应控制策略的相关化学原理。

1. 酶的催化　从化学热力学角度来说，生物分子的氧化反应都是可以自发进行的过程（即 $\Delta G<0$），然而作为伴随有电子转移的化学反应，生物分子在中性和常温条件下直接被 O_2 氧化的反应速度是非常缓慢的，这恰恰给予了生物体能够有效控制氧化反应进行的机会。生物体通过生物催化剂——酶的催化来加快生命所需的氧化反应，与此同时，借助抗氧化剂去淬灭可能引发不利于氧化反应的活泼分子，从而将不利氧化反应的速度降至最低。

在生物氧化过程中，由于生物主要是通过酶催化进行氧化还原反应，这就意味着电子转移不是从生物分子直接给予 O_2，而是借助酶分子来传递电子，即：生物分子首先将电子传递给酶分子（此过程中伴随着生物分子被氧化、酶分子被还原过程）；然后酶分子再将电子传递给 O_2（此过程中伴随着酶分子被氧化、重新回到原始状态的过程），使 O_2 被还原生成水。在上述过程中，酶发挥了运载电子的作用。

2. 反应分步进行　从电极电势来看，有机化合物等生物分子被氧化生成 CO_2 和 H_2O 的电极电势比氢电极的电极电势低。假如以氢的电极电势作为生物分子电极电势的代表，在 pH＝7.0 的条件下，其生物化学标准电极电势 $\varphi^{\ominus\prime}(H^+/H_2)=-0.41V$，而 O_2 的 $\varphi^{\ominus\prime}(O_2/H_2O)=0.82V$。两者的跨度是 $\Delta\varphi^{\ominus\prime}=1.23V$。实际上，在生物有机化合物的氧化过程中，反应分解成了许多的步骤（表 6-1）。其中电子经过了 NADH、CoQ 和 Cyt c 等中间载体分子并传递给 O_2，这三个主要电势台阶的跨度介于 0.2～0.6V。这样，电子依次从低电势到高电势传递，最后将电子传递给分子氧而形成最终产物——水。每前进一步就放出一些能量，从而使 ADP 转化成 ATP。同时，反应过程中可以产生很多有用的中间产物，用来合成其他生物分子。

表 6-1 线粒体生物氧化过程中一些主要中间电子载体的电极电势（pH=7.0）

氧化还原半反应	$\varphi^{\ominus\prime}$（V）	氧化还原电势跨度（V）
$2H^+ + 2e \rightleftharpoons H_2$	−0.41	
$NAD^+ + 2H^+ + 2e \rightleftharpoons NADH + H^+$	−0.32	0.09
$CoQ + 2H^+ + 2e \rightleftharpoons CoQH_2$	0.05	0.37
Cyt c（Fe^{III}）+ e ⇌ Cyt c（Fe^{II}）	0.25	0.20
$O_2 + 4H^+ + 4e \rightleftharpoons H_2O$	0.82	0.57

3. O_2 还原过程的控制　电子传递给 O_2 的最终过程是在线粒体膜上的复合体Ⅳ中进行的，这里 O_2 连续获得 4 个电子而被还原成 H_2O。由表 6-2 可见，O_2 获得第一个电子的 $\varphi^{\ominus\prime}=-0.45V$。假定体内 O_2 的分压 $p(O_2)/p^{\ominus}=0.2$，且 $\cdot O_2^-$ 的浓度约为 10^{-11} mol·L^{-1}，实际的电极电势为

$$\varphi=\varphi^{\ominus\prime}+0.05916\lg(0.2/10^{-11})\approx 0.17(V)$$

此值是理论上 O_2 还原生成 $\cdot O_2^-$ 时的最大电极电势。而细胞色素 c（Cyt c）的标准电极电势约 0.25V，比 O_2 还原的第一步的电势要略高一些，所以不会自发将电子给 O_2。因此 O_2 必须一次获得 2 个电子。

$$O_2 + 2H^+ + 2e \longrightarrow H_2O_2 \qquad \varphi^{\ominus\prime}=0.30V$$

这样反应的电极电势达到了 0.30V，O_2 才能被顺利还原成 H_2O_2。而且，一旦有 H_2O_2 生成，后续的反应具有较大的电极电势，能够自发进行。由于复合体Ⅳ采用这种双电子转移策略，有效地避免了活性氧自由基 $\cdot O_2^-$ 的生成。实际上，在线粒体中产生 $\cdot O_2^-$ 的地方主要是复合体Ⅰ、Ⅱ和Ⅲ——即 CoQ 被还原和氧化的过程中（图 6-11）。

表 6-2 O_2 得电子还原过程中各步的标准电极电势（pH=7.0）

氧化还原半反应	$\varphi^{\ominus\prime}$（V）	氧化还原半反应	$\varphi^{\ominus\prime}$（V）	氧化还原半反应	$\varphi^{\ominus\prime}$（V）
$O_2 + e \longrightarrow \cdot O_2^-$	−0.45	$O_2 + 2H^+ + 2e \rightleftharpoons H_2O_2$	0.30	$O_2 + 4H^+ + 4e \rightleftharpoons 2H_2O$	0.82
$\cdot O_2^- + 2H^+ + e \longrightarrow H_2O_2$	1.05				
$H_2O_2 + H^+ + e \longrightarrow \cdot OH + H_2O$	0.32	$H_2O_2 + 2H^+ + 2e \rightleftharpoons 2H_2O$	1.34		
$\cdot OH + H^+ + e \longrightarrow H_2O$	1.80				

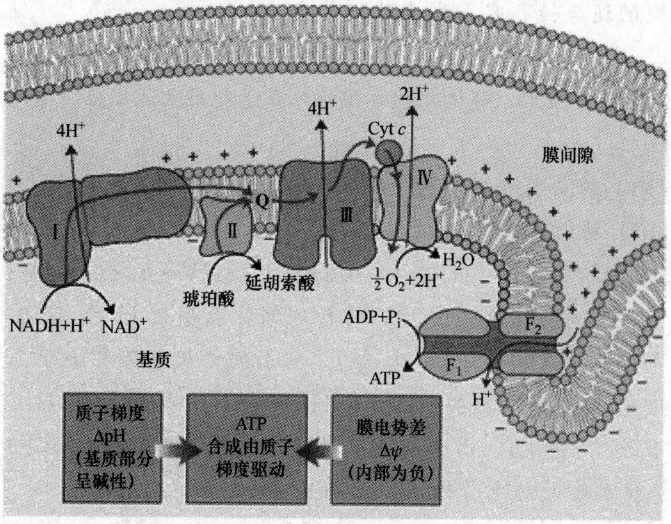

图 6-11 线粒体蛋白质复合体Ⅰ、Ⅲ和Ⅳ利用氧化还原反应释放的能量从基质将 H^+ 搬运到膜间隙

4. 氧化还原反应释放的能量储存于线粒体的跨膜质子势 糖类氧化释放的能量是ATP合成的动力。如前述，化学反应偶联的条件是：前一个反应的产物是后一个反应的反应物。就糖类的氧化而言，其与ATP的合成反应没有任何交叉的反应物，是不能直接偶联的。不过，由于电子的转移可以改变分子的电荷状态，因而可以改变分子中的H^+解离的程度。因此，氧化还原反应可以被利用来推动H^+的跨生物膜流动。在线粒体中，电子传递复合体Ⅰ、Ⅲ和Ⅳ都会利用每一步氧化还原反应所释放的自由能将H^+从线粒体基质（matrix）搬运到内膜到外膜的膜间隙（intermembrane space）（图6-11），形成跨膜电势$\Delta\varphi_m$和内膜两侧$[H^+]$梯度。根据电化学原理，跨膜电势和$[H^+]$浓度差储存的总自由能ΔG为

$$\begin{aligned}\Delta G &= \Delta G_{膜电势} + \Delta G_{浓度梯度}\\ &= -z_{H^+}F\Delta\varphi_m + RT\ln([H^+]_m/[H^+]_{is})\\ &= -[F\Delta\varphi_m + RT\ln([H^+]_{is}/[H^+]_m)]\end{aligned}$$

式中，z为质子上的电荷（包括符号），$[H^+]_m$是基质内H^+浓度，$[H^+]_{is}$是膜间隙H^+浓度。上式可以进一步变换为

$$\Delta p = -\Delta G/F = \Delta\varphi_m + (RT/F)\ln([H^+]_{is}/[H^+]_m)$$

在37℃时，有

$$\Delta p = \Delta\varphi_m + 0.061\lg([H^+]_{is}/[H^+]_m) = \Delta\varphi_m + 0.061(pH_m - pH_{is}) = \Delta\varphi_m + 0.061\Delta pH$$

式中，p在生物化学中称为跨膜质子势，其大小为200～230mV。它是线粒体用来合成ATP的动力。

5. 不利的氧化反应 氧在一定条件下对细胞可造成损伤，这种作用是衰老和许多疾病发生、发展的关键环节。生物体内的氧化损伤大都是氧自由基$\cdot O_2^-$和羟自由基$\cdot OH$造成的。H_2O_2被单电子还原（$\cdot O_2^-$可以提供这个电子）是产生$\cdot OH$的主要原因。在生物体中要避免不利的氧化反应，必须降低$\cdot O_2^-$的浓度和减少H_2O_2被单电子还原的反应。

线粒体呼吸链的电子漏是细胞中O_2^-的主要恒定来源。线粒体中O_2^-主要来自于由NADH向CoQ传递电子时漏出的一些电子。虽然只有不到1%的电子漏出来，但是由于电子传递是不断持续进行，产生的$\cdot O_2^-$的总量还是很大的。$\cdot O_2^-$的特点是既有较强的氧化性，又有较强的还原性，容易发生歧化反应。

$$\cdot O_2^- + \cdot O_2^- + 2H^+ \rightleftharpoons H_2O_2 + O_2$$

所以，具神奇魔力的SOD（超氧化物歧化酶）正是利用上述反应，使高度活泼的$\cdot O_2^-$转变成相对安全的H_2O_2。

通常，体内H_2O_2的浓度约10^{-8} mol·L^{-1}。假如体内控制使$[\cdot OH] < 10^{-9}$ mol·L^{-1}，可以计算出此时H_2O_2转化为$\cdot OH$的电极电势最小为

$$\varphi = \varphi^{\ominus\prime} + 0.05916\lg([H_2O_2]/[\cdot OH]) = 0.32V + 0.059V \approx 0.38V$$

也就是说，溶液中电极电势<0.38V的物质都可能导致H_2O_2还原生成$\cdot OH$。虽然体内有很多还原剂（如NADH、$CoQH_2$等），它们的电极电势都小于0.38V，但由于超电势都比较大，它们很少能够直接产生$\cdot OH$。体内最主要的导致H_2O_2还原的分子是Fe^{2+}离子及其配合物（$Fe^{II}L$）。由于多数$Fe^{II}L$的电极电势较低（如Fe^{II}-EDTA，$\varphi^{\ominus\prime}$=0.090V），而且氧化反应的超电势很小，容易发生Fenton反应。

$$Fe^{II}L + H_2O_2 \rightleftharpoons Fe^{III}L + \cdot OH + OH^-$$

其中，$Fe^{Ⅲ}L$ 可以很快地被体内其他还原剂重新还原成 $Fe^{Ⅱ}L$，这样系统便会不断地诱导·OH生成。也就是说，只要它们的电势合适，就可以通过单电子周转催化活性氧物种的生成与转化。

所幸的是并非所有的 $Fe^{Ⅱ}$ 配合物的电极电势都低于 0.38V，如 $Fe^{Ⅱ}$-水杨酸配合物的 $\varphi^{\ominus\prime}$ 就高于这个阈值。因此，水杨酸可以降低·OH的生成。事实上，由于水杨酸具有很好的抗炎作用，可以使用阿司匹林预防心血管疾病的发生。此外，许多非激素类的抗炎药物也都具有类似水杨酸与铁形成稳定配合物的作用。

习 题

1. 指出下列物质中划线元素的氧化数：$Na_2\underline{O}$，$K_2\underline{Cr}O_4$，$K_2\underline{O_2}$，$Na\underline{H}$，$Na_2\underline{S_2}O_3$，$K_2\underline{Mn}O_4$，$\underline{Cl}O_2$，$\underline{N_2}O_5$。

2. 用离子-电子法配平下列氧化还原反应方程（必要时添加反应介质）。

(1) $MnO_4^- + H_2O_2 + H^+ \longrightarrow Mn^{2+} + O_2 + H_2O$

(2) $MnO_4^- + S^{2-} + H_2O \longrightarrow MnO_2 + S + OH^-$

(3) $Cl_2 + OH^- \longrightarrow Cl^- + ClO_3^- + H_2O$

(4) $Cr_2O_7^{2-} + Fe^{2+} + H^+ \longrightarrow Cr^{3+} + Fe^{3+} + H_2O$

(5) $I^- + H_2O_2 + H^+ \longrightarrow I_2 + H_2O$

(6) $Cr_2O_7^{2-} + SO_3^{2-} + H^+ \longrightarrow Cr^{3+} + SO_4^{2-} + H_2O$

3. 在酸性介质中，下列各物质（离子）的氧化能力随 pH 的改变而变化的有哪些？

Hg_2^{2+}、$Cr_2O_7^{2-}$、MnO_4^-、Cl_2、Cu^{2+}、H_2O_2

4. 将下列反应设计成电池，写出电池组成式。

(1) $Zn + H_2SO_4 \longrightarrow ZnSO_4 + H_2$

(2) $2Fe^{3+} + 2I^-(s) \longrightarrow 2Fe^{2+} + I_2$

(3) $Ag^+ + Cl^- \longrightarrow AgCl(s)$

5. 判断在标准状态时下列反应自发进行的方向，并写出其电池组成式。

(1) $2Ag^+ + Zn \rightleftharpoons 2Ag + Zn^{2+}$

(2) $MnO_4^- + 8H^+ + 5Fe^{2+} \rightleftharpoons Mn^{2+} + 5Fe^{3+} + 4H_2O$

(3) $Fe^{3+}(aq) + I_2(s) \rightleftharpoons IO_3^-(aq) + Fe^{2+}(aq)$

6. 利用 Nernst 方程计算下列电极电势。

(1) $Br_2(l) + 2e^- \rightleftharpoons 2Br^-(0.10mol \cdot L^{-1})$

(2) $Cr_2O_7^{2-}(0.010mol \cdot L^{-1}) + 14H^+(0.0010mol \cdot L^{-1}) + 6e^- \rightleftharpoons 2Cr^{3+}(0.10mol \cdot L^{-1}) + 7H_2O$

(3) $2H^+(0.10mol \cdot L^{-1}) + 2e^- \rightleftharpoons H_2(200kPa)$

7. 计算 25℃ 时下列各电池的电动势。

(1) $(-)Cu(s)|Cu^{2+}(0.2mol \cdot L^{-1}) \| Ag^+(0.2mol \cdot L^{-1})|Ag(s)(+)$

(2) $(-)Pt(s)|Fe^{2+}(0.1mol \cdot L^{-1}), Fe^{3+}(1mol \cdot L^{-1}) \| Cl^-(0.1mol \cdot L^{-1})|Cl_2(100kPa)|Pt(s)(+)$

(3) $(-)Pt(s)|H_2(100kPa)|H^+(0.1mol \cdot L^{-1}) \| Cl^-(1mol \cdot L^{-1})|Hg_2Cl_2(s)|Hg(l)|Pt(s)(+)$

8. 若溶液中 $[MnO_4^-]=[Mn^{2+}]$，分别计算 pH 为 0.0 和 6.0 时，MnO_4^- 能否氧化 Br^- 和 I^-。

9. 计算下列反应的平衡常数，哪一个反应进行得更完全一些？

(1) $Ag^+ + Fe^{2+} \rightleftharpoons Ag + Fe^{3+}$

(2) $Ni + Sn^{2+} \rightleftharpoons Sn + Ni^{2+}$

(3) $Cr_2O_7^{2-} + 6Fe^{2+} + 14H^+ \rightleftharpoons 2Cr^{3+} + 6Fe^{3+} + 7H_2O$

10. 已知 $\varphi^\ominus(MnO_4^-/Mn^{2+})=1.507V$，$\varphi^\ominus(Cl_2/Cl^-)=1.3587V$，若将这两个电对组成电池，请写出：

(1) 该电池的电极反应、电池反应和电池组成式。

(2) 计算电池反应在 25℃ 时电动势 $E^\ominus$ 和自由能变化 $\Delta G^\ominus$，并判断标准状态下此反应进行的方向。

(3) 当 pH=3.0 时，其他物质均为标准态，求此电池在 25℃时的电动势 E 及自由能变化 ΔG，并判断反应进行的方向。

11. 在 298.15K，某电池 $(-)A \mid A^{2+} \parallel B^{2+} \mid B(+)$，当 $[A^{2+}]=[B^{2+}]$ 时，其电动势为 0.360V，试求当 $[A^{2+}]=0.100mol \cdot L^{-1}$，$[B^{2+}]=1.00\times10^{-4}\ mol \cdot L^{-1}$ 时该电池的电动势。

12. 已知：$\varphi^\ominus(Sn^{4+}/Sn^{2+})=0.151V$，$\varphi^\ominus(Cd^{2+}/Cd)=-0.403V$，在 298.15K 下将下列反应 $Sn^{2+}(0.001mol \cdot L^{-1}) + Cd^{2+}(0.1mol \cdot L^{-1}) \rightleftharpoons Sn^{4+}(0.1mol \cdot L^{-1}) + Cd(s)$ 组成原电池。

(1) 试写出该电池的组成式。

(2) 计算电池电动势及其 $\lg K^\ominus$。

13. 已知 298.15K，$Hg_2SO_4(s) + 2e^- \rightleftharpoons 2Hg(l) + SO_4^{2-}(aq)$ $\quad \varphi^\ominus=0.6125V$

$$Hg_2^{2+}(aq) + 2e^- \rightleftharpoons 2Hg(l) \qquad \varphi^\ominus=0.7973V$$

试求 Hg_2SO_4 的溶度积常数。

14. 实验测得 298.15K 时下列原电池 $(-)Ag|AgBr|Br^-(1.00mol \cdot L^{-1}) \parallel Ag^+(1.00mol \cdot L^{-1})|Ag(+)$ 的电动势为 0.7279V。计算 AgBr 的 $\lg K_{sp}$。

15. 298.15K 时，取足量的纯铁屑置于 $0.03mol \cdot L^{-1}$ 的 Cd^{2+} 溶液中，充分搅拌至平衡，求达到平衡时，$[Fe^{2+}]/[Cd^{2+}]$ 为多少？[已知：$\varphi^\ominus(Fe^{2+}/Fe)=-0.44V$，$\varphi^\ominus(Cd^{2+}/Cd)=-0.403V$]

16. 下列浓差电池如果成立：$(-)Ag \mid AgNO_3(c_1) \parallel AgNO_3(c_2) \mid Ag(+)$，需满足什么条件？

17. 已知 SCE 的电极电势为 0.2412V，在 298.15K 时，实验测得下列电池的 E=0.420V。求胃液的 pH。(－) Pt，H_2(100kPa) ｜胃液 ‖ SCE(＋)

18. 用玻璃膜电极组成电池：玻璃膜电极｜缓冲溶液‖饱和甘汞电极。在 298.15K，测定 pH=6.00 标准缓冲溶液的电动势为 0.350V。然后用活度为 $0.010mol \cdot L^{-1}$ 某弱酸（HA）代替标准缓冲溶液组成电池，测得电池电动势为 0.231V。计算此弱酸溶液的 pH，并计算弱酸的解离常数 K_a。

19. 什么是超电势？铁制品上为什么可以电镀一层锌而不产生大量的 H_2？

（刘　君）

第七章 滴定分析法

化学分析法是以物质的化学反应为基础的分析方法，主要有滴定分析法和重量分析法。滴定分析法具有方法简单、操作迅速且具有很高的准确度等优点，在医药卫生、食品安全、环境保护等领域有广泛应用。本章概述了滴定分析法的基础知识，详细介绍酸碱滴定法，并对化学结果的评价和实验室操作规范做了介绍。

一、滴定分析概述

滴定分析（titrimetric analysis）又称为容量分析（volumetric analysis），是将一种已知准确浓度的标准溶液滴加到含待测物质的溶液中，根据反应到达化学计量点时所消耗标准溶液的量来确定待测组分含量的方法，原则上只要待测组分能与滴定剂直接或间接地定量反应，就可对此成分进行滴定分析。

（一）滴定分析的基本术语

1. 标准溶液（standard solution） 是滴定分析中已知准确浓度、用来滴定未知组分的溶液，又称为滴定剂（titrant）。

2. 试样（sample） 是被检测的物质。要求试样在组成和含量上具有一定的代表性，能代表被分析物质的总体。

3. 滴定（titration） 滴定就是把标准溶液逐滴加入到被测溶液中的过程。

4. 化学计量点（stoichiometric point） 滴定反应按照方程式反应完全时称为反应达到化学计量点，亦即反应体系中滴定剂与被测组分恰好作用完全时（符合反应方程式所表示的化学计量关系）的那一点。如在酸碱滴定反应中：$HCl + NaOH \longrightarrow NaCl + H_2O$ 反应达到化学计量点时，HCl 和 NaOH 刚好按照方程式的比例关系反应完全，所以 $V_{HCl} \cdot c_{HCl} = V_{NaOH} \cdot c_{NaOH}$，此时溶液的 pH＝7.00。

5. 指示剂（indicator） 是在化学计量点或者附近可产生颜色变化以指示滴定到达终点的物质。

6. 终点（end point） 通常在化学计量点没有任何外部特征为我们所觉察，需要加入指示剂，使其在化学计量点附近变色，从而指示滴定的完成。在滴定分析中，当指示剂改变颜色即停止滴定的点称为滴定终点。如在酸碱滴定反应中用酚酞做指示剂时，滴定终点的 pH＝8.0；而用甲基橙做指示剂时，滴定终点的 pH＝3.1。

7. 滴定误差（titration error） 化学计量点是理论上反应恰好完成的点，而终点是实际停止滴定的实验值，通常它们并不一定完全吻合。化学计量点和终点不符造成的分析误差称为滴定误差。滴定终点与计量点愈吻合，分析结果的准确度愈高。

（二）滴定分析的一般过程

滴定分析的操作过程一般包括三个主要部分：滴定分析的化学反应类型的选择、标准溶液的配制和标定、试样组分含量的测定和结果分析。

1. 滴定分析的化学反应类型 滴定分析是以化学反应为基础的。根据分析时所利用的化学反应的不同，滴定分析一般可分为以下四种类型。

（1）酸碱滴定法（acid-base titration）是以水溶液中质子转移反应为基础的滴定分析法，

可用于测定酸、碱以及能与酸、碱发生定量反应的其他物质的含量。

(2) 沉淀滴定法（precipitation titration）是以沉淀反应为基础的滴定分析法，可用于 Ag^+、CN^-、SCN^- 及卤素离子等的测定。

(3) 配位滴定法（coordinate titration）是以配位反应为基础的一种滴定分析法，主要用于金属离子的测定。

(4) 氧化还原滴定法（oxidation-reduction titration）是以氧化还原反应为基础的一种滴定分析法。可直接测定具有氧化性或还原性的物质，也可间接测定一些能与氧化剂或还原剂定量反应的物质。

并非所有的化学反应都可用于滴定分析，适合滴定分析的化学反应必须具备以下条件。

①反应必须按确定的化学计量关系定量完成，并且要进行完全（要求达到 99.9%以上），这是定量分析的基础。

②反应必须具有较快的反应速度。滴定反应最好在滴定剂加入后即可完成。对于反应速率较慢的反应，有时可通过加热或加入催化剂等方法来加速。

③无副反应发生或若有干扰物质存在，必须有合适的消除干扰的方法。

④必须有简便可靠的方法确定滴定终点，即找到一个可以指示终点的指示剂。

凡能满足上述要求的反应，都能用标准溶液直接滴定分析待测组分的含量，称为直接滴定法。当待测物质与滴定剂反应较慢或无合适指示剂，可先准确地加入过量标准溶液，与试液中的待测物质进行反应，待反应完全后，再用另一种标准液滴定剩余的标准溶液，这种滴定方式称为返滴定法。

2. 标准溶液的配制和标定　滴定分析中，用作滴定剂的标准溶液的浓度必须是已知且准确无误的。标准溶液的配制可分为直接配制法和间接配制法。如果试剂在溶液中可稳定存在且纯度足够高，可用直接法配制；若试剂在溶液中不能稳定存在或纯度不够高，要改用间接法配制。

(1) 直接配制法：准确称取一定量的试剂，用适当溶剂溶解后定容，配成一定体积的溶液。根据标准物质的质量和溶液的体积即可计算出该标准液的准确浓度。能用于直接配制标准溶液的试剂称为一级标准物质（primary standard substance）。一级标准物质应符合以下要求。

①化学组成确定，如果含结晶水，其数目确定，试剂的组成与化学式完全相符。

②试剂的纯度通常要求在 99.9%以上（质量分数），至少是分析纯或优级纯。

③存放过程中，试剂的化学性质稳定，不易分解，不易潮解，不易与环境中的 O_2、CO_2 等气体反应。即使有吸潮现象，也容易通过加热等简单方法完全干燥。

④试剂与被滴定的样品化合物的反应按反应式定量进行，不应存在副反应。

⑤最好有较大的摩尔质量，以减少称量误差。

常用的标准物质有 $NaCl$、$K_2Cr_2O_7$、Na_2CO_3、$Na_2C_2O_4$、邻苯二甲酸氢钾、硼砂等。实验室中上述物质的标准溶液可进行直接配制。

(2) 间接配制法：很多物质不能直接用来配制标准溶液，但可先配制成近似所需浓度的溶液，然后用基准物质配制的标准溶液滴定，从而计算其准确浓度。这个过程称为标定（standardization）。

进行酸碱滴定时通常用 HCl 或 NaOH 溶液作标准强酸或强碱溶液。但是，盐酸是挥发性很强的酸，NaOH 固体极容易吸潮和吸收空气中的 CO_2，因此其含量也并非很确定。通常这些标准溶液采用间接法配制，即先用商品试剂配制出大约浓度的标准溶液，然后用一定准确量的一级标准物质标定。

标定 HCl 溶液，通常采用无水碳酸钠（Na_2CO_3）或硼砂（$NaB_4O_7 \cdot 10H_2O$）。Na_2CO_3 容易吸收空气中的水分，使用前必须在 270～300℃高温炉中灼热至恒重，然后密封于称量瓶内，保存在干燥器中备用。称量时要求动作迅速，以免吸收空气中水分而引入测定误差。标定 NaOH 溶液通常采用草酸晶体（$H_2C_2O_4 \cdot 2H_2O$）或邻苯二甲酸氢钾（$KHC_8H_4O_4$）作标准物质。邻苯二甲酸氢钾容易用重结晶法制得纯品，不含结晶水，在空气中不吸水，容易保存，且摩尔质量大（204.2g·mol^{-1}），标定时称量误差小，所以是标定碱标准溶液较好的标准物质。

3. 滴定过程　将滴定剂从滴定管中加入到待测溶液中，直到指示剂指示滴定到达终点。在滴定的过程中，以加入的滴定剂体积（或滴定百分数）为横坐标，以确定滴定终点的某种参数（如 pH、电极电势等）为纵坐标，绘制滴定曲线（titration curve）。例如用强碱来滴定某未知强酸时，选取 pH 为滴定曲线的纵坐标，以加入的滴定剂的体积（或体积百分数）为横坐标，制作出酸碱滴定曲线，如图 7-1 所示。随着滴定剂强碱的加入，溶液 pH 不断增加，滴定终点时溶液处于某一确定的 pH。详细的滴定过程将在酸碱滴定部分做介绍。

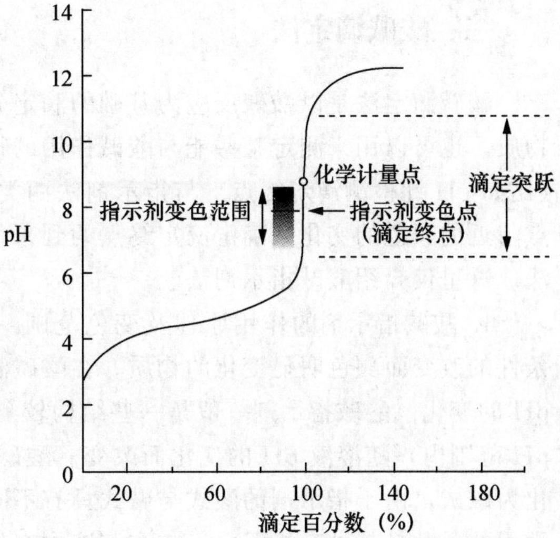

图 7-1　典型的滴定曲线

在滴定的过程中，正确判断滴定终点（end point of titration）是操作的关键步骤。因此，指示剂的选择成为至关重要的问题，通常指示剂的变色范围应全部或部分落在滴定突跃范围内。

4. 滴定分析中的有关计算　滴定分析涉及一系列计算问题，如标准溶液浓度的计算以及分析结果中待测物质的含量的计算等。

（1）标准溶液浓度的计算：准确称取一定量的基准物质（T），其摩尔质量为 M_T(g·mol^{-1})，质量为 m_T(g)。将其配成体积为 V_T(L) 的标准溶液，其浓度为

$$c_r = \frac{n_T}{V_T} = \frac{m_T}{M_T V_T} \tag{7-1}$$

（2）待测物质的含量的计算：在滴定分析中，标准溶液（滴定剂）（T）与待测物质（B）之间发生如下化学反应。

$$bB + tT \longrightarrow cC + dD$$

当反应到达化学计量点时，化学计量系数间的关系为

$$\frac{n_T}{t} = \frac{n_B}{b} = \frac{n_C}{c} = \frac{n_D}{d} \tag{7-2}$$

则待测组分 B 的物质的量和浓度分别为

$$n_B = \frac{b}{t} n_T = \frac{b}{t} c_T V_T \tag{7-3}$$

$$c_B = \frac{n_B}{V_B} = \frac{b c_T V_T}{t V_B} \tag{7-4}$$

式中，c_T、V_T、V_B 分别是滴定剂的浓度、滴定剂消耗的体积和待测溶液的体积。上述计算式为滴定反应的化学计量关系式，是滴定分析计算的依据。

【例 7-1】　称取分析纯草酸晶体（$H_2C_2O_4 \cdot 2H_2O$，M=126.1g·mol^{-1}）1.250g，配制成 250.0ml 标准溶液。取 20.00ml 此标准溶液，标定粗配制的 NaOH 溶液，用酚酞作滴定指示剂，终点时消耗 NaOH 的体积为 22.10ml。计算此 NaOH 溶液的准确浓度。

解： 草酸为二元弱酸，与 NaOH 反应式为

$$2NaOH + H_2C_2O_4 = Na_2C_2O_4 + 2H_2O$$

草酸标准溶液的浓度为

$$c_{ox}=1.250/(126.1\times0.2500)=0.03965(\mathrm{mol}\cdot\mathrm{L}^{-1})$$

因此 NaOH 溶液的准确浓度为

$$c_{NaOH}=2V_{ox}\cdot c_{ox}/V_{NaOH}=2\times0.03965\times20.00/22.10=0.07176(\mathrm{mol}\cdot\mathrm{L}^{-1})$$

二、酸碱滴定法

酸碱滴定法是以酸碱反应为基础的滴定分析方法。利用该方法可以测定一些具有酸碱性的物质，也可以用来测定某些能与酸碱作用的物质。酸碱滴定中，确定滴定终点的方法有仪器法（比如 pH 计检测滴定终点）与指示剂法两类。指示剂法是借助加入的酸碱指示剂在化学计量点附近的颜色的变化来确定滴定终点的到来。这种方法简单、方便，是确定滴定终点的基本方法。这里仅介绍酸碱指示剂法。

1. 酸碱指示剂的作用原理及变色范围　酸碱指示剂（acid-base indicator）是随介质酸度条件的改变而颜色明显变化的物质。在酸碱滴定分析中，酸碱指示剂用来指示滴定过程中溶液 pH 的变化。酸碱指示剂一般是一些结构较复杂的有机弱酸或有机弱碱，它们的结构（在特定 pH 范围内）随溶液 pH 的变化而改变。酸碱指示剂获得质子转化为酸式结构，或失去质子转化为碱式，由于指示剂的酸式与碱式具有不同的结构，因而具有不同的颜色。例如实验室中最常用的酚酞是一种有机弱酸，它在溶液中有如下所示的解离平衡。

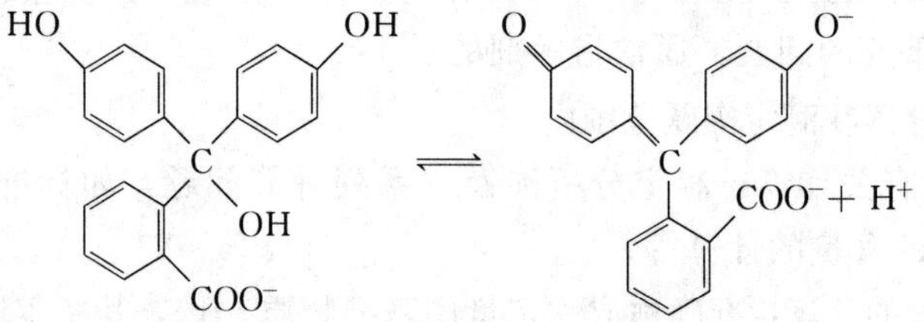

酸式结构　　　　碱式结构

无色（羟式）　　　　红色（醌式）

在酸性溶液中，平衡向左移动，酚酞主要以酸式存在，溶液无色；在碱性溶液中，平衡向右移动，酚酞则主要以醌式存在，溶液呈红色。由此可见，当溶液的 pH 发生变化时，由于指示剂结构的变化，颜色也随之发生变化，因而可通过酸碱指示剂颜色的变化来指示溶液的 pH，确定酸碱滴定的终点。

那么，酸碱指示剂在怎样的条件下发生颜色改变呢？若以 HIn 代表酸碱指示剂的酸式结构，其解离产物 In^- 代表酸碱指示剂的碱式结构，指示剂在溶液中的解离平衡可用下式表示。

$$\mathrm{HIn} \rightleftharpoons \mathrm{H}^+ + \mathrm{In}^-$$

当解离达到平衡时，有

$$K_{HIn}=\frac{[\mathrm{H}^+][\mathrm{In}^-]}{[\mathrm{HIn}]}$$

式中，K_{HIn} 为指示剂的解离平衡常数，称为指示剂常数（indicator constant）。上式可改写为

$$\frac{[\mathrm{In}^-]}{[\mathrm{HIn}]}=\frac{K_{HIn}}{[\mathrm{H}^+]}$$

则

$$\lg\frac{[\mathrm{In}^-]}{[\mathrm{HIn}]}=\mathrm{pH}-\mathrm{p}K_{HIn}$$

或

$$\mathrm{pH}=\mathrm{p}K_{HIn}+\lg\frac{[\mathrm{In}]}{[\mathrm{HIn}]}$$

指示剂在溶液中显现的颜色决定于溶液中 $[\mathrm{In}^-]$ 和 $[\mathrm{HIn}]$ 的比值，即 $\frac{[\mathrm{In}^-]}{[\mathrm{HIn}]}$，而 $\frac{[\mathrm{In}^-]}{[\mathrm{HIn}]}$

是由指示剂 K_{HIn} 和溶液的 pH 两个因素决定的。对一定的指示剂而言，在一定温度下 K_{HIn} 是常数。因此溶液的颜色就完全取决于溶液的 pH。当 pH 发生变化时，指示剂的颜色随之改变。

当 $pH=pK_{HIn}$ 时，$[In^-]/[HIn]=1$，指示剂在溶液中显现的颜色是酸式和碱式两种显色成分等量混合的中间混合色。此时溶液的 pH 称为指示剂的理论变色点（color change point）。当 $pH \geqslant pK_{HIn}+1$ 时，即 $[In^-]/[HIn] \geqslant 10$，人眼则通常只看到碱式 In^- 的颜色；当 $pH \leqslant pK_{HIn}-1$ 时，即 $[In^-]/[HIn] \leqslant 0.1$，人眼则只看到 HIn 的颜色；当 pH 在 $pK_{HIn}-1$ 到 $pK_{HIn}+1$ 之间时，看到的是酸式色与碱式色复合后的颜色。因此，当溶液的 pH 由 $pK_{HIn}-1$ 向 $pK_{HIn}+1$ 逐渐改变时，人眼可以看到指示剂由酸式色逐渐过渡到碱式色。所以，$pK_{HIn}\pm1$ 称为指示剂的理论变色范围（color change interval）。但由于人眼对各种颜色的敏感程度不同，实际观察到的各种指示剂的变色点和变色范围往往与理论值不完全一致，不都是 2 个 pH 单位，而是略有上下。一些常用酸碱指示剂的变色范围及其变色情况列于表 7-1。

表 7-1　几种常用酸碱指示剂在室温下水溶液中的变色范围

指示剂	实际变色范围（pH）	酸式色	过渡色	碱式色	pK_{HIn}
百里酚蓝（第一次变色）	1.2～2.8	红色	橙色	黄色	1.7
甲基橙	3.1～4.4	红色	橙色	黄色	3.7
溴酚蓝	3.1～4.6	黄色	蓝紫	紫色	4.1
溴甲酚绿	3.8～5.4	黄色	绿色	蓝色	4.9
甲基红	4.4～6.2	红色	橙色	黄色	5.0
溴百里酚蓝	6.0～7.6	黄色	绿色	蓝色	7.3
中性红	6.8～8.0	红色	橙色	黄色	7.4
酚酞	8.0～9.6	无色	粉红	红色	9.1
百里酚蓝（第二次变色）	8.0～9.6	黄色	绿色	蓝色	8.9
百里酚酞	9.4～10.6	无色	淡蓝	蓝色	10.0

2. 酸碱滴定曲线　在滴定过程中如何选择最适宜的指示剂来确定滴定终点，直接影响着滴定的准确性。由于酸碱指示剂是在一定的 pH 范围内才发生颜色的变化，为了减少实验误差，所选择的指示剂其指示的滴定终点应该尽可能地接近化学计量点。因此，必须了解酸碱滴定过程中溶液 pH 的变化，尤其是化学计量点前后溶液 pH 的变化情况。描述加入不同量标准溶液时溶液 pH 变化的曲线称为酸碱滴定曲线。下面分别讨论各种类型的酸碱滴定曲线。

（1）强碱（酸）滴定强酸（碱）：强碱（酸）滴定强酸（碱）的反应是

$$H^+ + OH^- \longrightarrow H_2O$$

强碱（酸）滴定强酸（碱）的反应程度是最高的，也最容易得到准确的滴定结果。现以强碱（NaOH）滴定强酸（HCl）溶液为例，来说明滴定过程中溶液 pH 的变化情况。设 HCl 的浓度为 $0.1000mol \cdot L^{-1}$，体积为 20.00ml；NaOH 的浓度为 0.1000mol/L，滴定时加入的体积为 V_{NaOH}。整个滴定过程分为四个阶段来考虑。

①滴定开始前，溶液的 pH 由 HCl 溶液的酸度决定。

$$[H^+]=c_{HCl}=0.1000mol \cdot L^{-1}，即\ pH=1.00$$

②滴定开始至计量点前，溶液的 pH 由剩余 HCl 溶液的酸度决定。

$$[H^+]=\frac{(V_{HCl}-V_{NaOH}) \cdot c_{HCl}}{(V_{HCl}+V_{NaOH})}$$

当滴定完成 99.9%（即 $V_{NaOH}=19.98ml$）时，有

$$[H^+]=5.00\times10^{-5}mol \cdot L^{-1},pH=4.30$$

③计量点时，溶液中的 HCl 全部被 NaOH 中和，溶液呈中性，即

$$[H^+]=1.0\times10^{-7}mol\cdot L^{-1}, pH=7.00$$

④计量点后，溶液的 pH 由加入的过量的 NaOH 浓度决定。

$$[OH^-]=\frac{(V_{NaOH}-V_{HCl})\cdot c_{NaOH}}{(V_{HCl}+V_{NaOH})}$$

当滴定完成 100.1%（即 $V_{NaOH}=20.02ml$）时，有

$$[OH^-]=5.00\times10^{-5}mol\cdot L^{-1}, pOH=4.30, pH=9.70$$

整个滴定过程中，以溶液的 pH 为纵坐标，以 NaOH 的加入量（或滴定百分数）为横坐标，可绘制出强碱滴定强酸的滴定曲线，如图 7-2 所示。在这个曲线中有下列关键点和区域。

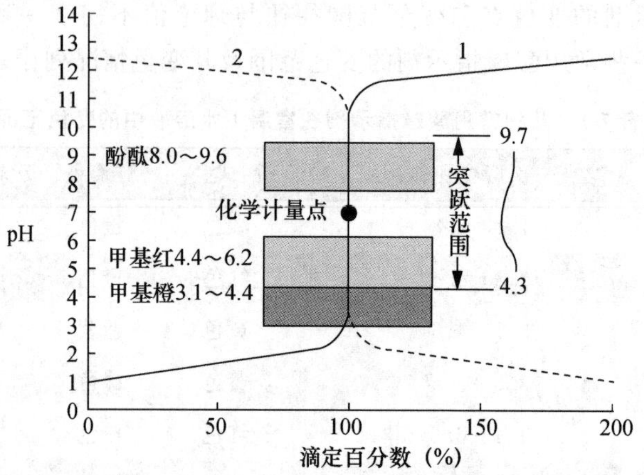

图 7-2 强碱（酸）滴定强酸（碱）过程的 pH 变化曲线

1. 0.1000mol·L^{-1} NaOH 滴定 20ml 0.1000mol·L^{-1} HCl；2. 0.1000mol·L^{-1} HCl 滴定 20ml 0.1000mol·L^{-1} NaOH

a. 从滴定开始一直到接近计量点前，溶液 pH 变化缓慢，曲线比较平坦。

b. 在化学计量点前后，加入不足或过量的半滴 NaOH 溶液（相当于 0.02ml）就使溶液的 pH 由 4.30 急增至 9.70，溶液也由酸性突变到碱性，溶液的性质由量变引起了质变。这个 pH 急剧变化、近似垂直的区域称为滴定突跃（titration jump）。滴定突跃所在的 pH 范围，称为突跃范围。0.1000mol·L^{-1} NaOH 滴定 20ml 0.1000mol·L^{-1} HCl 过程中的滴定突跃为 pH 4.30～9.70。

c. 滴定突跃之后，再继续滴加 NaOH 溶液，则溶液的 pH 变化比较缓慢，曲线又趋平坦。

滴定突跃具有非常重要的意义，它是选择指示剂的依据。由于滴定突跃是在计量点前或后加入的滴定剂 NaOH 不足或过量 0.02ml 而产生的，也就是说，当我们在滴定突跃的范围内停止加入滴定剂 NaOH，其测定的相对误差将小于 0.1%，测定结果将具有足够的准确度。酸碱滴定中选择指示剂的重要原则是：指示剂变色范围应全部或一部分落在滴定突跃范围内，指示剂的变色点应尽量靠近化学计量点。按照上述原则，酚酞、甲基橙、甲基红的变色范围均在 NaOH 滴定 HCl 的突跃范围之内，均可用于指示终点。

选择指示剂时还应注意指示剂的颜色变化是否明显，是否易于观察。通常颜色由浅到深，人的视觉较敏感。例如用 0.1mol·L^{-1} NaOH 滴定 0.1mol·L^{-1} HCl 用甲基橙作指示剂，溶液的颜色由橙色变为黄色，但由于橙色变为黄色不易分辨，实际的终点难判定，使终点误差变大，因此选用甲基橙不合适。但当用 0.1mol·L^{-1} HCl 滴定 0.1mol·L^{-1} NaOH 时，甲基橙由黄色变为橙色，颜色变化明显。因此，强碱滴定强酸时，通常选酚酞为指示剂，酚酞由无色变为粉红色人眼容易辨别；而用强酸滴定强碱时，常选用甲基橙指示剂指示滴定终点。

突跃范围大小决定于酸、碱溶液的浓度。酸、碱溶液的浓度各增加 10 倍，突跃范围就增加 2 个 pH 单位。例如，用 1.000、0.1000 和 0.01000mol·L^{-1} NaOH 分别滴定相同浓度的 HCl，它们的

pH 突跃范围分别为 3.3～10.7、4.3～9.7 和 5.3～8.7（图 7-3）；酸、碱溶液的浓度越高，pH 突跃范围越大，则可选择的指示剂较多；酸、碱溶液的浓度较低时，突跃范围变小，指示剂的选择将受到限制；如上例中 $0.01000mol \cdot L^{-1}$ NaOH 滴定 HCl 已经不能使用甲基橙做指示剂了；当酸、碱溶液的浓度小于 $10^{-4}\ mol \cdot L^{-1}$ 时，其滴定突跃已不明显，无法用一般指示剂进行准确滴定。

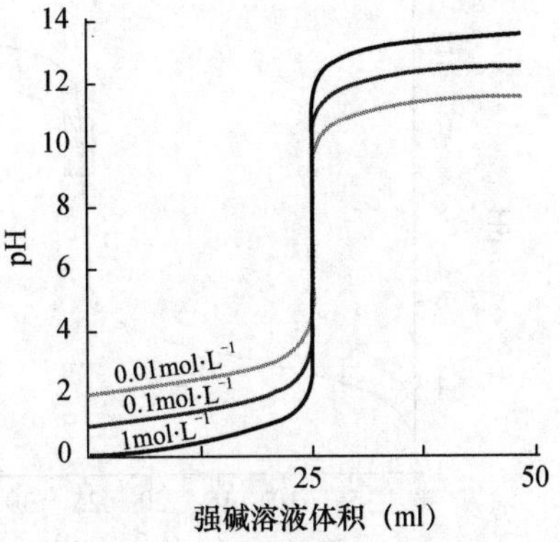

图 7-3 不同浓度的强碱滴定强酸的滴定曲线

(2) 强碱（酸）滴定弱酸（碱）：以强碱（$0.1000mol \cdot L^{-1}$ NaOH）滴定弱酸（$0.1000mol \cdot L^{-1}$ HAc，20.00ml）为例来说明。强碱 NaOH 滴定弱酸 HAc 的反应为

$$NaOH + HAc \xlongequal{} NaAc + H_2O$$

这类滴定反应的完全程度较强酸强碱类滴定差。与讨论强酸强碱滴定曲线方法相似，这一类滴定曲线也分为四个阶段。

①滴定开始前，溶液的组成为 HAc，按一元弱酸的 pH 计算公式计算。

$$[H^+] = \sqrt{K_a \cdot c_{HAc}} = \sqrt{1.76\times10^{-5}\times0.1000} = 1.32\times10^{-3}$$

$$pH = 2.88$$

②滴定开始至计量点前，溶液的组成为未反应的 HAc 和反应产物 NaAc，组成一个缓冲体系。

$$pH = pK_{HAc} + \lg\frac{c_{NaOH}V_{NaOH}}{c_{HAc}V_{HAc} - c_{NaOH}V_{NaOH}}$$

当滴定完成 99.9%（即 $V_{NaOH} = 19.98ml$）时，根据上式计算得

$$pH = -\lg(1.76\times10^{-5}) + \lg\frac{0.1000\times19.98}{0.1000\times20.00 - 0.1000\times19.98} = 7.74$$

③计量点时，NaOH 与 HAc 反应生成 NaAc，为一元弱碱溶液。

$$[OH^-] = \sqrt{K_{NaAc}c_{NaAc}} = \sqrt{K_W/K_{HAc}c_{NaAc}} = 5.27\times10^{-6}$$

$$pOH = 5.28, pH = 8.72$$

④计量点后，溶液的组成为 Ac^- 和过量的 NaOH。由于过量 NaOH 的存在，抑制了 Ac^- 的水解，因此，溶液的酸度决定于加入的过量的 NaOH 的浓度。

$$[OH^-] = \frac{(V_{NaOH} - V_{HAc}) \cdot c_{NaOH}}{V_{NaOH} + V_{HAc}}$$

当滴定完成 100.1%（即 $V_{NaOH} = 20.02ml$）时，

$$[OH^-] = \frac{(20.02-20.00)\times0.1000}{20.02+20.00} = 5.00\times10^{-5}mol \cdot L^{-1}$$

$$pOH = 4.30, pH = 9.70$$

根据滴定过程中 pH 变化可以绘出强碱（酸）滴定一元弱酸（碱）的滴定曲线，如图 7-4 所示。

可以看出强碱滴定一元弱酸具有以下几个特点。

a. 滴定曲线起点的 pH 比 NaOH 滴定 HCl 的曲线高 2 个 pH 单位。这是因为 HAc 的强度较 HCl 弱。

b. 滴定开始后至计量点前的一段曲线较平缓，这是由于随着滴定的进行，生成了 NaAc，形成 HAc-NaAc 的缓冲体系，因而溶液的 pH 的变化小；由于其 pH 仅取决于溶液中［Ac^-］与［HAc］的比值，而与弱酸的浓度无关，因此不同浓度的弱酸滴定曲线中这一段平缓区域是基本上重合的。

c. 计量点的 pH 不等于 7.00。这是由于 HAc 与 NaOH 恰好反应完全生成 NaAc，而 Ac^-

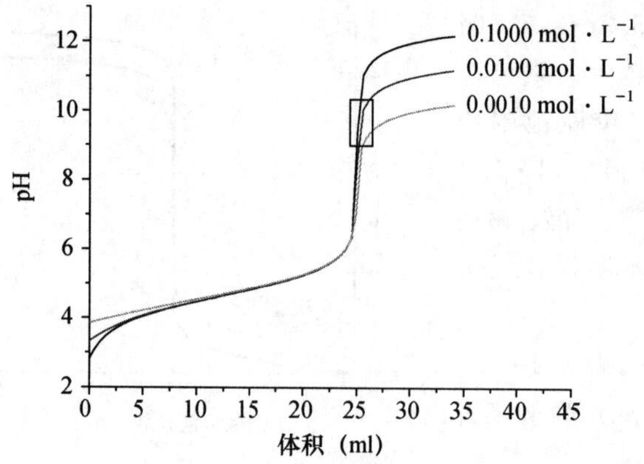

图 7-4 0.1000mol · L^{-1}NaOH 滴定 25.00ml 0.1000、0.0100、0.0010mol · L^{-1} HAc 过程中溶液 pH 变化曲线

用强碱滴定弱酸时，滴定的突跃范围大小与弱酸的解离常数 K_a 和浓度 c 有关。如用 0.1000mol · L^{-1} NaOH 滴定 0.1000mol · L^{-1}不同 K_a 的弱酸，其滴定曲线如图 7-5 所示。用强碱滴定不同浓度的弱酸时，弱酸的浓度越小，突跃范围越小。一元弱酸、碱的准确滴定条件为以下几项。

a. 弱酸溶液的 $cK_a \geqslant 10^{-8}$。当弱酸的 $cK_a < 10^{-8}$时，滴定已无明显的突跃（$|\Delta pH| < 0.2$），此时已无法利用一般的酸碱指示剂确定其滴定终点。

b. 当强酸滴定弱碱时，通常以 $cK_b \geqslant 10^{-8}$ 作为能否准确滴定的依据。

共轭酸（碱）能否被强碱（酸）滴定的情况如下。

是弱碱，所以溶液呈弱碱性，pH＝8.72。

d. NaOH-HAc 滴定曲线的突跃范围（pH ＝ 7.74 ～ 9.70）较相同浓度的 NaOH-HCl 的小得多，这是由于 HAc 的酸度较弱，加之突跃前缓冲区的存在，使滴定突跃范围变得较窄（图 7-4）。而且滴定突跃在碱性范围内，所以只有酚酞、百里酚酞等指示剂，才可用于该滴定。而在酸性范围内变色的指示剂，如甲基橙和甲基红等已不能使用。但在强酸滴定弱碱时，化学计量点和滴定突跃都在酸性范围内，甲基橙和甲基红均可使用。

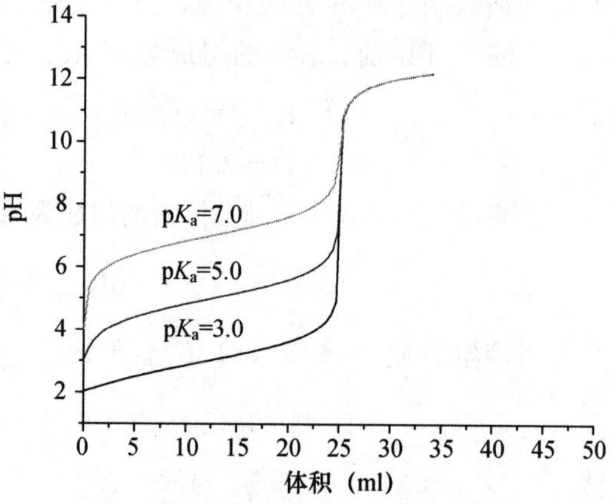

图 7-5 0.1000mol · L^{-1}NaOH 滴定 0.1000mol · L^{-1} 不同 K_a 的弱酸的曲线

a. 较强的一元弱酸（碱），可用强碱（酸）直接滴定，但其对应的共轭碱（酸）由于不能满足 $cK_{b(a)} \geqslant 10^{-8}$将不能用直接滴定法测定。$NH_3$ 的 pK_b＝4.74，可以直接被强酸滴定；其共轭酸 NH_4^+ 的 pK_a＝9.26，很难满足 $cK_a \geqslant 10^{-8}$，不能直接用标准碱溶液滴定。

b. 不能直接滴定的极弱酸（碱）所对应的共轭碱（酸）是较强的碱（酸），可用直接滴定法测定。如硼砂 $Na_2B_4O_7 \cdot 10H_2O$ 溶于水发生

$$B_4O_7^{2-} + 5H_2O = 2H_2BO_3^- + 2H_3BO_3$$

水解生成的 $H_2BO_3^-$（pK_b＝14.00－9.24＝4.76）可用盐酸直接滴定。因此硼砂可作为标定盐酸溶液的基准物。

（3）多元弱酸和多元弱碱的滴定曲线：强碱（酸）滴定多元弱酸（碱）比滴定一元酸（碱）的情况复杂，必须考虑以下两个问题——一是能否滴定酸或碱的总量，二是能否进行分步滴定。这里以强碱滴定二元弱酸为例讨论滴定的可行性，其他多元酸（碱）的滴定方式可按此类推。

①$K_{a1}/K_{a2} \geqslant 10^5$，且每一级解离都满足 $cK_a \geqslant 10^{-8}$。此二元酸分步解离的 H^+ 均可被准确滴定，可被分步滴定，形成两个明显的滴定突跃。若能选择合适的指示剂，可以确定两个滴定终点。

②$K_{a1}/K_{a2} \geqslant 10^5$，$cK_{a1} \geqslant 10^{-8}$，但 $cK_{a2} < 10^{-8}$。该二元酸可以被分步滴定，但只能准确滴定至第一个计量点。

③$K_{a1}/K_{a2} < 10^5$，但每一级解离都满足 $cK_a \geqslant 10^{-8}$。该二元酸不能被分步滴定，两个滴定突跃将混在一起，在第二计量点附近出现一个滴定突跃。大多数有机多元弱酸，各相邻的解离

常数之间相差不大，故不能分步滴定，如草酸、酒石酸和柠檬酸等。但由于它们最后一级的 K_a 一般并不小，因此可以用强碱一次完全滴定。

例如，用 $0.1mol \cdot L^{-1}$ NaOH 滴定 $0.1mol \cdot L^{-1}$ 多元酸柠檬酸（$pK_{a1}=3.13$，$pK_{a2}=4.76$，$pK_{a3}=6.40$），各级的 cK_a：$0.1\times10^{-3.16}>10^{-8}$，$0.1\times10^{-4.76}>10^{-8}$，$0.1\times10^{-6.40}>10^{-8}$，所以柠檬酸的三个质子都可以被直接滴定。但是 $K_{a1}/K_{a2}<10^5$，$K_{a2}/K_{a3}<10^5$，所以三个质子不能分步滴定。只要选择一个合适的指示剂如酚酞，可一步滴定三个质子。$0.1mol \cdot L^{-1}$ NaOH 滴定 $0.1mol \cdot L^{-1}$ 柠檬酸的滴定曲线见图 7-6。

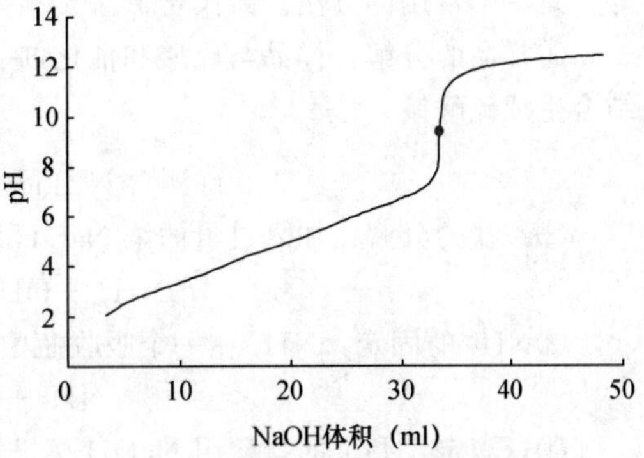

图 7-6　$0.1mol \cdot L^{-1}$ NaOH 滴定 $0.1mol \cdot L^{-1}$ 柠檬酸的曲线

再如用 $0.1mol \cdot L^{-1}$ NaOH 滴定 $0.1mol \cdot L^{-1}$ 磷酸（酸解离常数分别为：$pK_{a1}=2.12$，$pK_{a2}=7.20$，$pK_{a3}=12.36$）时，各级的 cK_a：$0.1\times10^{-2.12}>10^{-8}$，$0.1\times10^{-7.20}\approx10^{-8}$，$0.1\times10^{-12.36}<10^{-8}$。$K_{a1}/K_{a2}>10^5$，$K_{a2}/K_{a3}>10^5$；所以只有它的第一和第二级质子可以直接滴定，但不能滴定三个质子。

有一个特殊的例子是用 $0.1mol \cdot L^{-1}$ HCl 溶液滴定 $0.1mol \cdot L^{-1}$ Na_2CO_3 溶液。Na_2CO_3 是二元碱，其共轭酸的解离常数分别为：$K_{a1}=4.47\times10^{-7}$，$K_{a2}=4.68\times10^{-11}$；相对应的碱解离常数分别为：$K_{b1}=2.14\times10^{-4}$，$K_{b2}=2.24\times10^{-8}$。由于 $cK_{b1}\approx10^5$，而 $cK_{b2}<10^{-8}$，仅从此判据上，Na_2CO_3 可以被滴定第一步，即

$$Na_2CO_3 + HCl = NaHCO_3 + NaCl$$

但由于 $K_{a1}/K_{a2}<10^5$，到达第一个计量点时，由于 HCO_3^- 的缓冲作用，突跃不明显，因而滴定的准确度不高。但实际上，由于第二步滴定的产物是 H_2CO_3，很容易加热分解生成 CO_2 而释放。因此，可以在滴定过程中适度加热除去生成的 CO_2，使滴定反应发生。

$$Na_2CO_3 + 2HCl = 2NaCl + CO_2\uparrow + H_2O$$

滴定曲线见图 7-7。由于其滴定突跃变得较大，可以使用甲基橙或甲基红作为指示剂进行准确滴定。实验室中，Na_2CO_3 是常用来标定盐酸溶液的标准物质。

3. 酸碱滴定的应用举例　酸碱滴定在生物化学分析、医学检验和药物分析等方面有着多种应用，许多酸、碱物质包括一些有机酸（或碱）物质均可用酸碱滴定法进行测定。这里仅举两个例子。

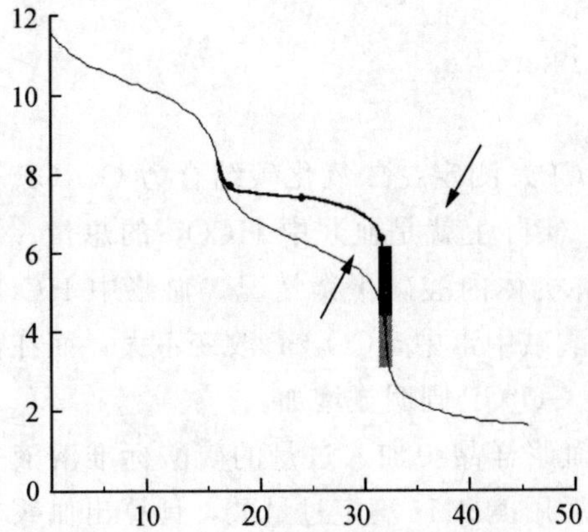

图 7-7　$0.1mol \cdot L^{-1}$ HCl 溶液滴定 $0.1mol \cdot L^{-1}$ Na_2CO_3 的 pH 变化曲线

（1）食品中苯甲酸钠的测定：苯甲酸钠是常用的食品防腐剂，有防止变质发酸、延长保质期的效果，在世界各国均被广泛使用。然而近年来对其毒性的顾虑使得它的应用受限，有些国家如日本已经停止生产苯甲酸钠，并对它的使用作出限制。苯甲酸钠在 HCl 的作用下生成苯甲酸，苯甲酸在乙醚的作用下萃取于乙醚层，加热去乙醚，得到苯甲酸，将苯甲酸溶于中性乙醇，最后用 NaOH 标准液滴定，以酚酞做指示剂，滴定至红色。食品中苯甲酸钠的含量计算公式如下。

$$C_6H_5COONa\ 含量 = c_{NaOH} \cdot V_{NaOH}\frac{M_{C_6H_5COONa}\times10^{-3}}{m_s}\times100\%$$

（2）凯氏定氮法：凯氏定氮法是 Kjeldahl 设计的利用酸碱滴定分析测定有机物中元素 N 含量的方法。迄今为止，凯氏定氮法在有机物分析中（例如食品分析和有机污染物总量测定等）是一个常用的方法。凯氏定氮法实验分为以下几个步骤。

①样品的分解：样品与硫酸和催化剂一同加热消化，使蛋白质分解，分解产生的氨与硫酸结合生成硫酸铵。

$$\text{待测含 N 样品}\xrightarrow{\text{浓硫酸/硫酸铜}}(NH_4)_2SO_4$$

②铵盐的分解：加入过量的浓 NaOH 溶液，将 NH_4^+ 转化成 NH_3 后蒸馏出来。

$$NH_4^+ + OH^- \longrightarrow NH_3\uparrow + H_2O$$

③NH_3 的固定：NH_3 在一个吸收瓶中被含一定量的 HCl 标准溶液吸收。

$$NH_3 + HCl \longrightarrow NH_4Cl$$

④返滴定：剩余的盐酸用 NaOH 标准溶液滴定，并计算样品中的 N 含量。

$$HCl(\text{过量}) + NaOH \longrightarrow NaCl + H_2O$$

对于生物样品（包括食品），凯氏定氮法是测定蛋白质含量的经典方法。含氮是蛋白质区别于其他有机化合物的主要标志。一般来说，蛋白质中的氮含量平均为 16%，即 1 份氮相当于 6.25 份蛋白质，此数值称为蛋白质系数。将蛋白质的含氮量乘以蛋白质系数即可计算出蛋白质含量。公式为：

$$\text{蛋白质的含量} = \text{蛋白质的含氮量} \times 6.25$$

不同种类食品的蛋白质系数有所不同，更准确计算要用其各自的蛋白质系数，例如：小麦 5.70、大米 5.95、乳制品 6.38、大豆 5.71、动物胶 5.55、坚果类 5.30。

【例 7-2】 以凯氏定氮法测定氮含量换算蛋白质的方法，是国际上通用的标准方法。取 0.5000g 某奶粉样品，经过浓硫酸/$CuSO_4$ 消化，NaOH 处理蒸馏后，所产生的 NH_3 用 20.00ml 0.1000mol·L^{-1} 的 HCl 溶液吸收，然后用 0.1000mol·L^{-1} 的 NaOH 溶液滴定剩余 HCl，至终点时共消耗 13.10ml NaOH 溶液。请计算奶粉中的 N 含量。按照世界卫生组织与中国的婴幼儿配方奶粉标准，婴幼儿配方奶粉每 100g 的蛋白质含量在 10.0～20.0g。此奶粉是否合格？

解：HCl 吸收的 NH_3 量为

$$20.00 \times 0.1000 - 13.10 \times 0.1000 = 0.6900\text{mmol}$$

样品中含 N 量为

$$0.6900\text{mmol} \times 14.01\text{g·mol}^{-1} / (0.5000\text{g} \times 1000) = 1.933\%$$

奶粉中蛋白质含量为

$$1.933\% \times 6.25 = 12.08\%$$

此奶粉是合格产品。

（3）二氧化碳结合力（CO_2 combining power，CO_2CP）测定：二氧化碳结合力 CO_2CP 是指血浆中以碳酸氢根离子形式存在的二氧化碳的含量，实际上就是血浆中 HCO_3^- 的总量。测定血二氧化碳结合力，在于观察机体内碱储备，以了解机体内酸碱平衡情况。血浆中 HCO_3^- 称为“碱储”，正常值为 24～27mmol·L^{-1}。在呼吸性酸碱中毒中，CO_2CP 改变不大；而在代谢性酸中毒中，CO_2CP 显著减小；在代谢性碱中毒时，CO_2CP 则明显增加。

测定血浆中 HCO_3^- 可以采用酸碱滴定法。首先向血浆样品中加入过量的硫酸标准溶液并适当加热溶液，使 HCO_3^- 全部反应生成 CO_2 释放，然后用 NaOH 滴定过量酸，计算出血浆中 HCO_3^- 的浓度。滴定反应为

$$HCO_3^- + H^+ \longrightarrow CO_2\uparrow + H_2O$$

$$H^+(\text{过量}) + OH^- \longrightarrow H_2O$$

【例 7-3】 取 5.000ml 血浆样品，加入 1.000ml 0.100mol·L^{-1} 的 H_2SO_4，加热除去产生

的 CO_2。然后用0.0100mol·L^{-1}的NaOH溶液滴定，至终点时消耗NaOH的体积为4.70ml。请计算血浆中HCO_3^- 的总浓度。

解： 消耗NaOH的量为

$$4.70ml \times 0.0100mol \cdot L^{-1} = 0.0470mmol$$

血浆中碱储的浓度为

$$(2 \times 1.000ml \times 0.100mol \cdot L^{-1} - 0.0470mmol)/5.000ml = 0.0306mol \cdot L^{-1} = 30.6mmol \cdot L^{-1}$$

此血浆样品中 HCO_3^- 的浓度偏高，可能是碱中毒。

三、化学实验的结果评价

（一）化学实验的误差

化学分析（chemical analysis）的最重要的任务是准确测定试样中各有关成分的组成或含量，因此必须使分析结果具有一定的准确度。但在实际测量过程中，由于受某些主观和客观条件的限制，即使采用最可靠的分析方法，使用最精密的仪器，由技术最熟练的分析人员测定也不可能得到绝对准确的结果。任何测量或测定的结果总是存在着或多或少的不确定性，即所测得的实验数据必然与真实数值之间存在或大或小的差别，这些差别称为误差（error）。在分析测定过程中误差是客观存在的。了解分析过程中误差产生的原因及出现的规律，有助于采取相应措施减小误差，通过科学的数据处理，使测定结果尽可能接近客观真实值。

根据误差的来源和性质，可将误差分为系统误差、随机误差和过失误差三大类。

1. 系统误差　系统误差（systematic error）是实验过程中某些固定的原因造成的，具有单向性、重复性，又称为可测误差。由于系统误差是可以测定的，因而也是可以校正的。根据系统误差产生的具体原因，可将其分为以下几类。

（1）方法误差：是由于实验设计不合理或选择的方法不恰当或不够完善所引起的误差。例如在滴定分析中，反应进行不完全、有副反应发生或指示剂选择不当，使得滴定终点与化学反应的计量点相差较远，都会引起系统误差。

（2）仪器误差：是由于测量所使用的仪器不够精密而引起的误差。例如：分析天平两臂不等、砝码未校正等。因此，分析所用的仪器要进行正确调试，在使用过程中应随时进行检查，以免发生异常而造成测定误差。

（3）试剂误差：是实验中所使用的试剂不纯而引起的误差。例如去离子水不合格、分析试剂在保存过程中浓度发生变化或存在干扰物质等。

（4）操作误差：是由实验人员的操作不正确所引起的误差。如对沉淀的洗涤次数过多或不够；实验人员的主观判别总是具有一定的偏向性，如对终点颜色的判断，有人偏深，有人偏浅；重复测定时，受这种“先入为主”的影响，有人总想第二次测定结果与前一次相吻合。

2. 随机误差　随机误差（random error）是由某些无法避免的不定因素造成的，也称为偶然误差（accidental error）。随机误差可以由许多原因引起，如测定过程中仪器受到温度、湿度、气压的影响发生偶然的波动；操作者在处理平行样品时的微小差异等。随机误差是客观存在的，是不可避免的。

在一次测定中，随机误差的大小及其正负是无法预计的，没有任何规律性；在多次测量中，随机误差的出现具有统计性规律，即：随机误差有大有小，时正时负；绝对值小的误差比绝对值大的误差出现的次数多。因此，随机误差符合统计学的概率分布规律，其数据可用统计学原理来进行处理。实验中用增加测定次数的办法，绝对值相近的正、负误差出现的次数大致相等，此时正、负误差相互抵消，随机误差的绝对值趋向于零。但是，系统误差不随测定次数的增加而减少。

3. 过失误差　过失误差（gross error，mistake）是指在测定过程中，测量者读数或记录的严重失误、计算错误、弄错或遗漏试剂以及仪器仪表失灵导致的误差。这些都是不允许的过失，一旦发生，应当重新进行实验测量，原先的实验结果必须舍弃。

（二）实验数据的准确度和精密度

化学分析中，实验数据的可信度一直都是最核心的问题，误差越小则可信度越高。如何判断实验数据可不可信，以准确度（accuracy）和精密度（precision）为重要的参考指标。

1. 准确度　准确度是指测定值（X）与真值（T）接近的程度。准确度的高低用误差来衡量。误差愈小，表示测量结果的准确度愈高。通常系统误差的大小反映了测量可能达到的准确程度。

误差的大小通常用绝对误差（absolute error，E）和相对误差（relative error，RE）来表示。绝对误差的大小可表示为

$$E=X-T$$

绝对误差反映了测量值偏离真值的大小。

绝对误差与真实值的比值称为相对误差，通常以百分比（%）表示，表示为

$$RE=\frac{E}{T}\times 100\%$$

相对误差反映的是测量误差在真值中所占的比例。当绝对误差一定时，试样量越高则相对误差越小。如：称量 1000g 和 10g 样品，若绝对误差均为 1g，其相对误差分别为 0.1% 和 10%，所以分析结果的准确度常用相对误差表示，便于对各测定结果进行比较。

在计算绝对误差或相对误差时，都涉及真值。真值是某一物理量本身具有的真实的量值。真值是未知的、客观存在的量。无论使用多么准确的分析方法都无法得到待测试样的真实值，而只能做到越来越接近真值。在特定情况下真值被认为是已知的。

（1）理论真值：化合物的理论组成，如 NaCl 中 Cl 的含量。

（2）计量学约定真值：如国际计量大会确定的长度、质量、物质的量单位等。

（3）相对真值：通常把使用最可靠的方法、最精密的仪器以及对数据进行科学的分析与处理后得到的相对准确度高的数值作为相对真值。一般情况下，高一级精度的测量值相对于低一级精度的测量值为真值，例如，认为标准样品的测定值是真值。

【例 7-4】 用分析天平称取两份 NaCl，其质量分别为 1.2450g 和 0.1245g。假如这两份 NaCl 的真实值分别为 1.2451g 和 0.1246g，试计算它们的绝对误差和相对误差。

解：绝对误差

$$E_1=1.2450-1.2451=-0.0001\text{g}$$
$$E_2=0.1245-0.1246=-0.0001\text{g}$$

而它们的相对误差分别为

$$RE_1=\frac{-0.0001\text{g}}{1.2451\text{g}}\times 100\%=-0.008\%$$

$$RE_2=\frac{-0.0001\text{g}}{0.1246\text{g}}\times 100\%=-0.08\%$$

可见，称量两份质量不同的 NaCl 尽管绝对误差相同，但当称取的质量较大时其相对误差较小，准确度较高。

【例 7-5】 使用分析天平称量样品时若能产生±0.1mg 的误差，如果想将相对误差降低到 0.1%，那么称取样品的质量应该至少为多少？

解：绝对误差　$E=0.1\text{mg}-(-0.1\text{mg})=0.2\text{mg}$

$$RE=\frac{E}{T}\times 100\%=0.1\%=\frac{0.2\text{mg}}{T}$$

$$T=0.2\text{mg}/0.1\%=200\text{mg}$$

2. 精密度　精密度用来评价在相同实验条件下多次测量结果之间相互接近的程度，表示测量结果重现性的好坏。如果测量值随机误差小，说明测量重复性好，则测量精密度高。测量的随机误差的大小反映了精密度的高低。

精密度的高低用偏差（deviation）来表示，偏差越小说明分析结果的精密度越高。偏差分为绝对偏差（absolute deviation，D）和相对偏差（relative deviation，RD）。某次测量值（X_i）与多次测量值的算术平均值（mean，$\overline{X}$）的差值称为绝对偏差，即

$$D_i = X_i - \overline{X}$$

n 次测量数据的算术平均值为

$$\overline{X} = \frac{1}{n}\sum_{i=1}^{n} X_i$$

相对偏差（RD）表示为

$$RD = \frac{D_i}{\overline{X}} \times 100\%$$

通常用标准偏差（standard deviation，S）和相对标准偏差（relative standard deviation，RSD）表示一组平行测定结果的精密度。

$$S = \sqrt{\frac{D_1^2 + D_2^2 + D_3^2 + \cdots D_n^2}{n-1}}$$

$$RSD = \frac{S}{\overline{X}} \times 100\%$$

上述公式显示，标准偏差通过平方运算，可以将较大的偏差更显著地表现出来，因此标准偏差能够更好地反映测定值的精密度。

在实际工作中，对一组测量数据进行报告时，通常需要报告数据的平均值、标准偏差和测量次数，表示为

$$\overline{X} \pm S, n$$

【例 7-6】 测定葡萄糖溶液的浓度，5 次平行测定的结果为：4.90%，5.00%，4.82%，5.10%，5.08%。计算测定结果的平均值和标准偏差。

解： 平均值 $\overline{X} = \frac{4.90\% + 5.00\% + 4.82\% + 5.10\% + 5.08\%}{5} = 4.98\%$

标准偏差的计算可以带入公式计算，也可用 Excel 软件直接计算，$RSD = 0.119\%$

对一个分析方法进行评价时，准确度与精密度的意义不同。准确度表示测量结果的准确性，而精密度表示测量结果的重现性。数据的准确度高时，精密度不一定好；反之，精密度好时，准确度不一定高。两者的关系如图 7-8 所示。

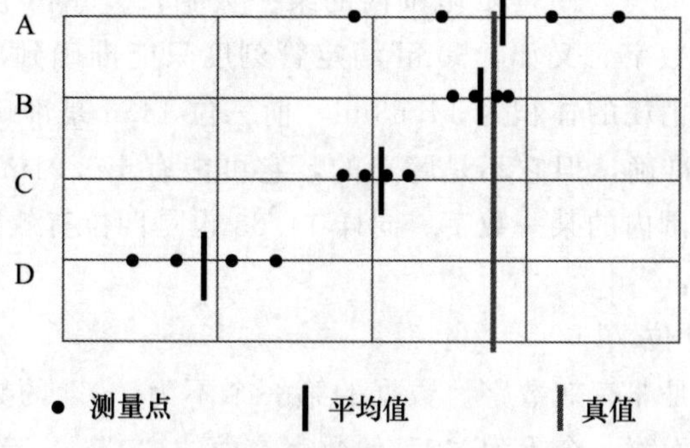

图 7-8　精密度和准确度的关系

分析结果 A：准确度高，精密度低；分析结果 B：准确度和精密度都高；

分析结果 C：准确度低，精密度高；分析结果 D：准确度和精密度都低

理想的测量通常被认为是准确且精密的。然而由于测量时的系统误差和随机误差的存在，会造成准确度与精密度的降低；其中系统误差会造成准确度的降低，随机误差会导致实验的精密度降低。测量结果的好坏应从准确度和精密度两个方面衡量：①精密度是保证准确度的先决条件，若精密度差，所测结果不可靠，就失去了衡量准确度的前提。②精密度高，不一定准确度高。只有在消除了系统误差的前提下，精密度好，准确度才会高，否则，精确的测量便失去意义。③对一个好的分析结果，既要求精密度高又要求准确度高。

要提高实验结果的准确度和精密度，只有减小或消除系统误差和随机误差，一般可采用下列方法。

（1）分析方法的选择：完善实验设计，尽可能地减少实验方法误差。例如称量时天平的选择、滴定时指示剂的选择等。

（2）校准仪器：仪器都必须进行校准，并采取校准值计算分析结果。

（3）对照试验：在测量方法和条件相同时，将已知准确含量的标准试样进行分析测定，称为对照试验。利用对照试验的结果对实验方法进行整体的校正。

（4）空白试验：在不加试样的情况下，按照与试样测定相同的方法、条件和步骤进行的试验称为空白试验，所测结果称为空白值。从试样的测定结果中扣除空白值，即可以消除或减小由试剂本身或其中的杂质的干扰以及实验器皿等所引起的误差。

（5）增加平行测定次数：随机误差会影响实验的精密度的高低。由于随机误差服从统计学规律，因此增加测定的次数，则可以获得较高的精密度。一般化学实验要求平行测定3～5次，而对于一些不稳定的实验如动物实验等，则要增加到8～12次或者更多的测定次数。

（三）有效数字

化学实验的结果都可以称为数据（data）。为了得到准确的分析结果，不仅要准确地测量，而且还要正确地记录和运算。测量所得的数据不仅表示数值的大小，其位数还反映了测量所能达到的准确度。在实验观测、读数、运算与最后得出的结果中，哪些数字应保留，哪些不应当保留，这就与有效数字及其运算法则有关。

1. 有效数字和有效数位的概念　有效数字（significant figure）是指实际测量到的具有确定意义的数字。它包括所有的准确数字和第一位可疑数字。有效数字除其末位数字为可疑数字外，其余各位数字都是准确的。当实验的方法、仪器确定后，所测量数据的有效位数也就确定了，不能随意增加或减少。高精度的仪器，测量的有效位数多；低精度的仪器，测量的有效位数少。例如，用台秤称量样品时，由于其能准确到0.1g，若某样品4.23g，4.2是准确的，最后一位数字“3”是估计的、不准确的。用万分之一的分析天平称取某样品的质量为0.5846g，其中0.584是准确的，而最后一位数字“6”是不准确的，它可能有±0.0001g的误差，即该样品的实际质量是在0.5845～0.5847g范围内的某一数字，0.5846包括三位准确数字和一位可疑数字，共有四位有效数字。又如，50ml滴定管刻度只能准确到0.1ml，读数时可估计到0.01ml，若读出的某溶液消耗的体积为14.63ml，前三位14.6是准确的，最后一位数字“3”是估计出来的，虽然不很准确，但它不是臆造的，它可能有±0.01ml的误差，溶液的实际体积应为14.63±0.01ml范围内的某一数字。同样14.63也是四位有效数字。

有效数字的计位规则：

（1）非“0”数字都计位。

（2）“0”作为定位时是非有效数字。数据的第一个不为“0”的数字（1～9）左面的“0”不能算有效数字的位数，而第一个不为“0”的数字右面的“0”，一定要算作有效数字的位数。不为“0”的数字之间的“0”是有效数字。例如某物质的质量为0.03060g，3之前的“0.0”只起定位作用，所以不是有效数字，因此0.03060包含四位有效数字，而0.05000含有四位有效数字。

(3) 在使用数据的科学计数法（scientific notation）进行记录时，通常用含一位整数的小数与10的若干幂次的乘积来表示有效数字。例如数字80000，数字中的4个0都可能是有效数字，也都可能仅仅起定位作用而不是有效数字，这时用科学计数法书写为8×10^{4}，表明该有效数字的位数是1位；若写为8.00×10^{4}，表示有三位有效数字；而8.000×10^{4}则有四位有效数字。

(4) 在化学中常见的pH、pK和lg等对数数值，其有效数字的位数仅取决于小数部分数字的位数，因整数部分只说明该数中的10的方次数。例如pH＝10.30，其有效数字为两位，而不是四位，因为它由$[H^{+}]=10^{-pH}=5.0\times10^{-11}\,mol\cdot L^{-1}$计算得来，是两位有效数字。通常pH计的测量误差为±0.01，故pH的有效数字一般为两位。

(5) 计算中遇到的倍数、分数和物理化学常数，由于这些数字不是测量所得，不受有效数字计位规则限制。

【例7-7】 判断下列数据的有效数字位数：0.012，1.02390，pH 9.3，1.70×10^{-6}，$10^{-4.76}$。

解：上述五个数字有效数字位数分别为：2，6，1，3，2。

2. 有效数字的修约　对有效数字进行计算处理时，各测量值的误差会传递到计算结果中。由于各数值的大小及有效数字的位数不相同，而且在运算过程中，有效数字的位数会发生改变。为了避免运算结果的准确度发生改变，需要采取正确的运算规则进行计算。根据“测量结果的有效数字只允许保留一位不准确数字”这一原则，将有效数字进行修约，即将误差小的测量值的多余数字舍去。有效数字修约规则包括以下几项。

(1)“四舍六入五成双”：在不影响最后结果应保留有效数字的位数的前提下，可以在运算前、后对数据进行修约，其修约原则是“四舍六入五成双”，即当第一位不准确数字后面那一位数字≤4时，舍去；当第一位不准确数字后面的那一位数字≥6时，进位；而当第一位不准确数字后面那一位数字等于5时，如果5后面有非“0”的数字时，则一律进位；5后面若为零，则往左看，如果第一位不准确数字是偶数，则将5舍去，如果是奇数，则将5进位，使这一位不准确数字为偶数。

(2) 只允许对原测量值一次修约至所需位数，禁止分次修约。只能对测量值第一位可疑数字后面第一位数字按规则做一次修约，不能连续分次修约。例如，将数据8.3457修约为两位有效数字，应为8.3，而不能从尾数开始连续修约，即：8.3457→8.346→8.35→8.4，这种修约是错误的。

(3) 自然数和物理化学常数不受有效数字位数的限制，不论它们的位数是几位，其计算结果的有效数位均不受它们的影响，由其他数据的有效数字位数决定。

【例7-8】 将下列几个数修约为四位有效数字：0.59784、0.74266、12.365、18.755、15.1951。

解：修约后分别为0.5978、0.7427、12.36、18.76、15.20。

3. 有效数字的运算规则　不同位数的几个有效数字进行运算时，所得结果应保留几位有效数字与运算的类型有关，所遵循的原则如下。

(1) 加法和减法运算：有效数字的加减法运算中的误差传递是各测量值绝对误差的传递，因此计算结果的有效数字的位数由绝对误差最大的数字决定。进行加、减法运算时，以参加运算的数字中小数点后位数最少的数为准保留有效数字的位数；为防止误差迅速累加，也可先将有效数字进行修约，原则是多保留一位欠准确数字而后进行运算，最后结果按保留一位欠准确数字进行取舍。这样可以减轻繁杂的数字计算。

【例7-9】 计算：55.1＋1.35＋0.5812，注意有效数字的位数。

解：

$$\begin{array}{rl} 55.1 & (\pm0.1) \\ 1.35 & (\pm0.01) \\ +\ 0.5812 & (\pm0.0001) \\ \hline 57.0\not{3}\not{1}\not{2} & \end{array} \quad 或 \quad \begin{array}{r} 55.1 \\ 1.35 \\ +\ 0.58 \\ \hline 57.0\not{3} \end{array}$$

(2) 乘法和除法运算：有效数字的乘除法中误差传递是各测量值相对误差的传递，所以计算结果的有效数字的位数由相对误差最大的数字决定。几个数据相乘除时，以参加运算的数字中有效数字位数最少的数为依据，对其他数字进行修约后做乘除法，乘积或商的结果的有效数字的位数保留到与有效数字位数最少的数据相同。

【例 7-10】 计算：$0.0312 \times 29.35 \times 1.56488$，注意有效数字的位数。

解：三个有效数字的位数分别为 3、4、6。先将各个数字修约为三位有效数字，然后再相乘，最后结果仍保留三位有效数字。即：$0.0312 \times 29.4 \times 1.56 = 1.43$。

使用计算器处理结果时，不必对每一步计算修约，只需对最后结果的有效数字进行取舍，其位数应保留到参与计算的数字中最少的有效数字位数。

习 题

1. 解释以下术语：滴定分析法、滴定、标准溶液、化学计量点、滴定终点、突跃范围、滴定误差。

2. 什么是酸碱指示剂？在酸碱滴定中如何选择合适的指示剂？

3. 什么是一级标准物质？一级标准物质的物质需符合哪些要求？

4. 有一三元酸，其 $pK_{a1}=2$，$pK_{a2}=6.5$，$pK_{a3}=12.6$。用 $0.1mol \cdot L^{-1}$ NaOH 溶液滴定同浓度的该三元酸时，可出现几个滴定突跃？可选用何种指示剂指示终点？第一和第二化学计量点的 pH 分别为多少？能否直接滴定至酸的质子全部被中和？

5. 0.2500g 不纯的 $CaCO_3$ 试样中不含干扰测定的组分。加入 25.00ml $0.2600mol \cdot L^{-1}$ HCl 溶解，煮沸除去 CO_2，用 $0.2450mol \cdot L^{-1}$ NaOH 溶液返滴过量的酸，消耗 6.50ml。试计算试样中 $CaCO_3$ 的质量分数。

6. 称取混合碱（Na_2CO_3 和 NaOH 或 Na_2CO_3 和 $NaHCO_3$ 的混合物）试样 1.200g，溶于水，用 $0.5000mol \cdot L^{-1}$ HCl 溶液滴定至酚酞褪色，用去 30.00ml。然后加入甲基橙，继续滴加 HCl 溶液至呈现橙色，又用去 5.00ml。试样中含有何种组分？其百分含量各为多少？

7. 称取仅含 NaOH 和 Na_2CO_3 的试样 0.3720g，溶解后用 30.00ml $0.2000mol \cdot L^{-1}$ HCl 溶液滴至酚酞变色，问还需加入多少毫升上述 HCl 标准液可达到甲基橙指示终点？

8. 用蒸馏法测定某样品的含氨量。称取试样 0.3406g，加浓碱液蒸馏，馏出的 NH_3 用 $0.10mol \cdot L^{-1}$ HCl 50.00ml 吸收。然后用 $0.1000mol \cdot L^{-1}$ 的 NaOH 溶液返滴定过量的 HCl，用去 NaOH 10.00ml，试计算该化肥中氨的质量分数。

9. 含某弱酸 HA（相对分子质量 75.00）的试样 0.9000g，溶解成溶液为 60.00ml，用 NaOH 标准溶液（$0.1000mol \cdot L^{-1}$）滴定。当酸的一半被中和时，pH=5.00；在化学计量点时，pH=8.85，计算试样中 HA 的摩尔浓度。

10. 请解释下列概念：系统误差、随机误差、绝对误差、相对误差、标准偏差、有效数字、精密度、准确度。

11. 指出下列各种误差是系统误差还是偶然误差。如果是系统误差，请区别方法误差、仪器和试剂误差或操作误差，并给出它们的减免办法。

(1) 砝码受腐蚀；(2) 试样在称量过程中吸湿；(3) 移液管未经校准；(4) 试剂含被测组分；(5) 化学计量点不在指示剂的变色范围内；(6) 读取滴定管读数时，最后一位数字估计不准。

12. 某物体的真实质量是 3.4978g，使用万分之一分析天平对其平行称量了 3 次，得到的数据是：$m_1=3.4979g$、$m_2=3.4980g$、$m_3=3.4977g$。计算此次称量试验的平均值、平均绝对偏差、平均相对偏差、标准偏差和相对标准偏差。

13. 下列各数据分别有几位有效数字？

（1）m＝0.1738g　（2）V＝23.00ml　（3）pH＝7.25　（4）$K_a=1.70\times10^{-5}$

14. 运用有效数字运算规则对下列各组数据进行计算。

（1）3.4＋5.471＋6.86　（2）3.73×8.85×110.8×2.8

（3）$(9.13\times10^3)/(298\times106.5)$　（4）lg（1.53×10^{-8}）

15. 用 0.1000mol·L^{-1} NaOH 溶液滴定 0.1000mol·L^{-1}的甲酸溶液，化学计量点 pH 是多少？计算用酚酞做指示剂（pH＝9.0）时的终点误差。

16. 欲使滴定时消耗 0.10mol·L^{-1} HCl 溶液 20～25ml。问应取基准试剂 Na_2CO_3 多少克？

（刘会雪）

第八章　溶胶和凝胶

第一节　溶　胶

一、胶体分散系的分类

胶体（colloid）分散系的分散相粒子直径大小在 1～100nm，粒子的物态可以是气体、液体和固体三种状态。胶体粒子的重要特点就是其颗粒的尺寸。在 1～100nm 大小的颗粒，称为纳米颗粒。这个大小的颗粒具有许多独特的性质。胶体粒子能透过滤纸，但不能透过半透膜。比起粗分散系，胶体溶液相对稳定，外观上不浑浊，是透明的，但在超微显微镜下可以看到粒子与溶剂之间的相界面。

根据分散相粒子的结构特点，胶体分散系分为溶胶（gel）、高分子溶液（macromolecular solution）和缔合胶体（associated colloid）。溶胶的分散相粒子是各种固体粒子，这些粒子由分子、离子或原子聚集而成。溶胶是高度分散的非均相系统，较不稳定；高分子溶液的分散相粒子是单个的大分子或大离子，属于均相系统，较稳定；缔合胶体是由胶束形成的溶液。胶束是表面活性剂分子的聚集体。表面活性剂分子结构的特点是具有一个亲水性的头和疏水性的尾。当表面活性剂溶解在水中时，根据浓度不同而存在状态不同。当浓度很低时，表面活性剂绝大多数吸附在水/油（或水/空气）的界面，其亲水基团朝向水相而亲油基团朝向油相（或空气相），形成有序排列的单分子层（图 8-1a）。在中学化学实验中，用硬脂酸来测定阿伏伽德罗常数正是利用了表面活性剂的这种性质。

当表面活性剂在油水表面的吸附到达饱和后，如果增加溶液中表面活性剂的浓度，则部分分子转入溶液中（图 8-1b）。当浓度超过某一临界浓度后，表面活性剂分子会聚集起来，形成缔合体，称为胶束（micelles）。在胶束中，表面活性剂分子的疏水基团向内，而亲水基团向外（图 8-1c），形成各种胶束结构，形状有球状胶束、圆柱形胶束、空心球体如脂质体或层状如细胞膜的磷脂双层（图 8-2）。各种形式的胶束溶液统称为缔合胶体。

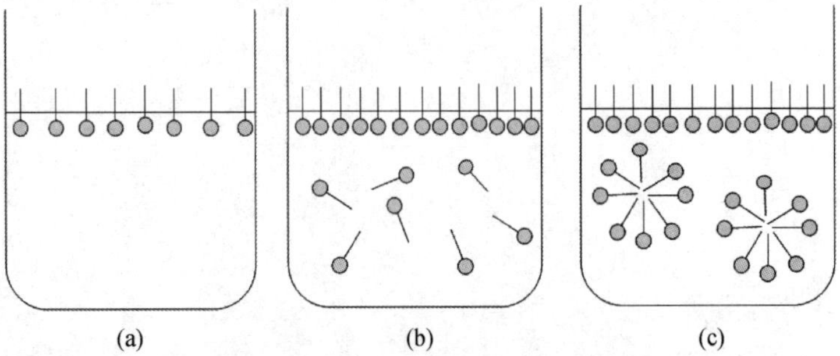

图 8-1　表面活性剂分子的结构特点和在溶液中的存在状态

（a）低浓度时吸附在界面形成单分子层；（b）浓度较高时，单分子层饱和，少量表面活性剂存在于溶液；（c）浓度高于临界胶束浓度时，形成胶束

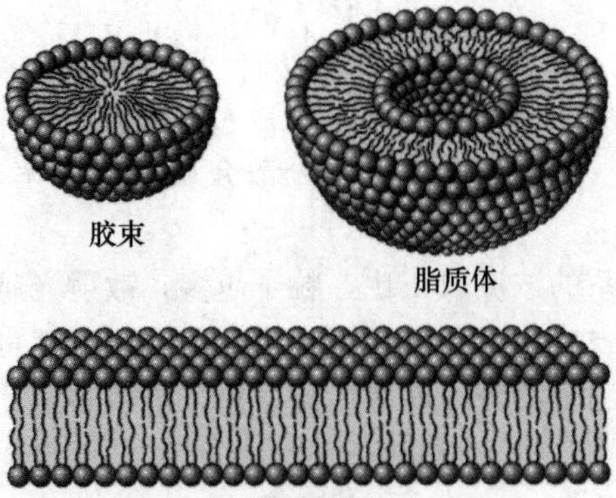

图 8-2 各种胶束形状示意图

表面活性剂缔合形成胶束的最低浓度称为临界胶束浓度（critical micelle concentration, CMC）。表面活性剂浓度接近 CMC 的缔合胶体中，胶束基本呈球形结构。当表面活性剂浓度超过 CMC 较多时，胶束倾向形成圆柱形、板层形等复杂结构。形成细胞膜的磷脂的 CMC 非常小，因此磷脂很容易在溶液中形成封闭的磷脂双层结构——脂质体。细胞膜正是以磷脂双层膜为基础组装起来的一种超分子体系。

蛋白质、淀粉、糖原溶液及血液、淋巴液等属于胶体溶液。

二、溶胶的性质和结构

溶胶的基本特性有：多相性、高度分散性和不稳定性（容易聚凝或聚沉等）。胶体溶液在光学性质、动力学性质和电学性质具有独特之处。

（一）溶胶的性质

1. 溶胶的光学性质

（1）丁铎尔效应：1869 年，英国物理学家丁铎尔发现，在暗室中，用一束汇聚的可见光源照射溶胶，在与光束垂直的方向可以观察到一个圆锥形光柱（图 8-3），这种现象称为丁铎尔效应（Tyndall effect）。

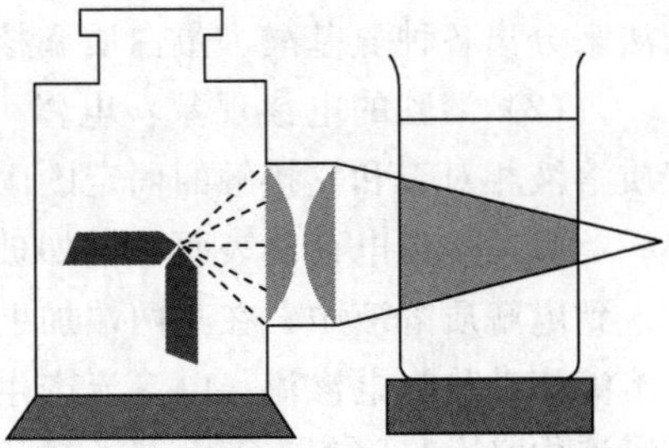

图 8-3 Tyndall 效应

Tyndall 效应是由溶胶粒子对光的散射（scattering）作用产生的。光是一种电磁波，当光束通过分散体系时，一部分自由地通过，其余部分则被吸收、反射或散射。光的吸收作用主要取决于体系的化学组成，而光的反射或散射作用的强弱则与体系中的颗粒大小有关：①当粒子的直径大于入射光的波长时，粒子能起反射作用。②当粒子的大小和光波波长接近或稍小时，光波就被粒子向各个方向散射，称为散射光或乳光。③当粒子的直径远远小于入射光的波长时，光波绕过粒子前进不受阻碍。

可见光的波长在 400～700nm，而溶胶粒子的大小在 1～100nm，因此光波会主要透过溶液，同时会少量发生散射，这样在暗背景下，可以看见一条圆锥形光柱。对于粗分散体系，由于粒子粒径大于入射光的波长，主要发生反射，使体系呈现混浊。对于分子溶液，光完全透射，溶液是澄清而透明的。因此 Tyndall 效应是区别溶胶与真溶液的基本特征。

（2）瑞利散射公式：1871 年，Rayleigh 研究了光的散射现象，得出粒径小于 λ/20 的球形质点的散射公式。

$$I=\frac{24\pi^3\nu V^2}{\lambda^4}\left(\frac{n_2^2-n_1^2}{n_1^2+2n_2^2}\right)^2 I_0$$

式中，I 和 I_0 分别为散射光和入射光的强度；λ 为入射光波长；V 为单个粒子的体积；ν 为单位体积内的粒子数；n_1 和 n_2 分别为分散相和分散介质的折射率。从 Rayleigh 公式得出如下结论。

①散射光强度和分散体系的浓度成正比，粒子越多，散射光越强。当测定两种分散度相同而浓度不同的溶胶的散射光强度时，若已知一种溶胶的浓度，就可以计算出另外一种溶胶的浓度。利用这种原理可以制成测定溶胶浓度的仪器，用于定量测定药物中的杂质和污水中的悬浮杂质。

②散射光强度和质点的体积成正比。直径小于光波波长的胶粒，体积愈大，散射光愈强。

③散射光强度与入射光波长的 4 次方成反比。入射光波长愈短，光被散射愈多，可见光中，蓝光比红光易散射。所以，无色溶胶的散射光通常呈蓝色，而在透射光方向呈现橙红色。因此我们看到，晴朗的天空呈蓝色，日出和日落时阳光呈红色。

④分散相与分散介质的折射率相差愈大，散射光也愈强。对于高分子溶液，虽然溶质分子也很大，但分散相粒子被充分溶剂化，溶液十分均匀，同时分散相粒子与溶剂介质折射率相差不大，所以高分子溶液的散射光很弱，一般很难观察到。

2. 溶胶的电学性质

（1）溶胶颗粒的电泳：如图 8-4 所示，在 U 形管内装入有色溶胶，小心地在溶胶的液面上注入无色电解质溶液，使溶胶与电解质溶液间有清晰的界面。在电解质溶液中分别插入正、负电极，接通直流电，可以观察到一侧的界面上升而另一侧的界面下降，这表明有色溶胶在电场中发生了移动。这种在外加电场作用下，带电质点在分散介质中定向移动的现象称为电泳（electrophoresis）。电泳现象表明，胶粒是带电荷的。大多数金属氢氧化物溶胶如 $Fe(OH)_3$ 溶胶粒子带正电，向负极迁移，称为正溶胶；而大多数金属硫化物、硅酸、贵金属等胶粒带负电，向正极迁移，称为负溶胶。

临床上可以利用血清的“纸上电泳”来协助诊断患者是否患有肝硬化；生物化学常用电泳法来分离各种氨基酸、蛋白质和核酸等。由此可见，电泳技术的应用是十分广泛的。

（2）溶胶的电渗现象：电渗（electroosmosis）是一种电动现象，是指在电场作用下电解质溶液相对于和它接触的固定的固相做相对运动的现象。

将一个带电荷的表面（例如玻璃毛细管的内壁）或者多孔的固体介质（例如无机凝胶）浸入到电解质溶液中，在其两端加上一个电场，就会观察到溶液以某一速度流动（图 8-5）。这种溶液流动称为电渗流。电渗流产生的机制是：在带电荷的固相界面附近，由于电中性的要求，溶液中必有与固相表面电荷数量相等但符号相反的离子存在。带电表面和反离子构成双电层。当有外加电场时，固相上的电荷不能够移动，而溶液中的反离子可以在库仑力的驱动下移动，其离子的水化层也就跟着一起运动，于是带动溶液沿着反离子的移动方向而流动。

无机溶胶离子通常带有正电荷。当溶胶粒子聚凝或固定下来，就变成了一个固相带正电荷的多孔介质。因此，如在无机溶胶两端外加电场作用，会发现通电后正极的液面上升。这正是由于电渗现象的缘故。

电渗技术被广泛应用于海水淡化；工业废水处理，提取有价值成分；药物的除盐提纯等工业生产，食品加工及药物制剂各个领域。分析技术中的毛细管电色谱也是应用电渗原理工作的。

（3）胶粒带电的原因

①胶核的选择性吸附。胶核的比表面积很大，吸附溶液中的特定正、负离子而获得电荷。当胶核吸附阳离子时，胶粒带正电荷；当胶核吸附阴离子时，胶粒带负电荷。胶粒带电多属于这种类型。

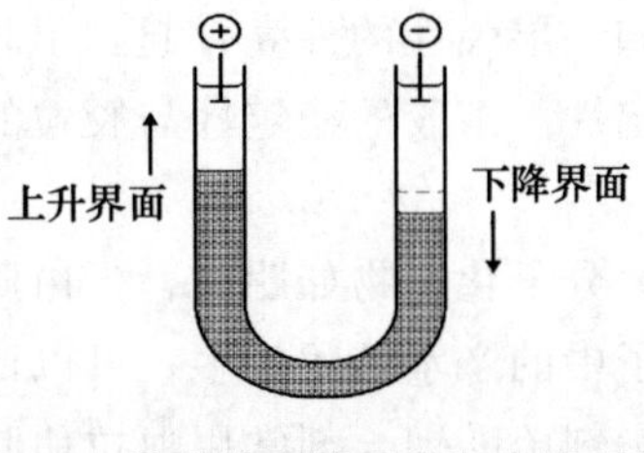

图 8-4　胶体的电泳现象和电渗现象

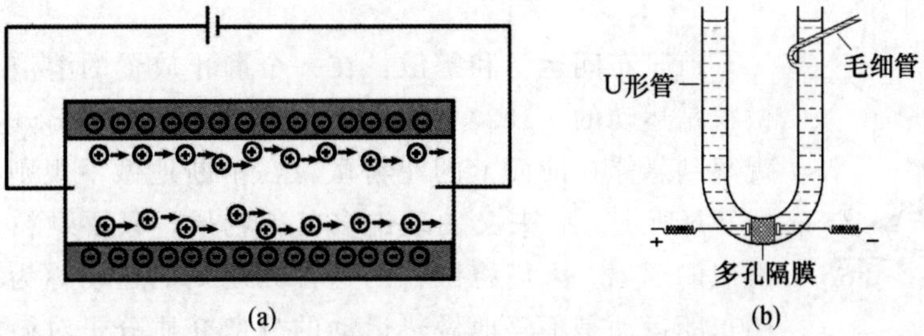

图 8-5　电渗示意图

胶核吸附离子是有选择性的，优先吸附与胶核中化学组成相同或性质接近的某种离子，这一规则称为法扬斯规则（Fajans's rule）。例如，以 $AgNO_3$ 溶液和 KI 溶液为原料制备 AgI 溶胶时，如果 $AgNO_3$ 溶液过量，则溶液中含有 NO_3^-、K^+ 和少量 Ag^+，胶核 $(AgI)_m$ 优先吸附 Ag^+ 而带正电荷，生成正溶胶；如果 KI 溶液过量，则溶液中含有 NO_3^-、K^+ 和少量 I^-，胶核优先吸附 I^- 而带负电荷，生成负溶胶。

若溶液中无相同离子，则首先吸附水合能力较弱的负离子。这样在胶粒表面上容易形成结晶层，使胶核不易溶解。阳离子的水合能力一般比阴离子强，往往留在溶液中，所以胶粒带负电的可能性比带正电的可能性大。所以自然界中的胶粒大多带负电，如泥浆、豆浆等都是负溶胶。

②胶粒表面分子的解离。溶胶的分散相粒子与分散介质接触时，表面分子发生解离，使分散相粒子带有电荷。例如硅酸溶胶的分散相粒子是由很多 $xSiO_2 \cdot yH_2O$ 分子组成的，硅酸溶胶的胶核表面的 H_2SiO_3 分子在水分子作用下发生解离。

若溶液呈酸性，则解离反应为

$$H_2SiO_3 \longrightarrow HSiO_2^+ + OH^-$$

$HSiO_2^+$ 留在胶核表面，结果使胶粒带正电荷，形成正溶胶。

若溶液呈碱性，则解离反应为

$$H_2SiO_3 \longrightarrow HSiO_3^- + H^+$$

$$HSiO_3^- \longrightarrow SiO_3^{2-} + H^+$$

SiO_3^{2-} 留在胶核表面，结果使胶粒带负电，形成负溶胶。像蛋白质分子，表面有许多羧基和氨基，在 pH 较高的溶液中，解离生成 $P\text{-}COO^-$ 离子而负带电；在 pH 较低的溶液中，生成 $P\text{-}NH_3^+$ 离子而带正电。

③晶格取代。主要是黏土矿物，在成矿过程中，有些 Al^{3+} 的位置被 Ca^{2+}、Mg^{2+} 所取代，正电荷减少，使其带有多余的负电荷，形成负溶胶。

3. 溶胶的动力学性质　溶胶是热力学不稳定系统，有自发聚集成大的颗粒而沉降析出的趋势。然而，经过纯化后的溶胶往往可保持数月甚至数年也不会沉降析出，溶胶的这种性质称为动力学稳定性，其原因有三点。

①胶粒带电。同一种溶胶的胶粒带有相同的电荷，当彼此接近时，由于同性电荷的相互排斥，阻止了胶粒间的靠近和聚集。胶粒荷电量越大，胶粒间斥力越大，溶胶越稳定。

②胶粒表面水化膜（或其他溶剂化膜）的保护作用。在水溶液中，胶粒吸附层的离子都可

以溶剂化形成水化膜。水化膜犹如一层弹性的外壳，起到了防止运动中的胶粒在碰撞时胶核距离太近的作用，有利于溶胶的稳定性。溶胶的稳定性与胶粒的水化膜厚度有密切关系。水化膜愈厚，胶粒愈稳定。

向溶胶中加入足够多的某些大分子化合物如明胶、蛋白质、淀粉等，这些大分子也可以吸附于胶粒的表面。由于这些大分子中的亲水基团较多，可以增加胶粒水化膜的厚度，从而增加了溶胶的稳定性。例如胃肠道造影剂硫酸钡合剂常用阿拉伯胶来增加制剂的稳定性。

③胶粒的布朗运动。胶粒在不停地做布朗运动，使胶粒具有了扩散的能力，能够克服重力场的影响，不会下沉。

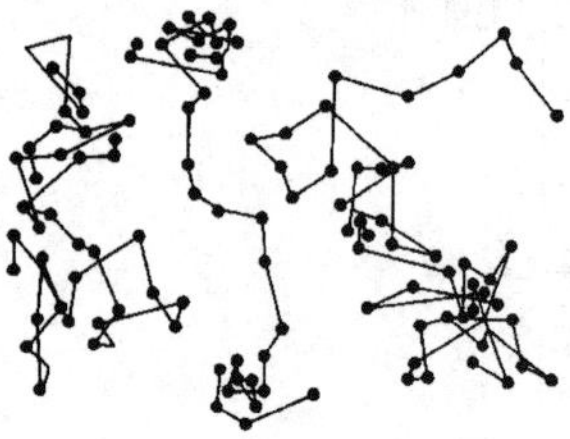

图 8-6 布朗运动示意图

（1）布朗运动和扩散：在一个静止放置的溶液中，悬浮存在的微粒是运动的。1827 年，英国植物学家布朗（Brown）在显微镜下观察到悬浮在液面上的花粉微粒在不断地做不规则的折线运动，如图 8-6 所示。后来又发现许多其他物质，只要颗粒足够小，也都有类似的现象。人们将微粒的这种无规则的运动称为布朗运动。微粒的布朗运动是不停地做热运动的分散介质分子对微粒不断撞击的结果。由于微粒处在液体分子的包围之中，液体分子一直不停地做热运动，从不同方向撞击着微粒，如果粒子足够小，那么在某一瞬间，微粒由于受到来自各个方向的力不平衡，所以微粒就向某一方向移动，而在下一时刻，微粒可能向另一方向移动，造成微粒的不规则运动。

胶粒质量愈小，温度愈高，布朗运动愈剧烈。布朗运动使运动着的胶粒不下沉，是溶胶的稳定因素之一，即溶胶具有动力学稳定性。

当溶胶中的胶粒存在浓差时，胶粒将从浓度较高处向浓度较低处迁移，这种现象称为扩散(diffusion)。扩散是由胶粒的布朗运动引起的。

研究表明，粒子的半径越小、介质的黏度越小、温度越高，则扩散系数越大，粒子就越容易扩散。胶体粒子比一般小分子的体积大，这使得它的扩散能力远远小于小分子溶质。如小分子或离子的扩散系数约为 $10^{-9}\ m^2 \cdot s^{-1}$，胶体粒子的扩散系数为 $10^{-11} \sim 10^{-13}\ m^2 \cdot s^{-1}$。在生物体内，扩散是物质输送或物质分子通过细胞膜的推动力之一。

（2）溶胶粒子的沉降：溶胶粒子的比重一般大于介质，在重力场中，溶胶粒子受重力的作用而要下沉，这种现象称为沉降（sedimentation）。如果分散相粒子大而重，则布朗运动不明显，扩散力约为零，在重力作用下很快沉降，像粗分散系所表现的那样。溶胶的胶粒较小，扩散和沉降现象同时存在而作用恰恰相反。当作用于粒子上的重力与扩散力相等时，粒子的分布达到平衡，粒子的浓度随高度不同有一定的梯度，形成一个稳定的浓度梯度。这种平衡称为沉降平衡（sedimentation equilibrium），如图 8-7 所示。

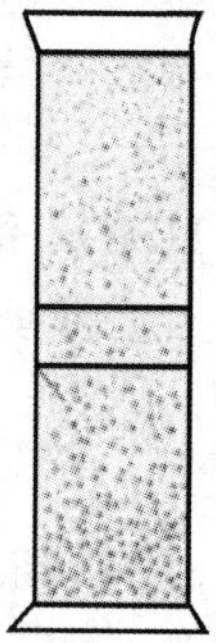

图 8-7 沉降平衡示意图

沉降平衡使得溶胶下部的浓度高，上部的浓度低。由于浓差的存在，又引起了溶胶的扩散作用。胶粒一方面受到重力吸引而下降，另一方面由于扩散运动促使浓度趋于均一，研究表明，若胶体粒子半径为 r，密度为 ρ，分散介质的密度为 ρ_0，黏度为 η，重力加速度为 g，则溶胶粒子的沉降速度 v 为

$$v=\frac{2r^2(\rho-\rho_0)g}{9\eta}$$

上式表明，粒子密度与介质差别越大、颗粒越大，则沉降速度越快。此外，重力场的加速度越大则沉降越快。

溶胶粒子的粒径在 1～100nm，在普通的重力场中其沉降速度很慢。增加重力加速度的方法是使用离心力场。在离心机中，其产生的离心力加速度相当于重力加速度，但离心力场的加速度随转速的平方增加。超速离心机的转速可达到 $1\times10^5 \sim 1.6\times10^5$ rpm，其离心力加速度最

大可达重力场的 10^6 倍（$1000000\times g$）。这样可以增加胶粒的沉降速度，使其沉淀下来。如蛋白质或病毒，它们在溶液中成胶体或半胶体状态，在重力场中粒子基本不沉降，可用超速离心机将它们分离出来，并可根据沉降速度估算它们的大小。超速离心机主要用于生物实验中分离和纯化各种细胞器以及蛋白质、核酸等生物大分子，并且测定大分子的相对分子质量，是医学、生物领域中的重要工具。

（3）溶胶的聚沉：溶胶的稳定性是有条件的和暂时的，只要减弱或消除使溶胶暂时稳定存在的因素，就能使胶粒沉降析出。这种使胶粒聚集成较大颗粒而沉降的现象称为聚沉（coagulation）。引起电解质聚沉的因素很多，例如加热、辐射、加入电解质等。电解质是常用的一种聚沉剂。在溶胶体系中加入电解质后，增加了体系中离子的浓度，将有较多的反离子“挤入”吸附层，从而减少甚至完全中和胶粒所带电荷，导致胶粒聚集并从溶胶中聚沉下来。

不同电解质对溶胶的聚沉能力是不同的。通常用聚沉值（coagulation value）来衡量各种电解质的聚沉能力。所谓聚沉值是使一定量的溶胶在一定时间内完全聚沉所需电解质的最小浓度，其常用单位为 $mmol\cdot L^{-1}$。聚沉值越大的电解质，聚沉能力越小；反之，聚沉值越小的电解质，其聚沉能力越强。表 8-1 表示不同电解质对几种溶胶的聚沉值。

表 8-1　不同电解质对几种溶胶的聚沉值（$mmol\cdot L^{-1}$）

As_2S_2（负溶胶）		AgI（负溶胶）		Al_2O_3（正溶胶）	
LiCl	58	$LiNO_3$	165	NaCl	43.5
NaCl	51	$NaNO_3$	140	KCl	46
KCl	49.5	KNO_3	136	KNO_3	60
KNO_3	50	$RbNO_3$	126	K_2SO_4	0.30
$CaCl_2$	0.65	$Ca(NO_3)_2$	2.40	$K_2Cr_2O_7$	0.63
$MgCl_2$	0.72	$Mg(NO_3)_2$	2.60	$K_2C_2O_4$	0.69
$MgSO_4$	0.81	$Pb(NO_3)_2$	2.43	$K_3[Fe(CN)_6]$	0.08
$AlCl_3$	0.093	$Al(NO_3)_3$	0.067		
$\frac{1}{2}Al_2(SO_4)_3$	0.096	$La(NO_3)_3$	0.069		
$Al(NO_3)_3$	0.095	$Ce(NO_3)_3$	0.069		

从表 8-1 中可以总结出影响电解质聚沉能力的因素。

①反离子所带的电荷数。反离子的价数越高，聚沉能力越强，聚沉值越小。例如，聚沉负溶胶时，有关电解质的聚沉能力次序为

$$AlCl_3 > MgCl_2 > NaCl$$

聚沉正溶胶时，有关电解质的聚沉能力次序为

$$K_3[Fe(CN)_6] > K_2SO_4 > KCl$$

②价数相同的离子的聚沉能力虽然接近，但也略有不同。通常与水合离子的半径有关。反离子的水合半径越小，越易靠近胶体粒子，其聚沉能力越强。例如聚沉负溶胶时，有关电解质的聚沉能力的次序为

$$H^+ > Cs^+ > Rb^+ > NH_4^+ > K^+ > Na^+ > Li^+$$

聚沉正溶胶时，有关电解质的聚沉能力次序为

$$F^- > H_2PO_4^- > Cl^- > Br^- > I^- > NSC^-$$

③一些有机离子具有非常强的聚沉能力。有机离子除了可以破坏胶粒的 ζ 电位外，还可以增加胶粒之间的疏水性作用。因此，和同价的小离子相比，有机物离子的聚沉能力要大得多。如聚沉 AgI 负溶胶，$NaNO_3$ 的聚沉值是 $140mmol\cdot L^{-1}$，$C_{12}H_{25}(CH_3)N^+Cl^-$ 的聚沉值是

$0.01\text{mmol}\cdot\text{L}^{-1}$。

　　将两种带相反电荷的溶胶以适当的比例混合，也能发生聚沉现象，称为溶胶的相互聚沉。与电解质聚沉作用不同之处在于它所要求的两种溶胶的浓度比较严格，只有两种溶胶的胶粒所带电荷完全中和时，才会完全聚沉，否则只能发生部分聚沉或者不聚沉。如水中的杂质粒子一般为带负电的胶粒，明矾 $KAl(SO_4)_2\cdot12H_2O$ 在水中水解生成 $Al(OH)_3$ 正溶胶，它与水中带负电的杂质胶粒发生相互聚沉，达到净化水的目的。

　　上面所讲的虽然是水溶液胶体，其原理是可以推广到气溶胶体系的。空气中的灰尘一般带有正电荷，因此增加空气阴离子的浓度可以减少空气中的灰尘含量。森林中和雷雨过后的空气中，阴离子的浓度较高，使空气格外洁净和清新。当空气中灰尘含量减少后，细菌等病原体也减少了传播的载体，有利于人体的健康。

（二）胶团的结构

　　以 $AgNO_3$ 溶液和 KI 溶液混合制备 AgI 溶胶为例，讨论无机溶胶颗粒的一般结构。将 $AgNO_3$ 稀溶液与 KI 稀溶液混合后，发生的化学反应如下：

$$AgNO_3 + KI = AgI + K^+ + NO_3^-$$

　　多个 AgI 分子聚集生成 $(AgI)_m$ 固体粒子，一般不超过 10^3 个，直径在 $1\sim100nm$ 范围，形成胶核。体系中存在多种离子，如 Ag^+、I^-、K^+、NO_3^- 等离子，胶核选择性地吸附与胶粒化学组成相同的离子，即 Ag^+ 或 I^-。在制备 AgI 溶胶时，如果 KI 过量，溶液中 I^- 浓度较大，那么胶核优先吸附 n 个 I^-（n 比 m 小得多）而带负电荷，之后通过静电引力在其周围进一步吸附少量带相反电荷的 $(n-x)$ 个 K^+，胶核所吸附的 n 个 I^- 和 $(n-x)$ 个 K^+ 一起形成吸附层，胶核和吸附层构成了胶粒。在吸附层中，I^- 比 K^+ 多 x 个，因此胶粒带 x 个负电荷。在吸附层外，还有 x 个游离的 K^+ 分布在胶粒周围形成扩散层，胶粒和扩散层构成了胶团。AgI 负溶胶的胶团结构如图 8-8a 所示。如果 $AgNO_3$ 过量，胶核则会优先吸附 n 个 Ag^+ 离子而形成正溶胶。AgI 正溶胶的胶团结构如图 8-8b 所示。

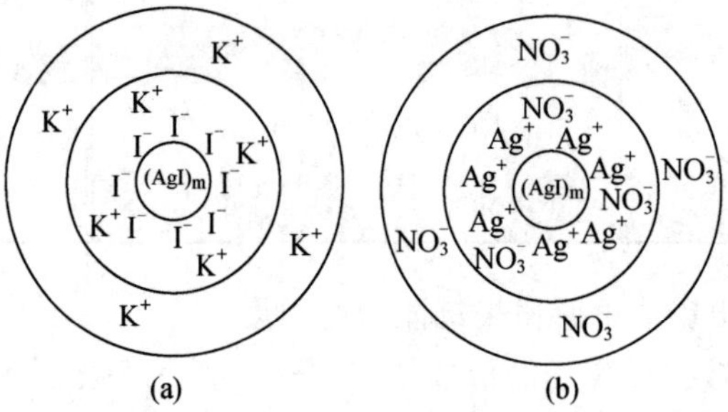

图 8-8　两种 AgI 溶胶的胶团结构

　　胶团结构也常用结构简式来表示，如上述两种 AgI 溶胶对应的结构简式分别如下。

$$[(AgI)_m\cdot nI^-\cdot(n-x)K^+]^{x-}\cdot xK^+ \qquad [(AgI)_m\cdot nAg^+\cdot(n-x)NO_3^-]^{x+}\cdot xNO_3^-$$

胶核　　吸附层　　扩散层　　　　　胶核　　　吸附层　　　扩散层

胶粒　　　　　　　　　　　　　　　胶粒

胶团　　　　　　　　　　　　　　　胶团

　　再如，$FeCl_3$ 水解形成氢氧化铁溶胶，发生的反应如下。

$$Fe^{3+} + 3H_2O \longrightarrow Fe(OH)_3 + 3H^+$$

溶液中部分 $Fe(OH)_3$ 与 HCl 作用，形成 FeO^+ 离子。

$$Fe(OH)_3 + H^+ \longrightarrow FeO^+ + 2H_2O$$

$Fe(OH)_3$ 胶团的结构式为

$$\{[Fe(OH)_3]_m \cdot nFeO^+ \cdot (n-x)Cl^-\}^{x+} \cdot xCl^-$$

第二节 高分子溶液

高分子（macromolecule）是相对分子质量大于 10^4 的化合物。自然界中存在着大量高分子化合物，如天然橡胶、淀粉、纤维、蛋白质、核酸等。合成高分子化合物如塑料在生活和医药领域都有非常广泛的应用。在生物学中，高分子如蛋白质、核酸等通常被称为生物大分子（biological macromolecule），有关性质将在生物化学和结构生物学中仔细讲解。

由于高分子溶液中溶质粒子的大小在 1～100nm，在胶体范围内，因此高分子溶液属于胶体分散系。高分子溶液具有某些与溶胶相似的物理化学性质，如二者的扩散速度都比较慢，且都不能通过半透膜，两种溶液在一定条件下都出现沉降现象。但高分子溶液与溶胶之间有着本质的差异：高分子溶液本质上属于溶液，是均相的热力学稳定体系。高分子溶液与溶胶性质的比较见表 8-2。

表 8-2 高分子溶液与溶胶性质的比较

高分子溶液	溶胶
溶质粒子扩散速度小	溶质粒子扩散速度小
溶质粒子不能透过半透膜	溶质粒子不能透过半透膜
均相分散系统	非均相分散系统
热力学稳定系统	热力学不稳定系统
黏度和渗透压较大	黏度和渗透压小
表面张力比分散介质小	表面张力与分散介质接近
分散相与分散介质亲和力强	分散相与分散介质亲和力小
Tyndall 效应不明显	Tyndall 效应明显
电解质引起盐析	电解质导致聚沉
在一定条件下可形成凝胶	粒子聚集沉淀后不易再分散

一、高分子溶液的性质

1. 稳定性　高分子溶液中，高分子是以单个的分子分散在溶剂中，高分子与溶剂有较强的亲和力，两者之间没有界面存在，本质上属于真溶液，在稳定性方面与真溶液相似。另外，由于高分子化合物具有许多极性基团（如—OH、—COOH、—NH_2 等），当其溶解在水中时，其极性基团与水分子结合，在高分子化合物表面形成了一层水化膜，分子之间不易靠近，增加了体系的稳定性。

2. 高黏度　高分子溶液的黏度很大，这是它的主要特征之一。高分子溶液的黏度与分子的大小、形状及溶剂化程度直接相关。高分子化合物在溶液中常形成线形、分枝状或网状结构，束缚了大量的溶剂分子，使部分溶剂失去流动性，故表现为高黏度。另外，在较高浓度的溶液中，高分子之间的相互作用也是具有高黏度的重要原因。

3. 高渗透压　高分子化合物形成溶液时，高分子表面和内部空隙束缚着大量溶剂分子，使得单位体积内溶剂的有效分子数明显减小，另外高分子可以在空间形成具有相对独立性的结构域（即相当较小分子的结构单位），使得一个高分子相当于多个小分子。因此高分子溶液不是理想溶液，高分子溶液的渗透压比相同浓度的小分子溶液大得多。

二、高分子溶液的盐析

虽然高分子溶液是热力学稳定体系，但如果向溶液中加入足够量的强电解质，可使高分子化合物从溶液中析出，这就是盐析（salting out）。盐析作用的实质是强电解质离子具有更强的水合作用，强电解质的加入在一定浓度下可以使高分子化合物分子脱水。失去水合层后，高分子化合物的溶解度大大降低，因而会沉淀下来。盐析得到的高分子沉淀，当加入新的溶剂后，可以重新形成水合层，使沉淀溶解，再次形成溶液。

盐析原理常用于纯化蛋白质。蛋白质盐析时常用的强电解质是硫酸铵（$(NH_4)_2SO_4$。硫酸铵的溶解度很大，在25℃时其饱和溶液浓度可达4.1mol·L^{-1}，而且不同温度下饱和溶液的浓度变化不大。向蛋白质溶液中逐渐加入研磨得很细的硫酸铵粉末或饱和溶液，当溶液中硫酸铵达到一定的浓度时，所要的蛋白质就会沉淀下来，通过离心便可将蛋白质沉淀收集起来。盐析得到的蛋白质沉淀，蛋白质结构并没有被变性破坏，可以很方便地重新溶解得到具有生物活性的蛋白质。实际上，许多蛋白质分子在盐析沉淀状态更为稳定，因此商品蛋白质制剂常常被保存在一定浓度的硫酸铵溶液中。

不同的蛋白质分子，在盐析时需要的盐浓度不同。一般分子量大的蛋白质比分子量小的蛋白质更容易沉淀。例如，2.0mol·L^{-1}硫酸铵可以使球蛋白从血清中析出，血清白蛋白此时仍然溶解在溶液中，当提高盐浓度至3mol·L^{-1}时，可以得到血清白蛋白的沉淀。而加入$(NH_4)_2SO_4$即使到饱和程度，血红蛋白也不会析出。利用这一原理，可以用不同浓度的电解质溶液使不同蛋白质分别析出沉淀，这种分离蛋白质的方式叫作硫酸铵分级沉淀法。

三、高分子对溶胶的絮凝和保护作用

在溶胶中加入少量的可溶性高分子，可导致溶胶迅速生成棉絮状沉淀，这种现象称为高分子对溶胶的絮凝作用（flocculation)。高分子的絮凝作用是由于高分子溶液浓度较低时，一个高分子长链可以同时吸附两个或更多的胶粒，把胶粒聚集在一起而产生沉淀。高分子对溶胶的絮凝作用如图8-9所示。

在溶胶中加入足够量的高分子，能显著地提高溶胶的稳定性，这种现象称为高分子对溶胶的保护作用。产生保护作用的原因是高分子吸附在胶粒的表面上，包围胶粒，形成了一层高分子保护膜，阻止了胶粒之间及胶粒与电解质之间的直接接触，从而增加了溶胶的稳定性。高分子对溶胶的保护作用如图8-10所示。

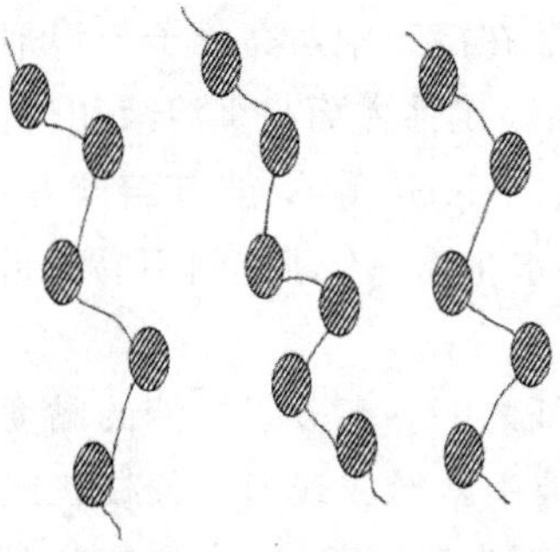

图8-9 絮凝作用示意图

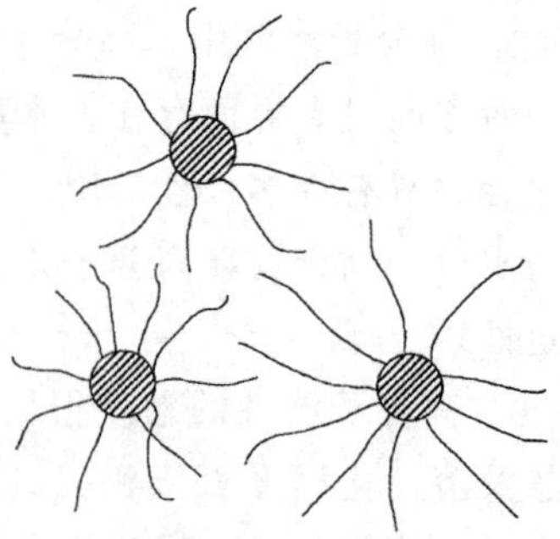

图8-10 高分子对溶胶的保护作用示意图

高分子对溶胶的保护作用在人的生理过程中具有重要的意义。例如，健康人血液中的碳酸钙、磷酸钙等难溶盐的浓度远远超过它们在水中的溶解度，但是并不产生沉淀。这是因为在血液中它们都是以溶胶的形式存在，并且被蛋白质等高分子保护着。当机体发生某种病变，使血液中的蛋白质等保护胶体浓度降低时，就失去了对难溶盐的溶胶的保护作用，导致难溶盐溶胶发生聚沉，堆积在身体的各个部分，使新陈代谢发生障碍，形成某些器官的结石。

四、高分子电解质溶液

高分子电解质可以分为阳离子（如聚溴化4-乙烯-*N*-正丁基吡啶）、阴离子（如聚丙烯酸钠）、两性离子（如蛋白质）三类。高分子电解质通常有许多可解离的基团，这些基团处于同一个分子的狭小空间内，相互间的静电作用比较强，因此，其可解离基团的解离常数与这些基团单独存在时有较大差别，例如组氨酸侧链咪唑基的解离常数 pK_a 为 6.0，而在蛋白质分子中，pK_a 可在 5～8 变化，因蛋白质种类和结构而不同。

比较特殊的是蛋白质这一类两性高分子电解质。在蛋白质结构中，同时含有弱酸性基团（—COOH）和弱碱性基团（$—NH_2$）。在水溶液中，—COOH 解离形成$—COO^-$，产生一个负电荷，其解离度随溶液的 pH 升高而升高；而$—NH_2$ 解离形成 NH_3^+，产生一个正电荷，其解离度随溶液的 pH 升高而降低。因此，对蛋白质来说，在某一 pH 条件下，蛋白质所带正电荷与负电荷量相等。此时的溶液 pH 就称为该蛋白质的等电点（isoelectric point），以 pI 表示。当将蛋白质置于 pH>pI 的溶液中时，蛋白质—COOH 基团的解离占优势，分子所带的负电荷多于正电荷的数目，因此蛋白质分子以阴离子状态存在；反过来，如果蛋白质溶液的 pH<pI，那么，蛋白质弱碱性基团$—NH_2$ 的解离占优势，分子就以阳离子状态存在。

由于蛋白质分子上酸性基团和碱性基团的数量不同，其 pI 值不同。例如人血清白蛋白的 pI 是 4.64，而血红蛋白的 pI 是 6.8。表 8-3 中显示了某些蛋白质的等电点。

表 8-3　一些蛋白质的等电点

蛋白质	来源	等电点（pI）	蛋白质	来源	等电点（pI）
鱼精蛋白	鲑鱼精子	12.0～12.4	乳清蛋白	牛乳	5.1～5.2
细胞色素 C	马心	9.8～10.3	白明胶	动物皮	4.7～4.9
肌红蛋白	肌肉	7.0	卵白蛋白	鸡卵	4.6～4.9
血红蛋白	免血	6.7～7.1	胃蛋白酶	牛乳	4.6
肌凝蛋白	肌肉	6.2～6.6	酪蛋白	猪胃	2.7～3.0
胰岛素	牛	5.3～5.35	丝蛋白	蚕丝	2.0～2.4

在等电点时，蛋白质处于净电荷为零的状态。此时，蛋白质分子之间的静电斥力最小，同时蛋白质分子的水合程度降低。因此，在等电点时，蛋白质的溶解度较其他 pH 为最小，在外加电场中不发生泳动。蛋白质纯化的方法如等电点沉淀法和等电点聚焦法正是根据等电点时蛋白质分子的上述两个特殊性质实现的。

第三节　凝　胶

一、凝胶的结构及分类

某些溶胶或高分子溶液，在浓度较高时，溶液中的高分子或溶胶中的胶粒会相互联结，形成一定的空间网状结构，网状结构一般存在大量的空隙，溶剂分子（或者其他分散介质）填充在空隙中。但整个溶液体系失去了流动性，变为有弹性的半固体状态，这种体系叫作凝胶（gel）。凝胶结构中的分散介质是水，称为水凝胶，分散介质是空气的称为气凝胶（aerosol）。

1. 凝胶的结构特点

（1）凝胶的空隙结构中填充的分散介质是连续的、流动的，这使得凝胶又兼具液体（对气凝胶来说是气体）的性质。

（2）由高分子或胶粒形成的网状结构是相对固定的，这使凝胶具有固体的性质。

（3）凝胶结构中有大量的空隙结构，空隙的大小和形成凝胶的高分子（或胶粒）的大小以及浓度有关，这些特定大小的空隙结构可以起到分子筛的作用。

2. 凝胶的分类　凝胶分为弹性凝胶和刚性凝胶两大类。

（1）弹性凝胶是由柔性线型高分子形成的，例如琼脂、明胶、肉冻等。这类凝胶经干燥后体积明显变小，如果将干凝胶再放到适当的溶剂中还可以溶胀，即自动吸收溶剂而使体积胀大。

（2）刚性凝胶粒子间的交联强，网状骨架坚固，干燥后，网眼中的液体可驱出，但是其体积和外形基本不变，例如硅酸、氢氧化铁等形成的无机凝胶就属于刚性凝胶。

二、凝胶的性质及应用

（一）凝胶的性质

1. 溶胀　根据弹性凝胶在液体中溶胀的程度，溶胀（swelling）可分为有限溶胀和无限溶胀两类。如果溶胶在液体中溶胀到一定程度即停止，称为有限溶胀；如果溶胀作用可以一直延续下去，直到凝胶的网状骨架完全消失，最后成为溶液，这种溶胀称为无限溶胀。

影响溶胀的内因是凝胶的结构，它与高分子的柔性强弱和分子间连接力的强弱等性质有关。例如葡萄糖凝胶是以化学键连接成的网状骨架，由于连接的化学键比较牢固，在水中仅能有限溶胀。影响溶胀的外因有温度、介质的 pH 及溶液中电解质等。升高温度会使分子热运动加强，会减小粒子间的连接强度，使得溶胀程度增加。当温度达到一定程度时，可使凝胶的骨架破裂而发生无限溶胀，例如动物胶在冷水中只发生有限溶胀，而在热水中则可以进行无限溶胀。介质的 pH 对蛋白质线形分子构成的凝胶影响很大，通常蛋白质在等电点时溶胀最小，pH 偏离等电点时溶胀作用增强，只有在某一最适宜的 pH 介质中，溶胶的溶胀才能达到最大程度。

在生理过程中，溶胀有着至关重要的作用。机体越年轻，溶胀能力越强，老年人的皱纹就是机体溶胀能力降低的结果；老年人血管硬化也与构成血管壁的凝胶溶胀能力下降有关；植物种子只有溶胀后才能发芽。

2. 离浆　凝胶在放置过程中，一部分液体可以自动地分离出来，使凝胶本身体积缩小，这种现象称为离浆或脱水收缩。例如，在密闭容器中放置一段时间的琼脂，会出现凝胶收缩而有水分离出来；血块在放置不动时，就有血清分离出来等。离浆是溶胀的相反过程，是凝胶内部结构逐渐坍塌而形成的。

3. 结合水　凝胶溶胀时要吸收水分，其中一部分水与凝胶结合得很牢固，这部分水称为结合水。结合水的性质不同于一般的水，例如结合水在 0℃时不结冰，在 100℃时不沸腾；普通水的介电常数数值为 81，而结合水的介电常数数值只有 2.2。

结合水的研究对于生物学和医学具有重要意义，例如热带植物的耐热和寒带植物的抗寒是由于结合水的沸点很高或凝固点很低的原因。人体中的结合水已经成为医学临床研究的热点，人的年龄越大，结合水就越少。结合水也会因患某些疾病而改变。

（二）凝胶的应用

凝胶的独特结构使之具有了很多优异的物理化学特性，从日常生活到生命科学等领域有着很多卓越的应用。

1. 果冻和细菌培养基　果冻（jelly）是人们爱吃的食品，它是一种可以咀嚼的果汁。吃果冻比直接饮用相同成分的果汁口感要好。使果汁凝固下来的方法是加入约 1%的生物高分子胶，这些高分子胶在煮沸时完全溶解于水，形成高分子溶液。加入了高分子胶的果汁在一定温度下冷凝后，便形成了外观晶莹、色泽鲜艳、口感软滑、清甜滋润的“食物冻”凝胶。

用来制作果冻的高分子胶主要有两种，一种是动物来源的明胶（gelatin），俗称鱼胶，是一种蛋白质，通过水煮动物的皮、骨或韧带组织而制成；另一种是植物来源的卡拉胶和甘露胶，它们都是天然植物多糖。

和果冻类似的是凝固的肉汤——皮冻。肉汤含有丰富的营养，是各种细菌生长的良好介质。但细菌如果生长在液体的肉汤中会混杂在一起，并且难以分离出来。肉汤的凝胶是培养和筛选细菌的理想培养基。现在的生物实验室中常用的固体培养基是琼脂培养基——肉汤的琼脂凝胶。琼脂也是一种植物多糖，其优点是形成的凝胶有非常好的机械性能。

2. 气凝胶玻璃　凝胶内部的空腔结构使凝胶成为一种非常良好的隔热材料。电影特技中一些人体着火燃烧的镜头，就是由于这些特技演员身上都涂有保护性凝胶。不过相对于水凝胶来说，气凝胶的隔离（热和声音）性能非常优越。

硅气凝胶也称为气凝胶玻璃（图 8-11），是将二氧化硅的水凝胶用超临界干燥技术将溶剂除去而制成的。气凝胶玻璃在透明度方面逊色于普通玻璃，但许多优点却是普通玻璃远不及的。例如热稳定性，即使在 1300℃高温状态下将它放入水中，也不会破裂；它的比重很小，仅为 0.07～0.25g·cm^{-3}，是普通玻璃的几十分之一；隔热保暖性能绝好，仅为普通玻璃的 1/12。它不燃烧，是良好的防火材料；还具有良好的隔音性能，比一般金属和玻璃高 4 倍以上。

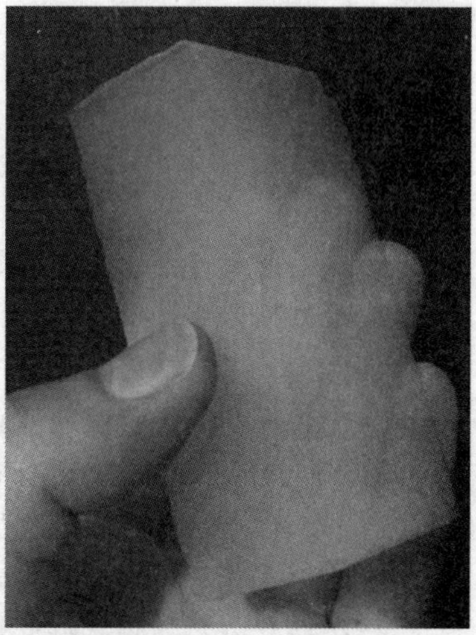
图 8-11　硅气凝胶

3. 凝胶吸水剂和尿不湿　一些干燥凝胶的吸水膨胀可以非常迅速，而且吸收相当于干燥凝胶体积几十倍的水分。婴儿用的尿不湿纸尿片正是使用了这些凝胶来快速吸收尿液。在堵车非常严重的地方，有公司为司机们生产了方便尿袋，也是应用了这种吸水凝胶（图 8-12）。

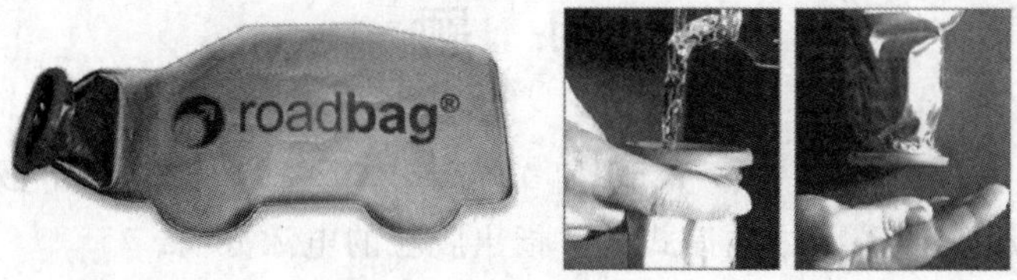

图 8-12　凝胶车用方便尿袋

三、凝胶色谱和凝胶电泳

凝胶色谱技术是 20 世纪 60 年代初发展起来的一种快速而又简单的分离技术，在生物大分子如蛋白质和核酸的分离中应用非常广泛。凝胶色谱的基本原理是利用凝胶结构中空隙的分子筛效应。将凝胶制作成小颗粒，填充在一个色谱柱中。凝胶颗粒的内部结构中具有空隙结构，空隙的孔径大小可以通过控制制备凝胶的方法调节。当被分离样品溶液流经色谱柱时，小于凝胶内部微孔大小的分子容易陷入微孔，被滞留在凝胶中。而大分子则被排阻于凝胶颗粒外。这样，当样品溶液向前流动时，大分子在色谱柱内停留时间短，首先流出色谱柱。小分子物质在色谱柱内停留时间长，落后于大分子物质出来。因此，这些流经色谱柱的分子就会按照分子大小的顺序，先大分子、后小分子依次流出色谱柱，达到分离的目的。

蛋白质和核酸等生物分子都是带电荷的分子，在电场下会发生电泳。这些分子电泳速度的快慢取决于分子的大小、形状以及所带电荷的多少。因此通过在电场中进行电泳，可以将不同的蛋白质或核酸分子按照一定的方式（如大小）区分出来。当这些生物分子的电泳结束后，如果没有一定的介质支撑并限制蛋白质分子的自由扩散运动，那么已经被分开的不同蛋白质分子就会重新混合起来。因此在蛋白质电泳时，需要一个兼有液体和固体性质、而且内部有很多空隙的支持介质。显然，中性的凝胶非常适合。

两种凝胶常用来进行生物分子的电泳分离。琼脂糖凝胶非常适合分离核酸。常用作蛋白质电泳的是聚丙烯酰胺凝胶。聚丙烯酰胺凝胶是由单体丙烯酰胺（acrylamide）聚合形成的，在制备凝胶时通常加入一些 *N*,*N*-甲叉双丙烯酰胺（*N*,*N*-methylene-bisacylamide）交联剂来增加凝胶的机械强度。在进行蛋白质电泳时，蛋白质样品一般会用十二烷基磺酸钠（SDS）处理，这种表面活性剂的处理可以使蛋白质分子的结构伸展开，这样在电泳时分子的电泳迁移率主要取决于它的分子大小。蛋白质的 SDS-聚丙烯酰胺凝胶电泳（简称 SDS-PAGE）是目前生物化学中的一个常规分析手段，有关详细内容将在生物化学和分子生物学的课程中介绍。

思考题

1. 丁铎尔现象的本质是什么？为什么溶胶会产生丁铎尔现象？

2. 溶胶是热力学不稳定系统，但是它在相当长的时间内可以稳定存在，其主要原因是什么？

3. 为什么晴朗的天空呈现蓝色，而旭日及夕阳附近的天空呈橘红色？

4. 将 NaCl 溶液和 $AgNO_3$ 溶液混合制备 AgCl 溶胶时，或者使 NaCl 溶液过量，或者使 $AgNO_3$ 溶液过量，试写出这两种情况下所制得溶胶的胶团结构简式。胶核吸附离子时有何规律？

5. 溶胶与高分子溶液具有稳定性的原因是哪些？用什么方法可以破坏它的稳定性？

6. 什么是凝胶？凝胶有哪些性质？

7. 为什么高分子物质有时能对溶胶起保护作用，而有时又能引起絮凝？

习题

1. 将 $0.02mol \cdot L^{-1}$ 的 KCl 溶液 12ml 和 $0.05mol \cdot L^{-1}$ 的 $AgNO_3$ 溶液 100ml 混合以制备 AgCl 溶胶，试写出此溶胶胶团结构简式，并指出胶粒的电泳方向。

2. 为制备 AgI 负溶胶，应该向 25ml $0.016mol \cdot L^{-1}$ 的 KI 溶液中最多加入多少 $0.005mol \cdot L^{-1}$ 的 $AgNO_3$ 溶液？

3. 有未知带何种电荷的溶胶 A 和 B 两种，A 中只需要加入少量的 $BaCl_2$ 或多量的 NaCl，就有同样的聚沉能力；B 中加入少量的 Na_2SO_4 或多量的 NaCl 也有同样的聚沉能力。问 A 和 B 两种溶胶，原带有何种电荷？

4. 用等体积的 $0.0008mol \cdot L^{-1}$ KI 溶液和 $0.0010mol \cdot L^{-1}$ $AgNO_3$ 溶液制成 AgI 溶胶。下列电解质溶液对此溶胶的聚沉能力如何？

（1）$AlCl_3$　　（2）Na_3PO_4　　（3）$MgSO_4$

5. 何谓等电点 pI？当溶液的 pH 大于、等于或小于 pI 时，对高分子电解质的带电情况、电泳方向及稳定性有何影响？

6. 将人血清蛋白（pI＝4.64）和血红蛋白（pI＝6.90）溶于一缓冲溶液中（组成：$0.05mol \cdot L^{-1}$ KH_2PO_4 和 $0.02mol \cdot L^{-1}$ Na_2HPO_4），在电场中进行电泳，试确定两种蛋白的电泳方向。

（孙　革）

第九章　沉淀反应

根据强电解质在水中溶解度的大小，可以把强电解质分为易溶强电解质和难溶强电解质。通常把在水中的溶解度小于 $0.1g \cdot L^{-1}$ 的强电解质称为难溶强电解质。在难溶强电解质的饱和溶液中，存在着未溶解的难溶强电解质的固体与它溶解产生的阳离子和阴离子之间的多相平衡，这种平衡称为沉淀-溶解平衡。

沉淀的生成和溶解是一种重要的化学过程。在生产和科学研究中，有时需要把某种物质沉淀出来，有时又需要使沉淀溶解，因此，有必要研究沉淀溶解理论，掌握沉淀（precipitation）和溶解（dissolution）的规律及条件的控制。

第一节　标准溶度积常数

一、标准溶度积常数的概念

难溶强电解质固体的溶解过程和沉淀过程是两个相反的过程。在一定温度下，把难溶强电解质 $M_{\upsilon_+}A_{\upsilon_-}$ 固体放入水中，刚开始时，溶液中的 M^{Z+} 和 A^{Z-} 的浓度很小，溶解速率大于沉淀速率。随着溶解过程的进行，溶液中的 M^{Z+} 和 A^{Z-} 的浓度逐渐增大，阳离子与阴离子回到固体表面的概率增大，沉淀的速率逐渐增大。当固体溶解的速率与离子沉淀的速率相等时，就达到了沉淀-溶解平衡，此时的溶液为难溶强电解质的饱和溶液。虽然沉淀和溶解两个相反的过程仍在继续进行，但溶液中 M^{Z+} 和 A^{Z-} 的浓度不再发生变化，在难溶强电解质 $M_{\upsilon_+}A_{\upsilon_-}$ 的饱和溶液中建立了如下动态平衡。

$$M_{\upsilon_+}A_{\upsilon_-}(s) \rightleftharpoons \upsilon_+ M^{Z+}(aq) + \upsilon_- A^{Z-}(aq)$$

式中，υ_+、υ_- 分别为阳离子与阴离子的化学计量数；$Z+$、$Z-$ 分别为阳离子与阴离子的电荷数。

上述反应标准平衡常数表达式为

$$K_{sp}(M_{\upsilon_+}A_{\upsilon_-}) = [M^{Z+}]^{\upsilon_+} \cdot [A^{Z-}]^{\upsilon_-} \tag{9-1}$$

式中，$K_{sp}(M_{\upsilon_+}A_{\upsilon_-})$ 是沉淀-溶解反应的标准平衡常数，称为标准溶度积常数。$[M^{Z+}]$ 和 $[A^{Z-}]$ 分别为 M^{Z+} 和 A^{Z-} 的相对平衡浓度。

标准溶度积常数表达式表明：在一定温度下，难溶强电解质饱和溶液中阳离子和阴离子的相对平衡浓度分别以其化学计量数为指数的幂的乘积为一常数。标准溶度积常数的大小反映了难溶强电解质的溶解能力的大小，K_{sp} 愈小，难溶强电解质就愈难溶于水。K_{sp} 只与温度有关，而与电解质离子的浓度无关。某些难溶强电解质的标准溶度积常数列于书后附录中。

【例 9-1】 298.15K 时，$Mg(OH)_2$ 在水中达到沉淀-溶解平衡时，溶液中 Mg^{2+} 和 OH^- 的浓度分别为 $1.1\times10^{-4}mol \cdot L^{-1}$ 和 $2.2\times10^{-4}mol \cdot L^{-1}$。计算该温度下 $Mg(OH)_2$ 的标准溶度积常数。

解： $Mg(OH)_2$ 为难溶强电解质，根据式（9-1），其标准溶度积常数为

$$\begin{aligned}K_{sp}[Mg(OH)_2] &= [Mg^{2+}] \cdot [OH^-]^2 \\ &= 1.1\times10^{-4}\times(2.2\times10^{-4})^2 \\ &= 5.3\times10^{-12}\end{aligned}$$

二、标准溶度积常数与溶解度的关系

标准溶度积常数（solubility product constant）和溶解度（solubility）都能反映出难溶强电解质的溶解能力的大小，它们是既相互联系又不同的概念。我们知道，标准溶度积常数是在一定温度下，难溶强电解质饱和溶液中阳离子和阴离子的相对平衡浓度分别以其化学计量数为指数的幂的乘积；而溶解度本质上是指在一定温度下，难溶强电解质饱和溶液的浓度。标准溶度积常数和溶解度之间存在着定量关系，彼此之间可以进行换算。

在一定温度下，难溶强电解质在溶液中存在沉淀-溶解平衡。

$$M_{\upsilon_+}A_{\upsilon_-}(s) \rightleftharpoons \upsilon_+ M^{Z+}(aq) + \upsilon_- A^{Z-}(aq)$$

设：该温度下难溶强电解质 $M_{\upsilon_+}A_{\upsilon_-}$（s）在水中的溶解度为 $s$mol · L^{-1}，则 $[M^{Z+}]=\upsilon_+ s$，$[A^{Z-}]=\upsilon_- s$。难溶强电解质 $M_{\upsilon_+}A_{\upsilon_-}$ 的标准溶度积常数和溶解度之间的关系为

$$\begin{aligned} K_{sp}(M_{\upsilon_+}A_{\upsilon_-}) &= [M^{Z+}]^{\upsilon_+} \cdot [A^{Z-}]^{\upsilon_-} \\ &= (\upsilon_+ s)^{\upsilon_+} \cdot (\upsilon_- s)^{\upsilon_-} \\ &= (\upsilon_+)^{\upsilon_+}(\upsilon_-)^{\upsilon_-} s^{\upsilon_+ + \upsilon_-} \end{aligned} \quad (9\text{-}2)$$

利用式 9-2 可以由难溶强电解质 $M_{\upsilon_+}A_{\upsilon_-}$ 的溶解度求算其标准溶度积常数。

【例 9-2】 25℃ 时，$Sr_3(PO_4)_2$ 的溶解度为 1.0×10^{-6} mol · L^{-1}。试计算该温度下 $Sr_3(PO_4)_2$ 的标准溶度积常数。

解：$Sr_3(PO_4)_2$ 为难溶强电解质，存在下列沉淀-溶解平衡。

$$Sr_3(PO_4)_2(s) \rightleftharpoons 3Sr^{2+}(aq) + 2PO_4^{3-}(aq)$$

根据式（9-2），其标准溶度积常数为

$$\begin{aligned} K_{sp}[Sr_3(PO_4)_2] &= [Sr^{2+}]^3 \cdot [PO_4^{3-}]^2 = 3^3 \cdot 2^2 \cdot s^{3+2} = 108s^5 \\ &= 108\times(1.0\times10^{-6})^5 = 1.08\times10^{-28} \end{aligned}$$

根据式（9-2）还可得到难溶强电解质 $M_{\upsilon_+}A_{\upsilon_-}$ 的溶解度与其标准溶度积常数之间的关系。

$$s = \sqrt[\upsilon_+ + \upsilon_-]{\frac{K_{sp}}{(\upsilon_+)^{\upsilon_+} \cdot (\upsilon_-)^{\upsilon_-}}} \quad (9\text{-}3)$$

利用式 9-3 可以由难溶强电解质 $M_{\upsilon_+}A_{\upsilon_-}$ 的标准溶度积常数计算其溶解度。

【例 9-3】 已知 25℃时，$K_{sp}[Mg(OH)_2]=4.0\times10^{-12}$，试计算该温度下 $Mg(OH)_2$ 在水中的溶解度。

解：$Mg(OH)_2$ 为难溶强电解质，存在下列沉淀-溶解平衡。

$$Mg(OH)_2(s) \rightleftharpoons Mg^{2+}(aq) + 2OH^-(aq)$$

根据式（9-3），其溶解度为

$$s = \sqrt[3]{K_{sp}[Mg(OH)_2]/4} = \sqrt[3]{4.0\times10^{-12}/4} = 1.0\times10^{-4}(\text{mol} \cdot \text{L}^{-1})$$

根据式（9-3）可以发现，对于 υ_+、υ_- 相同的同类型的难溶强电解质，标准溶度积常数越大，溶解度也越大。但对于 υ_+、υ_- 不同的不同类型的难溶强电解质，不能直接用标准溶度积常数来比较溶解度的大小，必须通过计算进行判断。

三、溶度积规则

根据热力学，等温、等压、不做非体积功的条件下，化学反应的方向是利用反应的摩尔吉布斯自由能变（$\Delta_r G_m$）作为判据，因此利用沉淀-溶解反应的 $\Delta_r G_m$，也可以判断沉淀-溶解反应进行的方向。对于难溶强电解质的沉淀-溶解反应，有

$$M_{\upsilon_+}A_{\upsilon_-}(s) \rightleftharpoons \upsilon_+ M^{Z+}(aq) + \upsilon_- A^{Z-}(aq)$$

其反应商（在沉淀-溶解反应中反应商又称为离子积 *IP*）为

$$IP=c(M^{Z+})^{\nu+}\cdot c(A^{Z-})^{\nu-}$$

则沉淀-溶解反应的摩尔吉布斯自由能变为

$$\Delta_r G_m=-RT\ln K_{sp}+RT\ln IP \tag{9-4}$$

从式（9-4）可以得出以下结论。

1. 当 $K_{sp}>IP$ 时，$\Delta_r G_m<0$，沉淀-溶解反应正向进行。若溶液中有难溶强电解质固体，则固体溶解，直至 $K_{sp}=IP$ 时重新达到沉淀-溶解平衡。

2. 当 $K_{sp}=IP$ 时，$\Delta_r G_m=0$，沉淀-溶解反应处于平衡状态，此时的溶液为难溶强电解质的饱和溶液。

3. 当 $K_{sp}<IP$ 时，$\Delta_r G_m>0$，沉淀-溶解反应逆向进行，溶液中有沉淀析出，直至 $K_{sp}=IP$ 时重新达到沉淀-溶解平衡。

上述结论称为溶度积规则。它是难溶强电解质的固体与它溶解产生的阳离子与阴离子之间的多相平衡移动规律的总结。可以看出，在一定温度下，沉淀的生成和溶解这两个方向相反的过程，它们之间相互转化的条件是离子浓度，控制离子浓度，可以使沉淀-溶解反应向我们需要的方向转化。利用溶度积规则，可以判断沉淀的生成或溶解。

溶度积规则的运用也是存在一定条件的，下列几种情况溶度积规则就不适用。

1. 根据溶度积规则，只要 $IP>K_{sp}$ 就应该有沉淀产生，但是，只有当每毫升含 10^{-5}g 固体时，肉眼才会观察到混浊现象，如仅有极微量的沉淀生成，虽然反应商已大于其标准溶度积常数，人的视觉并不能察觉。因此，实际能观察到有沉淀产生所需要的离子浓度往往比理论计算值稍高一些。

2. 有时由于生成过饱和溶液，虽然 IP 已经大于 K_{sp}，仍然观察不到沉淀的生成。

3. 有时由于加入过量的沉淀剂而生成配离子，沉淀也不会产生。例如：

$$Cu^{2+}+4NH_3 \rightleftharpoons [Cu(NH_3)_4]^{2+}$$

$$Al^{3+}+4OH^- \rightleftharpoons [Al(OH)_4]^-$$

4. 由于副反应的发生，致使按照理论计算所需沉淀剂的浓度与被沉淀离子的浓度之积不能大于 K_{sp}。例如中性或微酸性溶液中，以 CO_3^{2-}、S^{2-} 等离子做沉淀剂时，由于水解反应消耗了沉淀剂离子，因此溶液中实际的沉淀剂离子的浓度小于计算值。

$$CO_3^{2-}+H_2O \rightleftharpoons HCO_3^-+OH^-$$

$$S^{2-}+H_2O \rightleftharpoons HS^-+OH^-$$

因此在运用溶度积规则时应注意具体情况。

四、溶度积规则的应用

利用溶度积规则，可以判断沉淀的生成或溶解。

（一）沉淀的生成

根据溶度积规则，如果 $IP>K_{sp}$，溶液中就会有难溶强电解质的沉淀生成。

【例 9-4】 25℃时，$K_{sp}(CaCO_3)=4.9\times10^{-9}$。将 10ml 2.0×10^{-3} mol·L^{-1} $CaCl_2$ 溶液与等体积同浓度的 Na_2CO_3 溶液混合，根据溶度积规则判断有无沉淀生成。

解：两种溶液刚混合时，Ca^{2+} 和 CO_3^{2-} 离子的浓度分别为

$$c(Ca^{2+})=c(CO_3^{2-})=\frac{10\times2.0\times10^{-3}}{10+10}=1.0\times10^{-3}(mol\cdot L^{-1})$$

混合后反应商为

$$IP=c(Ca^{2+})\times c(CO_3^{2-})=1.0\times10^{-3}\times1.0\times10^{-3}=1.0\times10^{-6}$$

由于 $IP>K_{sp}(CaCO_3)$，所以两种溶液混合后有 $CaCO_3$ 沉淀生成。

（二）沉淀的溶解

根据溶度积规则，在含有难溶强电解质沉淀的饱和溶液中，要使难溶强电解质的沉淀-溶

解平衡向着溶解的方向移动，就必须降低该饱和溶液中难溶电解质的阳离子或阴离子的浓度，以使其 $IP<K_{sp}$。

降低难溶强电解质离子浓度的方法有：生成弱电解质、发生氧化还原反应、生成难解离的配离子等。

1. 生成弱电解质　在含有难溶强电解质沉淀的饱和溶液中加入某种电解质，它能与难溶强电解质的阳离子或阴离子生成弱电解质，从而使 $IP<K_{sp}$，则难溶强电解质的沉淀-溶解平衡向溶解方向移动，导致难溶强电解质沉淀溶解。

例如：难溶于水的氢氧化物［$Zn(OH)_2$，$Fe(OH)_3$，$Al(OH)_3$，$Cu(OH)_2$ 等］都能溶于酸。这是因为酸解离产生的 H_3O^+ 与难溶氢氧化物溶解产生的 OH^- 生成弱电解质 H_2O，降低了溶液中的 OH^- 的浓度，从而使 $IP<K_{sp}$，则难溶氢氧化物的沉淀-溶解平衡向溶解方向移动，导致难溶氢氧化物沉淀溶解。

$$zHCl(aq)+zH_2O(l) \rightleftharpoons zCl^-(aq)+zH_3O^+(aq)$$
$$M(OH)_z(s) \rightleftharpoons M^{z+}(aq)+zOH^-(aq)$$
$$\Downarrow$$
$$2zH_2O(l)$$

因此，许多难溶电解质的溶解性受溶液酸度的影响，其中以氢氧化物沉淀和硫化物沉淀最典型。除了 H_3O^+ 可以和 OH^- 反应生成水，使难溶于水的氢氧化物溶解外，H_3O^+ 还可以和弱酸酸根离子（如 CO_3^{2-}）反应，使弱酸酸根离子质子化，降低弱酸酸根离子浓度，而使沉淀溶解。

例如 $CaCO_3$ 可溶于 HCl。碳酸盐中的 CO_3^{2-} 与 H_3O^+ 生成难解离的 H_2CO_3。

$$CaCO_3(s) \rightleftharpoons Ca^{2+}(aq)+CO_3^{2-}(aq)$$
$$+$$
$$2H_3O^+(aq)$$
$$\Downarrow$$
$$H_2CO_3(aq) \rightleftharpoons CO_2(g)+H_2O(l)$$

【例 9-5】 25℃时，欲使 0.010mol ZnS 溶于 1.0L 盐酸中，求所需盐酸的最低浓度。已知 $K_{sp}(ZnS)=1.6\times10^{-24}$，$K_{a1}(H_2S)=8.9\times10^{-8}$，$K_{a2}(H_2S)=7.1\times10^{-15}$。

解：沉淀溶解反应的离子方程为

$$ZnS(s)+2H^+(aq) \rightleftharpoons Zn^{2+}(aq)+H_2S(aq)$$

沉淀溶解反应的标准平衡常数为

$$K^\ominus=\frac{[Zn^{2+}]\cdot[H_2S]}{[H^+]^2}$$
$$=[Zn^{2+}]\cdot[S^{2-}]\cdot\frac{[H_2S]}{[HS^-]\cdot[H^+]}\cdot\frac{[HS^-]}{[S^{2-}]\cdot[H^+]}$$
$$=\frac{K_{sp}(ZnS)}{K_{a1}(H_2S)\cdot K_{a2}(H_2S)}=\frac{1.6\times10^{-24}}{8.9\times10^{-8}\times7.1\times10^{-15}}=2.5\times10^{-3}$$

由反应式可知，当 0.010mol ZnS 恰好溶解在 1.0L 盐酸中时，溶液中 Zn^{2+} 和 H_2S 的平衡浓度均为 $0.010mol\cdot L^{-1}$。此时溶液中 H^+ 相对浓度为

$$[H^+]=\sqrt{\frac{[Zn^{2+}]\cdot[H_2S]}{K}}$$
$$=\sqrt{\frac{(0.010)^2}{2.5\times10^{-3}}}=0.20(mol\cdot L^{-1})$$

所需盐酸的最低浓度为

$$c(HCl)=[H^+]+2[H_2S]$$

$=0.20mol \cdot L^{-1}+2\times0.010mol \cdot L^{-1}$

$=0.22mol \cdot L^{-1}$

2. 发生氧化还原反应　在含有难溶强电解质沉淀的饱和溶液中加入某种氧化剂或还原剂，使其与难溶电解质的阳离子或阴离子发生氧化还原反应，降低了阳离子或阴离子的浓度，则 $IP<K_{sp}$，导致难溶强电解质的沉淀-溶解平衡向沉淀溶解的方向移动。

金属硫化物的 K_{sp} 值相差很大，故其溶解情况也大不相同。ZnS、PbS、FeS 等 K_{sp} 值较大的金属硫化物都能溶于盐酸。而 HgS、CuS 等 K_{sp} 值很小的金属硫化物就不能溶于盐酸。在这种情况下，只能通过加入氧化剂，使 S^{2-} 离子被氧化成为单质硫，从而 S^{2-} 浓度极大地降低，致使 $IP<K_{sp}$，沉淀-溶解平衡向沉淀溶解的方向移动，达到溶解的目的。

例如 CuS($K_{sp}=1.27\times10^{-36}$) 沉淀溶于硝酸溶液的反应式为

$$3CuS+8HNO_3 = 3Cu(NO_3)_2+3S\downarrow+2NO\uparrow+4H_2O$$

3. 生成稳定的配离子　在含有难溶强电解质沉淀的饱和溶液中加入配体或金属离子，配体与难溶强电解质的阳离子生成配离子或金属离子与难溶强电解质的阴离子生成配离子，使难溶强电解质的阳离子浓度或阴离子浓度降低，致使 $IP<K_{sp}$，沉淀-溶解平衡向沉淀溶解方向移动，导致难溶电解质沉淀溶解。例如 AgCl 沉淀溶于氨水的反应示意如下。

$$AgCl(s) \rightleftharpoons Ag^+(aq)+Cl^-(aq)$$

$$+$$

$$2NH_3(aq)$$

$$\Updownarrow$$

$$[Ag(NH_3)_2]^+(aq)$$

再如 $PbSO_4$ 沉淀。在 $PbSO_4$ 沉淀中加入 NH_4Ac，Pb^{2+} 能形成稳定性很高的可溶性金属配合物 $Pb(Ac)_2$，使溶液中 Pb^{2+} 降低，沉淀溶解，反应示意如下。

$$PbSO_4(s) \rightleftharpoons Pb^{2+}(aq)+SO_4^{2-}(aq)$$

$$+$$

$$2Ac^-(aq)$$

$$\Updownarrow$$

$$Pb(Ac)_2(aq)$$

（三）同离子效应和盐效应

1. 同离子效应　在难溶强电解质 $M_{\nu_+}A_{\nu_-}$ 的饱和溶液中加入含有 M^{Z+} 或 A^{Z-} 的易溶强电解质，溶液中 M^{Z+} 或 A^{Z-} 浓度增大，则 $IP>K_{sp}$，难溶强电解质的沉淀-溶解平衡向生成 $M_{\nu_+}A_{\nu_-}$ 沉淀的方向移动，降低了 $M_{\nu_+}A_{\nu_-}$ 的溶解度。

这种在难溶强电解质饱和溶液中加入与难溶强电解质含有相同离子的易溶强电解质，使难溶强电解质的溶解度降低的现象称为同离子效应。

【例 9-6】　25℃时，CaF_2 的标准溶度积常数为 1.5×10^{-10}，试计算：

（1）CaF_2 在纯水中的溶解度。

（2）CaF_2 在 $0.010mol \cdot L^{-1}$ NaF 溶液中的溶解度。

（3）CaF_2 在 $0.010mol \cdot L^{-1}$ $CaCl_2$ 溶液中的溶解度。

解：$CaF_2(s)$ 在水中的沉淀-溶解平衡为

$$CaF_2(s) \rightleftharpoons Ca^{2+}(aq)+2F^-(aq)$$

（1）CaF_2 在水中的溶解度为

$$s_1=\sqrt[3]{\frac{K_{sp}(CaF_2)}{4}}=\sqrt[3]{\frac{1.5\times10^{-10}}{4}}=3.3\times10^{-4}(mol \cdot L^{-1})$$

（2）设 CaF_2 在 0.010mol·L^{-1} NaF 溶液中的溶解度为 s_2，则 $[Ca^{2+}]=s_2$，$[F^-]=0.010mol \cdot L^{-1}+2s_2 \approx 0.010mol \cdot L^{-1}$。$CaF_2$ 在 0.010mol·L^{-1} NaF 溶液中的溶解度为

$$s_2=[Ca^{2+}]=\frac{K_{sp}(CaF_2)}{[F^-]^2}$$

$$=\frac{1.5\times10^{-10}}{(0.010)^2}=1.5\times10^{-6}(mol \cdot L^{-1})$$

（3）设 CaF_2 在 0.010mol·L^{-1} $CaCl_2$ 溶液中的溶解度为 s_3，则 $[F^-]=2s_3$，CaF_2 在 0.010mol·L^{-1} $CaCl_2$ 溶液中的溶解度为

$$s_3=\frac{[F^-]}{2}=\frac{1}{2}\times\sqrt{\frac{K_{sp}(CaF_2)}{[Ca^{2+}]}}$$

$$=\frac{1}{2}\times\sqrt{\frac{1.5\times10^{-10}}{0.010}}=6.1\times10^{-5}(mol \cdot L^{-1})$$

2. 盐效应　在含有难溶强电解质沉淀的溶液中加入不含相同离子的易溶强电解质，将使难溶强电解质的溶解度增大，这种现象称为盐效应。

这是由于加入易溶强电解质后，溶液中阴离子和阳离子的浓度均增大，难溶强电解质的阴离子和阳离子受到了较强的牵制作用，使沉淀反应速率减慢，难溶强电解质的溶解速率暂时大于沉淀速率，平衡向沉淀溶解的方向移动。

在难溶强电解质溶液中加入含有相同离子的易溶强电解质，在产生同离子效应的同时，也能产生盐效应。由于盐效应的影响较小，为简便起见在计算时通常忽略盐效应。

（四）分级沉淀和沉淀的转化

1. 分级沉淀　如果溶液中含有两种或两种以上离子，都能与某种沉淀剂生成难溶强电解质沉淀，当加入该沉淀剂时就会先后生成几种沉淀，这种先后沉淀的现象称为分步沉淀（fractional precipitation）。

实现分步沉淀的最简单方法是控制沉淀剂的浓度。

【例 9-7】 在 0.010mol·L^{-1} I^- 和 0.010mol·L^{-1} Cl^- 混合溶液中滴加 $AgNO_3$溶液时，会生成 AgCl 和 AgI 沉淀。那么，沉淀的顺序是什么？当第二种离子刚开始沉淀时，溶液中第一种离子的浓度为多少？是否已经沉淀完全了呢？（忽略溶液体积的变化）

解： 查表可以知道 $K_{sp}(AgCl)=1.77\times10^{-10}$，$K_{sp}(AgI)=8.51\times10^{-17}$。由各自的 K_{sp} 值可以计算 AgCl 和 AgI 开始沉淀所需要的 Ag^+ 离子浓度分别为

AgCl 开始沉淀时所需 Ag^+ 浓度

$$c(Ag^+)\geqslant\frac{K_{sp}(AgCl)}{c(Cl^-)}=\frac{1.77\times10^{-10}}{0.010}=1.77\times10^{-8}(mol \cdot L^{-1})$$

AgI 开始沉淀时所需 Ag^+ 浓度

$$c(Ag^+)\geqslant\frac{K_{sp}(AgI)}{c(I^-)}=\frac{8.51\times10^{-17}}{0.010}=8.51\times10^{-15}(mol \cdot L^{-1})$$

可见沉淀 I^- 离子所需的 Ag^+ 浓度仅为 8.51×10^{-15} mol·L^{-1}，所以 AgI 先沉淀。

在 AgI 沉淀的过程中，Ag^+ 的浓度随着 I^- 浓度的减小而逐渐增大。此过程中，由于 AgI 沉淀平衡的存在而将维持下列关系。

$$[Ag^+][I^-]=K_{sp}(AgI)=8.51\times10^{-17}$$

随着 $AgNO_3$ 溶液的不断滴加，当 Ag^+ 浓度增加到 1.77×10^{-8}mol·L^{-1}时，AgCl 便会开始沉淀。在这种情况下，$[Ag^+]$、$[I^-]$ 和 $[Cl^-]$ 同时满足 AgI 和 AgCl 的溶度积常数表达式，即下列关系同上面的浓度关系一起存在。

$$[Ag^+][Cl^-]=K_{sp}(AgCl)=1.77\times10^{-10}$$

于是可以计算出 AgCl 开始沉淀时的 I^- 浓度为

$$[I^-] = 8.51\times10^{-17}/1.77\times10^{-8} = 4.8\times10^{-9}(mol\cdot L^{-1})$$

AgCl 开始沉淀时，I^- 浓度低于 $1.0\times10^{-5}mol\cdot L^{-1}$，已经沉淀完全。

当溶液中同时存在几种离子，都能与加入的沉淀剂生成沉淀时，生成沉淀的先后顺序取决于 IP 与 K_{sp} 的相对大小，首先满足 $IP > K_{sp}$ 的难溶强电解质先沉淀。掌握了分步沉淀的规律，根据实际情况，适当控制条件就能达到分离离子的目的。

实现分步沉淀的另一种方法是控制溶液 pH，这种方法只适用于难溶强电解质的阴离子是弱酸酸根或 OH^- 的两种情况。

2. 沉淀的转化　把一种沉淀转化为另一种沉淀的过程，称为沉淀的转化。沉淀转化反应的进行程度，可以利用反应的标准平衡常数来衡量。沉淀转化反应的标准平衡常数越大，沉淀转化反应就越容易进行。若沉淀转化反应的标准平衡常数太小，则沉淀的转化将是非常困难的，甚至是不可能的。

【例 9-8】 利用 1.0L Na_2CO_3 溶液将 0.010mol $BaSO_4$ 沉淀转化为 $BaCO_3$ 沉淀，计算此 Na_2CO_3 溶液的最低浓度。

解：沉淀转化反应为

$$BaSO_4(s) + CO_3^{2-}(aq) \rightleftharpoons BaCO_3(s) + SO_4^{2-}(aq)$$

沉淀转化反应的标准平衡常数为

$$K^\circ = \frac{[SO_4^{2-}]}{[CO_3^{2-}]} = \frac{K_{sp}(BaSO_4)}{K_{sp}(BaCO_3)}$$

$$= \frac{1.1\times10^{-10}}{2.6\times10^{-9}} = 4.2\times10^{-2}$$

0.010mol $BaSO_4$ 沉淀完全溶解后，SO_4^{2-} 浓度为 $0.010mol\cdot L^{-1}$，则 CO_3^{2-} 的浓度为

$$[CO_3^{2-}] = \frac{[SO_4^{2-}]}{K} = \frac{0.010}{4.2\times10^{-2}} = 0.24(mol\cdot L^{-1})$$

此 Na_2CO_3 溶液的最低浓度为

$$c(Na_2CO_3) = [CO_3^{2-}] + [SO_4^{2-}]$$

$$= 0.24 + 0.010 = 0.25(mol\cdot L^{-1})$$

第二节　沉淀的类型和形成过程

一、沉淀的类型

按照沉淀颗粒的大小将沉淀分为三种类型：晶形沉淀、无定形沉淀和凝乳状沉淀。

1. 晶形沉淀　沉淀的结构为晶体。晶体中离子有规则地排列，结构紧密。沉淀颗粒直径通常在 0.1～1μm 之间。由于颗粒一般较大，晶形沉淀极易沉降于容器的底部。例如 $BaSO_4$ 属于晶形沉淀。

2. 无定形沉淀　无定形沉淀的内部离子排列杂乱无章，并且包含有大量水分子。沉淀颗粒很小，其直径在 0.02μm 以下。但因为沉淀的结构疏松，显得沉淀的体积较大，有很大的比表面积。比如 $Fe(OH)_3$ 和 $Al(OH)_3$ 等就属于无定形沉淀，因此也常写成 $Fe_2O_3\cdot nH_2O$ 和 $Al_2O_3\cdot nH_2O$。

3. 凝乳状沉淀　凝乳状沉淀大小介于晶形沉淀与无定形沉淀之间，其直径在 0.02～1μm 之间，因此它的性质也介于二者之间，属于二者之间的过渡形。例如 AgCl 就属于凝乳状沉淀。

沉淀的结构类型主要取决于形成沉淀的离子的性质。不同的结构类型意味着沉淀形成时的不同动力学过程。

二、沉淀的形成过程

沉淀形成的微观过程是极其复杂的，一般可将沉淀的形成大致分为三个阶段，包括形成晶核（nucleation）、晶粒的成长（growth）和后续沉淀过程。后续沉淀过程主要包括晶粒的聚集和内部晶体结构转化，如图 9-1 所示。

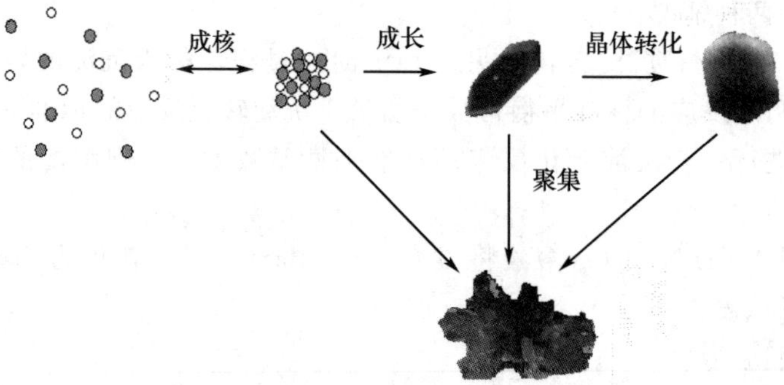

图 9-1 沉淀的形成过程

（一）成核阶段

过饱和溶液中离子相互结合形成沉淀微粒，于是溶液中形成了沉淀。

在沉淀微粒的大小比临界晶核小时，沉淀微粒是不稳定的，将自发地溶解缩小，不会形成沉淀。只有微粒的大小超过临界晶核，固体沉淀才会出现，即从溶液中一旦析出晶粒，其大小必然大于临界晶核。最初出现的晶粒称之为晶核，晶核是晶粒的最小极限值，是热力学不稳定系统，它具有自发长大的趋势。当晶核逐渐成长，微粒的大小超过一定程度后，系统才成为热力学稳定系统，这时的晶粒是稳定的。

如果要降低晶核形成的活化能，提高晶核和沉淀形成的速度，有两种可供选择的方式：一是提高过饱和度，二是降低比表面能。向过饱和溶液中加入其他固体微粒作为晶种，使晶核在固体微粒的表面形成，这样便可很大程度地降低表面自由能，从而降低成核过程的活化能。在一些沉淀反应的实验中，我们经常用玻璃棒摩擦器壁以促进沉淀生成。摩擦器壁可以产生细小的玻璃微粒，进入溶液后，这些微粒成为晶种从而诱导沉淀的发生。

（二）成长阶段

晶核形成后，晶体微粒将自发成长为大颗粒晶体。研究表明，晶粒的成长速率主要取决于溶液的过饱和程度。过饱和度是一个可以影响成核速率和晶粒成长速率的重要因素。有效地控制过饱和度就可以调节成核速率和成长速率的比例，从而获得所需的晶体大小。在晶形沉淀形成过程中，如果成核速率大于成长速率，则得到非常细小的结晶；而如果成长速率大于成核速率，则得到较大的晶体。在药物制剂中，对药物晶体的大小控制是很重要的，较小的药物晶体可以提高药物溶出速率，增加药效，但在回收及再加工方面可能存在问题。在实际操作中，药物的结晶通常是控制药物溶液的冷却速度，从而控制药物溶液的过饱和程度。一般在开始阶段，过饱和度比较小，然后逐渐升高，成核速率大于成长速率；当结晶继续析出至一定程度时，再使溶液过饱和度下降，所以，得到的结晶粒子较大而数量较少。

（三）后续沉淀过程

最初形成的难溶盐的微小晶体因吸附溶液中的离子而带电。如果晶粒较小（≤100nm）和带较多的电荷，则可能形成稳定的胶体溶液，如前面所述的 $Fe(OH)_3$ 和 AgI 溶胶。但当晶粒的体积达到一定程度，表面电荷不足以支持晶粒的悬浮时，晶粒沉淀下来，形成晶形沉淀；或者因其他原因（如溶液中存在一定浓度的电解质等），导致晶粒表面电荷减少，于是悬浮的颗粒会聚集而沉淀，根据不同的聚集方式形成晶形、无定形或凝乳状沉淀。

在后续沉淀过程中，常常会发生晶体构型的转化。例如将磷酸根离子和钙离子在中性条件下混合，最初形成的一般是磷酸八钙晶粒［$Ca_8H_2(PO_4)_6$］，但磷酸八钙晶粒逐渐地转变为更稳定、溶解性更小的羟基磷灰石［碱式磷酸钙，$Ca_{10}(OH)_2(PO_4)_6$］。

第三节　生物矿物简介

经过 20 亿年的物竞天择的优化，生物体结构几乎是完美无缺的。被生物摄入的金属离子，除构成一些具有生物活性的配合物外，还通过形成生物矿物成为构成骨骼等硬组织的重要成分。如羟基磷灰石、方解石等，从组成上看，与自然界岩石相同，因此称为“生物矿物”。

自然界选择了钙来构建岩石圈，并利用钙所形成的难溶于水的盐类支撑生物体。至今已知的生物体内矿物有 60 多种，含钙矿物约占总数的一半，其中碳酸盐是最为广泛利用的无机矿物，磷酸盐次之。磷酸钙（包括羟基磷灰石、磷酸八钙和无定形磷酸钙）主要构成脊椎动物的内骨骼和牙齿；碳酸钙主要构成无脊椎动物的外骨骼。和组成相同的天然矿物相比，由于生物矿物受控于特殊的生物过程和特殊的生物环境，常常具有极高的选择性和方向性，因而所生成的晶体表现出特殊的性能，如具有极高的强度、良好的断裂韧性、减震性能以及特殊的功能等。生物矿物除了具有保护和支持两大基本功能外，还有很多其他的特殊功能，例如碳酸钙矿物中，方解石是三叶虫的感光器官，而在哺乳动物内耳里则作为重力和运动感受器；文石在头足类动物的贝壳里作为浮力装置，但大多数情况下和方解石一样存在于软体动物的外骨骼中。

除了构成生物体外，一些生物矿物则是生物体病理过程的产物，如草酸钙是人体泌尿结石的主要矿物成分。只有了解草酸钙在体内形成结石的过程，才能发现治疗乃至预防尿结石发病的方法。

生物矿物的形成非常复杂，许多机制特别是动力学过程人们都还不清楚。我们将用沉淀反应的原理对羟基磷灰石和草酸钙的形成反应进行一些讨论。

一、羟基磷灰石

（一）羟基磷灰石成因

羟基磷灰石是骨骼和牙齿的组成成分。那么羟基磷灰石是如何从溶液中沉淀出来的呢？

在生理条件下，磷酸根离子的主要存在形式为 HPO_4^{2-} 和 $H_2PO_4^-$。

$$H_2PO_4^- + H_2O \rightleftharpoons HPO_4^{2-} + H_3O^+$$

在系统中，HPO_4^{2-} 是主要的存在形式；因此在生物化学中 HPO_4^{2-} 常被称为正磷酸根，简写成 Pi，其与 Ca^{2+} 的可能反应包括以下几种。

$$Ca^{2+} + HPO_4^{2-} + 2H_2O \rightleftharpoons CaHPO_4 \cdot 2H_2O \downarrow$$

$$3Ca^{2+} + 2HPO_4^{2-} + 2OH^- \rightleftharpoons Ca_3(PO_4)_2 \downarrow + 2H_2O$$

$$8Ca^{2+} + 6HPO_4^{2-} + 4OH^- + H_2O \rightleftharpoons Ca_8H_2(PO_4)_6 \cdot 5H_2O \downarrow$$

$$10Ca^{2+} + 6HPO_4^{2-} + 8OH^- \rightleftharpoons Ca_{10}(OH)_2(PO_4)_6 \downarrow + 6H_2O$$

根据难溶强电解质沉淀的 K_{sp} 可以计算出各种形式的沉淀在不同 pH 条件的溶解度（以 Ca^{2+} 浓度表示），如图 9-2 所示。

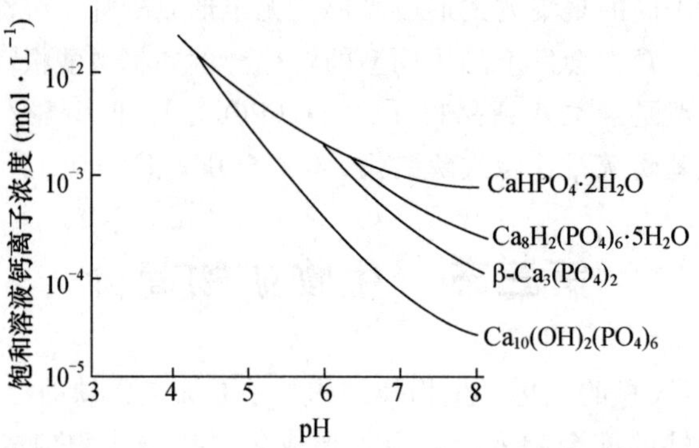

图 9-2 不同 pH 条件下几种主要磷酸钙难溶盐的溶解度（25℃）

从图 9-2 中可以看到，羟基磷灰石［$Ca_{10}(OH)_2(PO_4)_6$］的溶解度是最小的，是热力学最稳定系统。然而，热力学稳定性仅仅是形成沉淀的一个基本前提。如果一种反应物分子可以同时发生几种不同的反应，则哪个反应的速度快，哪个反应将占主导地位。因此，在生理条件下究竟主要生成哪种沉淀，不仅要考虑 K_{sp}，还要考虑沉淀形成速率。如果一个溶液对于几种盐都为过饱和的，先析出的并不一定是热力学角度上反应趋势最大的，而往往是先析出成核和晶体成长速率最快的。即过饱和度是决定哪种沉淀形成的最重要因素。实验研究表明：在 37℃、pH＝7.4 的条件下，当浓度较大的 Ca^{2+} 和磷酸根离子混合时，由于沉淀反应的速率问题，首先生成动力学上形成沉淀速率较快但热力学上相对稳定性较低的磷酸八钙或无定形磷酸钙，而不是羟基磷灰石。然而在放置过程中，磷酸八钙或无定形磷酸钙会自发地经历晶体构型转化，形成羟基磷灰石。

体内的情形究竟是怎样的呢？在骨骼形成过程中，成骨细胞负责骨骼的生物矿化过程。成骨细胞向形成骨组织的部位分泌钙离子和磷酸根离子，此外成骨细胞和其他形成骨骼有关的细胞也同时分泌一些基质蛋白分子。这些基质蛋白主要有两种作用：①促进沉淀晶核的形成，使沉淀较快地进行；②基质蛋白可以自发组装成一些特殊的超分子结构，指导形成的羟基磷灰石晶粒按照一定的方式聚集形成骨骼的结构。在骨骼和牙本质中，羟基磷灰石晶粒排列形成层状结构，而在牙釉质中，晶粒则纵向排列形成一个个釉柱。其中，牙釉质形成过程的一个假设机制如图 9-3 所示。

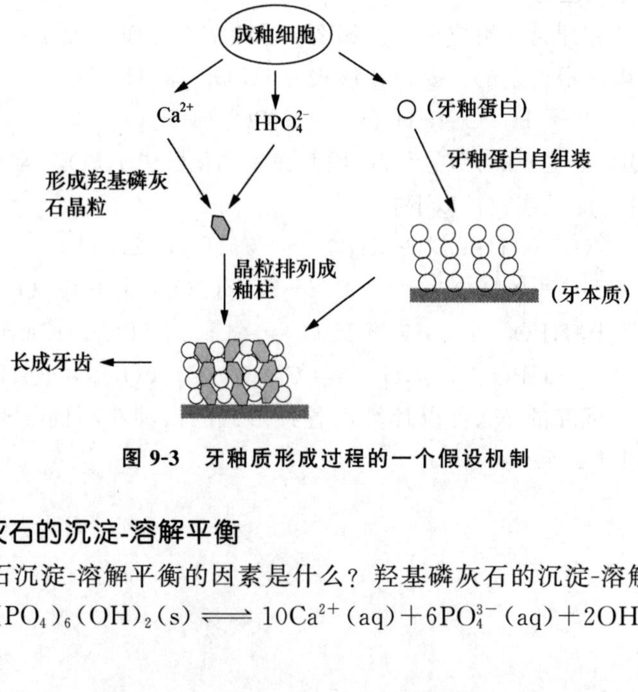

图 9-3 牙釉质形成过程的一个假设机制

（二）羟基磷灰石的沉淀-溶解平衡

影响羟基磷灰石沉淀-溶解平衡的因素是什么？羟基磷灰石的沉淀-溶解平衡为

$$Ca_{10}(PO_4)_6(OH)_2(s) \rightleftharpoons 10Ca^{2+}(aq)+6PO_4^{3-}(aq)+2OH^-(aq)$$

$$K_{sp}=1.0\times10^{-117}$$

根据前面所讨论的沉淀-溶解平衡原理可知，影响羟基磷灰石溶解的主要因素有以下几点。①溶液中作为Ca^{2+}配体的浓度，如柠檬酸根。Ca^{2+}与各种配体形成配合物降低了溶液中游离Ca^{2+}的浓度，从而使沉淀-溶解平衡向右移动。②溶液的酸度（pH）。这是由于磷酸是弱酸（$pK_{a1}=2.12$，$pK_{a2}=7.21$，$pK_{a3}=12.67$），PO_4^{3-}容易与H_3O^+结合。因此溶液酸度增加将降低PO_4^{3-}的浓度。此外，酸度增加会降低溶液OH^-的浓度。因此，溶液酸度增加会显著影响羟基磷灰石的溶解度。如图9-2所示，当溶液的pH降低到5.0以下时，羟基磷灰石的溶解度增加上百倍。因此溶液的酸度是影响羟基磷灰石沉淀-溶解平衡的最重要因素。

根据羟基磷灰石的沉淀-溶解平衡可以得出保护骨骼和牙齿的如下启示。

在医学中，羟基磷灰石的沉淀和溶解是非常重要的生理过程，因为骨骼的成长是在不断的沉淀和溶解过程中进行的。此外，羟基磷灰石溶解涉及很多病理过程，例如龋齿和骨质疏松等。龋齿的原因是牙釉质（通常包括一部分的牙本质）溶解。羟基磷灰石溶解的主要原因是由于酸的腐蚀。而口腔中酸的来源是细菌分解食物残渣特别是食物中的糖分。由于釉柱是竖向排列的，因此龋齿的发生是由牙齿表面的一点开始，逐渐深入到牙齿内部，由于牙骨质比釉质疏松，更易被酸蚀形成内部空洞，然后空洞由内部向外侵蚀到达牙齿表面。

既然侵蚀牙齿的酸是由细菌分解糖分而来，减少吃糖或使用不能被细菌分解的糖类如木糖醇就可以有效地降低龋齿的发生概率。也许有人认为，将口腔中的细菌全部杀死应该是预防龋齿的手段。其实这完全没有必要。实际上，健康人口腔中的细菌形成一个多样性的群落，虽然一部分细菌分解糖分产生有机酸，而另一部分细菌则正好利用并分解这些酸性物质，从而使口腔中的pH保持在正常的范围内。口腔中残留的糖分过多，产酸量超过了分解这些酸的能力，才会导致口腔局部或整体的酸度过高，造成牙齿的腐蚀。因此，在正常情况下没有必要使用消毒液漱口来预防龋齿；相反，保持口腔中细菌的微环境平衡对于人体健康是有益的。从羟基磷灰石的沉淀-溶解平衡来看，预防龋齿发生的最关键因素是保持口腔和牙齿的清洁，令食物特别是糖分不在口腔中残留。

二、草酸钙的形成与尿结石

泌尿系结石俗称尿结石或肾结石，是一种世界范围的常见病、多发病。尿结石的类型有很多种，多数尿结石的主要成分是草酸钙。草酸钙结石在肾结石中最为常见，发达国家70%～80%的肾结石病例由它引起。草酸钙的沉淀-溶解平衡为

$$CaC_2O_4(s) \rightleftharpoons Ca^{2+}(aq)+C_2O_4^{2-}(aq)$$

$$K_{sp}=2.32\times10^{-9}$$

由草酸钙K_{sp}可知，草酸钙的溶解能力很小，在水中的溶解度仅为$1.2\times10^{-5}\ mol\cdot L^{-1}$。正常的尿液中，$Ca^{2+}$的表观浓度约为$5\times10^{-3}\ mol\cdot L^{-1}$，$C_2O_4^{2-}$的浓度约为$1\times10^{-5}\ mol\cdot L^{-1}$。按照此浓度计算，则尿中草酸钙的反应商$IP=5\times10^{-8}>K_{sp}$。

CaC_2O_4即是草酸钙的过饱和溶液，应该形成草酸钙沉淀。那么为什么正常人没有形成尿结石呢？

尿结石之所以成为疾病，其原因是结石附着于肾组织并逐渐长大，难以通过输尿管或尿道。这样造成尿路阻塞或随着结石在尿路移动，引起患者剧烈的疼痛。理论上，如果结石的颗粒很小，可以轻易随尿液排出体外，不会引起任何病痛。

前面计算表明，正常人与结石患者的尿液中草酸钙的反应商均超过其标准溶度积常数，均可生成草酸钙沉淀。在正常人和结石患者尿液中，确实都存在草酸钙沉淀，但是其晶体类型却大不一样。草酸钙沉淀有三种形式：一水草酸钙（$CaC_2O_4\cdot H_2O$，COM），二水草酸钙（$CaC_2O_4\cdot 2H_2O$，COD），三水草酸钙（$CaC_2O_4\cdot 3H_2O$，COT）。其中COM是热力学上最稳

定的，COD 次之，而 COT 是热力学上最不稳定的。在正常人尿液中，草酸钙微晶包括 COM 和 COD 两种类型，但含有较多的 COD 晶体；而在结石患者的尿液中，则多为更稳定的 COM 晶体。COT 晶体在正常人与结石患者的尿液中都非常少见。

从图 9-4 可以看出，正常人尿液中形成的草酸钙结晶小而形状圆钝，而结石患者尿液中形成的草酸钙结晶大而棱角分明，和生理盐水中析出的结晶类似。研究表明 COM 草酸钙结晶比 COD 对细胞膜有更强的亲和力，更容易附着在肾小管细胞表面；此外，COM 由于颗粒较大和晶型整齐，就更容易聚集和沉淀。因此，正常人尿液中并不是不会形成草酸钙沉淀，只是形成的是小颗粒、容易悬浮并与肾组织亲和力小的晶体，这些小颗粒可以随尿液排出体外。而在结石患者的尿液中，大颗粒的草酸钙结晶容易附着而停留在尿路中，从而逐渐聚集和长大形成可以引起患者巨大痛苦的结石。

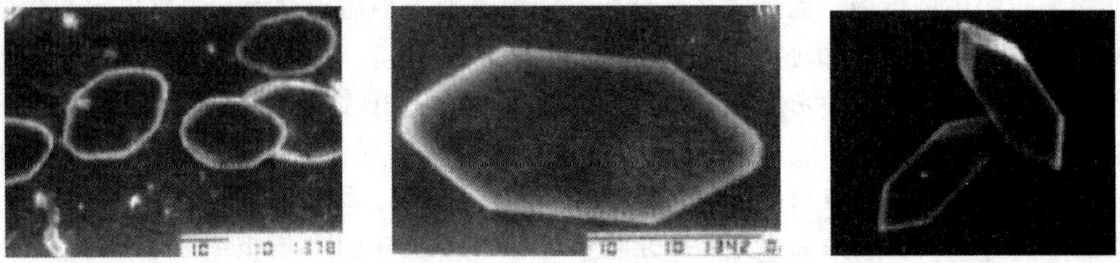

图 9-4 正常人（左）与结石患者（中）的尿液中以及生理盐水（右）中形成的草酸钙晶体的电镜照片

形成 COM 结晶的条件是什么呢？影响晶核形成和晶体生长的一个重要因素是溶液的过饱和度。实验表明，当初始过饱和度比较低时，容易形成 COD 晶体；而过饱和度较大时，有利于形成 COM 晶体。正常的尿液中含有大量柠檬酸根、焦磷酸根、葡胺聚糖（GAGs）和一些蛋白质等阴离子，它们可与钙离子结合，降低了游离钙离子的浓度，从而降低了草酸钙的过饱和度；此外这些离子也能令小颗粒的草酸钙晶体保持稳定，使它们在尿液中悬浮而不聚集。因此，正常尿液中不易形成草酸钙沉淀或形成容易排出体外的 COD 和小颗粒悬浮晶体。而在结石患者尿液中，可能由于 Ca^{2+} 和 $C_2O_4^{2-}$ 的浓度过高或者缺乏上述阴离子的因素，容易形成大量的大颗粒的草酸钙结晶。

由草酸钙沉淀的形成机制可知：首先，为了治疗和预防尿结石，对于结石患者和有结石形成倾向的人，应当减少草酸的摄入量，即少吃含草酸丰富的食物如韭菜和菠菜等，从而降低尿液中草酸浓度，进而降低尿液中草酸钙的过饱和度，这样将有利于 COD 晶体的形成。需注意的是，为预防结石形成而降低 Ca^{2+} 摄入量是不正确的，因为尿中 Ca^{2+} 的浓度已经较高，有限度地降低 Ca^{2+} 摄入量对尿液中钙离子的浓度影响有限；相反，如限制 Ca^{2+} 的摄入将促进肠道对草酸盐的吸收，引起高草酸尿症，反而增加了尿液中草酸钙的过饱和度。因此事实表明，减少 Ca^{2+} 摄入量反而促进了结石的形成和增加结石的复发率。其次，要预防结石形成，应当适当补充有利于络合 Ca^{2+} 和促进 COD 晶体形成的分子如柠檬酸盐和一些中草药物等。美国食品和药品管理局于 1985 年批准了柠檬酸钾治疗低柠檬酸尿性草酸钙结石、尿酸结石及轻中度高尿酸尿性草酸钙结石。作为临床药物，柠檬酸盐具有无毒、价廉、副作用小、可长期服用等优点而被广泛应用。

思考题

1. 是否可以根据难溶强电解质的标准溶度积常数的大小直接比较难溶强电解质的溶解度的大小？为什么？

2. 同离子效应和盐效应对难溶强电解质的溶解度有何影响？

3. 什么是难溶强电解质的标准溶度积常数？什么是难溶强电解质的溶解度？1-1 型难溶强电解质的标准溶度积常数 K_{sp} 与溶解度 s 的关系如何？

4. 怎样能使难溶强电解质沉淀溶解？

5. 为什么在 AgCl 饱和溶液中滴加浓盐酸会使溶液变浑浊？

6. $Mg(OH)_2(s)$ 难溶于水，但溶于 NH_4Cl 溶液，试解释其原因。

7. 什么叫沉淀转化反应？沉淀转化的条件是什么？

8. 什么叫分步沉淀？如何实现分步沉淀？

9. 如何利用溶度积规则判断沉淀的生成和溶解？

10. 为什么 AgCl(s) 在水中的溶解度比在稀 HCl 溶液中的溶解度大？而在稀 KNO_3 溶液中的溶解度又比在水中的溶解度大？

11. 25℃ 时，PbI_2 和 $CaCO_3$ 的标准溶度积常数相等，两者饱和溶液 Pb^{2+} 离子和 Ca^{2+} 离子的浓度是否相等？为什么？

12. 大约 50% 的肾结石是由尿液中的 Ca^{2+} 离子与 PO_4^{3-} 离子生成 $Ca_3(PO_4)_2$ 沉淀后形成的。对于肾结石患者，医生总让其多饮水。试简单加以解释。

习　题

1. 已知 25℃时，$K_{sp}[Mg(OH)_2]=4.0\times10^{-12}$。试计算 25℃时：

(1) $Mg(OH)_2(s)$ 在水中的溶解度。

(2) $Mg(OH)_2(s)$ 在 $0.010mol\cdot L^{-1}$ NaOH 溶液中的溶解度。

(3) $Mg(OH)_2(s)$ 在 $0.010mol\cdot L^{-1}$ $MgCl_2$ 溶液中的溶解度。

2. 已知室温下，$K_{sp}[Fe(OH)_3]=1.0\times10^{-38}$，$K_{sp}[Fe(OH)_2]=1.0\times10^{-14}$。一混合溶液中含有 Fe^{3+} 和 Fe^{2+}，它们的浓度均为 $1.0\times10^{-2}mol\cdot L^{-1}$。如果要求 Fe^{3+} 沉淀完全 [$c(Fe^{3+})\leqslant1.0\times10^{-5}\ mol\cdot L^{-1}$]，而 Fe^{2+} 不生成沉淀，溶液的 pH 应控制在什么范围内？

3. 已知室温下，$K_{sp}[Fe(OH)_3]=1.0\times10^{-38}$。若溶液中 Fe^{3+} 离子的浓度为 $0.010\ mol\cdot L^{-1}$，试计算开始生成 $Fe(OH)_3$ 沉淀和沉淀完全 [$c(Fe^{3+})<1.0\times10^{-5}\ mol\cdot L^{-1}$] 时溶液的 pH。

4. 25℃时，$K_{sp}[Mg(OH)_2]=1.0\times10^{-11}$，$K_b(NH_3)=2.0\times10^{-5}$。将 1.0L $0.20mol\cdot L^{-1}$ $MgCl_2$ 溶液与 1.0L $0.20\ mol\cdot L^{-1}$ NH_3 溶液混合后，有无 $Mg(OH)_2$ 沉淀生成？若向此溶液中加入 NH_4Cl 固体 [$M(NH_4Cl)=53.5g\cdot mol^{-1}$]，问至少要加入多少克 NH_4Cl 才不能生成 $Mg(OH)_2$ 沉淀？

5. 已知 25℃时，$K_{sp}(PbCl_2)=1.0\times10^{-5}$。在 25℃时，将 $Pb(NO_3)_2$ 溶液与 NaCl 溶液混合，混合溶液中 $Pb(NO_3)_2$ 的浓度为 $0.10mol\cdot L^{-1}$。试通过计算回答：

(1) 当混合溶液中 NaCl 的浓度为 $1.0\times10^{-3}\ mol\cdot L^{-1}$时，是否有 $PbCl_2$ 沉淀生成？

(2) 混合溶液中 NaCl 的浓度为多少时才能生成 $PbCl_2$ 沉淀？

(3) 若混合溶液中 Cl^- 浓度为 $0.10mol\cdot L^{-1}$，混合溶液中剩余的 Pb^{2+} 浓度为多少？

6. 25℃时，$K_{sp}(AgCl)=1.0\times10^{-10}$，$K_{sp}(Ag_2CrO_4)=1.0\times10^{-12}$。向 Cl^-、CrO_4^{2-} 离子的浓度均为 $1.0\times10^{-2}mol\cdot L^{-1}$的混合溶液中逐滴加入 $0.10mol\cdot L^{-1}$ $AgNO_3$ 溶液（忽略体积变化），通过计算说明哪一种离子先生成沉淀？当第二种离子开始沉淀析出时，第一种离子的浓度是多少？

7. 25℃时，$K_{sp}(BaSO_4)=1.0\times10^{-10}$，$K_{sp}(BaCO_3)=2.0\times10^{-9}$。如果在 1.0L Na_2CO_3 溶液中将 $1.0\times10^{-3}mol$ $BaSO_4$ 转化为 $BaCO_3$，此 Na_2CO_3 溶液的浓度至少应为多少？

8. 人的牙齿表面有一层釉质，组成为羟基磷灰石 $Ca_5(PO_4)_3OH$($K_{sp}=5.0\times10^{-37}$)。为了

防止蛀牙，人们常使用含氟牙膏，其中的 F^- 可使羟基磷灰石转化为氟磷灰石 $Ca_5(PO_4)_3F$（$K_{sp}=1.0\times10^{-60}$）。写出含氟牙膏使羟基磷灰石转化为氟磷灰石的离子方程式，并计算出此转化反应的标准平衡常数。

9. 已知 25℃时，$K_{sp}(FeS)=1.0\times10^{-19}$，$K_{a1}(H_2S)=1.0\times10^{-8}$，$K_{a2}(H_2S)=1.0\times10^{-15}$。若将 1.0×10^{-2} mol FeS 固体溶解于 1.0L HCl 溶液中，所需 HCl 溶液的最低浓度为多少？

10. 25℃时，$K_{sp}(CaCO_3)=4.9\times10^{-9}$。将 10ml 2.0×10^{-3} mol·L^{-1} $CaCl_2$ 溶液与等体积同浓度的 Na_2CO_3 溶液混合，根据溶度积规则判断有无沉淀生成。

11. 25℃时，$K_{sp}(PbSO_4)=1.8\times10^{-8}$，$K_{sp}(PbCrO_4)=1.8\times10^{-14}$。试计算 25℃时下列沉淀转化反应的标准平衡常数。

$$PbSO_4(s)+CrO_4^{2-}(aq) \rightleftharpoons PbCrO_4(s)+SO_4^{2-}(aq)$$

当沉淀转化反应达到平衡时，若 SO_4^{2-} 的浓度为 0.010mol·L^{-1}，溶液中 CrO_4^{2-} 的浓度为多少？

12. 室温下，$Al(OH)_3$ 固体可溶解在强酸溶液中。已知 $K_{sp}[Al(OH)_3]=5.0\times10^{-33}$，试写出该溶解反应的离子方程式，并计算该溶解反应的标准平衡常数。

13. 25℃ 时，$K_{sp}(PbCrO_4)=2.8\times10^{-13}$，$K_{sp}(PbSO_4)=2.8\times10^{-8}$。在 CrO_4^{2-}、SO_4^{2-} 离子浓度均为 0.010mol·L^{-1}的混合溶液中逐滴加入 $Pb(NO_3)_2$ 溶液，问哪种离子先沉淀？当两种离子达到何种比例时才能同时沉淀？此时先沉淀的那种离子浓度下降为多少？

14. 25℃ 时，$K_{sp}(AgI)=8.0\times10^{-17}$，$K_{sp}(Ag_2S)=8.0\times10^{-49}$。如果用 $(NH_4)_2S$ 溶液来处理 AgI 沉淀使之转化为 Ag_2S 沉淀，这一沉淀转化反应的标准平衡常数为多少？欲在 1.0L $(NH_4)_2S$ 溶液中使 0.010mol AgI 完全转化为 Ag_2S，则 $(NH_4)_2S$ 的最初浓度应为多少？

15. $Mg(OH)_2$ 固体溶解于 NH_4Cl 溶液的反应式为

$$Mg(OH)_2+2NH_4^+ \rightleftharpoons Mg^{2+}+2NH_3+2H_2O$$

25℃ 时，$K_{sp}[Mg(OH)_2]=1.0\times10^{-12}$，$K_b(NH_3)=1.0\times10^{-5}$。现用 1.0L NH_4Cl 溶液溶解 0.010mol $Mg(OH)_2$ 固体，计算此 NH_4Cl 溶液的浓度。

16. 25℃ 时，$K_{sp}(Ag_2CrO_4)=1.0\times10^{-12}$，$K_{sp}(AgI)=8.0\times10^{-17}$。在水中加入一些固体 Ag_2CrO_4，再加入 KI 溶液，有何现象产生？试通过计算进行解释。

17. 25℃ 时，$K_{sp}(AgCl)=1.8\times10^{-10}$，向 AgCl 饱和溶液中滴加浓盐酸，使其 pH 为 4.00，问：

（1）有无 AgCl 沉淀析出？

（2）溶液中 Ag^+ 浓度为多少？

18. 0.10mol·L^{-1} HA 溶液的 pH 为 4.00，在此溶液中加入过量难溶强电解质 MA，达溶解平衡后溶液的 pH 为 5.0，计算 HA 的标准解离常数 K_a 和 MA 的标准溶度积常数 K_{sp}。

19. 25℃ 时，$SrCO_3$ 和 SrF_2 的标准溶度积常数分别为 1.0×10^{-10} 和 2.5×10^{-9}。将 $SrCO_3$ 沉淀放入 0.10mol·L^{-1} NaF 溶液中（不考虑加入固体引起的体积变化），为了使溶液中 F^- 离子浓度不至于下降，溶液中 CO_3^{2-} 平衡浓度至少为多少？

20. 25℃ 时，$K_{sp}(MnS)=1.0\times10^{-15}$，$K_a(HAc)=2.0\times10^{-5}$，$K_{a1}(H_2S)=1.0\times10^{-8}$，$K_{a2}(H_2S)=1.0\times10^{-15}$。把 0.010mol MnS 固体溶解在 1.0L HAc 溶液中，溶液浓度至少为多少？

21. 25℃ 时，$K_{sp}(CaF_2)=2.5\times10^{-11}$，$CaF_2$ 在 pH 为 1.00 的 HCl 溶液中的溶解度为 5.0×10^{-3} mol·L^{-1}，计算 HF 的标准解离常数。

22. 在室温下将 100ml 0.045mol·L^{-1} $AgNO_3$ 溶液与 200ml 0.075mol·L^{-1} NaCl 溶液混合，生成 AgCl 沉淀后溶液中 Ag^+ 离子的浓度为 5.0×10^{-9} mol·L^{-1}，计算 AgCl 的标准溶度

积常数。

23. 25℃ 时，$K_{sp}(CaC_2O_4)=2.3\times10^{-9}$，为了在 $0.010mol\cdot L^{-1}$ $CaCl_2$ 溶液中生成 CaC_2O_4 沉淀，溶液中 $C_2O_4^{2-}$ 离子浓度应为多少？

24. 将 0.10mol 金属硫化物 MS 溶于 1.0L 盐酸中，溶解后溶液的 pH 为 1.00。已知 H_2S 的 $K_{a1}=5.0\times10^{-8}$，$K_{a2}=1.0\times10^{-15}$，计算 MS 的标准溶度积常数。

25. 25℃ 时，$K_{sp}(NiS)=3.0\times10^{-21}$，$K_{sp}(CuS)=8.0\times10^{-45}$，$K_{a1}(H_2S)=5.0\times10^{-8}$，$K_{a2}(H_2S)=1.0\times10^{-15}$。某混合溶液中含有 $NiSO_4$ 和 $CuSO_4$，它们的浓度均为 $0.10 mol\cdot L^{-1}$，通入 H_2S 至饱和 [$c(H_2S)=0.10mol\cdot L^{-1}$]，是否生成 NiS 沉淀？

26. 25℃ 时，$K_a(HA)=1.0\times10^{-6}$，$K_{sp}[Cu(OH)_2]=3.0\times10^{-19}$。把过量 $Cu(OH)_2$ 放入 HA 溶液中，发生下列可逆反应。

$$Cu(OH)_2(s)+2HA(aq) \rightleftharpoons Cu^{2+}(aq)+2A^-(aq)+2H_2O(l)$$

若达到平衡时，[HA]=[A^-]，则溶液中 Cu^{2+} 离子的浓度是多少？HA 溶液的初始浓度是多少？

27. 25℃ 时，$K_{sp}(CaCO_3)=5.4\times10^{-9}$，$K_{sp}(BaCO_3)=2.7\times10^{-9}$。将过量的 $CaCO_3$ 固体与过量的 $BaCO_3$ 固体混合后，放入水中，计算溶液中 Ca^{2+}、Ba^{2+} 和 CO_3^{2-} 离子的浓度。

28. 25℃ 时，$K_{sp}(BaSO_4)=1.2\times10^{-10}$，$K_{sp}(AgCl)=1.8\times10^{-10}$。将 50ml $3.0mol\cdot L^{-1}$ $BaCl_2$ 溶液与 100ml $1.5\times10^{-3}mol\cdot L^{-1}$ Ag_2SO_4 溶液混合，计算混合溶液中 Ba^{2+}、Cl^-、Ag^+ 和 SO_4^{2-} 离子的浓度。

29. 25℃ 时，$K_{sp}(CaF_2)=2.0\times10^{-10}$，$K_{sp}(CaCO_3)=5.0\times10^{-9}$，把 CaF_2 和 $CaCO_3$ 两种固体混合物放入水中，当达到溶解平衡时，溶液中 F^- 离子浓度为 $2.0\times10^{-4}\ mol\cdot L^{-1}$，计算溶液中 CO_3^{2-} 离子的浓度。

30. 25℃ 时，Ag_2SO_4 饱和溶液的浓度为 $2.0\times10^{-2}\ mol\cdot L^{-1}$，计算 Ag_2SO_4 的标准溶度积常数。

31. 25℃ 时，$K_{sp}(BaSO_4)=1.0\times10^{-10}$，$K_{sp}(SrSO_4)=3.0\times10^{-7}$，将 $Na_2SO_4(s)$ 加到 Ba^{2+} 和 Sr^{2+} 离子浓度均为 $0.10mol\cdot L^{-1}$ 的混合溶液中，当 99.99% 的 Ba^{2+} 离子沉淀为 $BaSO_4$ 时停止加入 $Na_2SO_4(s)$，计算此时溶液中 Sr^{2+} 离子的浓度。

（张乐华）

第十章　原子结构和元素性质

化学反应的本质是原子之间的结合和分离。原子为什么直接以及以何种方式相互结合取决于原子的结构性质。从19世纪末到20世纪初，人类通过对气态物质的导电性、放电现象、X射线的产生和光谱等问题的研究，揭示了原子结构的复杂性，证实了原子是由一个带正电荷的原子核和核外带负电荷的若干电子组成的。一般的化学反应，原子核不发生变化，只涉及核外电子运动状态的变化。因此，原子结构主要指原子核外电子的运动状态。

第一节　氢原子结构

最简单的原子是氢原子，核外只有一个电子。近代关于原子核外电子运动状态的研究就是从氢原子光谱的研究开始的。

一、原子核的基本组成与同位素

（一）原子结构的认识发展史

人类对原子结构的认识，经历了长期的探索，很多物理学家致力于对微观世界的研究。随着对原子结构研究的不断深入，陆续产生了许多理论观点。早期有代表性的有希腊唯物主义哲学家Democritus的“古原子学说”、19世纪英国科学家J. Dalton的近代“化学原子论”。而到了19世纪末和20世纪初，电子、质子、中子、放射性等相继被发现。1858年德国的J. Plucker在研究气体的低压放电现象时发现了阴极射线。1879年，英国物理学家W. Crookes发现了阴极射线是带电的粒子流。随后，在1897年英国剑桥大学卡文迪许实验室J. J. Thoson用低压气体放电试验证实了阴极射线就是带负电荷的电子流，并测得电子的荷质比 $e/m=1.7588\times10^{8}\,C\cdot g^{-1}$。1909年美国科学家R. A. Millikan通过他的著名的油滴实验，测出了一个电子的电量为 1.602×10^{-19} C，并计算出电子的质量 $m=9.109\times10^{-28}$ g。而最终把导线内流动的电的基本单元定为电子的是英国科学家G. J. Stoney。直到1920年人们才将带正电荷的氢原子核称为质子（proton），1932年英国物理学家J. Chadwick又发现穿透性很强但不带电荷的中子，并证实它也是组成原子核的粒子之一，从此确立了原子核的质子-中子模型。1904年，J. J. Thoson提出了第一个原子结构模型——“原子枣糕模型”。1911年Thoson最得意的学生E. Rutherford又提出“原子行星模型”。著名的原子结构模型还有丹麦原子物理学家N. Bohr于1913年提出的“Bohr原子模型”，为建立现代量子力学做出了卓越贡献。

（二）原子核的基本组成

原子中心有一个很小的正电荷核心——原子核，原子的全部质量几乎都集中在原子核上，而数量和核电荷数相等的电子在核外存在。原子核是由质子和中子组成的。质子带有一个正电荷，中子不带电荷，质量和质子几乎相等。

原子核中的质子数用 Z 表示，它等于核外的电子数，也等于该元素的原子序数。因为原子核所带的正电荷为 Z，所以 Z 也称为原子核的电荷数（charge number）（核电荷数）。原子核所含的中子数用 N 表示。核中质子数 Z 和中子数 N 之和 $A(Z+N=A)$ 称为原子核的质量数（mass number）。具有相同的质子数 Z 、相同的中子数 N，处于相同的能态、寿命可测的一类原子称为元素（nuclide），用符号$^{A}_{Z}X_N$表示，此处 X 为元素符号。凡原子核稳定、不会自发地发出射线而衰变的元素称为稳定元素（stable nuclide）。原子核处于不稳定状态、需通过核内结构或能级调整才能趋于稳定的元素称为放射性元素（radionuclide）。放射性元素的原子自发地发射出一种或一种以上的射线粒子或电磁辐射。

（三）元素的同位素

同一种元素中，质子数 Z 相同而中子数 N 不同的同一类原子总称为元素。中子数 N 不同因而质量数 A 不同的原子间称为同位素（isotope），例如$^{1}_{1}H_0$（氕）、$^{2}_{1}H_1$（氘，^{2}D）和$^{3}_{1}H_2$（氚，^{3}T）及$^{233}_{92}U_{141}$、$^{235}_{92}U_{143}$和$^{238}_{92}U_{146}$。自然界有 81 种元素（$Z=1\sim83$，43 号 Tc 和 61 号 Pm 除外）有稳定同位素。10 种元素（$Z=84\sim92$ 及 $Z=94$）有天然放射性同位素。

放射性元素是指其已知同位素都具放射性的元素，分为天然放射性元素和人工放射性元素两类。天然放射性元素即在自然界中存在的放射性元素，它们是一些原子序数 $Z>83$ 的重元素，包括 Po、At、Rn、Fr、Ra、Ac、Th、Pa 和 U。人工放射性元素在自然界中并不存在，是通过核反应人工合成的放射性元素，如^{125}I、^{32}P 等。

放射性元素的一个重要应用就是示踪技术。放射性元素示踪技术是根据研究的需要，选择适当的放射性元素标记到被研究物质分子上，将其引入生物机体或生物体系中，标记物将参与代谢及转化过程，通过对标记物所发射的核射线的检测，可间接了解被研究物质在生物机体或生物体系中的动态变化规律，从而得到定性、定量及定位结果。放射性元素示踪技术的基本原理主要基于以下两个方面：①相同性，即放射性元素及其标记化合物和相应的非标记化合物具有相同的化学及生物学性质。②可测量性，即放射性元素能发射出各种不同的射线，可被放射性探测仪器所测定或被感光材料所记录。放射性元素示踪技术被广泛用于医学及生物技术领域。如临床上用于诊断治疗的正电子发射断层显像、单光子发射计算机断层显像等技术。

二、核外电子运动的特殊性

（一）核外电子运动的量子化特征

1. 氢原子光谱　任何原子被火花、电弧或其他方法激发时，都可获得原子光谱。原子光谱是原子结构的一种外在表现，每种原子都有自己的特征谱线。氢原子光谱是最简单的原子光谱。对它的研究也比较详尽。图 10-1 所示的是氢原子光谱的一部分，在可见光区的 4 条谱线波长分别为 656. 3nm、486. 1nm、434. 1nm、410. 2nm，这一系列谱线称为 Balmer 系谱线。氢原子光谱还有其他谱线，如近红外区有 Paschen 系谱线，在紫外区有 Lyman 系谱线。

根据经典电动力学，如果电子是在做绕核运动，必然要连续不断地辐射电磁波而持续放出能量，电子的动能越来越小，其旋转半径也将逐渐变小，电子最终应该堕入原子核。在此过程中，它所放出的电磁波应形成包括一切频率的连续光谱——一条连续的光带。但是，氢原子光谱不是连续光谱，而是线状光谱（line spectrum）——由若干条特征性的不连续的有色线条组成的光谱。这种光谱的不连续性只能以原子电子结构的不连续性来进行解释。

2. 能量量子化和光子学说　1900 年 M. Planck 在解释黑体辐射规律时，首次提出能量量子化假设：能量有一最小单元 ε_0（称为能量子，quantum），$\varepsilon_0=h\nu$，ν 是黑体辐射的频率，h 是 Planck 常数，其值是 6.626×10^{-34} J · s，黑体辐射的能量一定是最小单元 ε_0 的整数倍。因此，黑体辐射的能量谱（$\varepsilon_0=nh\nu$）为：$h\nu$，$2h\nu$，$3h\nu$……其是不连续的、量子化的。

在 Planck 能量量子化假设的基础上，1905 年 A. Einstein 提出光量子学说。他认为：一束光是由光子（photon）组成的，光的能量是不连续的，光能的最小单元——光子的能量为 $\varepsilon_0=h\nu$，ν 是光的频率，h 是 Planck 常数。每个光子的频率不同，光子的能量就不同，光的能量只能是光子能量的整数倍，即 $h\nu$、$2h\nu$、$3h\nu$……

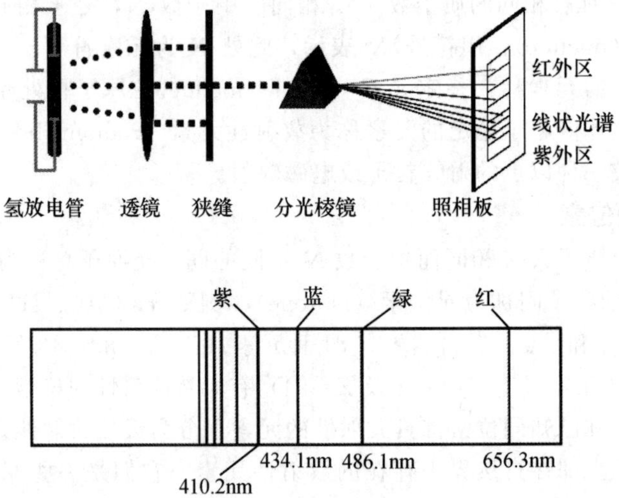

图 10-1 氢原子光谱

3. Bohr 氢原子理论 为了解释氢原子光谱和原子的稳定性，1913 年丹麦物理学家 N. Bohr 在 Newton 力学、Rutherford 原子模型、Planck 量子论和 Einstein 光子学说的基础上，提出了著名的 Bohr 氢原子模型（图 10-2），Bohr 理论包括以下三点假设。

（1）核外电子是在一些有确定能量值的轨道上运动的。电子在围绕原子核的轨道上运动时，既不吸收能量也不辐射能量。在这些轨道运动的电子所处的状态称为原子的定态。能量最低的定态称为基态（ground state），其他能量稍高的定态称为激发态（excited state）。

（2）电子在不同的轨道上运动时可具有不同的能量。电子运动时所具有的能量只能取某些不连续的数值，也就是电子的能量是量子化的。氢原子的原子轨道的能量可由下式计算。

$$E=-2.18\times10^{-18}\times\frac{Z^2}{n^2}\text{J}\qquad(n=1,2,3,4\cdots\cdots)\qquad(10\text{-}1)$$

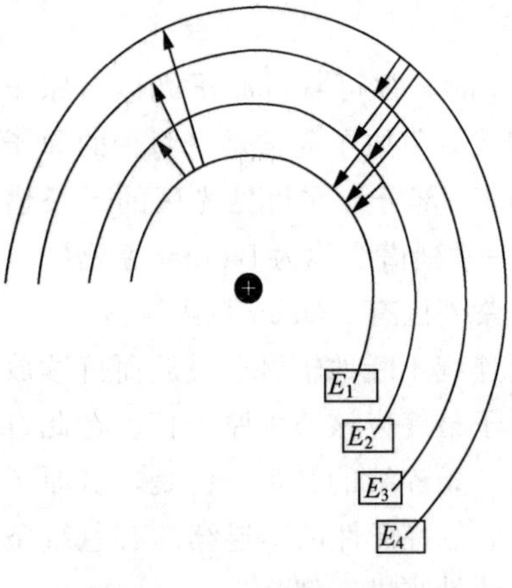

图 10-2 Bohr 氢原子模型

式中，E 为能量；Z 为核电荷数；n 为量子数。

（3）只有当电子从一种定态向另一种定态跃迁时，原子才会以光子的形式吸收或发射电磁波。处于激发态的电子不稳定，可以跃迁回低能量的轨道上，并以光子的形式释放能量，光子的频率决定于轨道的能量差 ΔE。

$$\Delta E=|E_2-E_1|=h\nu\qquad(10\text{-}2)$$

随着 n 的增加，电子离核越远，电子的能量以量子化的方式不断增加。当 $n\rightarrow\infty$ 时，电子离核无限远，成为自由电子，脱离原子核的作用，能量 $E=0$。

Bohr 对近代原子结构理论的贡献在于用能量变化的不连续性较成功地解释了氢原子光谱，指出了核外电子运动的量子化特征。并由此获得了 1922 年诺贝尔物理学奖。但是，由于他当时还不能完全摆脱经典物理学的束缚，仍然用宏观物体运动的固定轨道来描述原子中高速电子的运动状态，因而在解释多电子原子的光谱甚至是氢原子光谱的精细结构时，Bohr 理论遇到了难以克服的困难。Bohr 理论之所以出现这些不足之处，正是由于 Bohr 当时还没有认识到电子等微观粒子运动的另一个特征——波粒二象性（particle-wave duality）。

（二）核外电子运动的波粒二象性

关于光的本性，17 世纪末，有 Newton 的微粒说和 Huygens 的波动说，此番争论一直持续了 200 多年，直到 20 世纪初人们才逐渐认识到光具有波粒二象性。在光的波粒二象性的启发下，1924 年，法国物理学家 Louis de Broglie 大胆假设：一切实物粒子（静止质量不为零）也都具有波粒二象性。同时，他认为，光的波粒二象性的关系式同样也适用于电子等实物粒子。

$$\lambda=\frac{h}{P}=\frac{h}{mv} \tag{10-3}$$

此式称为 de Broglie 关系式。式中，h 是 Planck 常数，P 是电子的动量，m 是电子的质量，v 是电子的速度。

1927 年，美国物理学家 C. J. Davisson 和 L. H. Germer 的电子衍射实验直接证实了 de Broglie 假设——微观粒子具有波粒二象性。将高速电子流代替 X 射线穿过金属箔（一薄层镍的晶体作为衍射光栅），结果在感光胶片上得到一系列明暗交替的同心纹——与 X 射线相类似的衍射图纹，如图 10-3 所示。后来，用质子、中子、原子、分子等粒子流，也同样观察到衍射图像。

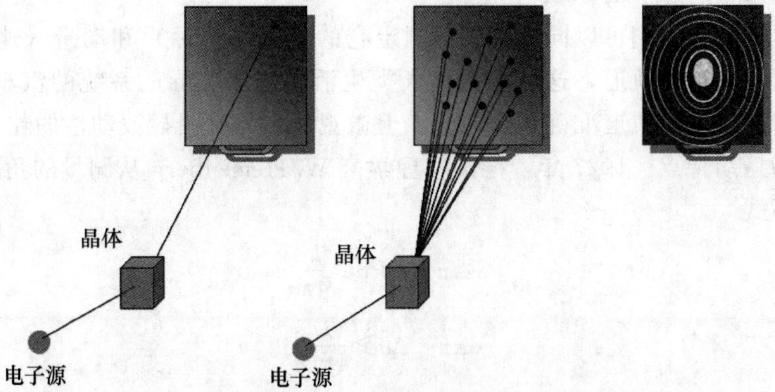

图 10-3　电子束通过镍箔的电子衍射图

怎样理解电子衍射图的意义呢？因为电子束中的电子都是在同样条件下通过晶体的，如果它只有粒子性，则每个电子都应到达照相底片上的同一点，不应有衍射环纹。衍射环纹的出现，说明电子有波动性。对一束电子而言是大量电子的行为，衍射环纹明亮的地方，是出现的电子数多的地方，相当于电子波的波峰与波峰叠加时波的增加。衍射环纹暗的地方，是到达的电子数少的地方，相当于电子波的波峰遇上波谷时波的减弱。虽然衍射图是电子束即大量电子的行为，但实验证明单个电子在相同条件下重复极多次通过晶体的行为也获得同样的衍射图。这说明电子衍射不是许多电子间相互影响造成的结果，而是电子本身运动所固有的规律性。由此可见，电子的波动性是和电子运动的统计性规律联系在一起的。就一个电子而言，每次到达什么地方是无法准确预测的，但重复极多次以后，一定是在衍射强度大的地方电子出现的机会多，在衍射强度小的地方电子出现的机会少。所以电子波是概率波，波强度的大小反映了电子出现的机会或概率的大小。电子波的物理意义与经典的机械波或电磁波不同，后者是介质质点或电磁场的振动在空间的传播；而电子波本身并无类似直观的物理意义，它只反映电子出现概率的大小。

【例 10-1】（1）电子在 1V 电压下运动的速度为 $5.9\times10^{5}\,\mathrm{m\cdot s^{-1}}$，电子质量 $m=9.1\times10^{-31}\,\mathrm{kg}$，$h$ 为 $6.626\times10^{-34}\,\mathrm{J\cdot s}$，电子波的波长是多少？（2）质量 $m=1.0\times10^{-8}\,\mathrm{kg}$ 的沙粒以 $1.0\times10^{-2}\,\mathrm{m\cdot s^{-1}}$ 的速度运动，波长又是多少？

解： $h=6.626\times10^{-34}\,\mathrm{J\cdot s}=6.626\times10^{-34}\,\mathrm{kg\cdot m^{2}\cdot s^{-2}}$

（1）根据 de Broglie 关系式可得电子波的波长

$$\lambda=\frac{h}{mv}$$

$$=\frac{6.626\times10^{-34}}{9.1\times10^{-31}\times5.9\times10^{5}}$$

$$=1.2\times10^{-9}\,(\mathrm{m})$$

$$=1200(\text{pm})$$

(2) 沙粒的波长

$$\lambda=\frac{h}{mv}$$
$$=\frac{6.626\times10^{-34}}{1.0\times10^{-8}\times1.0\times10^{-2}}$$
$$=6.626\times10^{-24}(\text{m})$$

从计算结果可以看出，物体的质量越大，速度越快，波长越短。宏观物体的质量较大，波长小到了难以测量，以至于其波动性难以察觉的程度，仅表现粒子性。微观粒子的质量极小，速度快，它的 de Broglie 波长不可忽视，有明显的波动性，兼具波粒二象性。

（三）Heisenberg 测不准原理

宏观物体运动时，人们可以同时准确地测定它的位置（坐标）和动量（速度），因此用经典力学规律可预测其运动轨道，这可从现代人类生活中安装有导航系统的汽车、火车、高铁、飞机以及太空中人造卫星轨道准确测定便知。但微观世界具有明显波动性的粒子，和宏观物体具有完全不同的运动特点。1927 年，德国物理学家 W. Heisenberg 从测量的角度出发，导出如下的测不准关系式。

$$\Delta x\cdot\Delta P_x\geqslant\frac{h}{4\pi}\tag{10-4}$$

或

$$\Delta x\cdot\Delta v\geqslant\frac{h}{4\pi m}\tag{10-5}$$

式中，Δx 为粒子在 x 方向位置的测量误差；ΔP_x 为粒子的动量在 x 轴方向的测量误差；Δv 为 x 方向粒子速度的测量误差；h 为 Planck 常数。

测不准原理指出：微观粒子具有波粒二象性，它的运动完全不同于宏观物体沿着固定轨道运动的方式。如果微观粒子的空间位置（即 Δx）测量得愈准确，其动量的不确定性（即 ΔP_x）就愈大。反之，如果微观粒子的动量测量得愈准确，则其空间位置的不确定性就愈大。因此，不可能同时准确地确定微观粒子的空间位置和动量。

【例 10-2】 电子质量为 9.1×10^{-31} kg，原子的半径为 $10^{-11}\sim10^{-10}$ m。如果电子的位置测量误差 Δx 要求小于 10^{-11} m 才有意义，试计算此时速度的误差 Δv 是多少。

解：根据 Heisenberg 测不准关系式，有

$$\Delta v\geqslant\frac{h}{4\pi\cdot m\cdot\Delta x}=\frac{6.626\times10^{-34}}{4\pi\times9.1\times10^{-31}\times10^{-11}}=5.8\times10^{6}(\text{m}\cdot\text{s}^{-1})$$

即速度的测量误差一定大于 $5.8\times10^{6}\,\text{m}\cdot\text{s}^{-1}$。

对微观粒子不能同时准确地测定其坐标和动量，说明像电子这样具有波动性的微粒，并不存在像宏观物体那种确定的运动轨道，也就是说，Bohr 理论假设的如行星轨道一样的电子轨道是不存在的。

三、氢原子结构的量子力学模型

1926 年，奥地利物理学家 Schrödinger 将驻波方程应用到氢原子的电子的运动状态，得到了著名的 Schrödinger 方程，这是个二阶偏微分方程。

$$\frac{\partial^2\psi}{\partial x^2}+\frac{\partial^2\psi}{\partial y^2}+\frac{\partial^2\psi}{\partial z^2}+\frac{8\pi^2 m}{h^2}(E-V)\psi=0\tag{10-6}$$

式中，m 是电子的质量；x、y、z 是电子在空间的坐标；E 是电子的总能量；V 是电子的势能；$(E-V)$ 是电子的动能；h 是 Planck 常数；ψ 是波函数，是 Schrödinger 方程的解。

Schrödinger 方程有很多的解，每一个合理的解都有一个相应的能量值与之对应，即每一个 ψ 对应一个能量值 E。波函数 ψ 代表电子的一种运动状态。ψ 又称为原子轨道波函数，或常

简称原子轨道。一般把电子出现概率在 99%的空间区域的界面作为原子轨道的大小。

波函数 ψ 描述了电子在原子核外的存在状态的所有信息。通常我们比较关心的是电子在核外空间某处出现的概率是多少，这需要知道电子在该处出现的概率密度（probability density）。而波函数 ψ 绝对值的平方（$|\psi|^2$）正好表示了电子在核外空间出现的概率密度，即电子在某点周围微单位体积内出现的概率。用更形象化的方式表示时，电子在核外空间的概率密度也可以用小黑点的疏密来形象地表示。小黑点密集的地方是概率密度大的地方，小黑点稀疏的地方是概率密度小的地方。这种密密麻麻的小黑点就像带负电荷的云雾笼罩在原子核周围，称为电子云（electron cloud）。这种小黑点图就是电子云图。通过电子云图可以直观、形象地表现电子的概率密度分布。图 10-4 是氢原子的 1s 电子云示意图。

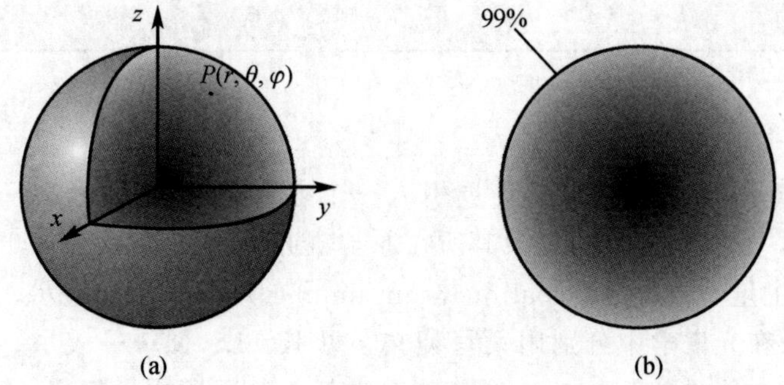

图 10-4　基态氢原子的电子云图

图 10-4a 是基态氢原子的 $|\psi|^2$ 立体图形，图 10-4b 是它的剖面图。处于不同运动状态的电子，它们的波函数 ψ 各不相同，其 $|\psi|^2$ 也当然各不相同，电子云图也就各不相同。

第二节　氢原子的原子轨道

一、量子数与原子轨道

（一）氢原子的波函数

氢原子核外仅有一个电子，电子在核外运动时的势能，只决定于核对它的吸引，用 Schrödinger 方程可以对其精确求解。为了方便求解，通常把直角坐标表示的 $\psi(x, y, z)$ 变换成球极坐标表示的 $\psi_{n,l,m}(r, \theta, \varphi)$。$r$ 为 p 点与原点的距离，θ、φ 分别为方位角，见图 10-5。

$$x = r\sin\theta\cos\varphi$$
$$y = r\sin\theta\sin\varphi$$
$$z = r\cos\theta$$
$$r = \sqrt{x^2 + y^2 + z^2}$$

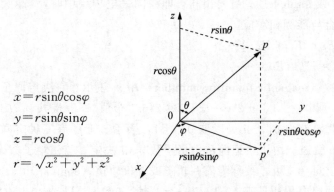

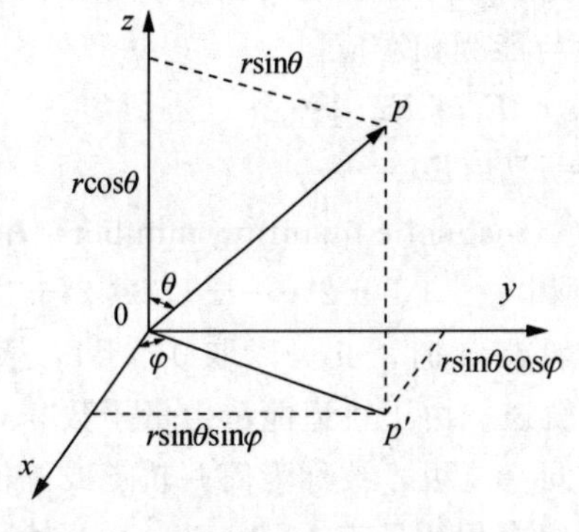

图 10-5　球极坐标与直角坐标的关系

氢原子的波函数 $\psi_{n,l,m}(r, \theta, \varphi)$ 及其相应能量列于表 10-1。

表 10-1 氢原子的波函数 $\psi_{n,l,m}(r, \theta, \varphi)$ 及其相应能量

轨道	$\psi_{n,l,m}(r, \theta, \varphi)$	$R_{n,l}(r)$	$Y_{l,m}(\theta, \varphi)$	能量 (J)
1s	$A_1 e^{-Br}\sqrt{\frac{1}{4\pi}}$	$A_1 e^{-Br}$	$\sqrt{\frac{1}{4\pi}}$	-2.18×10^{-18}
2s	$A_2 re^{-\frac{Br}{2}}\sqrt{\frac{1}{4\pi}}$	$A_2 re^{-\frac{Br}{2}}$	$\sqrt{\frac{1}{4\pi}}$	$-\frac{2.18\times10^{-18}}{2^2}$
$2p_z$	$A_3 re^{-\frac{Br}{2}}\sqrt{\frac{3}{4\pi}}\cos\theta$	$A_3 re^{-\frac{Br}{2}}$	$\sqrt{\frac{3}{4\pi}}\cos\theta$	$-\frac{2.18\times10^{-18}}{2^2}$
$2p_x$	$A_3 re^{-\frac{Br}{2}}\sqrt{\frac{3}{4\pi}}\sin\theta\cos\varphi$	$A_3 re^{-\frac{Br}{2}}$	$\sqrt{\frac{3}{4\pi}}\sin\theta\cos\varphi$	$-\frac{2.18\times10^{-18}}{2^2}$
$2p_y$	$A_3 re^{-\frac{Br}{2}}\sqrt{\frac{3}{4\pi}}\sin\theta\sin\varphi$	$A_3 re^{-\frac{Br}{2}}$	$\sqrt{\frac{3}{4\pi}}\sin\theta\sin\varphi$	$-\frac{2.18\times10^{-18}}{2^2}$
…	…	…	…	…

注：表中 A_1、A_2、A_3、B 均为常数

（二）四个量子数

在求解 Schrödinger 方程过程中，需要引入三个参数：n、l、m。这三个参数称为量子数（quantum number），它们决定着电子及其所在原子轨道的量子化情况。

1. 主量子数　主量子数（principal quantum number）用符号 n 表示。可以取任意正整数值，即 1、2、3……在光谱学中分别用大写英文字母 K、L、M……表示。它是决定轨道能量的主要因素，n 越小，能量越低。$n=1$ 时，能量最低。氢原子或类氢离子核外只有一个电子，能量仅由主量子数决定，即

$$E=-\frac{Z^2}{n^2}\times2.18\times10^{-18}\,\text{J}$$

式中，Z 为核电荷数。主量子数还决定电子在核外空间出现概率最大的区域离核的平均距离，或者说决定原子轨道的大小。n 越大，电子离核平均距离越远，原子轨道也越大。在同一原子中，n 相同的电子，几乎是在距核的平均距离相近的空间范围内运动，被称为一“层”，即电子层（shell），n=1、2、3、4……分别称为 K、L、M、N……层。即具有相同主量子数的轨道属于同一电子层。

2. 轨道角动量量子数　轨道角动量量子数（orbital angular momentum quantum number）用符号 l 表示。它决定原子轨道的形状，取值受主量子数 n 的限制。l 取 0、1、2、3……$(n-1)$，共 n 个值，可给出 n 种不同形状的轨道，按光谱学习惯，用英文小写字母依次表示为 s、p、d、f、g……

在多电子原子中，由于存在电子间的静电排斥，原子轨道能量还与角量子数 l 有关，故 l 又称为电子亚层（subshell 或 sublevel）。当 n 相同，即在同一电子层中时，l 越大，轨道能量越高。量子数（n，l）组合与能级相对应。

对多电子原子：$E_{ns}<E_{np}<E_{nd}<E_{nf}<\cdots\cdots$

对于氢原子：$E_{ns}=E_{np}=E_{nd}=E_{nf}=\cdots\cdots$

3. 磁量子数　磁量子数（magnetic quantum number）用 m 表示。它决定原子轨道的空间取向。m 取值受 l 的限制，取 0、±1、±2……±l，共 $2l+1$ 个值。l 亚层共有 $2l+1$ 个不同空间伸展方向的原子轨道。例如 $l=1$ 时，m 可以取 0、±1，表示 p 亚层有三种空间取向，或这个亚层有 3 个不同取向的 p 轨道。由于轨道能量由量子数 n、l 决定，与磁量子数无关，故这 3 个 p 轨道的能量相等，处于同一能级，被称为简并轨道或等价轨道（equivalent orbital）。

三个量子数 n、l、m 的组合规律见表 10-2。当 $n=1$ 时，l 和 m 只能取 0，说明 K 电子层只有一个能级，量子数组合只有（1，0，0），代表轨道 $\psi_{1,0,0}$ 或 ψ_{1s}，也简称 1s 轨道。当 $n=2$ 时，l 可以取 0 和 1，所以 L 电子层有两个能级。当 $l=0$ 时，m 只能取 0，只有一个轨道，$\psi_{2,0,0}$ 或 ψ_{2s}，也称为 2s 轨道；而当 $l=1$ 时，m 可以取 0、±1，有 $\psi_{2,1,0}$、$\psi_{2,1,1}$、$\psi_{2,1,-1}$（或 ψ_{2p_z}、

ψ_{2p_x}、ψ_{2p_y}）三个轨道，也称为 $2p_x$、$2p_y$、$2p_z$ 轨道。L 电子层共有 4 个轨道。由此类推，每个电子层的轨道总数应为 n^2。

表 10-2　量子数组合和轨道数

主量子数 n	轨道角动量量子数 l	磁量子数 m	波函数	同一电子层的轨道数（n^2）
1	0	0	ψ_{1s}	1
2	0	0	ψ_{2s}	4
	1	0	ψ_{2p_z}	
		±1	ψ_{2p_y}，ψ_{2p_x}	
3	0	0	ψ_{3s}	9
	1	0	ψ_{3p_z}	
		±1	ψ_{3p_y}，ψ_{3p_x}	
	2	0	$\psi_{3d_{z^2}}$	
		±1	$\psi_{3d_{yz}}$，$\psi_{3d_{xz}}$	
		±2	$\psi_{3d_{xy}}$，$\psi_{3d_{x^2-y^2}}$	

4. 自旋角动量量子数（spin angular momentum quantum number）　Bohr 理论成功地解释了氢原子光谱的产生及其规律性。但在使用分辨率极强的分光镜研究氢原子光谱的精细结构时发现，每一条谱线又分裂为几条波长相差无几的谱线。例如，当电子由 2p 轨道跃迁至 1s 轨道时得到的是靠得很近的两条谱线。这一现象不但无法用 Bohr 理论解释，也无法用 n、l、m 三个量子数进行解释。因为 2p 和 1s 都只有一个能级，这种跃迁只能产生一条谱线。1925 年 Uhlenbeck 和 Goldchmidt 提出了电子自旋的假设，认为电子除了围绕核旋转外，还有自身的旋转运动，具有自旋角动量。电子自旋角动量在外磁场方向的分量 M_s 的大小，由自旋量子数 m_s 决定。m_s 的取值只有两个，即 $m_s = \pm\frac{1}{2}$，因此电子的自旋方式只有两种。也可用符号“↑”和“↓”表示。当两个电子自旋处于相同状态时称为自旋平行，可用符号“↑↑”或“↓↓”表示；反之，叫作自旋反平行，用符号“↑↓”或“↓↑”表示。

综上所述，一个原子轨道需 n、l、m 三个量子数决定。但如前所述，电子自身有一个自旋量子数 m_s 的限定。因此，原子中每个电子的运动状态必须用 n、l、m、m_s 四个量子数来描述。四个量子数确定之后，电子在核外空间的运动状态也就确定了。

【例 10-3】　已知基态 Na 原子的价电子处于最外层的 3s 亚层，试用 n、l、m、m_s 四个量子数来描述该电子的运动状态。

解： 最外层 3s 轨道 $n=3$、$l=0$、$m=0$。该电子的运动状态可表示为 3，0，0，$+\frac{1}{2}$ 或 3，0，0，$-\frac{1}{2}$。

二、原子轨道和电子云的角度分布图

（一）原子轨道的角度分布图

绘制原子轨道的图形对解释电子在原子核外空间的概率分布有直观的效果，并有助于理解共价键的方向性和配位化合物的分子几何结构等实际图像问题。基于氢原子 Schrödinger 方程精确求解所得到的波函数 $\psi_{n,l,m}(r, \theta, \varphi)$ 是空间坐标 r、θ、φ 三个自变量的函数，要画出 ψ 和 r、θ、φ 关系的图像很困难。因此，可考虑将 $\psi_{n,l,m}(r, \theta, \varphi)$ 进行变量分离，分离成函数 $R_{n,l}(r)$ 和 $Y_{l,m}(\theta, \varphi)$ 的积。

$$\psi_{n,l,m}(r,\theta,\varphi)=R_{n,l}(r)\cdot Y_{l,m}(\theta,\varphi) \tag{10-7}$$

式中，$R_{n,l}(r)$ 称为波函数的径向部分或径向波函数（radial wave function），它是电子离核距离 r 的函数，与 n 和 l 两个量子数有关。$Y_{l,m}(\theta, \varphi)$ 称为波函数的角度部分或角度波函数（angular wave function），它是方位角 θ 和 φ 的函数，与 l 和 m 两个量子数有关，体现原子轨道在核外空间的形状和取向。对这两个函数分别作图，可以从波函数的径向和角度两个侧面观察电子的运动状态。表 10-1 列出了 K 层和 L 层氢原子轨道的径向波函数、角度波函数以及对应的能量。

在球极坐标内描绘角度分布时，首先要画一个三维直角坐标，将原子核放在原点。从原点向每一个方向（θ, φ）上引一直线，使其长度等于 $|Y|$ 值，然后连接各直线的端点，便成一个空间曲面，标上"+"、"−"号，就得到原子轨道的角度分布图。它反映 $Y_{l,m}(\theta, \varphi)$ 值随方位角（θ, φ）改变而变化的情况，并不代表电子离核的距离，与 r 的变化也无关。只要 l、m 相同，即使 n 不同的轨道，Y 函数角度分布图的形状也一致。

1. s 轨道角度分布图　s 轨道在各方向（θ, φ）上离核距离相等的点在空间连成一个球面，球面上各点 Y 值相等，图上标有"+"号，表示 Y 值的符号。图 10-6a 显示 s 轨道剖面图，图 10-6b 所示为其立体图形。

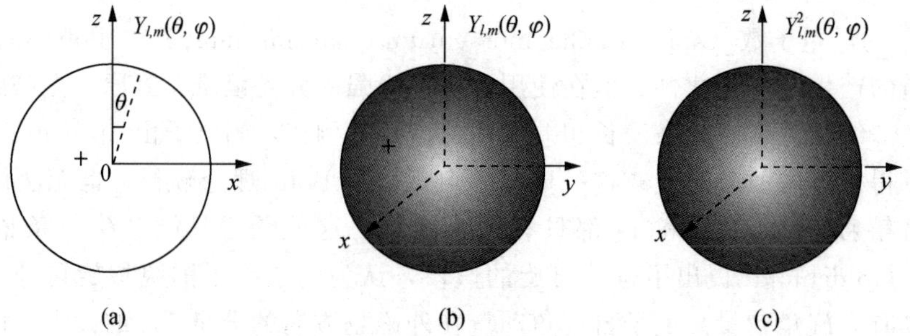

图 10-6　s 轨道和电子云的角度分布图

2. p 轨道角度分布图　p 轨道角度波函数值与方位角有关。以 p_z 轨道为例，$Y_{p_z}=\sqrt{\dfrac{3}{4\pi}}\cos\theta$，$Y_{p_z}$ 值随 θ 变化情况如表 10-3 所示。

表 10-3　Y_{p_z} 值随 θ 变化情况

θ	0°	30°	60°	90°	120°	150°	180°
$\cos\theta$	1	0.866	0.5	0	−0.5	−0.866	−1
Y_{p_z}	0.489	0.423	0.244	0	−0.244	−0.423	−0.489

从原点向每一个方向（θ, φ）上引一直线，使其长度等于 $|Y_{p_z}|$ 值，然后连接各直线的端点，得到一双波瓣的图形，每一波瓣形成一个球体，图 10-7 为其剖面图。两波瓣沿 z 轴方向伸展。在 xy 平面上方 $Y_{p_z}>0$，标"+"号，下方 $Y_{p_z}<0$，标"−"号。两波瓣相对 xy 平面反对称。在 xy 平面上 Y 函数值为零，这个平面称为节面（nodal plane）。

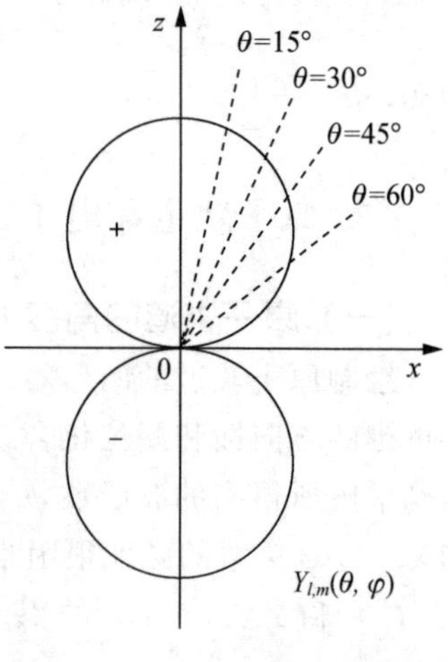

图 10-7　p_z 轨道的角度分布图

p 轨道的轨道角动量量子数 $l=1$，磁量子数 m 可取 0、+1、−1 三个值，表明轨道在空间有三个伸展方向。$m=0$ 的 p_z 轨道沿 z 轴方向伸展。$m=\pm1$ 时，可组合得到 p_x 和 p_y 轨道，其角度分布图形状和 p_z 轨道相同，但两轨道分别沿 x 轴和 y 轴方向伸展。图 10-8a 是三个 p 轨道的角度分布图。

3. d 轨道的角度分布图　这些图形有四个橄榄形波瓣，各

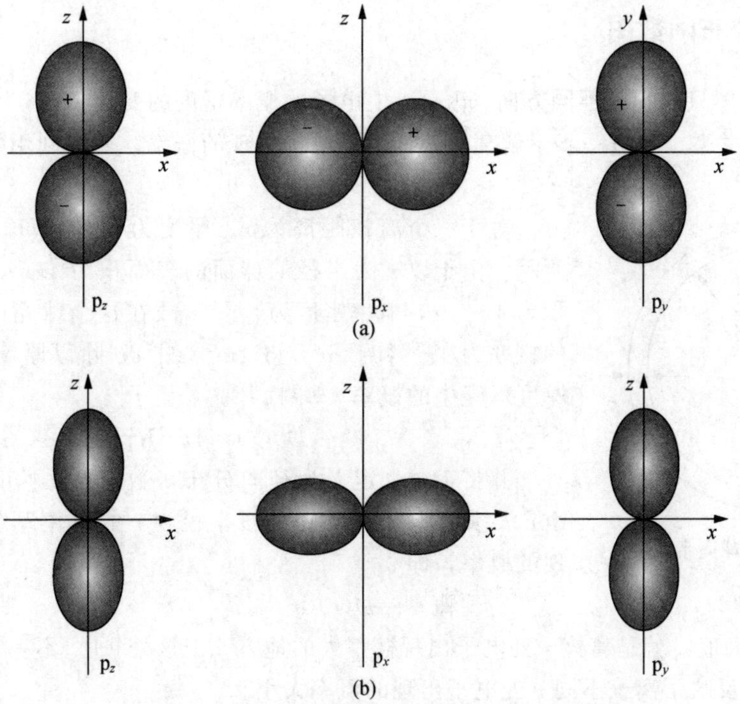

图 10-8　p 轨道角度波函数和电子云的角度分布图

有两个节面（图 10-9）。d_{xy}、d_{xz} 和 d_{yz} 的波瓣沿坐标轴夹角 45°方向伸展，包含坐标轴的平面（如 xz 面、yz 面、xy 面）为其节面。$d_{x^2-y^2}$ 分别沿 x 轴和 y 轴方向伸展。在坐标轴夹角 45°方向有其节面。d_{z^2} 的图形看起来很特殊，其形状犹如上下两个“气球”嵌在中间的一个“轮胎”之中，在 $\theta=54°44'$ 及 $\theta=125°16'$ 方向上分别有两个节面。

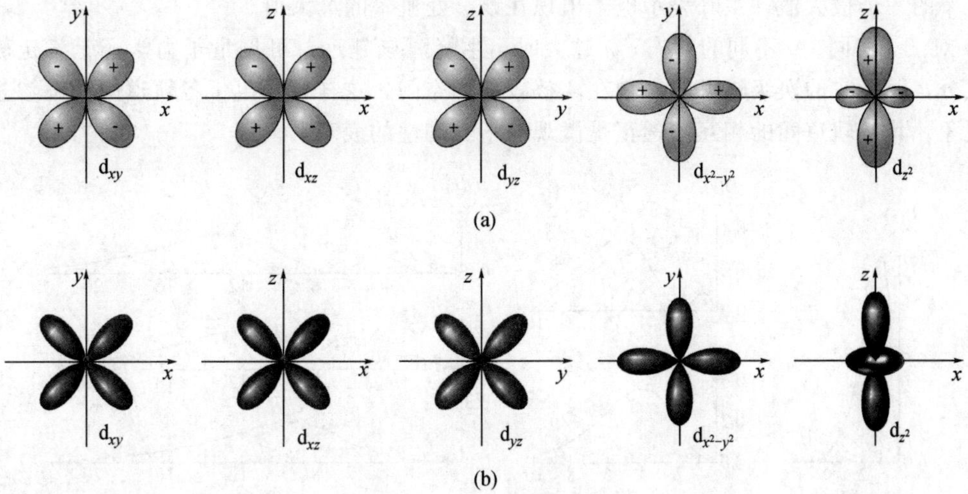

图 10-9　d 轨道角度波函数和电子云的角度分布图

（二）电子云的角度分布图

概率密度与波函数一样，概率密度也可以分解为两个函数的乘积。

$$\psi_{n,l,m}^2(r,\theta,\varphi)=R_{n,l}^2(r)\cdot Y_{l,m}^2(\theta,\varphi) \tag{10-8}$$

式中，$R_{n,l}^2(r)$ 称为概率密度的径向部分；$Y_{l,m}^2(\theta,\varphi)$ 称为概率密度的角度部分。图 10-6c、图 10-8b、图 10-9b 分别是 s、p、d 电子云的角度分布图。电子云图形相对较瘦且没有“＋”、“－”号。

三、径向分布函数图

$Y_{l,m}^2(\theta,\ \varphi)$ 图只表示在不同方向 $(\theta,\ \varphi)$ 上电子的概率密度的变化情况，不表示电子的概率密度与距离的关系。要进一步了解离核不同 r 处电子出现的概率，还需利用概率密度的径向部分 $R_{n,l}^2(r)$。

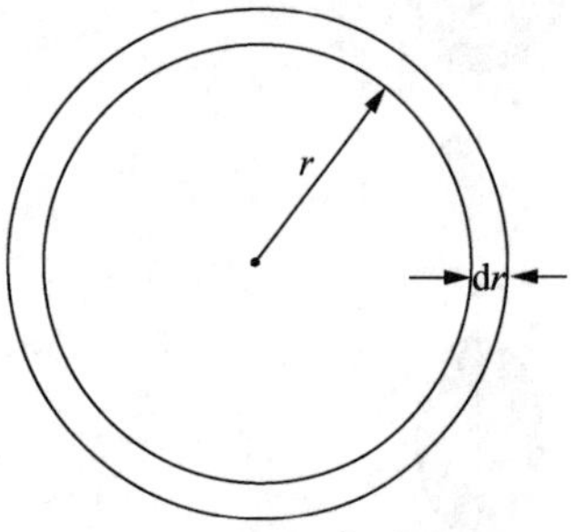

图 10-10 薄球壳示意图

对于一个离核距离为 r、厚度为 dr 的薄球壳，如图 10-10 所示。由于以 r 为半径的球面的表面积为 $4\pi r^2$，球壳薄层的体积为 $4\pi r^2 dr$，概率密度为 $|\psi|^2$，故在这个球壳体积中出现电子的概率为 $4\pi r^2|\psi|^2 dr$。将 $4\pi r^2|\psi|^2 dr$ 除以厚度 dr，即得单位厚度球壳中的概率 $4\pi r^2|\psi|^2$。

令
$$D(r)=4\pi r^2 R_{n,l}^2(r) \tag{10-9}$$

并将 $D(r)$ 定义为径向分布函数（radial distribution function），则 $D(r)$ 体现在离核半径为 r 的单位厚度球壳内电子出现的概率，即

$$\text{概率}=D(r)dr$$

$D(r)$ 有极大值，就是离核 r 处电子出现概率大的地方，但该处 $|\psi|^2$ 不一定极大。所以径向分布函数真正反映了离核不同 r 处电子出现的概率大小。

图 10-11 是 K、L、M 层原子轨道的径向分布函数图。从中可以看出：

1. 在氢原子 1s 轨道径向分布函数图中，$r=52.9\text{pm}$ 处出现一个峰，表明电子在该处附近单位厚度球壳内出现的概率最大，这个离核位置与运用 Bohr 理论计算得到 $n=1$ 层的轨道玻尔半径 $a_0=52.9\text{pm}$ 相吻合，但二者含义截然不同。从量子力学观点看，玻尔半径不过是基态氢原子电子出现概率最大处离核的距离。

2. 当 n、l 确定后，径向分布函数 $D(r)$ 应有 $(n-l)$ 个峰。每一个峰表示离核 r 处电子出现概率的一个极大值，主峰表示电子出现在该 r 处概率的最大值。

3. 对于 l 相同、n 不同的状态，n 越大时，主峰离核越远。可见量子力学还是肯定轨道有内外之分，但是它的次级峰可能出现在离核较近的空间，这样就产生了各轨道间相互渗透、交叉的现象。其实轨道间的相互渗透正是微观粒子波动性的表现。

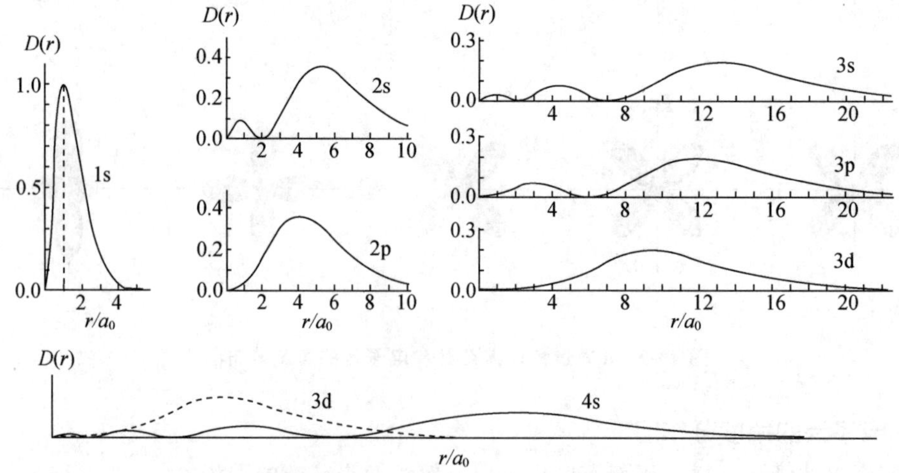

图 10-11 氢原子 K、L、M 层原子轨道的径向分布函数图

4. n 相同、l 不同时，l 越小，峰越多，而且它的第一个峰离核越近，或者说第一个峰钻得越深，这种现象叫轨道的钻穿效应。n 相同、l 不同时的钻穿能力顺序为：

$$ns > np > nd > nf > \cdots\cdots$$

5. 在多电子原子中，原子轨道的 n 和 l 都不相同时，情况复杂一些，例如，4s 的第一个峰甚至钻到比 3d 的主峰离核更近的距离之内。即，钻穿能力 4s＞3d。

第三节　多电子原子的核外电子排布

在多电子原子中，核外有 2 个或 2 个以上的电子，电子除了受原子核的吸引作用，还受到其他电子的排斥作用，而且电子的位置瞬息万变，给精确求解多电子原子的波动方程带来困难。因此，将氢原子结构的大部分结论（原子轨道的名称、数目、形状、角度分布图）近似处理后用于多电子原子结构。多电子原子的能级是近似能级。

一、多电子原子的能级

（一）屏蔽效应

在多电子原子中，例如锂原子，其第二层的一个电子，除了受原子核对它的吸引力之外，还受到第一层 2 个电子对它的排斥力作用。在波函数的数学处理上，一个简化的方法是假设原子中其他电子对某电子 i 的排斥作用相当于它们屏蔽住原子核，抵消了部分核电荷对电子 i 的吸引力，称为对电子 i 的屏蔽效应（screening effect），常用屏蔽常数 σ（screening constant）表示被抵消掉的这部分核电荷。这样，能吸引电子 i 的核电荷是有效核电荷（effective nuclear charge），以 Z' 表示，在数值上等于核电荷数 Z 和屏蔽常数 σ 之差。

$$Z' = Z - \sigma \tag{10-10}$$

以 Z' 代替 Z，近似计算电子 i 的能量 E。

$$E = -2.18 \times 10^{-18} \times \frac{Z'^2}{n^2} \tag{10-11}$$

多电子原子中电子的能量与 n、Z、σ 有关。n 越小或 Z 越大，能量越低。而 σ 越大，电子受到的屏蔽作用越强，能量越高。

（二）钻穿效应

前面讨论原子轨道径向分布函数图已知量子数为 n 和 l 的轨道，其径向分布函数有 $n-l$ 个极大值。n 相同、l 不同时，l 越小的轨道，峰越多，第一个峰离核越近，受到其他电子的屏蔽减弱，受到的有效核电荷作用增大，能量越低。这种作用称为钻穿效应（penetration effect）。钻穿效应使轨道的能量降低。

（三）“能级交错”现象

由于屏蔽效应和钻穿效应存在，原子轨道的能级会出现内层 $n-1$ 轨道的能量高于外层 n 轨道的能量。这种现象称为“能级交错”现象，比如 3d 高于 4s 轨道，4f 高于 6s 轨道等。因此，在多电子原子中，轨道能量以及它的次序不是单调变化的。

美国化学家 L. Pauling 根据光谱数据给出多电子原子的近似能级顺序

$$E_{1s} < E_{2s} < E_{2p} < E_{3s} < E_{3p} < E_{4s} < E_{3d} < E_{4p} < \cdots\cdots$$

需要指出，上述近似能级顺序是指一个原子内的情况。不同原子之间相同的原子轨道其能量其实是不同的，例如 H 原子的 1s 轨道能量为 −13.6eV，而 K 原子的 1s 轨道能量为 −4755.8eV。这是由于各原子轨道的能量随原子序数增加，有效核电荷数增加而能量降低。美国当代化学家 F. A. Cotton 在总结前人的光谱实验和量子力学计算结果基础上，画出了原子轨道能量随原子序数而变化的图——Cotton 原子轨道能级图。

二、多电子原子的核外电子排布

原子核外电子在各原子轨道上的排布，称为原子的电子层结构或电子组态（electronic configuration）。基态原子的核外电子排布遵守下面三条经验规律。

1. Pauli 不相容原理　电子在原子轨道上的排布符合 Pauli 不相容原理（Pauli exclusion principle）：在同一原子中不可能有四个量子数完全相同的 2 个电子。即如果两个电子在同一个原子轨道中（具有相同的 n、l、m 值），那么自旋量子数 m_s 必不同，即具有不同的自旋状态。由于电子的自旋状态只有两种，因此，一个原子轨道中最多只能容纳两个自旋相反的电子。一个电子层有 n^2 个原子轨道，那么其最多可以容纳 $2n^2$ 个电子。

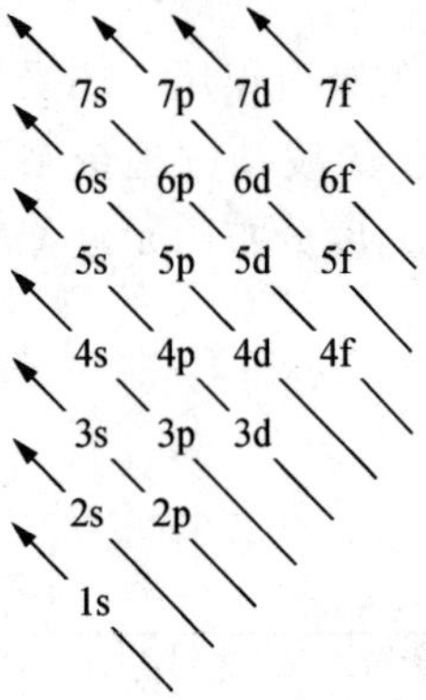

图 10-12　近似能级顺序

2. 能量最低原理　能量越低系统越稳定，这是自然界的一个普遍规律。原子中电子在不同轨道中的排布也遵循此规律。多电子原子在基态时，电子总是优先占据能量较低的轨道，只有当能量较低的轨道占满后，电子才依次进入能量较高的轨道，这样的核外电子排布方式将会使体系总能量最低，这就是能量最低原理，又称构造原理（building-up principle 或 Aufbau principle）。依据图 10-12 近似能级顺序，排布电子时，可以得到使整个原子能量最低的电子组态（图 10-13）。

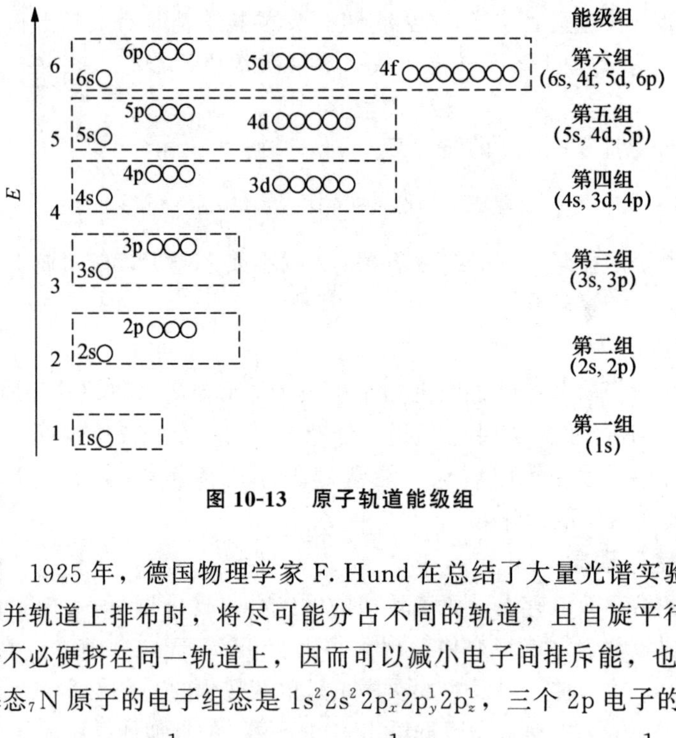

图 10-13　原子轨道能级组

3. Hund 规则　1925 年，德国物理学家 F. Hund 在总结了大量光谱实验数据后指出："电子在能量相同的简并轨道上排布时，将尽可能分占不同的轨道，且自旋平行"。实际上这种排布方式使两个电子不必硬挤在同一轨道上，因而可以减小电子间排斥能，也是为了使原子的能量最低。例如，基态 $_7$N 原子的电子组态是 $1s^2 2s^2 2p_x^1 2p_y^1 2p_z^1$，三个 2p 电子的运动状态是：

$$2, 1, 0, +\frac{1}{2}; \quad 2, 1, 1, +\frac{1}{2}; \quad 2, 1, -1, +\frac{1}{2}$$

也可以用原子轨道表示式表示为：

$$_7\text{N} \quad \begin{array}{ccc} 1s & 2s & 2p \\ \boxed{\uparrow\downarrow} & \boxed{\uparrow\downarrow} & \boxed{\uparrow\;\uparrow\;\uparrow} \end{array}$$

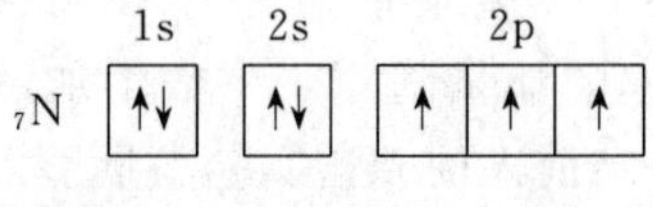

Hund 规则特例：在 l 相同的简并轨道上，电子全充满（如 p^6、d^{10}、f^{14}）、半充满（如 p^3、d^5、f^7）或全空（如 p^0、d^0、f^0）时，原子的能量低、稳定。因此，第四周期中，基态 $_{24}$Cr 原子的电子组态是 $1s^2 2s^2 2p^6 3s^2 3p^6 3d^5 4s^1$，而非 $1s^2 2s^2 2p^6 3s^2 3p^6 3d^4 4s^2$；基态 $_{29}$Cu 原子的电子组

态是 $1s^2 2s^2 2p^6 3s^2 3p^6 3d^{10} 4s^1$，而非 $1s^2 2s^2 2p^6 3s^2 3p^6 3d^9 4s^2$。半充满时，自旋平行的单电子数最多。

【例 10-4】 按电子排布的规律，写出 26 号元素铁的基态电子组态。

解： 铁的基态电子排布式为

$$_{26}Fe: 1s^2 2s^2 2p^6 3s^2 3p^6 3d^6 4s^2$$

原子内层中满足稀有气体电子层结构的部分称为原子芯（atomic core），在化学反应中一般不发生变化，该部分电子组态可用稀有气体的元素符号加方括号简化表示。例如基态$_{27}$Co 原子的电子组态

$$1s^2 2s^2 2p^6 3s^2 3p^6 3d^7 4s^2$$

可简化为

$$[Ar]3d^7 4s^2$$

这种写法的另一优点是突出了价层电子构型（valence shell electron configuration，又称价层电子组态、外围电子构型），如铁原子的价层电子构型是 $3d^6 4s^2$，银原子的价层电子构型是 $4d^{10} 5s^1$。但对于长周期的 p 区元素，原子芯后面的电子排布则不全是价层电子构型，如基态 Se 原子的电子组态为 $[Ar]3d^{10} 4s^2 4p^4$，因为次外层的 3d 电子不涉及电子得失，不是价层电子，所以基态 Se 原子的价层电子构型为 $4s^2 4p^4$。

书写离子的电子排布式是在基态原子的电子排布式基础上加上或减去得失的电子数。例如 Fe^{2+}、Fe^{3+} 的电子组态分别为 $[Ar]3d^6$、$[Ar]3d^5$。

第四节 元素周期表与元素周期律

元素性质的周期性是随元素原子核外电子排布的周期性变化而变化的。元素周期表是元素原子的电子层结构周期性变化和元素性质周期性变化的表现形式。

一、原子的电子组态与元素周期表

(一) 元素周期

将原子核外电子层数相同的元素排成一个横行，称为一个周期。现已收录和命名的元素共 112 种，排在周期表中，共 7 个横行，即为 7 个周期。而每一个能级组又对应元素周期表的一个周期（period）。

(二) 价层电子组态与族

在元素周期表中，将基态原子的价层电子组态相似的元素归为一列，称为族（group），共 16 族，其中主族、副族各 8 个。主族和副族元素的性质差异与价层电子组态密切相关。

1. 主族　包括ⅠA～ⅧA 族，其中ⅧA 族又称 0 族。主族元素的内层轨道全充满，最外层电子组态从 ns^1、ns^2 到 $ns^2 np^{1\sim6}$，最外层同时又是价电子层。最外层电子总数等于族数，也等于该族元素的最高正氧化数。

2. 副族　包括ⅠB～ⅧB 族，其中ⅧB 族又称Ⅷ族。副族元素的电子结构特征一般是次外层 $(n-1)$d 或倒数第三层 $(n-2)$f 轨道上有电子填充，$(n-2)$f、$(n-1)$d 和 ns 电子都是副族元素的价层电子。副族的ⅠB、ⅡB 族由于其 $(n-1)$d 亚层已经填满，所以最外层 ns 亚层上的电子数等于其族数。ⅢB～ⅦB 族，族数等于 $(n-1)$d 及 ns 轨道上电子数的总和；ⅧB 族称为Ⅷ族，有三列元素，其 $(n-1)$d 及 ns 轨道的电子数之和达到 8～10。第 6、7 周期中的镧系或锕系元素，它们各有 15 个元素，其电子结构特征是 $(n-2)$f 轨道被填充并最终被填满，$(n-1)$d 轨道上电子数大多为 1 或 0。

(三) 元素分区

根据价层电子组态的特征，可将周期表中的元素分为 5 个区（图 10-14）。

1. s 区元素　价电子填充在 ns 亚层的元素属于 s 区元素，在这个区域的元素价层电子组态是 ns^1 和 ns^2，包括ⅠA 族（碱金属）和ⅡA 族（碱土金属）。除 H 以外都是金属，在化学反应中容易失去 1 个和 2 个 s 电子变成+1 或+2 价离子。

2. p 区元素　价电子填充在 np 亚层的元素属于 p 区元素，价层电子组态是 $ns^2np^{1\sim6}$（除 He 为 $1s^2$ 外），包括ⅢA～ⅧA 族，大部分是非金属元素。ⅧA 族是稀有气体。p 区元素多有可变的氧化数，是化学反应中最活跃的成分。

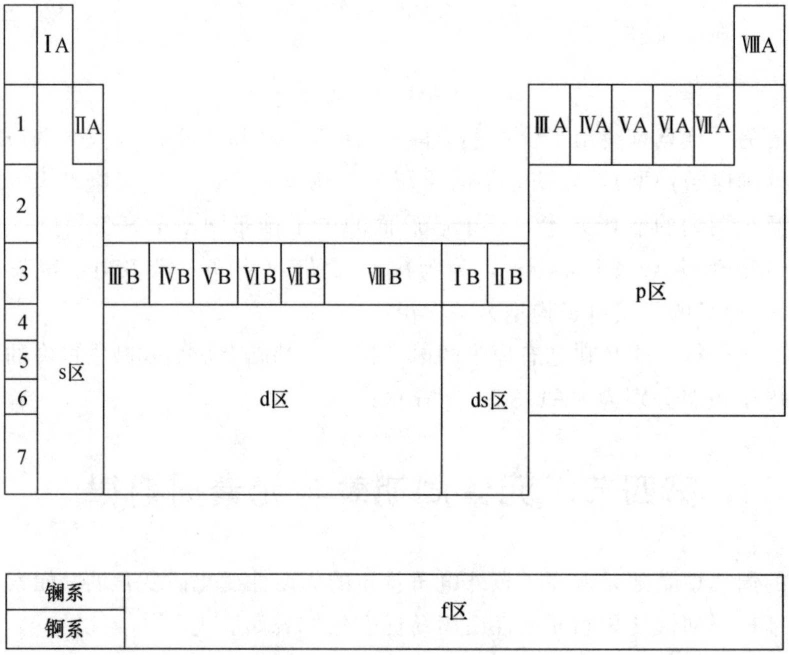

图 10-14　周期表中元素的分区

3. d 区元素　价电子陆续填充在 $(n-1)d$ 亚层的元素属于 d 区元素，价层电子组态是 $(n-1)d^{1\sim8}ns^2$ 或 $(n-1)d^9ns^1$ 或 $(n-1)d^{10}ns^0$，包括ⅢB～ⅧB 族，都是金属元素，且在物理和化学性质方面表现出很多共性，每种元素都有多种氧化数，都含有未充满的 d 轨道，易成为配位化合物中不可缺少的中心原子。

4. ds 区元素　价层电子组态为 $(n-1)d^{10}ns^{1\sim2}$，包括ⅠB 和ⅡB 族。不同于 d 区元素，它们次外层 $(n-1)d$ 轨道是充满的。它们都是金属，有可变氧化数。

5. f 区元素　价电子陆续填充在 $(n-2)f$ 亚层的元素属于 f 区元素，价层电子组态一般为 $(n-2)f^{0\sim14}(n-1)d^{0\sim2}ns^2$，包括镧系和锕系元素。它们的最外层电子数目、次外层电子数目大都相同，只有 $(n-2)f$ 亚层电子数目不同，所以每个系内各元素化学性质极为相似。它们都是金属，也有可变氧化数，常见氧化数为+3。

【例 10-5】 已知某元素的原子序数为 28，试写出该元素基态原子的电子组态，并指出该元素在周期表中所属周期、族和区。

解：该元素的原子有 28 个电子，电子组态为 $1s^22s^22p^63s^23p^63d^84s^2$，或写成 $[Ar]3d^84s^2$。其中最外层电子的主量子数 $n=4$，3d、4s 能级的 $(n+0.7l)$ 值分别为 4.4、4.0，属第 4 能级组，所以该元素在第 4 周期。最外层 s 电子和次外层 d 电子总数为 10，所以它属ⅧB 族，是 d 区镍元素。

二、元素性质的周期性变化规律

元素性质的变化规律与原子结构的周期性递变有关。有效核电荷、原子半径、元素电离能、电子亲和能和电负性等，都随元素原子核外电子排布的变化而呈现周期性变化。

(一) 有效核电荷

多电子原子中，外层电子由于受到内层电子的屏蔽作用，吸引最外层电子的核电荷是有效核电荷 Z'。例如，Li 原子的电子排布是 $1s^2 2s^1$。最外层的 1 个 2s 电子受到的有效核电荷为 $3-2\times0.85=1.3$。虽然核电荷数随原子序数的增加而逐一增加，但有效核电荷却呈现周期性的变化。

每增加一个周期，就增加一个电子层，但对最外层电子而言却增加了一层屏蔽作用大的内层电子，所以有效核电荷增加缓慢。如 Li 原子比氢原子多出 2 个电子，但有效核电荷仅增加 0.3。

同一周期中，随着核电荷的增加，核外电子逐渐增多，但增加的电子几乎都在同一层内，屏蔽作用较小。因此，外层电子受到的有效核电荷增加较快。短周期增长明显，长周期增长较慢，f 区元素几乎不增加。

(二) 原子半径

由于原子核外电子分布呈云雾状出现于全空间，不存在严格意义上的精确半径，单个孤立原子无法测量它的半径。通常所说的原子半径（atomic radius）实验测定值是根据晶体或气态分子中两个相邻原子核之间距离来确定的。这样，同一种元素的原子可以有多种半径。如：共价半径（covalent radius）、van der Waals 半径（van der Waals radius）、金属半径（metallic radius）和离子半径（ionic radius）。

当两个同种原子以共价键结合时，原子核间距离的一半即为该原子的共价半径；金属半径是指金属单质的晶体中相邻两个原子核间距离的一半。例如钠元素处于钠蒸气状态时，它以双原子分子 Na_2 形式存在，就有一个共价半径；当它以固体状态存在时，它以紧密堆积方式互相接触，就有一个金属半径；当它以 Na^+ 形式和负离子 Cl^- 形成 NaCl 晶体时，根据 NaCl 的核间距和 Cl^- 的半径，可知 Na^+ 的离子半径。van der Waals 半径指分子间因 van der Waals 力接近到一定距离，与核外电子间排斥力达到动态平衡时，两相邻分子中相互“接触”原子的核间距的一半；四种半径中，共价半径和金属半径是原子处于键合状态的半径，比 van der Waals 半径要小得多，一般均指共价半径。共价键还有单、双、三键之分，且相应的共价半径并不相等。例如碳原子的共价半径就包括：r(单)＝77pm，r(双)＝67pm，r(三)＝60pm。如表 10-4 所示。

表 10-4　Cl 和 Na 原子四种半径的比较

原子	共价半径(pm)	金属半径(pm)	离子半径(pm)	van der Waals 半径(pm)
Cl	99	—	181	198
Na	157	186	99	231

同一周期的主族元素，随原子序数增加，新增电子填在最外层的 s 或 p 轨道上。相邻两元素，原子序数增加 1，即增加 1 个核电荷，最外层电子的屏蔽常数增加 0.30 或 0.35，有效核电荷至少增加 0.65，对外层电子的吸引力增加迅速，使原子半径明显依次减小。

同一周期的过渡元素，随原子序数增加，新增电子大多填充在价层的（$n-1$）d 或（$n-2$）f 轨道上，对应增加 1 个核电荷，外层电子的屏蔽常数增加 0.85 或 1.00，有效核电荷最多增加 0.15，对外层电子的吸引力增加较少，使原子半径随原子序数增大而减小的幅度变小。过渡元素有效核电荷变化不大，原子半径几乎不变。

同一主族的元素，从上到下电子层数增多，由于内层电子的屏蔽效应，有效核电荷增加缓慢，且最外层电子离核越来越远，导致原子半径明显增大。

(三) 元素的电离能、电子亲和能和电负性

1. 元素的电离能　元素的电离能用以衡量元素原子或离子失去电子的难易程度。通常用元素的第一电离能（I_1）来比较原子失去电子的倾向，它是气态的基态原子失去一个电子、变成气态的正一价离子所需要的最低能量。各元素原子的 I_1 总体上也呈周期性变化，同一周期元素从左到右，原子半径减小、有效核电荷递增，使 I_1 逐渐增加。但也有例外，譬如，N 最外层 2p 轨道上三个电子正好半充满，根据 Hund 规则，半充满稳定，结果 N 的 I_1 反而比 O 高，这种反常情况同样发生在 Be 和 B 之间。同一主族元素自上而下，电子层数增加，外层电子离核更远，而有效核电荷增加不多，故外层电子受核吸引力反而减小，使最外层电子的电离变得容易，I_1 逐渐减小。

2. 电子亲和能　气态的基态原子结合一个电子形成负一价气态离子所放出的能量，称为电子亲和能，它反映元素结合电子的能力。电子亲和能的变化与元素周期相关。总的来说，卤族元素的原子结合电子放出能量较多，易与电子结合；金属元素原子结合电子放出能量较少甚至吸收能量，难与电子结合成负离子。

3. 元素电负性　元素的电离能和电子亲和能只从一个方面反映某原子失电子或得电子的能力。实际上有的原子既难失去又难得到电子，如 C、H 原子。所以单独用电离能或电子亲和能反映元素的金属、非金属活泼性有一定局限性，必须将元素化合时得、失电子难易统一起来考虑。1932 年，Pauling L. 综合考虑电离能和电子亲和能，首先提出了元素电负性（electronegativity）的概念，用符号 χ 表示，并确定 F 的电负性最大为 $\chi_F=4$，再依次定出其他元素的电负性。用这个相对的数值度量分子中原子对成键电子吸引能力的相对大小，电负性大者，原子在分子中吸引成键电子的能力强，反之就弱。

同一周期主族元素从左至右电负性逐渐增大；同一主族元素从上到下电负性逐渐减小。副族元素的电负性没有明显的变化规律。电负性大的元素集中在周期表的右上角，如 F、O、Cl、N、Br、S、C 等非金属；电负性小的元素位于周期表的左下角，如 Cs、Rb、Ba 等碱金属、碱土金属（表 10-5）。

表 10-5　元素电负性

H 2.18																	He
Li 0.98	Be 1.57											B 2.04	C 2.55	N 3.04	O 3.44	F 3.98	Ne
Na 0.93	Mg 1.31											Al 1.61	Si 1.90	P 2.19	S 2.58	Cl 3.16	Ar
K 0.82	Ca 1.00	Sc 1.36	Ti 1.54	V 1.63	Cr 1.66	Mn 1.55	Fe 1.80	Co 1.88	Ni 1.91	Cu 1.90	Zn 1.65	Ga 1.81	Ge 2.01	As 2.18	Se 2.55	Br 2.96	Kr
Rb 0.82	Sr 0.95	Y 1.22	Zr 1.33	Nb 1.60	Mo 2.16	Tc 1.90	Ru 2.28	Ru 2.20	Pd 2.20	Ag 1.93	Cd 1.69	In 1.73	Sn 1.96	Sb 2.05	Te 2.10	I 2.66	Xe
Cs 0.79	Ba 0.89	La 1.10	Hf 1.30	Ta 1.50	W 2.36	Re 1.90	Os 2.20	Ir 2.20	Pt 2.28	Au 2.54	Hg 2.00	Tl 2.04	Pb 2.33	Bi 2.02	Po 2.00	At 2.20	

电负性是反映原子核吸引成键电子相对能力的一个综合标度，也是最重要的一个元素参数。在化学反应和组成分子时，原子电负性大者吸引成键电子的能力强，反之就弱。因此，电负性可以用来预测以下项目。

（1）化学反应中原子的电子得失能力。当一个电负性大的原子和电负性小的原子发生氧化还原反应时，电负性大的一方获得电子，电负性小的一方失去电子。因此，电负性大的原子氧化能力就强，而电负性小的原子还原能力就强。

（2）推测与比较元素的金属性。金属元素的电负性小于 2，而非金属的电负性则大于 2。

由此可见，从周期表的左下角到右上角，金属性递减而非金属性递增。不过，在金属和非金属间并没有严格的界限划分。

（3）推测形成化学键的性质。电负性接近的原子，其得失电子的能力接近，因而在反应时倾向于形成共价键。而共价键的极性随电负性差别的增加而增大；对于电负性差别较大的原子进行反应时，则倾向于完全的电子得失，从而形成离子和离子键化合物。对于电负性小的金属元素之间，一般形成金属键。

第五节　一些重要的元素及其性质

到目前为止，周期表中共有112种元素，其中前92种元素存在于自然界，后20种为人工元素。对人体组织的检验结果表明，人体几乎含有周期表中自然界存在的所有元素，在地壳表层中存在的92种天然元素，目前已有81种元素在生命体内检出，总称为生命元素（biological element）。占人体质量0.01%以上的元素被称为常量元素（macroelement），有11种，共占人体总量的99.95%（表10-6）；其余的含量均低于0.01%，称为微量或痕量元素（microelement or trace element）。合起来不超过体重的0.05%。按在人体正常生命活动中的作用还可将元素分为必需元素（essential element）和非必需元素（non-essential element）。必需元素包括11种常量元素和18种微量元素。常量元素集中在周期表中前20种元素之内，多数必需微量元素居于周期表中第四周期。

常量元素均为人体的必需元素，其在机体内的主要生理作用为：维持细胞内外溶液的渗透平衡；调节体液的pH；形成骨骼等硬组织，支撑身体，维持有力的运动形式；维持神经、肌肉细胞膜的生物兴奋性，传递信息，使肌肉收缩，并使血液凝固和保证酶活性等。

表10-6　人体所含常量元素

元素	含量（$g \cdot 70kg^{-1}$）	占体重比例/%	在人体组织中的分布状况
O	45000	64.30	水、有机化合物的组成成分
C	12600	18.00	有机化合物的组成成分
H	7000	10.00	水、有机化合物的组成成分
N	2100	3.00	有机化合物的组成成分
Ca	1420	2.00	同N；骨骼、牙、肌肉、体液
P	700	1.00	同N；骨骼、牙、磷脂、磷蛋白
S	175	0.25	含硫氨基酸、头发、指甲、皮肤
K	245	0.35	细胞内液
Na	105	0.15	细胞外液、骨
Cl	105	0.15	脑脊液、胃肠道、细胞外液、骨
Mg	35	0.05	骨、牙、细胞内液、软组织

微量元素通过参与体内的新陈代谢、生理生化反应、能量转换等过程，在机体的生命活动中发挥重要作用，其突出的特点是对生命过程的必需性。所谓必需就是机体不能通过自身的生理生化反应来合成微量元素，必须从外界环境中摄入到体内才能维持正常的生命活动。微量元素在许多方面对机体具有重要的生理功能，现概要归纳如下：①构成酶和酶的激活剂，往往是酶的活性中心；②调节自由基水平及抗氧化作用；③参与激素及维生素的作用；④形成具有特殊功能的金属蛋白以构成体内重要的载体和电子传递系统，对金属硫蛋白基因表达进行调控，对视觉、晶状体及味觉功能产生重要影响。

生物体内必需微量元素的剂量——生物效应的基本特征是：微量元素严重缺乏时，机体不能维持正常的生命活动而死亡；当摄入量不足，机体处于微量元素缺乏状态时，造成生物学功能障碍，体内的生理生化反应不能正常进行，机体出现代谢障碍、内分泌紊乱及生长发育受阻，而表现出各种各样的缺乏症，随着微量元素摄入量的进一步增加，逐渐能满足机体的需要，通过体内环境的稳定作用来维持最佳健康状态（最佳剂量）；当微量元素的摄入量超出最佳剂量范围处于微量元素稍过量时，机体的正常功能又会受到不良影响，剂量更大成为严重超量，超出机体的耐受能力和适应性调节时，机体会出现中毒反应，表现为生理生化功能异常、代谢紊乱、病理损害等一系列中毒现象，严重时会发生死亡。必需元素只有在一定浓度范围内才能发挥其正常的生理活性，这就是微量元素的最佳浓度限区。最佳浓度限区的大小是随元素的不同而改变的，也随着器官的不同而不同，其宽度是由生物机体或体系的驻体恒定容量或体内的微量元素平衡所决定的。有的微量元素的最佳浓度限区较宽，如铁、锌等。而有的元素的最佳浓度限区很窄，如铜、碘、硒等。必需元素铜在浓度很低时就显示其毒性，被广泛用于灭藻剂和杀真菌剂；必需元素硒的化合物同时也被当作剧毒物小心加以保存，它的最佳浓度限区和中毒量仅相差不足 10 倍。

一、C，H，O，N

空气和水是地球上生命的基础。水分子的组成为 H_2O，而干洁大气的主要成分包括氮气（N_2，78%）、氧气（O_2，21%）、惰性的氩气（Ar，0.9%）和二氧化碳气体（CO_2，0.03%～0.05%）。二氧化碳的含量虽小，但总量巨大；此外，CO_2 气体的温室效应对全球气候影响巨大。限制人类工业和其他活动向大气排放 CO_2 是人类面临的一个重要的环保问题。C、H、O、N 元素作为空气和水的构成元素，也是生命的基本元素。

C 原子的电子组态为 $1s^2 2s^2 2p^2$，电负性为 2.55，几乎位于所有元素的正中间（电负性最小的 Cs 为 0.79，最大的 F 为 3.98），这决定了 C 原子和其他元素反应时，基本上都是形成共价键。此外，C 原子价层具有 4 个电子和 4 个原子轨道（1 个 s 轨道和 3 个 p 轨道）；由于共价键的形成要求原子轨道组合和电子成对，C 原子最多可以和 4 个其他原子以稳定的共价键结合。所有元素中，C 原子形成共价键的个数是最多的。加之 C 原子仅有两层电子、体积很小，这些性质使之在组成分子的过程中，成为最重要的“积木块”。有机分子都是以 C 原子为分子的骨架结构。这将在未来“有机化学”和“生物化学”课程中详细论述。

仅仅有 C 原子一种，不足以形成各种结构复杂的有机分子。C 原子最多形成 4 个共价键，与之匹配，需要电负性与 C 原子接近并分别可形成 3、2 和 1 个共价键的原子，作为组成生物分子的补充“积木块”。同样的，这些补充“积木”原子应该是体积小并且容易从环境中得到的。在元素周期表中，不难看出，符合要求的原子分别为：N($1s^2 2s^2 2p^3$)、O($1s^2 2s^2 2p^4$) 和 H($1s^1$) 原子（图 10-15）。

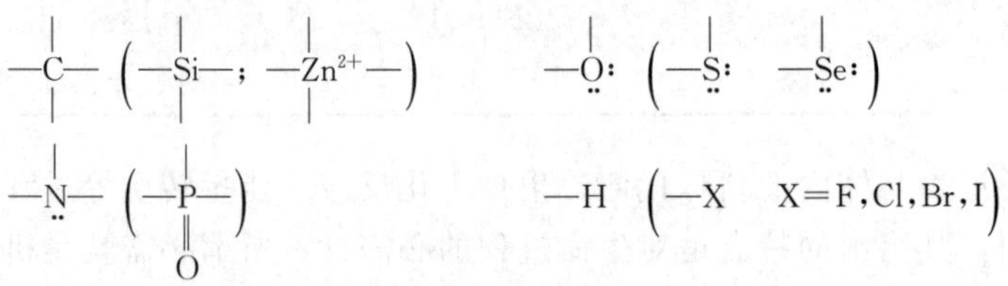

图 10-15 构成生物分子的原子“积木”及其可形成化学键的数目

括号内为替代结构

N 原子外层 2s 轨道电子全充满，3 个 2p 轨道上有 3 个电子，可以形成 3 个共价键；O 原子外层 2s 和 1 个 2p 轨道电子全充满，2 个 2p 轨道上有 2 个电子，可以形成 2 个共价键；H 原子只有一个 1s 电子，显然它可以作为“积木块”的末端。因此 H 原子是生物体中数量最大的

(其物质的量百分数达到 61%)。但是，H 原子的质量很小，因此其质量百分数在生物体中仅占不到 10%。

H、O、N 元素的单质都是双原子分子（H_2，O_2，N_2）。O、N 原子都有着较大的电负性，具有较高的得电子能力，即强的氧化能力。但 O_2 和 N_2 分子中原子分别以双键和三键相结合。这使得 O_2 和 N_2 分子的稳定性很高；特别是具有三键的 N_2 分子，几乎可以有和稀有气体一样化学惰性。这是难能可贵的特点，使得生命能在一个强氧化性的大气环境内稳定存在，同时又可以通过催化氧化过程获得能量，从而生机勃勃、生生不息。

H_2O 分子是生物体中的溶剂，许多科学家相信，生命起源于水中。在 2004 年“勇气号”探索火星生命中，寻找水或水存在的证据是其工作的重要内容。在后面的有关章节，我们将对 O_2、N_2 和 H_2O 分子结构以及物理化学性质进行讨论。

二、P，S，Se，I

P 是 N 的同族元素，S 和 Se 是 O 的同族元素。但与 N 和 O 相比，它们的电负性较小，而原子半径大了很多。P、S 和 Se 的氢化物（PH_3、H_2S 和 H_2Se）都具有很强的还原性。PH_3 在空气中可以自燃，发出淡蓝色的光，在野地里形成诡秘的“鬼火（磷火）”景观。可以预见，P、S 和 Se 替代 N、O 组成生物分子时，这些结构会具有还原性；事实上，S 和 Se 在蛋白质结构中确实也发挥着氧化还原中心的作用。

P 的电子组态是 $[Ne]3s^23p^3$。同 N 一样可以用 3 个外层轨道和 3 个单电子与其他原子形成 3 个共价键；不同的是，P 剩下的一对电子需要和一个 O 原子形成双键才能稳定。因此，作为有机分子的构建“积木”，基本上是以“O=P≡”的结构形式（图 10-16）。不过在生物分子中，P 并不和 C 直接结合；实际上，人工合成的有机磷化合物多数具有很强的毒性。有机磷农药是农业中重要的杀虫剂。

在生命体系中，P 主要是以无机的含氧酸根——磷酸根（phosphate，PO_4^{3-}）的形式存在。而在组成生物分子时，P 和其他原子的结合形式是磷酸酯键（图 10-16），涉及的生物分子包括脱氧核糖核酸（deoxyribonucleic acid，DNA）、磷酸化蛋白质分子、构成细胞膜的磷脂（phospholipid）和生物能量分子腺苷三磷酸（adenosine triphosphate，ATP）等。

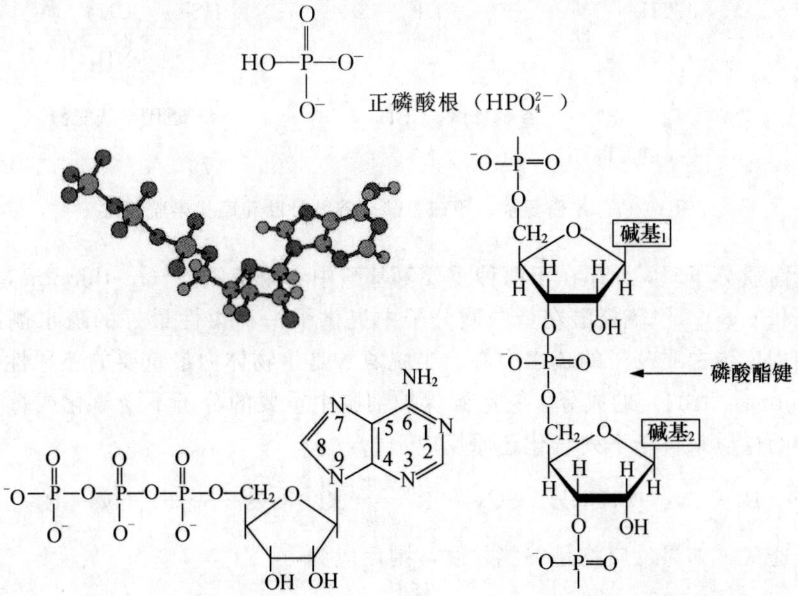

图 10-16　磷酸根、ATP 以及生物分子中的重要磷酸酯键结构

磷酸酯键具有以下特点：

1. 高能性 一方面是以磷酸酯键结合的分子具有很高的稳定性，另一方面磷酸酯键的断裂可以释放大量能量。例如生命活动直接的能量靠 ATP 水解提供，ATP 是生命体系的“燃料”分子。

2. 动态性 磷酸酯键在相应生物酶的催化下，可以很快地形成或断裂。这样一来，DNA 分子的复制和修复能够快速地进行，细胞能够快速复制。磷酸化蛋白质是生物细胞中传递信号的分子。蛋白质的快速磷酸化和去磷酸在细胞信号转导中是非常重要的。

3. 亲水性 磷酸根通过磷酸酯键和生物分子结合后，这些生物分子获得了较多的负电荷并增加了亲水性。磷脂分子亲水的头部正是磷酸根结构，在形成细胞膜的脂双层结构中起了重要的作用。

S 的电子组态是 $[Ne]3s^23p^6$，在生物分子的构建中可以代替 O 的位置，但 S 的原子半径比 O 要大约 30pm，而且电负性小得多。因此，含硫生物分子的结构特点是具有较好的分子柔韧性和还原性（图 10-17）。

含硫分子柔韧性的一个表现是单质硫的性质。S_2 分子只在蒸气中存在，在液态中，S 形成不同长度的链状分子，在 160～195℃时为棕色的黏稠液体。将这种液体迅速冷却，可以得到像橡胶一样的弹性硫形式。而缓慢冷却下，可以形成美丽的淡黄色斜方硫结晶，这时硫分子的构成是 S_8。在橡胶生产中，一个重要的工艺是橡胶的硫化；硫化的橡胶具有更好的弹性和稳定性。

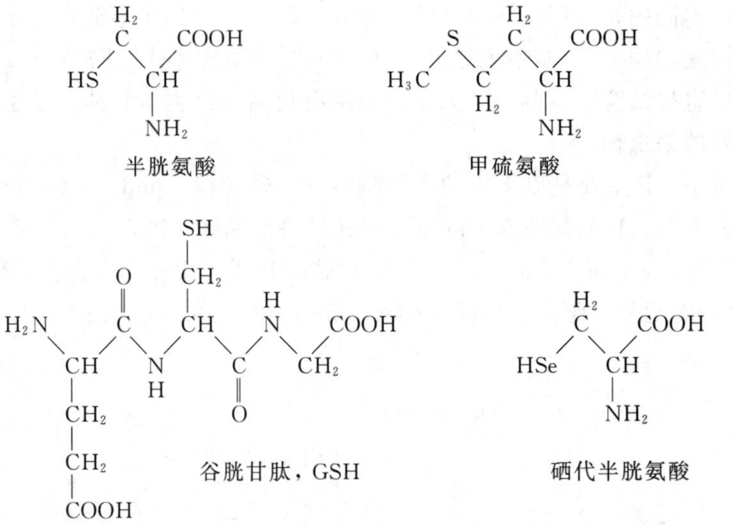

图 10-17 半胱氨酸、甲硫氨酸、谷胱甘肽和硒代半胱氨酸

在组成蛋白质分子时，S 存在于两种重要氨基酸中：甲硫氨酸（methionine，Met）和半胱氨酸（cysteine，Cys）。甲硫氨酸在蛋白质分子中提供了一种柔性最好的疏水侧链，它和其他疏水性氨基酸构成蛋白质分子的疏水中心。半胱氨酸是生物体内最重要的还原性分子——谷胱甘肽（glutathione，GSH）的成分，它起到保护细胞中重要的分子不受氧化或重金属损伤的作用。半胱氨酸的性质来自于下列氧化还原反应：

$$R_1—Cys—SH+HS—Cys—R_2 \underset{还原}{\overset{氧化}{\rightleftharpoons}} R_1—Cys—S—S—Cys—R_2$$

上面是个通式，如果反应物是谷胱甘肽，则反应为

$$2GSH \underset{还原}{\overset{氧化}{\rightleftharpoons}} GS—SG$$

这个反应的特点是 Cys 的巯基（—SH）在氧化还原反应的调节下可逆地进行二硫键（disulfide bond，—S—S—）的生成和断裂。这个反应十分巧妙地把氧化还原和分子结构的柔性变化结合在一起，使蛋白质分子结构具有了感受不同氧化还原环境的能力。

Se 的电子组态是 $[Ar]3d^{10}4s^{2}4p^{4}$。Se 可以替代 Cys 中的 S，成为硒代半胱氨酸（Se-Cys）。比起 S 来，Se 多一层电子，原子半径要大一些，不过电负性却差不多。因此，在半胱氨酸的结构中，Se—H 键比 S—H 键要更容易断裂，进行氧化还原反应的速度更快。这正是 Se-Cys 在蛋白质结构中的意义；Se-Cys 是细胞中谷胱甘肽过氧化物酶（GSHpx）的活性中心，负责分解体内的有害氧化性分子，包括过氧化氢和脂质过氧化物。GSHpx 催化的反应如下。

$$2GSH + H_2O_2 \longrightarrow GS{-}SG + 2H_2O$$

$$2GSH + R{-}OOH \longrightarrow GS{-}SG + R{-}OH + H_2O$$

上述反应式中，R—OOH 代表脂质过氧化物。这一反应消耗 GSH，将有害氧化型分子还原成水和无害的醇。GSHpx 的功能对细胞生长至关重要。缺硒会导致 GSHpx 活性下降，将造成人体严重的氧化损伤，可能是癌症和地方性大骨节病等的重要原因。

硫酸根（SO_4^{2-}，sulfate）是体内的一种重要无机离子。含硫氨基酸在代谢分解后转化为硫酸根，最终排出体外。体内的磺基转移酶（sulfotransferase）可以把 SO_4^{2-} 通过硫酸酯键连接到进入体内的药物（drug）或毒素（toxin）分子上[①]；这些结合了硫酸根的分子好像被贴上了一个标签，很容易通过细胞膜上的各种药物转运载体被排出体外。这是有机体抵御外来物质侵害的重要机制之一。

$$\text{毒素}{-}OH + SO_4^{2-} + ATP \xrightarrow{\text{磺基转移酶}} \text{毒素}{-}OSO_3^{-} \rightarrow \text{排泄}$$

F、Cl、Br、I 是一族元素（ⅦA），俗称卤素。它们的价层电子结构的通式为 ns^2np^5，一个重要的特点是原子的电负性都较高。从价电子结构可见，卤素原子外层具有一个单电子，可以和氢原子一样作为有机分子结构的末端原子。但是，在生物分子中，只有 I 原子是甲状腺素的组成成分（图 10-18）。虽然碘的用量不多，但由于环境中碘的含量更少，因此人群中因碘缺乏造成的地方性甲状腺肿时有发生。

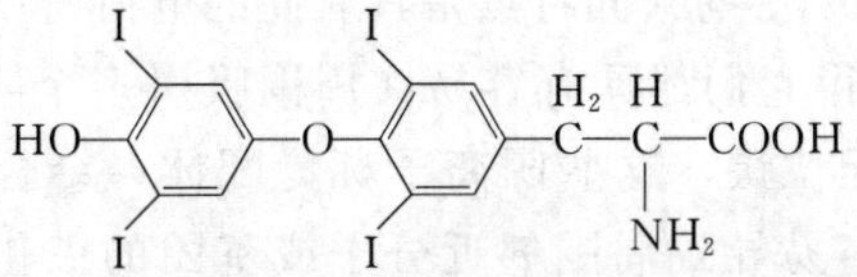

图 10-18　甲状腺素的分子结构

F^- 在结构上非常类似 OH^- 离子：相同的电荷数、类似的离子大小和中心离子的电子结构。因此 F^- 在一些性质上也像 OH^-。在水溶液中，F^- 显碱性；羟基磷灰石（hydroapatite，HAP）是骨骼的组成分子，F^- 可以替代 HAP 分子中部分的 OH^-；这种置换在一定的范围内可以增加骨骼的强度，提高骨骼的耐酸腐蚀能力和降低细菌附着能力。因此，给牙齿表面进行涂氟处理是预防龋齿发生（特别是对青少年来说）的一种非常有效的手段。成人可每天用加入一定量 NaF 的牙膏刷牙。不过，F^- 容易和 Ca^{2+} 形成不溶性沉淀。由于牙膏中多数使用 $CaCO_3$ 作为摩擦剂，可以和 F^- 反应而造成牙膏防龋功能的丧失，因此向牙膏中添加 F^- 看似简单，但实际上是一种需要高科技水平的设计。

三、Na，K，Ca，Mg

Na 和 K 都是ⅠA 族元素，外层电子组态是 ns^1。由于单质元素活泼，与水反应形成“火

---

① 在体内，药物分子和毒素分子通常首先被细胞色素 P450 酶所催化氧化，使分子结构中含有至少一个 OH 基团；氧化过程称为一相代谢。代谢产物被连接上一个硫酸根或其他分子，以有利于机体向外排出，这个过程称为二相代谢。

碱”溶液，因此 Na 和 K 以及本族元素被称为碱金属。本族元素的特点是电负性较小，原子半径大；外层只有一个 s 电子，极容易失去这个电子而形成+1 价离子。由于原子半径较大，碱金属离子的电荷密度（Z/r）也很小。这些性质和 X^- 相映成趣。在海水中，Na^+ 和 K^+ 含量都很丰富；因此，Na^+ 和 K^+ 在生物体内和 Cl^- 搭配，成为维持体液和电解质平衡的主要阴阳离子。

在人体中，Na^+ 主要存在于血液中，而 K^+ 存在于细胞中。这种分工主要为了维持细胞膜（特别是神经细胞）的电极性需要。为了维持膜的电极性，细胞膜要不断地有离子移动形成的离子电流通过。每种离子的移动能力（ion mobility，又称淌度）是不同的，因此电解质溶液导电时每种离子各自的导电百分数是不同的（表 10-7）。从离子的移动能力考虑，K^+ 和 Cl^- 的导电能力相互均衡匹配，因此细胞选择它们作为细胞质的电解质成分是非常合理的。

表 10-7 25℃时几种电解质水溶液（0.1mol/L）离子的导电比例（%）

电解质	盐酸（HCl）	NaCl	KCl	$AgNO_3$
阳离子	83.1	38.5	49.0	46.8
阴离子	17.9	61.5	51.0	53.2

在元素周期表上，H 也在ⅠA 族的位置上。H 原子虽然也容易失去 1s 的电子而形成 H^+，但 H^+ 的性质却非常特殊。因为 H^+ 几乎是一个裸露的质子，其电荷密度极高。由于化学键的本质仍是静电作用，H^+ 的强大电场将严重影响与其直接接触的分子的稳定性。在水溶液中，H^+ 只能是以水合离子（H_3O^+）的形式存在。虽然水合 H^+ 体积很大，但通过水溶液中的氢键网络机制，H^+ 移动能力超强，比 Na^+ 和 K^+ 要大数倍。对于生命体系来说，H^+ 的浓度是一个重要的溶液性质参数，因此将在溶液的酸碱性中专门进行讨论。

Mg、Ca 都是ⅡA 族元素，也称为碱土金属元素，外层电子组态为 ns^2。同碱金属一样，这两个 s 电子容易失去而形成+2 价的阳离子。显然，碱土金属离子的电荷密度要远远高于碱金属离子，因此它们的“土性”（容易生成难溶性化合物和高熔点化合物）更为显著。

Mg^{2+} 与其相邻元素离子 Al^{3+} 的共同特点是具有高的电荷密度，外层失去电子后有 3s3p3d 多个（1+3+5）空轨道。使得它们都具有容易在周围吸引多个阴离子的能力，它们和这些阴离子形成特殊的共价键——配位键，这些阴离子称为配体；结合了配体的金属离子称为配离子。此外，高的电荷密度也容易导致周围邻近分子或基团的极化，因而这些离子都很容易水解。相比之下，Al^{3+} 有过强的水解倾向，以至于在中性环境下（约 pH 7）都是 $Al(OH)_3$ 沉淀，而 Mg^{2+} 则可在中性环境稳定存在。

Mg^{2+} 在生物体内的主要作用是作为 ATP 酶的辅基，催化 ATP 的高能磷酸酯键水解而释放能量；这一能量是包括 DNA 和蛋白质合成、细胞信号转导、分子运输等一切生命活动的基础。Mg^{2+} 与磷酸根有强的结合倾向。当与 ATP 结合后，其高的正电荷密度可导致磷酸酯键的极化，有利于键的水解断裂。

与 Mg 相比，Ca 的电负性要小，而 Ca^{2+} 半径（1.06pm）要比 Mg^{2+}（0.78pm）明显大。虽然 Ca^{2+} 也和磷酸根有强的结合倾向，但不具有 Mg^{2+} 的催化作用。因此，Ca^{2+} 主要存在于细胞外的体液中（约 10^{-3}mol/L）；细胞内 Ca^{2+} 的浓度通常被控制得很低（约 10^{-7}mol/L），以避免干扰细胞内 Mg^{2+}（约 10^{-2}mol/L）的工作。细胞需要 Ca^{2+} 的时候，细胞膜上的 Ca^{2+} 通道开放或释放细胞内存储的 Ca^{2+}（这些 Ca^{2+} 存储称为钙库，calcium pool）。

Ca^{2+} 的一个主要功能是和多价的阴离子生成难溶性的生物矿物。这些难溶盐包括碳酸钙（$CaCO_3$）和钙磷酸盐（如羟基磷灰石，HAP）。HAP 是骨骼和牙齿的成分。骨骼和牙齿的高强度和高韧性是许多合成材料都无法比拟的。现代研究表明，骨骼的优越力学性质的一个原因是 HAP 组成骨骼的特殊方式——纳米 HAP 颗粒和骨胶原蛋白分子的有序组装。一个重要的体内 $CaCO_3$ 晶体是“耳石”（otolith）。耳石位于耳蜗的前庭中，由一组大小不同的 $CaCO_3$ 微晶体而成。通过 $CaCO_3$ 晶体的重力和惯性牵动连接的蛋白质纤维，从而使身体感觉直线变速运动以及头部静止时的位置。

Ca^{2+} 的另一个重要功能是作为细胞信号转导的“第二信使”。细胞中有一些感受 Ca^{2+} 的蛋白质，如钙调蛋白（calmodulin，CaM）；当细胞内 Ca^{2+} 浓度升高时，这些 Ca^{2+} 感受蛋白可以和 Ca^{2+} 结合。结合 Ca^{2+} 的感受蛋白会发生结构的变化，可以进一步和新的蛋白质结合并产生特定的生物酶活性，从而启动一系列的细胞内的化学反应。推动细胞的生长、分化或死亡。一些高电荷、大小类似的金属离子（如 Mn^{2+}、稀土离子等）可以发挥与 Ca^{2+} 类似的功能。

四、Fe，Cu，Zn

Fe、Cu、Zn 都是第四周期的过渡金属元素，它们是生物体内含量最多的微量元素，是重要的“三驾马车”。

Fe 的电子组态是 $[Ar]3d^6 4s^2$。作为金属元素，Fe 倾向于失去外层的若干电子而成为更稳定的阳离子。Fe 可以首先失去 4s 的 2 个电子，形成 Fe^{2+}；Fe 溶于盐酸等非氧化性酸，同时放出氢气。

$$Fe + 2HCl \xlongequal{\quad} H_2\uparrow + FeCl_2$$

Fe^{2+} 在水中实际上是以 $Fe(H_2O)_6^{2+}$ 配离子形式存在；所有过渡金属离子都倾向于形成配离子。Fe^{2+} 可以继续失去其余的 3d 电子，这取决于形成配离子的稳定性。Fe^{2+} 很容易失去一个电子得到 3d 轨道半充满的 Fe^{3+}，或者进一步失去 1 个电子形成 Fe^{4+}。Fe^{4+} 只存在于细胞色素 P450 酶氧化分解外源性毒素分子时的中间反应物（reactive intermediate）中。酶催化反应的分子称为底物（substrate）。细胞色素 P450 酶采用 Fe^{4+} 的方式氧化其底物有两个优点：一是 Fe^{4+} 具有极强的氧化性，可以氧化分解大多数的分子，如苯和含苯环的化合物；二是氧化反应同时进行双电子的转移，避免产生对细胞危害很大的活性氧等自由基分子。

Fe^{2+} 和 Fe^{3+} 都具有较大的电荷密度，因此很容易水解或者和 OH^- 离子结合形成氢氧化物沉淀。$Fe(OH)_2$ 是白色絮状沉淀，极容易被空气中的 O_2 氧化成红棕色的 $Fe(OH)_3$。后者受热脱水后形成红褐色的 Fe_2O_3。赭石和富含铁质的土壤显示红色，是 Fe_2O_3 的颜色。在远古时代，这种鲜艳的颜色被古人类用来装饰身体和进行重要的仪式。

铁磁性是单质铁及铁化合物的重要性质。将 $FeCl_2$ 和 $FeCl_3$ 按反应的比例在 40℃混合，然后缓慢加入 6mol/L 的 NaOH 溶液并不断搅拌和保温放置。将反应后的溶液置于磁铁上使磁性颗粒沉降下来，于是便得到黑色的磁性氧化铁超微颗粒，反应式为

$$Fe^{2+} + 2Fe^{3+} + 8OH^- \xlongequal{\quad} Fe_3O_4(FeO \cdot Fe_2O_3) + 4H_2O$$

这种磁性氧化铁超微颗粒的大小在 2～15nm 之间，平均粒径为 7nm。这样大小的颗粒可以分散形成一种磁性的胶体溶液，称为磁流体。在一些依靠地磁感受方向的生物如蜜蜂体内，磁性氧化铁的纳米颗粒和生物分子结合形成磁感应器官，如同耳石感应身体位置和运动一样，这些生物微磁体可以感受地球磁场的磁力线方向，从而使生物获得神奇的辨别方向的能力。

在生物内，Fe 的作用包括三个方面。

1. 结合和运载 O_2　生物从大气吸入的 O_2 氧化食物分子，最终生成 CO_2 和 H_2O；其间放出的能量用于合成 ATP，ATP 推动体内各种新陈代谢过程。然而，O_2 在水中溶解度很低（25℃，31.6ml/L）。单靠 O_2 在血液里的物理溶解，全身血液所能溶解和携带的 O_2 极其有限，远远不敷需求。所以，在血液里需要容量很大的氧载体（oxygen carrier）——血红蛋白（hemoglobin，Hb）。Hb 分子含有 4 个血红素辅基，每个辅基含有一个 Fe^{2+}。在临床上，贫血的一个重要原因是缺铁；但导致缺铁的原因却很复杂，不能够以单纯地在食物中补充铁来解决问题。

2. 组成含铁的各种氧化酶，例如细胞色素 P540 和含血红素的过氧化物酶等。它们氧化分解外来的异物分子，保护细胞不受外源性毒素的损害。

3. 组成含铁的电子运载蛋白，例如细胞色素 a～c 和 Fe-S 蛋白等。它们在细胞的线粒体中，

负责将电子高效率地传递到 O_2 上，释放能量而合成生命的能量分子 ATP。实际上，食物氧化释放能量的过程是相当复杂的；在葡萄糖（$C_6H_{12}O_6$）氧化过程中，电子传递的路线如下。

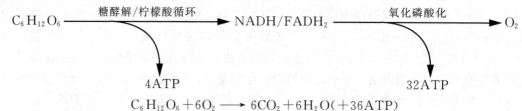

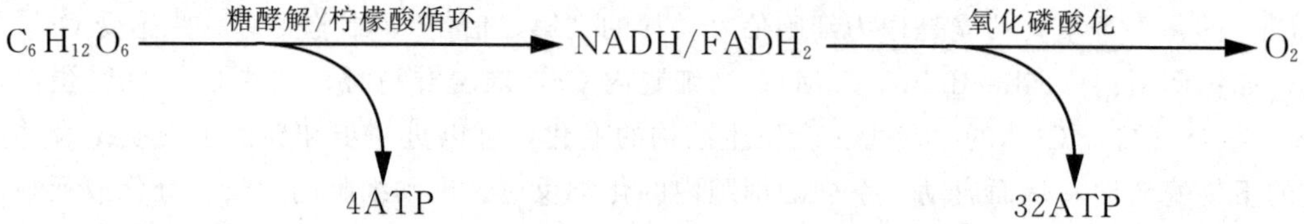

$$C_6H_{12}O_6 + 6O_2 \longrightarrow 6CO_2 + 6H_2O(+36ATP)$$

上述过程中，绝大多数的 ATP 由氧化磷酸化（oxidative phosphorylation）过程获得。当 NADH 或 $FADH_2$ 被 O_2 氧化时，需要克服两个困难：第一，反应必须在十分温和的条件下进行，而在常温常压下直接进行氧化反应的速率太慢。第二，氧化反应不能一次完成。要使反应释放的能量能够高效率地用来合成 ATP，分步反应是必需的。因此，电子由 NADH 到 O_2 的传递需要一个周转分子，而 $Fe^{3+} \rightleftharpoons Fe^{2+}$ 互变可以起到传递单个电子的作用。这样氧化磷酸化过程能够迅速而温和地进行。

Fe^{2+} 有一个非常重要的反应——Fenton 反应。1894 年 Fenton 在研究有机合成时发现硫酸亚铁加过氧化氢可以产生下列反应。

$$Fe^{2+} + H_2O_2 \longrightarrow Fe^{3+} + \cdot OH + OH^-$$

这个反应的重要之处是导致了一种重要的分子——羟自由基（·OH）的生成。单看这个反应，Fe^{2+} 是反应物，每生成一个 ·OH 就要消耗一个 Fe^{2+}，而体内很少有游离的 Fe^{2+}，生成的 ·OH 微乎其微。但是，Fe^{3+} 可以被体内另一种自由基分子 $\cdot O_2^-$ 或其他还原剂还原成 Fe^{2+}。

$$\cdot O_2^- + Fe^{3+} \longrightarrow O_2 + Fe^{2+}$$

其中，$\cdot O_2^-$ 在细胞代谢过程中、从线粒体中连续产生，并且在 SOD 酶的作用下分解成 H_2O_2。如此，两个反应相互配合，使 Fe^{2+} 可反复再生使用。于是体内任何游离存在的铁离子（Fe^{2+} 或 Fe^{3+}）都成为下面反应的催化剂。

$$\cdot O_2^- + H_2O_2 \xrightarrow{Fe^{2+}/Fe^{3+}} O_2 + \cdot OH + OH^-$$

上述反应被称为铁催化的 Haber-Weisz 反应。即使微量的游离铁离子都能够产生大量的 ·OH。·OH 是生物体内最活泼和氧化性最强的分子之一，可对生物体造成很大的损伤，许多疾病如动脉硬化、糖尿病和阿尔茨海默病等都和肌体受到严重的氧化应激（oxidative stress）有关。因此，生物体必须将游离铁离子（其实也包括其他重金属离子）严格地控制在很低的浓度之下。实际上，细胞中游离金属离子的浓度不超过 1atom/cell。这种对金属离子的有效控制是通过各种金属转运蛋白实现的。金属离子在体内的运输和变化称为金属代谢（metal metabolism）或金属流通（metal trafficking），这是当代生物医学和生物化学都十分关注的问题。

Cu 是ⅠB 族元素，原子的电子组态是 $[Ar]3d^{10}4s^1$。虽然ⅠB 元素和ⅠA 元素外层都有 ns^1 的电子结构，但ⅠB 元素单质都比较稳定，一般不容易失去其电子，具有高熔点和富于延展性是“贵金属”特性；金可以打制成透明的箔片。ⅠB 金属都是十分优异的电子导体；银是金属中导电性最好的，铜的导电导热性能仅次于银。一些含铜的氧化物是高温超导材料，例如 1987 年研制出 $YBa_2Cu_3O_7$ 转变温度达到 95K，零电阻温度达 78K，首次实现了在廉价的液氮温度下获得超导性质，使超导材料开始具有实用价值。之后又研制出转变温度提高到 110～125K 的 $Bi_2Sr_2Ca_2Cu_3O_x$ 和 $Tl_2Ba_2Ca_2Cu_3O_y$ 等超导陶瓷材料。至今，这些超导材料仍是科学家研究的热点之一。

Cu 原子被强氧化剂氧化、失去 1～2 个电子后分别得到 Cu^+ 化合物或水溶液中较稳定的 Cu^{2+}。固体状态的 Cu(Ⅰ) 化合物比较稳定，它们溶解在有机溶剂（如氯仿，$CHCl_3$）里时比较稳定，但是不能接触水，甚至不能接触湿气。Cu^+ 化合物一遇到水，马上发生歧化反应（disproportionation or dismutation）。

$$2Cu^{+} = Cu^{2+} + Cu$$

在反应中，两个 Cu^{+} 之间传递电子，一个 Cu^{+} 把另一个 Cu^{+} 还原，前者失去 1 个电子变成 Cu^{2+}；后者得到这个电子变成单质铜。Cu^{+} 离子只在难溶性沉淀或一些配合物中存在。

醋酸铜的结构如图 10-19 所示。它是一个二聚体分子，化学式为 $Cu_2(CH_3COO)_4 \cdot 2H_2O$。由于 Cu^{2+} 的 3d 轨道上有一个单电子，因此在两个铜原子间形成一种特殊的金属-金属相互作用——δ 键。形成这种具有 δ 键的双核配合物是 Cu^{2+} 离子较为独特的一个性质。

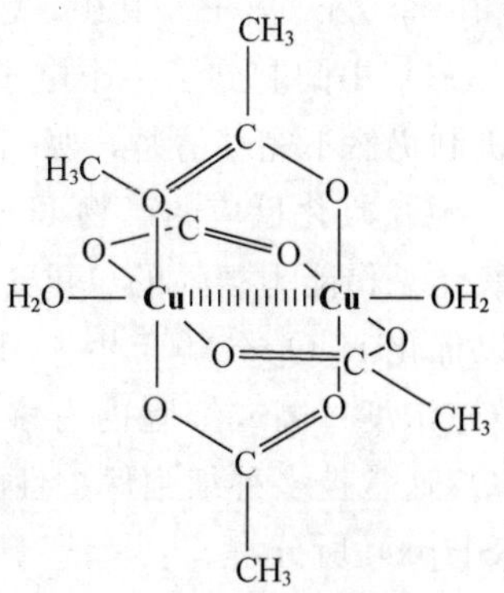

图 10-19　醋酸铜的结构

中间虚线表示两个铜原子间的金属-金属 δ 键相互作用

在生物体内，Cu 和 Fe 构成了十分有趣的一对微量元素。一些科学家借用一本畅销书《男人来自火星，女人来自金星》的书名来表述 Cu 和 Fe 的关系——“Fe 来自火星，Cu 来自金星”。这种形象的比喻概括了生物体内 Cu 的一些重要功能以及与 Fe 相应相随的关系。

1. Cu 具有和 Fe 类似的作用，包括组成氧载体、氧化还原酶和电子传递蛋白（表 10-8）。哺乳动物的血是红色的，这是因为它们用红细胞里含铁的血红蛋白（Hb）来运载 O_2。而很多低等海洋生物的血是蓝色的，如蜗牛、乌贼、螃蟹等，它们则是靠一种含铜的蛋白质——血蓝蛋白来完成的。单胺氧化酶是肝药物代谢中的一类氧化酶，和细胞色素 P450 一样重要。而在线粒体的氧化磷酸化中，也有如细胞色素 c 氧化酶在内的一些铜蛋白参与其中的电子传递过程。

表 10-8　一些重要的铜蛋白及其功能和结构特点

类型	金属蛋白	金属蛋白功能	金属结构中心
氧载体	血蓝蛋白	双氧运输	双核 Cu 配合物
氧化/电子传递	原生质蓝素	光合作用中电子传递	Cu(Ⅱ)-组氨酸-含硫氨基酸配合物
	血浆铜蓝蛋白，抗坏血酸氧化酶，赖氨酸氧化酶，细胞色素 c 氧化酶，单胺氧化酶	氧化还原	多核 Cu 配合物
	酪氨酸羟化酶，多巴胺-β-羟化酶	氧化还原	多核 Cu 配合物
	铜锌超氧化物歧化酶	催化 $\cdot O_2^-$ 歧化，分解超氧化物	Cu(Ⅱ)-组氨酸配合物

2. 与铁离子通过 Fenton 或 Haber-Weisz 反应催化自由基产生相对应，Cu^{2+} 配合物和一些含 Cu^{2+} 的酶则是发挥清除体内活性氧自由基的作用。一个重要的例子是超氧化物歧化酶（superoxide dismutase，SOD）。

细胞生命活动需要不断地靠线粒体的氧化磷酸化过程产生 ATP。而在氧化磷酸化过程中，电子通过 $Fe^{3+} \rightleftharpoons Fe^{2+}$ 从 NADH 传给 O_2，途中总是有少量的电子（≤1%）从传递过程中渗漏出来，导致形成化学反应性高度活泼的 $\cdot O_2^-$。

$$O_2 + e \longrightarrow \cdot O_2^-$$

ATP 的产生不断进行，则 $\cdot O_2^-$ 就会源源不断地产生。$\cdot O_2^-$ 可以直接氧化各种生物分子，可与 NO 反应生成更强的氧化剂 $ONOO^-$。为避免 $\cdot O_2^-$ 可能引起的氧化损伤，机体需要能够催化歧化分解 $\cdot O_2^-$ 的酶。在高等生物的细胞中，都表达 Cu,Zn-SOD(SOD1)。

$$2\cdot O_2^- + 2H^+ \xrightarrow{\text{Cu,Zn-SOD}} O_2 + H_2O_2$$

SOD1 是体内最高效的酶之一，其催化反应的速率常数高达 $10^9 \sim 10^{10}\ mol^{-1} \cdot L^{-1} \cdot s^{-1}$，

几乎只要 $\cdot O_2^-$ 和酶分子接触，就会完成歧化分解。SOD1 的每一个催化单位中有一个 Cu^{2+} 离子和一个 Zn^{2+} 离子。其中，Cu^{2+} 离子可能通过 Cu(Ⅰ) $\rightleftharpoons$ Cu(Ⅱ)周转的方式传递电子，在两个 $\cdot O_2^-$ 中间起到了一个电子“超导体”的作用。迄今为止，SOD1 的这种极高效的电子传递的机制仍然不完全清楚，吸引了很多科学家进行研究。

$\cdot O_2^-$ 歧化反应的产物 H_2O_2 分子较为稳定。但是高浓度时，H_2O_2 会发生歧化反应，释放出氧化杀伤能力很强的单重态 $^1O_2$ 分子①；此外，细胞中微量的游离铁离子在还原剂的辅助下可以催化 H_2O_2 分解产生 $\cdot OH$。在某些细胞中，这些反应可以用来杀伤侵入的病毒和细菌。H_2O_2 浓度过高或细胞内有多余游离铁离子的情况下，会导致细胞的死亡。因此，细胞内的 H_2O_2 通常被多种细胞保护性酶如含铁的过氧化氢酶（catalase）或含硒的谷胱甘肽过氧化物酶（GSHpx）所分解。

$$2H_2O_2 \xrightarrow{\text{过氧化氢酶}} O_2 + 2H_2O$$

$$H_2O_2 + 2GSH \xrightarrow{\text{GSHpx}} 2GS\text{-}SG + 2H_2O$$

机体缺铜会导致 SOD 和其他含铜酶的水平低下，会引起机体的积累性病理损伤。流行病学研究表明，相对或绝对的铜缺乏是冠心病的一个重要因素。

3. Cu 在体内的 Fe 移动中发挥了关键的作用。Fe 从食物中吸收，直到在细胞中合成各种含铁蛋白或酶，或以铁蛋白的形式储存起来；在此运输过程中，Fe 需要经历多次的 $Fe^{3+} \rightleftharpoons Fe^{2+}$ 的转变。而每次氧化或还原反应都需要一种分子中含有多个 Cu^{2+} 离子的蛋白——泛称为多铜氧化酶，例如血液中的铜蓝蛋白。机体如果从食物中摄入铜不足，会导致血浆铜蓝蛋白水平下降，进而可能造成铁吸收减少而导致贫血。

4. Cu^+ 离子在一些条件下，会发生类 Fenton 反应，像游离 Fe^{2+} 一样催化自由基的生成。例如在家族性肌萎缩性侧索硬化症患者中，研究发现大约有 25％的 SOD1 基因发生突变，这种突变使 SOD1 由一个抗氧化保护性酶转变为具有毒性的氧化剂，这是神经科学中一个令人迷惑的现象。突变型 SOD1 致病的一种比较合理的解释是：基因突变导致了 SOD1 蛋白质分子对 Zn^{2+} 结合能力的减弱，而缺锌的 SOD 容易被细胞内的还原剂（如谷胱甘肽）还原，形成含有 Cu^+ 离子的 SOD 酶。这种 Cu^+ 容易传递一个电子给 O_2 生成 $\cdot O_2^-$，造成氧化损伤，导致神经元细胞的凋亡。因此，当有充足的 Zn 供应时，结合了 Zn^{2+} 的 SOD 不再具有毒性。

从上面的例子中，我们看到了 Zn^{2+} 的重要作用。Zn 元素属ⅡB 族，原子的电子组态是 [Ar] $3d^{10}4s^2$。与 Cu 相比，Zn 原子的半径大而电负性小；Zn 原子很容易失去其 4s 电子形成 +2 价的 Zn^{2+}。Zn^{2+} 只有这一种氧化数，和 Na^+、K^+、Ca^{2+}、Mg^{2+} 一样稳定，但 Zn^{2+} 具有较小的离子半径，因而 Z/r 值小，离子的电荷密度较高。

在生物体内，Zn^{2+} 的主要作用包括两个方面。

1. 稳定蛋白质分子的动态结构。蛋白质分子在发挥作用时，不仅需要维持一定的结构，而且需要具有分子结构进行动态变化的能力。Zn^{2+} 的化学性质稳定，并可以和蛋白质分子的基团形成 4 个配位键；配位键的特点是高度稳定并具有动态变化的能力。因此，Zn^{2+} 可以作为组建生物分子的一个特殊“积木块”（图 10-20）。除了在 SOD1 结构中的作用外，在胰岛素中，Zn^{2+} 位于中心形成稳定的胰岛素六聚体；在核酸结合蛋白中，Zn^{2+} 与 2 个组氨酸和 2 个半胱氨酸形成特异而稳定的正四面体结构，这种结构在蛋白质中具有相对独立性和一定的普遍性，称为“锌指”（zinc finger）结构。含锌指结构的蛋白通常具有重要的生物功能，它们经常作为转录因子（transcription factor）和 DNA 修复蛋白的主要结构域，维系基因组的完整性并且影响和调控细胞的基因表达等。

---

① 普通的 O_2 分子为三重自旋态，记为 $^3O_2$，不活泼。$^3O_2$ 受到某种原因激发后形成单重自旋态的 $^1O_2$ 则具有强的氧化能力。详见后面活性氧的结构和性质有关章节。

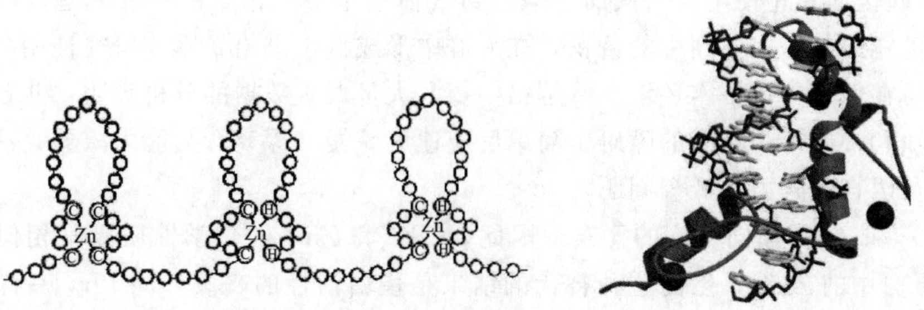

图 10-20 “锌指”结构

左图中每个小圆圈代表蛋白质分子的一个氨基酸单位，其中 C 代表半胱氨酸，H 代表组氨酸。右图为锌指结构和 DNA 结合的三维示意图

2. 发挥酸碱催化的功能。Zn^{2+} 的高电荷密度，使它可以催化一系列酸碱相关的反应，如蛋白质的水解和 CO_2 的水合反应等。我们知道 CO_2 是有机分子相互流动转化过程的最重要的中间环节。在植物体内，吸收的 CO_2 需要首先转化成碳酸氢根（HCO_3^-）才能在光合作用中合成葡萄糖和淀粉等糖类储能分子。在动物体内，有机体氧化分解糖类生成 CO_2 和 H_2O。而 CO_2 需要首先被水化成为 HCO_3^- 才能通过血液运输；在肺中，HCO_3^- 需要被分解成 CO_2 而排出到大气。碳酸酐酶（carbonic anhydrase）则催化 CO_2 和 HCO_3^- 的相互转化。

$$HCO_3^- + H^+ \xrightleftharpoons{\text{碳酸酐酶}} CO_2 + H_2O$$

通常 HCO_3^- 只在加热的条件下，才能迅速分解。而在碳酸酐酶的催化下，反应在温和的生理条件下速率常数可达 $10^7 \sim 10^8\ mol^{-1} \cdot L^{-1} \cdot s^{-1}$；碳酸酐酶也是体内效率最高的酶之一。模拟碳酸酐酶的工作原理，人们可以用 CO_2 与环氧烷烃生产出具有安全和易降解等特性的环保碳酸树脂（图 10-21）。

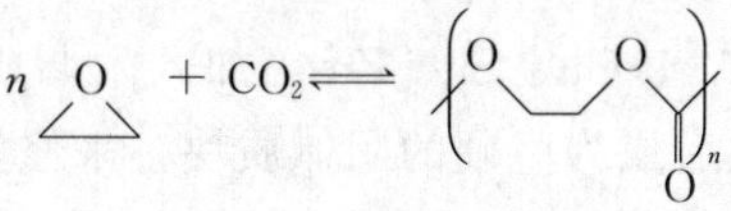

图 10-21　二氧化碳与环氧烷烃聚合生成碳酸树脂

除碳酸酐酶外，Zn^{2+} 也是羧肽酶、胶原酶和血管紧张素转换酶等酶分子的活性中心；在生物体内，Zn^{2+} 与 300 多种酶的活性有关。

五、Pb，Cd，Hg

铅（Pb）、镉（Cd）、汞（Hg）是在“文明”时代中非常重要的重金属环境污染物。它们共同的特点是金属单质都很“软”，金属离子容易形成硫化物沉淀，而在形成配合物时容易和硫原子结合；此类亲硫的金属元素还有 Zn、Cu、Ag、Au 等（这些亲硫金属离子也被称为软酸离子，详见第十一章）。Pb、Cd、Hg 的生物作用及其机制都十分复杂，迄今为止许多问题还有待进一步研究。

Pb 是ⅣA 族（碳族）元素，有较大的原子半径，但是电负性较高。Pb 主要有 +2 和 +4 价态；水溶液中 Pb^{2+} 比较稳定。由于电负性较大，Pb 可以和 C 形成共价化合物，例如传统的汽油抗爆剂——四乙基铅。Pb^{2+} 和其他阴离子成键多少带有共价键的性质。

环境中铅污染是伴随人类社会发展的一个长期问题。在罗马帝国时代，由于广泛地使用含铅的水管和器皿，铅中毒成为一个严重的问题；罗马人生育水平低下可能和铅中毒有关。当代社会中，由于汽车工业的成长，含铅汽油和铅酸蓄电池是环境中铅污染的主要来源。现代人体内铅含量比进入工业时代前高 1000 倍。虽然各国政府都逐步意识到铅污染的严重性，我国已经从 2000 年起全面禁止使用含铅汽油，但含铅气体仍是空气污染的主要问题，城市中空气的大规模污染可能引起铅在土壤中的蓄积，在人群中形成低水平铅暴露。研究证明，婴儿、儿童和孕妇最容易在低水平铅暴露环境下发生铅中毒。大量调查数据的分析表明，儿童发育期铅暴露可引起认知和神经行为功能的障碍、简单反应速度减慢、探究行为能力减弱、注意力和学习能力下降以及语言理解力降低等问题。

镉（Cd）和 Zn 属于同一族的元素。因此，Cd^{2+} 和 Zn^{2+} 的化学性质极其相似，Cd^{2+} 极容易取代 Zn 蛋白中的 Zn^{2+}，然而这种替代的结果是蛋白活性的丧失。同 Pb^{2+} 一样，Cd^{2+} 还可以干扰 Ca^{2+} 的吸收和代谢。因此，Cd^{2+} 是毒性很强的重金属离子；很低浓度的 Cd^{2+} 就可以将人体的精子全部杀死。Cd 中毒的一个重要表现是骨痛病，以骨软化症、骨质疏松症为主体的病理变化。患者全身疼痛，后期甚至咳嗽就可以引发骨折。20 世纪 50 年代，发生于日本富山县的骨痛病事件是由于当地居民长期食用 Cd 污染区种植的稻米而形成的慢性积累性中毒。

环境中 Cd 污染的主要来源包括采矿业、电池工业、颜料、电镀和半导体工业等。特别是废旧电池是 Cd 污染的一个重要来源。养成节约和回收废电池的生活习惯是每个人都可以从身边做起的事情。

汞（Hg）也是 Zn 族元素。Hg 有较大的原子半径，但是电负性较高；这一方面和 Pb 很相似，Hg 与其他原子形成的化学键都带有相当的共价键成分。然而，Hg 却有一些特殊而神秘的性质。

Hg 是唯一室温下呈液态存在的金属，俗称水银，并容易蒸发成 Hg 蒸气。在自然界中，Hg 和 Au 一样比较稳定，可以单质形式存在；Hg 单质形成的 Hg 湖具有十分迷人的美丽风景。在自然界中，另一种 Hg 的形式是红色的朱砂矿物，其成分是 HgS；这也是一种很稳定的化合物，只能溶于王水中。朱砂是中药中重要的矿物之一。在传统中药复方中，大约有 10% 含有朱砂成分。然而，朱砂药物的作用机制现在仍不清楚。

Hg 单质的一个特性是可以“溶解”许多软金属如 Zn、Ag、Au、Cu、Sn、Pb 等形成汞齐（amalgam）。早期的牙医用 Ag、Cu、Sn、Zn 等加入汞调成银白色泥膏，充填于牙齿因龋齿等原因形成的腔洞内，经硬化后成为坚硬的固体质块，来修复牙齿的损伤。早期的金矿工业也用 Hg 将矿石中的 Au 溶解出来，然后将 Hg 蒸发而回收金。这些成为环境 Hg 污染的来源。不过，更大量的 Hg 污染来自于化学工业，如氯碱工业的水银电解法使用 Hg 作阴极，是最大的无机汞排放源之一。

由于 Hg 在化学工业的广泛使用，因此 Hg 污染一直是重金属污染中的首要问题。20 世纪 50 年代，发生于日本熊本县的水俣病事件是一个举世闻名的环境污染案例。水俣病事件的原因是当地一家化工公司生产聚氯乙烯塑料和醋酸，其中大量使用了 $HgSO_4$ 作为催化剂。Hg^{2+} 流入环境后，和环境中的有机物反应或被微生物转化形成甲基汞（CH_3HgCl）和二甲基汞（CH_3HgCH_3），然后这些甲基化的汞化合物在污染区的鱼和贝类身体中富集起来。而当地居民长期食用被污染的鱼和贝类时，引起了甲基汞中毒。

和 Pb、Cd 类似，脑神经系统是汞化合物主要产生作用的一个组织。推测 Hg^{2+} 可能结合于一些含巯基的蛋白质分子，但目前汞化合物对神经系统作用的机制仍然不清楚。甲基汞的毒性非常强，它导致神经细胞的损伤，致人发狂并死亡。而另一种有机汞化合物硫柳汞（merthiolate），过去长期用作疫苗的防腐剂使用。2003 年以来发现，疫苗中的硫柳汞可能是导致儿童自闭症（autism）的原因。

值得说明的是，虽然现代工业使重金属污染成为重要环境问题，但是 Pb、Cd 和 Hg 等重金属元素在环境中原本是存在的。生物体具有保护自己免受这些重金属离子损害的措施。例如微生物对 Hg^{2+} 的甲基化作用其实是微生物的一种排汞解毒机制，不幸的是甲基汞对高等动物具有很大的毒性。高等动物包括人在内，体内的一种重要的重金属解毒机制是谷胱甘肽和金属硫蛋白（metallothionine，MT）。谷胱甘肽可以和各种重金属离子形成稳定的配合物，并通过肾排出体外。金属硫蛋白含有很多半胱氨酸残基，可以稳定结合 Pb^{2+}、Cd^{2+} 和 Hg^{2+} 离子并可修复这些离子对蛋白质分子功能的破坏。当生物体受到重金属离子（特别是 Cd^{2+}）刺激时，各组织细胞（特别是肝细胞）都会大量表达金属硫蛋白。

思考题

1. 如何理解电子的波动性？电子波与机械波有什么不同？

2. 区别下列概念：

（1）连续光谱与线状光谱　　（2）基态原子与激发态原子

（3）概率与概率密度　　（4）原子轨道与电子云

3. 写出四个量子数的符号、名称、取值规则，简述它们的含义。

4. 为什么 K 原子的 4s 轨道的能量低于 3d 轨道？Sc 原子 4s 轨道的能量高于 3d 轨道？

5. 什么是屏蔽效应？什么是钻穿效应？如何解释下列轨道能量变化顺序？

（1）$E(1s) < E(2s) < E(3s) < E(4s)$

（2）$E(3s) < E(3p) < E(3d)$

（3）$E(4s) < E(3d)$

6. 在氢原子中，4s 轨道和 3d 轨道，哪一个轨道能量高？19 号元素 K 的 4s 轨道和 3d 轨道，哪一个轨道能量更高？说明理由。

7. 为什么多电子原子的最外电子层上最多只能有 8 个电子？次外层电子层上最多有 18 个电子？

8. H 原子和 Na 原子的最外电子层都只有 1 个电子，为什么 H 的电离能比 Na 的第一电离能大得多？

9. 将氢原子核外电子从基态激发到 2s 或 2p 轨道，所需能量是否相同？为什么？若是 He 原子情况又怎么样？若是 He^+ 或 Li^+ 情况又怎么样？

习　题

1. 简述原子核外电子运动的特殊性。

2. 试用量子数 n、l、m 对原子核外 $n=4$ 的所有可能的原子轨道分别进行描述。

3. 写出下列各能级或轨道的名称，并将各能级按能量由低到高的顺序排列。

（1）$n=3$，$l=0$　　（2）$n=4$，$l=1$　　（3）$n=5$，$l=2$

（4）$n=2$，$l=1$，$m=-1$　　（5）$n=4$，$l=0$，$m=0$

4. 下列各组量子数中哪一组是正确的？将正确的各组量子数用原子轨道符号表示。

（1）$n=3$，$l=2$，$m=0$　　（2）$n=4$，$l=-1$，$m=0$

（3）$n=4$，$l=1$，$m=-2$　　（4）$n=3$，$l=3$，$m=-3$

5. N 原子的价电子排布是 $2s^2 2p^3$，试用 4 个量子数分别描述三个 $2p^3$ 电子的运动状态。

6. 某原子在 $n=2$、$l=1$ 亚层上有 3 个电子，该亚层属哪个能级？共有多少个简并轨道？请用 4 个量子数描述这 3 个电子的运动状态。

7. 已知 M^{3+} 离子 3d 轨道中有 5 个电子，试推出

（1）M 原子的核外电子排布。

（2）M 元素的名称和元素符号。

（3）M 元素在周期表中的位置。

8. 基态原子价层电子排布式满足下列条件之一的是哪一类或哪一种元素？

(1) 具有 4 个 p 电子。

(2) 有 1 个量子数为 $n=4$、$l=0$ 的电子，有 5 个量子数为 $n=3$ 和 $l=2$ 的电子。

(3) 3d 轨道为全充满，4s 轨道只有 1 个电子的元素。

9. 用 s、p、d、f 等符号表示下列元素的原子电子层结构（原子电子构型），判断它们属于第几周期、第几主族或副族、哪个分区。

(1) $_{20}Ca$； (2) $_{27}Co$； (3) $_{32}Ge$； (4) $_{48}Cd$； (5) $_{83}Bi$

10. 基态原子的电子排布满足下列条件之一的是什么元素？

(1) +2 价正离子与 Ar 的电子构型相同。

(2) +3 价正离子与 F^- 的电子构型相同。

(3) +2 价正离子 3d 轨道全充满。

11. 某元素在 Kr 之前，当它的原子失去 3 个电子后，其角量子数为 2 的轨道上的电子恰好是半充满，试推断该元素的名称。

12. 试讨论元素的周期与能级组之间的内在对应关系；指出元素所在的族数与其原子核外电子层结构的关系；说明元素周期表共分成几个区、各区分别包括哪些族元素。

13. 什么是元素的电负性？电负性在同周期中、同族中各有何规律性？

（王美玲）

第十一章　分子结构和分子间作用力

分子是由原子组成，能够稳定存在和保持一定物理、化学性质的基本微粒，也是参与化学反应的基本单元。如同原子的化学性质主要取决于外层电子结构一样，分子的化学性质也取决于分子的电子结构，此外分子的三维立体结构对其性质也至关重要。

在分子内部将相邻原子紧密结合在一起的强烈引力称为化学键（chemical bond）。化学键的能量通常为几十到几百千焦每摩尔。在分子之间也存在着几种较弱的吸引力，包括范德华力（van der Waals force）和氢键（hydrogen bond）等，总称为分子间作用力（intermolecular force）。分子间引力通常比化学键小一两个数量级。分子间引力引导分子形成各种凝聚态的物质。物质的性质则是分子及其凝聚状态的综合结果。

构建物质的分子结构，首先需要研究化学键。依据成键时电子运动状态的差异，可将化学键分为离子键、共价键（包括配位共价键）和金属键三种基本类型。本章主要介绍离子键和共价键。由于金属键只在金属单质中存在，其成键理论也较复杂，本章不做介绍。

第一节　离子键和晶体结构

一、离子键的生成

氯化钠是常见的离子晶体。氯化钠在熔融或溶解状态下具有导电能力，这说明氯化钠是由带电荷的阴、阳离子所组成的。氯化钠形成的过程可用一种玻恩-哈伯（Born-Harbor）循环图来表示（图 11-1）。

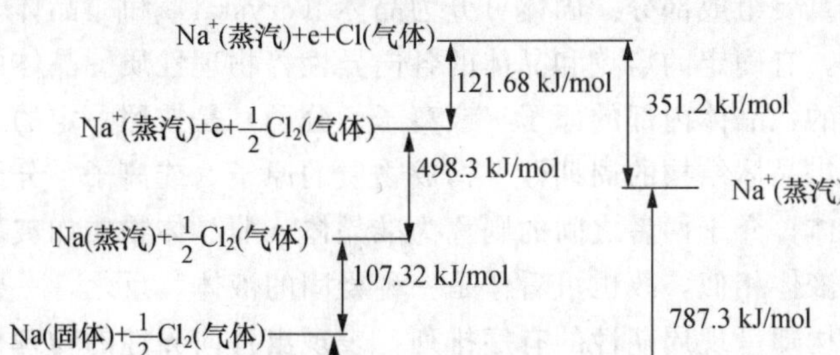

图 11-1　氯化钠生成过程的 Born-Harbor 循环图

当固体的 Na 金属和氯气反应时，首先钠原子要从金属中逃逸出来，形成独立的原子（气态），接着 Na 原子失去一个电子，具有了氖原子的稳定电子层结构，但这要吸收 Na 第一电离能的能量。氯元素在接受这一个电子前，也需要事先吸收能量、断裂 Cl—Cl 之间的化学键，以形成 Cl 原子。Cl 原子接受 Na 原子提供的电子，也达到了稳定的氩原子的电子层结构，此过程可释放第一电子亲和能的能量。但是，从图中可知，此时释放的能量远远不足以补偿此前所需要吸收的能量。真正大量的能量释放是在最后一步，即 Na^+ 和 Cl^- 离子以特定的密集堆积方式形成一种立方体的离子晶体（图 11-2），这种正方体的晶体是 NaCl 晶体的特征结构。在这个结构中，阴阳离子交错排列，每一个 Na^+ 周围都有 6 个 Cl^-，每一个 Cl^- 周围同样被 6 个 Na^+ 环绕，使得正负电荷的相互吸引得到了最大限度的利用。此时释放出大量的能量——晶格能（lattice energy），对体系能量降低贡献最大。因此，离子键是离子晶体中阴阳离子相互吸引的整体结果，决定了离子晶体固体的性质。

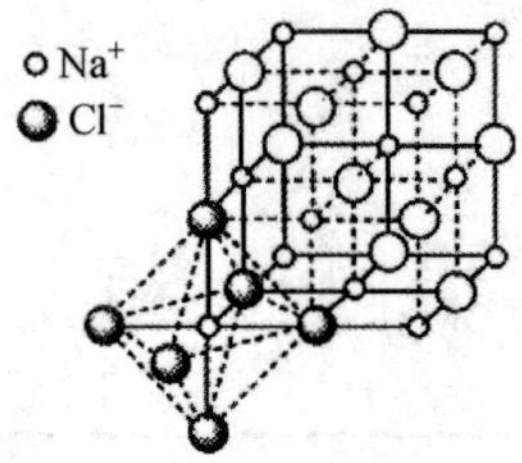

图 11-2 NaCl 晶体中阴阳离子的排列方式

二、离子键的本质和特点

在一定条件下，电负性差别较大的原子间可以发生电子转移，生成阴、阳离子，阴、阳离子通过静电引力作用，以特定的堆积方式形成离子晶体结构，使体系的能量大幅度降低，从而形成离子键。

离子的电荷呈球形分布，可以在空间的任意方向与尽可能多的带有相反电荷的离子相互吸引，因此，离子键不具有方向性和饱和性。

在形成晶体的过程中，阴、阳离子根据其半径的差异和电荷的匹配性自然选择特定的堆积方式，以获得最大密度堆积，因此，每种离子晶体（单晶）都具有独特的、对称性的晶体形状。例如，NaCl 晶体为无色正方体，硫酸铜晶体为蓝色斜方晶体，碳酸钙晶体（方解石）为无色菱面体等。KCl 晶体也是立方体，和 NaCl 晶体晶型相同，而 $MgCl_2$ 却是六角晶体。KCl 和 NaCl 不会形成复盐晶体，而 KCl 却可以与 $MgCl_2$ 形成对称斜方双锥的复盐晶体（俗名光卤石）。

形成离子键的前提条件是两个成键原子的电负性具有较大的差值。在元素周期表中，大多数活泼金属原子（Ⅰ、Ⅱ主族和低价过渡金属原子）的电负性较小，活泼非金属原子（卤素、氧等原子）的电负性较大，它们之间通过化学反应生成的卤化物、氧化物、氢氧化物等化合物中均存在着离子键。相互作用的原子之间电负性差值越大，所形成的化学键中离子键成分也就越大。

三、晶体结构

固体物质是生物体的重要组成部分。固体可分为晶体（crystal）和非晶体。晶体的特点是有规则而整齐的几何外形，有确定的熔点和晶体的各向异性等物理性质。晶体的这些性质是由其内在结构的有序性决定的，晶体内部的原子（或离子、分子）是按照一定的方式在三维空间呈规律性重复排列，体现出晶体结构的周期性。构成物质的原子（或离子、分子）不具备周期性有序排列的固体是非晶体，介于两者之间的则称为准晶体。非晶体物质如玻璃、塑料等的内部原子排列没有规律，与液体相似，故也可看作是一种凝固的液体。反之，一些物质虽然具有液体的流动性，但内部结构却呈现周期性的有序排列，表现出各向异性的物理性质，这一类物质称为液晶（liquid crystal）。生物体的细胞膜便是典型的液晶。

晶体内部的原子（或离子、分子）在三维空间周期性重复排列。每个重复单位的化学组成、原子排列方式及周围环境（不包括表面）都相同。这种周期性包括两个要素：一是周期性重复的结构单位，称为晶体结构的基元（unit），二是周期性重复的方式（重复周期的长度和方向）。每个基元所包含的内容可以是一个原子、离子或分子，也可以是若干个原子、离子或分子。例如在 NaCl 晶体中，每一个基元由一个 Na^+ 和一个 Cl^- 组成，而在复杂的蛋白质晶体中则可以包含若干个蛋白质分子。

如果把每个结构基元抽象成一个几何点，那么晶体结构就可以简化成一个具有方向性的点阵结构，即矢量点阵。这时，晶体结构的简化形式为“点阵＋结构基元”，在进行晶体学的计算和研究中变得更为方便。

如果把晶体按内部的排列周期性划分成一个个平行六面体的单位，这种重复性的结构单位称为晶胞（图 11-3）。由于晶胞是平行六面体，整个晶体可由晶胞在三维空间周期性重复排列堆砌而成。晶胞的形状和大小由晶体的点阵结构决定，它可以包含一个晶体点阵的结构基元，也可以包含多个结构基元，从而更好地反映晶体结构的对称性质。重要的是，知道了晶胞的大小、形状和内容，就知道了相应晶体的结构。实际上，晶体结构的测定就是测定晶体晶胞的大小、形状和其中各原子的位置。

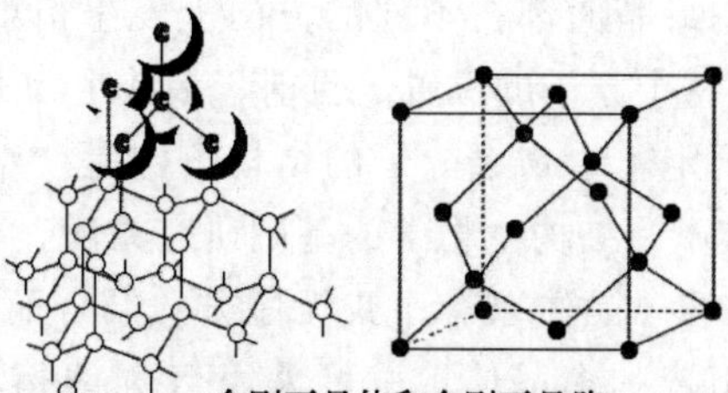
金刚石晶体和金刚石晶胞

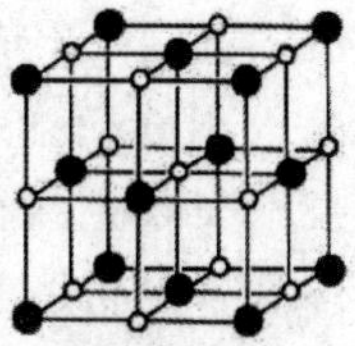
氯化钠晶胞

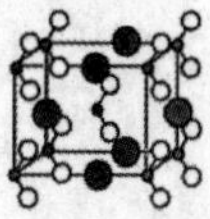
硝酸钠晶胞

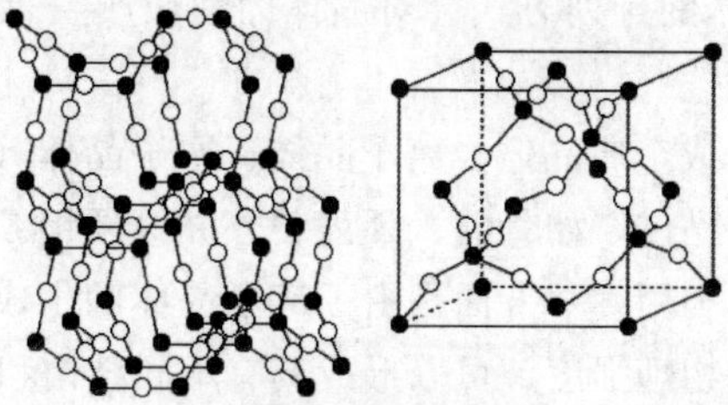
石英晶体和石英晶胞

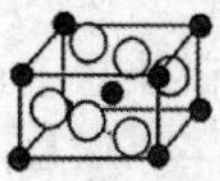
金红石晶胞

图 11-3　晶体的晶胞

描述晶胞的形状和大小的参数包括晶胞的三个边长 a、b、c 和三个夹角 α、β、γ（图 11-4）。根据晶胞参数和晶体对称性，可将晶胞分为立方、四方、正交、三方、六方、单斜和三斜 7 个类型，称为 7 种晶系。晶胞中各原子的位置则以三个边为坐标轴，以三个边长为坐标轴的矢量单位来确定其相对位置。例如 NaCl 晶体属于立方晶系，其晶胞参数的特点是 $a=b=c$，$\alpha=\beta=\gamma=90°$，若以其中一个 Cl^- 为原点，则各离子的位置分别为：

Cl^-：$(0, 0, 0)$，　$\left(\frac{1}{2}, 0, \frac{1}{2}\right)$，　$\left(0, \frac{1}{2}, \frac{1}{2}\right)$，　$\left(\frac{1}{2}, \frac{1}{2}, 0\right)$……

Na^+：$\left(\frac{1}{2}, 0, 0\right)$，　$\left(0, \frac{1}{2}, 0\right)$，　$\left(0, 0, \frac{1}{2}\right)$，　$\left(\frac{1}{2}, \frac{1}{2}, \frac{1}{2}\right)$……

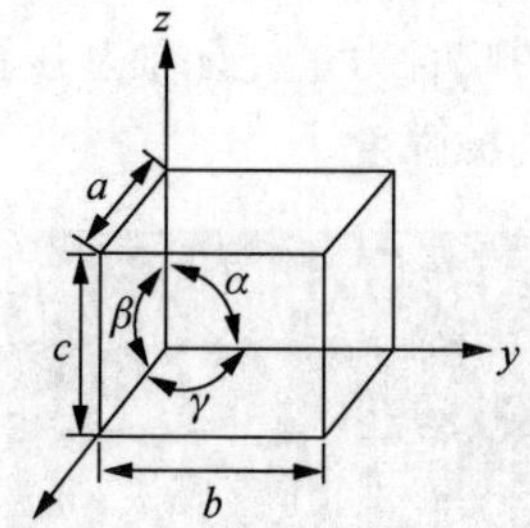

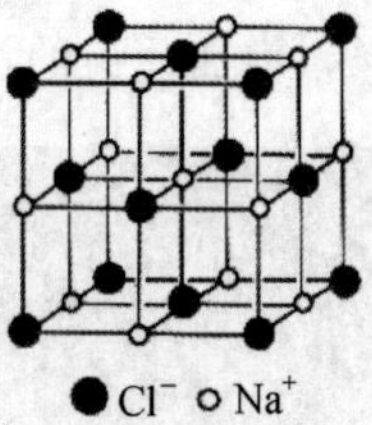

氯化钠晶胞

图 11-4　晶胞和晶胞参数

晶面是晶体中原子（或离子）形成的一个个平行等间距的点阵平面。晶体的每个表面都与内部某一相应的晶面相平行。晶面是晶体结构的一个重要参数。光彩夺目的钻石（金刚石）的形象已为我们所熟悉，首饰中的钻石通常具有 58 个刻面的形状。金刚石是硬度最大的物质，那么这些刻面是如何被切割出来的呢？早在 2000 多年前，工匠们就利用金刚石晶面的解离性质，选择金刚石的自然或人工造成的裂痕（如不断地敲击或用另一块金刚石刻划），沿裂隙钉入楔子，使坚硬的金刚石晶体沿其某个晶面分裂开，这也是其他各类宝石加工的基本技术原理。现在宝石加工行业利用激光和计算机辅助设计等技术手段，可以将金刚石切割加工成 81 个刻面的形状。

单晶（single crystal），是一种具有完整周期性结构的晶体。在单晶中，晶体的结构基元按照一个点阵排列模式堆砌构成。单晶具有各向异性，如方解石晶体可以区分光的不同偏振性。在进行单晶 X 射线衍射实验时，每一组晶面都在不同的方向上发生衍射。对所有晶面的距离和方向进行测定后，就能画出晶胞中每个原子的位置。目前，多数生物大分子（如蛋白质分子）的结构采用单晶 X 射线衍射方法测定。生物大分子的结构测定是“结构生物学”的基础。因此，单晶制备技术和 X 射线衍射技术是结构生物学的基础研究方法。

与单晶相对的是多晶。多晶是由很小的单晶体以有序或无序方式结合而成的晶块或粉末。美丽的雪花就是由许许多多微小的冰晶组成的多晶体。也可采用 X 射线衍射法研究多晶体，以获得结构上的信息。多晶体内部小晶体的排列方式会对晶体的性质产生影响，如冰块和雪花形态上的差别。

根据化学键类型的不同，可将晶体分成金属晶体、离子晶体、原子晶体（或共价晶体）和分子晶体等。生物体内晶体物质多数是离子晶体，如骨骼、牙齿、外壳等硬组织和感官晶体（如耳石、微磁体）等。离子晶体易于被生物体利用，一方面是由于离子晶体的生成方式容易为生物体所控制，另一方面，离子晶体具有较高的物理强度，可以形成具有不同结构和功能的生物材料。

骨骼和牙齿的主要成分是羟基磷灰石（hydroxyapatite，HAP）和基质蛋白。在牙釉质中，HAP 的含量高达 95%，其余部分为约 1%的釉蛋白和水（存在于牙釉质的结构缝隙和孔道中）。骨骼中以 HAP 为主，但有机物含量上升到 20%～24%，还含有水、碳酸钙及其他形式磷酸钙等物质。骨骼中的结构空隙较大，水含量可高达 15%。

HAP 的成分是 $Ca_{10}(PO_4)_6(OH)_2$，其晶体的晶胞参数为 $a=b=0.9375$nm，$c=0.6880$nm。HAP 无法形成大颗粒晶体，只能形成纳米尺度的微晶，其形状为一种六面柱体，几十纳米大小。骨骼和牙齿都是纳米羟基磷灰石微晶构成的多晶体系，但两者的微晶的排列方式不同。

在牙釉质中，HAP 的晶体沿其长轴的方向排列成行（图 11-5a），形成长长的釉柱（图 11-5b），釉柱的截面接近于六角形（图 11-5c），釉柱的延伸方向和牙齿表面基本垂直。在微晶和微晶之间、釉柱和釉柱之间填充着牙釉基质蛋白。如果将 HAP 用酸全部腐蚀掉，可以看到基质蛋白所形成的蜂巢状结构（图 11-5d）。这种组装和排列方式使牙釉质的结构致密，力学强度大，特别是在釉柱的轴向方向，可以承受很大的咬合力量。牙釉基质蛋白含量虽然很少，但可以像混凝土中的钢筋一样，增加牙齿的韧性和机械强度。

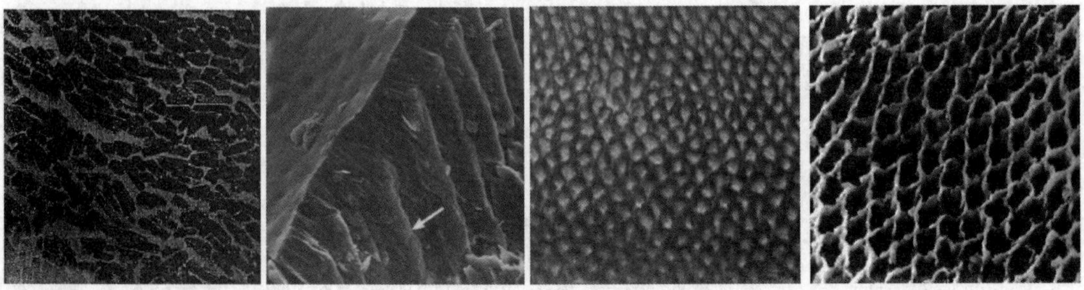

(a) (b) (c) (d)

图 11-5 牙釉质的釉柱结构和羟基磷灰石排列方式

a. 牙釉质中羟基磷灰石沿长轴方向排列的电子显微镜照片；b. 牙釉柱结构的电子显微镜照片；c. 光学显微镜下观察的牙釉柱的截面；d. 牙釉质经酸蚀后剩下的基质蛋白结构的电子显微镜照片

在骨骼中（图 11-6），HAP 的微晶体呈层状堆积，并不像在釉质中那样有序，其微晶体也大小不一。HAP 微晶体的层间填充着骨胶原蛋白等基质蛋白，这种层状结构赋予骨骼良好的弹性和蓄能能力。此外，这种层状结构使得骨组织中存在大量的空隙。至今还不完全清楚骨组织选择这种结构的意义所在。但至少空隙结构使骨骼在不明显降低机械强度的条件下，大大减轻了自身的质量，有利于与骨骼生长有关的细胞在骨组织间的移动，也有利于骨组织自身的生长和变化。

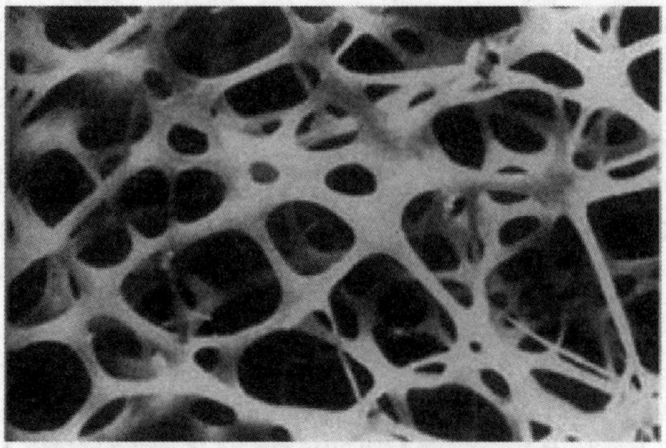

图 11-6　骨组织的多孔和片状结构

F^- 可以替代 HAP 结构中的 OH^-，成为氟磷灰石。氟磷灰石晶体的晶胞参数为 $a=b=$ 0.9375nm，$c=$0.6880nm。与 HAP 相比，氟磷灰石的晶胞略小，Ca—F 键长（0.229nm）比 HAP 中的 Ca—O（0.289nm）要短，故氟磷灰石的晶格能要比 HAP 大，稳定性明显增加，溶解度和溶解速率均有所降低。使用含氟牙膏和牙齿局部涂氟可有效地减少龋齿的发生；究其原因，一方面是氟化物可以有效地抑制细菌产生酸性物质腐蚀牙齿，另一方面是牙釉质表面发生氟取代后，部分釉质的 HAP 转化成了氟磷灰石，降低了釉质的溶解性。

骨骼中过多的氟取代也可造成机体的严重损伤，导致氟斑牙和氟骨病。氟骨病是一种地方性疾病，因饮水中氟含量过高或氟污染（燃煤污染）所致，表现为腰、腿及关节麻木、疼痛，严重时出现腰弯背驼、功能障碍乃至瘫痪。氟骨病的病理和生化机制还不清楚。

第二节　共价键的本质

前一节讨论了电负性相差较大的两种元素的原子通过电子转移而形成离子键，介绍了离子晶体的基本结构和性质。那么电负性相差较小或完全相同时，原子间又如何成键呢？

一、经典路易斯价键理论回顾

美国化学家路易斯（G. N. Lewis）早在 1916 年就阐述了原子间通过共用电子对成键的概念，提出了著名的八隅体规则（octet rule），即原子间可通过得到或失去外层电子而成键，成键原子力图达到稀有气体原子的 8 电子的外层电子组态（He 为 2 电子）。同种元素的原子或电负性相差较小的原子间可通过共用电子对形成分子。当两原子共用一对电子时形成单键，共用两对或三对电子时形成双键或三键。原子通过共用电子对形成的化学键称为共价键（covalent bond）。此外，路易斯还提出了描述成键方式的路易斯结构式。

例如，HF 的共价键成键过程为

$$\mathrm{H}\cdot+\cdot\ddot{\underset{..}{\mathrm{F}}}: \longrightarrow \mathrm{H}:\ddot{\underset{..}{\mathrm{F}}}:$$

H 原子的单电子与 F 原子的单电子形成电子对，由两原子共用。这种形成共价键的电子对称为成键电子对（bonding pair），原子的其他成对电子对成键没有贡献，称为孤对电子

(lone pair)。成键电子对还可用"—"代替，写成

$$H \cdot + \ddot{\ddot{F}}: \longrightarrow H - \ddot{\ddot{F}}:$$

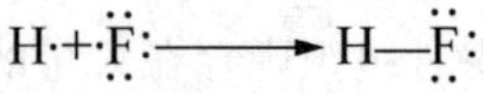

成键后，H 原子具有 He 原子的电子层结构，F 原子具有 Ne 原子的电子层结构。通过电子配对形成共价键后，H 原子和 F 原子均达到了闭壳层结构，体系能量降低而生成稳定的 HF 分子。同样，一些多原子分子或离子如 Cl_2、O_2、N_2、H_2O、H_3O^+ 和 CCl_4 的路易斯结构可写成如下两种形式。

$$:\ddot{\ddot{Cl}}:\ddot{\ddot{Cl}}: \qquad :\ddot{O}::\ddot{O}: \qquad :N:::N: \qquad H:\ddot{O}:H \qquad \begin{matrix} :\ddot{\ddot{Cl}}: \\ :\ddot{\ddot{Cl}}:\ddot{C}:\ddot{\ddot{Cl}}: \\ :\ddot{\ddot{Cl}}: \end{matrix}$$

$$:\ddot{\ddot{Cl}}-\ddot{\ddot{Cl}}: \qquad :\ddot{O}=\ddot{O}: \qquad :N\equiv N: \qquad H-\ddot{O}-H \qquad \begin{matrix} :\ddot{\ddot{Cl}}: \\ :\ddot{\ddot{Cl}}-\overset{|}{C}-\ddot{\ddot{Cl}}: \\ :\ddot{\ddot{Cl}}: \end{matrix}$$

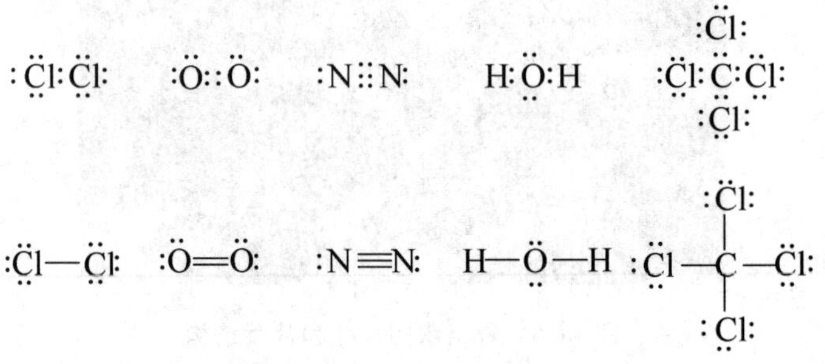

需要指出，路易斯结构式只是初步说明了共价键中的每个原子的外层电子满足八隅体规则，没有反映分子的空间构型。

实际上，有些化合物成键原子的外层电子虽然不满足八隅体规则，但却是稳定的化合物。按照路易斯价键理论，BF_3 的中心原子 B 价层只有 6 个电子，PCl_5 的中心原子 P 价层却有 10 个电子，均不符合八隅体规则，但都是可以稳定存在的化合物。此外，路易斯价键理论不能说明为什么两个带负电荷的电子不相互排斥反而相互配对，对共价键的饱和性和方向性也不能做出合理的解释。由此可见，经典路易斯价键理论未能从本质上阐述共价键的成因。

1927 年德国化学家海特勒（W. Heitler）和伦敦（F. London）应用量子力学方法对 H_2 分子体系进行了理论计算，初步揭示了共价键的本质。随后，美国化学家鲍林（L. Pauling）和德国化学家斯莱特（J. C. Slater）等在此基础上加以发展，建立了价键理论（valence bond theory）。为了解释一些价键理论无法解释的现象，1932 年美国化学家密立根（R. S. Muiliken）和德国化学家洪特（F. Hund）又提出了分子轨道理论（molecular orbital theory）。

价键理论主要考虑成键原子最外层轨道中未成对电子在形成化学键中的贡献，成功地解释了共价分子的空间构型，在有机化学和生命科学中得到了广泛的应用。分子轨道理论的研究对象是整个分子的电子结构，显然更符合原子间成键的实际情况，可以解释价键理论无法解决的一些问题，但需要更多的量子力学计算。

二、海特勒和伦敦的价键理论

1927 年海特勒和伦敦利用量子力学方法对氢分子系统进行了计算。由于量子力学的数学方法十分复杂，这里只对结论性内容加以介绍。

（一）氢分子共价键的形成

理论计算表明，两个氢原子彼此接近时，相互作用逐渐增强，系统的能量随着核间距的变化情况如图 11-7 所示，原子间的作用与电子的自旋状态密切相关。

1. 当两个氢原子的电子自旋方向相反时，随着核间距 r 的减小，体系能量随之降低，直到两个氢原子核间距为 87pm（实测值为 74pm），能量也随之降低到最低值 $-388\text{kJ} \cdot \text{mol}^{-1}$（实测值为 $-458\text{kJ} \cdot \text{mol}^{-1}$），形成稳定的基态氢分子（图 11-7a）。此时，核间距为氢分子的键长，体系降低的能量就是氢分子的键能。如果核间距进一步减小，原子核间的斥力增大，体系的能

量会迅速增加，分子处于不稳定状态。

2. 当两个氢原子的电子自旋方向相同时，体系的能量随着核间距的减小迅速增大，两个氢原子始终处于排斥态（图 11-7b），不能有效地键合成氢分子。

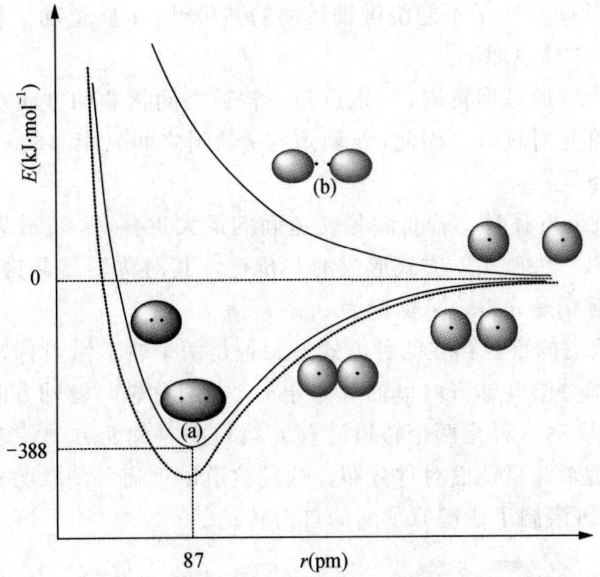

图 11-7　两个氢原子核间距与体系能量变化关系曲线

a. 基态；b. 排斥态

由此可见，共价键的形成是由于原子接近时，自旋方向相反的两个电子的轨道相互重叠，增大了两核间电子概率密度，结果导致两核间负电荷密度增大，两核间电子云对两个原子核的引力加强，从而有效地降低了整个体系的能量，生成稳定的共价键。共价键本质上也是静电引力，但作用方式明显不同于离子晶体中正、负离子间的静电作用。

（二）价键理论的要点

将氢分子形成共价键的研究结果推广到其他双原子分子或多原子分子，便可总结出价键理论的要点。

1. 当两个原子相互接近时，只有自旋方向相反（或自旋配对）的单电子的原子轨道波函数才能发生正向重叠（峰-峰或谷-谷），电子云密集于两核之间，系统能量降低，形成稳定的共价键。

2. 每一个单键（见后）包含一对电子，换句话说，每个原子所能形成共价键的数目取决于该原子单电子的数目，因此，共价键具有饱和性。

3. 两个原子轨道重叠越多，两核间电子云越密集，形成的共价键越牢固，这称为原子轨道最大重叠原理。除 s 轨道呈球形对称外，p、d 等轨道都存在空间取向。具有空间取向的轨道只有沿着一定的方向靠近时才能达到最大程度的重叠，从而形成稳定的共价键，这就是共价键的方向性。例如，HCl 分子成键时，H 原子的 1s 轨道与 Cl 原子的 $3p_x$ 轨道沿 x 轴接近，以实现轨道间最大程度的重叠，形成稳定的共价键（图 11-8a）。其他方向的重叠（图 11-8b、图 11-8c）均不能实现轨道间的最大重叠，故不能成键。

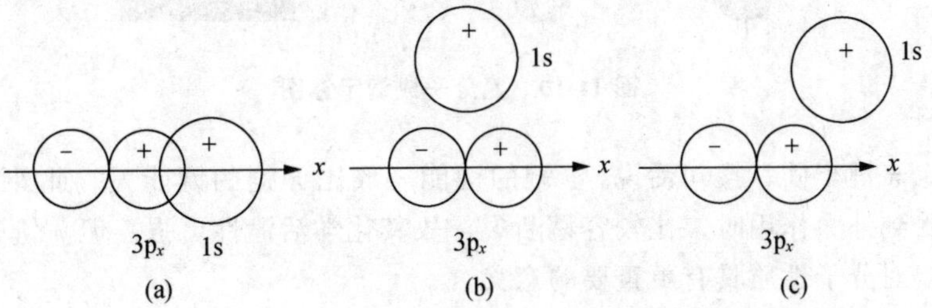

图 11-8　氯化氢分子成键示意图

（三）共价键的类型

1. σ 键和 π 键 原子轨道有两种重叠方式，分别形成 σ 键和 π 键。σ 键的特点是沿成键方向存在一个对称轴。成键的两个原子可沿键轴任意转动，对共价键的强度不会产生任何影响。而 π 键是一个使成键的两个原子不能绕键轴转动的共价键。s 轨道和 p 轨道可采取几种匹配方式成键（图 11-9），简单描述如下。

（1）由于 s 轨道为球形对称轨道，s 轨道与 s 轨道之间重叠的方向可任意匹配，无论在哪个方向上重叠，键轴都是对称轴，因此，s 轨道与 s 轨道之间只能形成 σ 键，可标记为 $\sigma_{s\text{-}s}$，角标表示轨道的类型，下同。

（2）s 轨道与 p 轨道重叠时，若要满足轨道间的最大重叠，s 轨道只能沿着 p 轨道坐标轴方向与之重叠。这种以“头碰头”方式形成的共价键，其对称轴就是键轴，因此，s 轨道与 p 轨道之间形成的共价键仍是 σ 键，可标记为 $\sigma_{s\text{-}p}$。

（3）p 轨道与 p 轨道的重叠存在两种方式。一种是两个轨道沿对称轴方向以“头碰头”方式成键，轨道的重叠部分沿键轴方向呈轴对称分布，其对称轴与键轴方向一致，故这种共价键是 σ 键，可标记为 $\sigma_{p\text{-}p}$。另一种是两个轨道沿着 p 轨道的对称面方向，以轨道侧面相重叠。轨道的重叠部分垂直于键轴并呈镜面对称分布。这种轨道以“肩并肩”方式形成的共价键称为 π 键，可标记为 $\pi_{p\text{-}p}$。π 键限制了成键原子间的自由转动。

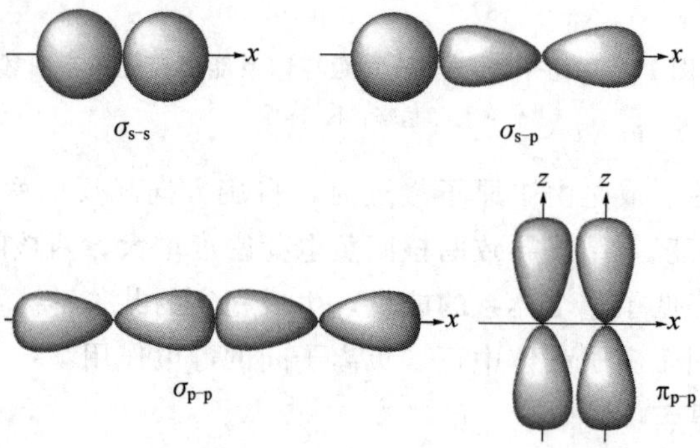

图 11-9 s 轨道、p 轨道的几种成键方式

以 N_2 分子为例，说明 σ 键和 π 键在分子中的相互关系（图 11-10）。N 原子的电子组态为 $1s^2 2s^2 2p_x^1 2p_y^1 2p_z^1$，三个单电子分别占据着相互垂直的三个 p 轨道。当两个 N 原子相互碰撞形成 N_2 分子时，各以一个 $2p_x$ 轨道沿键轴方向以“头碰头”方式重叠形成一个 σ 键，余下的两个 $2p_y$ 轨道和两个 $2p_z$ 轨道只能以“肩并肩”方式重叠，形成两个 π 键。共价键用“—”表示，N_2 分子结构式可写成 N≡N。

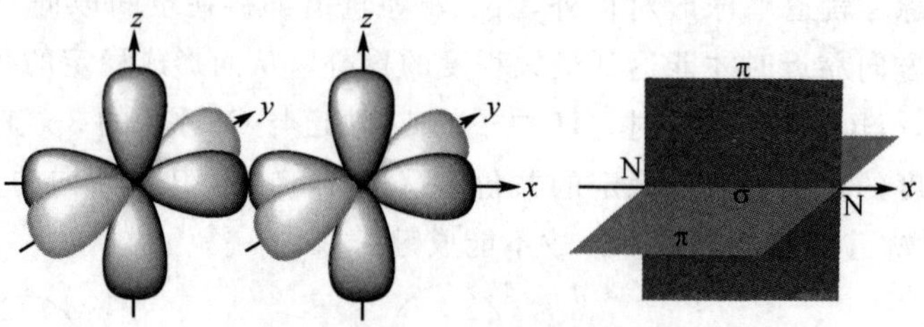

图 11-10 氮分子成键示意图

通常 σ 键比 π 键牢固，换句话说，σ 键的键能一般比 π 键的键能大。此外，π 键由于不能旋转，因此当受到外力作用时，比较容易断裂，故其化学活泼性更强。但 π 键是分子结构之刚性产生的原因，对分子性质具有更重要的意义。

当两个原子形成共价键时，总能先形成一个 σ 键，但两原子之间也只能形成一个 σ 键，然

后才能形成 π 键。因此，共价单键一定是 σ 键，而双键中存在一个 σ 键和一个 π 键，三键中有一个 σ 键和两个 π 键。

2. 特殊共价键——配位共价键　根据成键原子提供电子形成共用电子对方式的不同，共价键可分为正常共价键和配位共价键。如果由两原子各提供一个单电子成键，这种共价键称为正常共价键（normal covalent bond），如 H_2、H_2O、HCl 等分子中的共价键。如果一个原子提供一对电子，而另一个原子提供一个空轨道而成键，这种共价键称为配位共价键（coordination covalent bond），简称配位键（coordination bond）。为区别于正常共价键，配位键常用“→”表示，箭头从提供电子对的原子指向接受电子对的原子。分析一下 CO 分子的成键过程（图 11-11）。C 原子的电子组态为 $1s^2 2s^2 2p_x^1 2p_y^1 2p_z^0$，价层的 $2p_x$ 和 $2p_y$ 轨道各有一个单电子，另一个 $2p_z$ 轨道没有电子，是空轨道；O 原子的电子组态为 $1s^2 2s^2 2p_x^1 2p_y^1 2p_z^2$，价层的 $2p_x$ 和 $2p_y$ 轨道各有一个单电子，另一个 $2p_z$ 轨道有一对电子。以 x 轴方向为键轴方向，两个 $2p_x$ 轨道以“头碰头”方式重叠形成一个 σ 键，两个 $2p_y$ 轨道以“肩并肩”方式重叠形成一个 π 键。在 xz 平面上，C 原子的 $2p_z$ 空轨道与 O 原子有一对电子的 $2p_z$ 轨道同样以“肩并肩”方式重叠，形成另一个 π 共价键，但其电子对只由一方提供，因此是配位共价键。一氧化碳的分子结构式可以写成 C$\leftleftarrows$O。

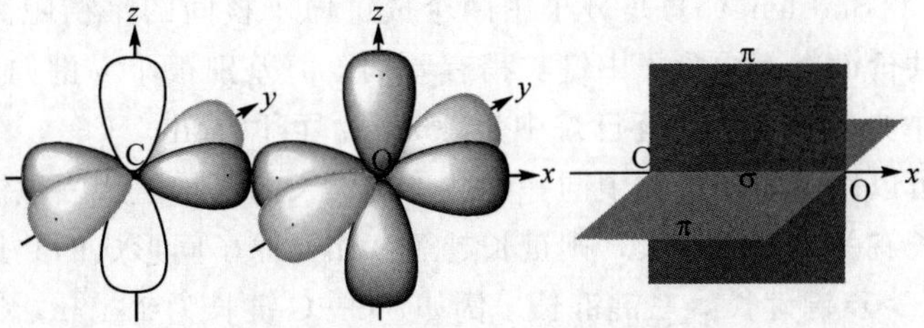

图 11-11　一氧化碳分子成键示意图

配位共价键的生成需要满足两个条件：一个原子的价层存在孤对电子，另一个原子的价层有空轨道。配位键由于是一个原子单方面提供电子对，因此与正常共价键不同，配位键的形成伴随了原子间电荷的转移。因此配位键通常在有电荷的原子团间（如带正电的金属离子和带负电的配体）形成，或者在强极性的共价键的基础上形成。这样配位键可作为一种分子电荷的负反馈，使分子总体更好地满足电中性的要求。

在上例 CO 分子中，由于 C 原子和 O 原子有不小的电负性差别，因此对于两个正常的共价键来说，电子云过于倾向于 O 原子。这样一来，C 原子和 O 原子则分别带有一些正电荷和负电荷。而第三个配位键的形成则将负电荷从 O 原子又移回 C 原子，使分子的总体极性大大减小。

（四）键参数

能表征化学键性质的物理量称为键参数（bond parameter）。共价键的键参数主要包括键能、键长、键角及键的极性。

1. 键能　键能（bond energy）是从能量角度衡量共价键强度的物理量，指某一共价键断裂时所吸收的能量。键能越大，共价键越牢固，越不容易断裂。

对于双原子分子来说，键能等于分子的解离能（D），以 H_2 为例，举例如下。

$$H_2(g) \rightarrow 2H(g) \qquad D = 436\text{kJ} \cdot \text{mol}^{-1}$$

则 H—H 的键能为 $436\text{kJ} \cdot \text{mol}^{-1}$。

对于多原子分子来说，键能是分子中相同化学键解离能的平均值，以 H_2O 分子为例，举例如下。

$$H_2O(g) \longrightarrow H(g) + OH(g) \qquad D_1 = 501.87\text{kJ} \cdot \text{mol}^{-1}$$

$$OH(g) \longrightarrow H(g) + O(g) \qquad D_2 = 423.38\text{kJ} \cdot \text{mol}^{-1}$$

水分子中的两个 O—H 键的键能完全相同，但实际测定中需分两步完成，H_2O 与 OH 的电子结构明显不同，这就导致两次测定的解离能数值不同。依据能量守恒原理，两次解离能的加和值应为键能的 2 倍，即键能为两次解离能的平均值。因此，H_2O 分子中 O—H 的键能为 462.62kJ · mol^{-1}。表 11-1 中列出了一些常见共价键的平均键能。

表 11-1 常见共价键的平均键长和键能

共价键	键长（pm）	键能（kJ · mol^{-1}）	共价键	键长（pm）	键能（kJ · mol^{-1}）
H—H	74	436	C—Cl	177	335
C—H	109	413	C—N	148	305
O—H	98	463	Cl—Cl	199	247
N—H	101	391	O—O	148	146
Cl—H	127	414	C═C	134	610
Si—O	164	368	C═O	120	728
C—C	154	346	O═O	120	495
C—O	142	357	C≡C	120	835
C—S	182	272	N≡N	110	946

2. 键长 键长（bond length）是分子中两个成键原子核间的平衡距离。光谱和晶体衍射实验表明，同一种共价键在不同分子中键长稍有差别，但差别很小。例如金刚石中 C—C 键长为 154.2pm，乙烷中为 153.3pm，环己烷中为 153pm。可以看出，C—C 在不同物质中的键长变化甚微，因此，可以用不同化合物中同一种共价键键长的平均值代表该键的键长（表 11-1）。

键的强度和键长有关。键能越大，则键长越短。相同原子间形成的共价键，多重键的长度明显变短，单键键长＞双键键长＞三键键长。例如，C—C 键长为 154pm，C═C 键长为 134pm，C≡C 键长只有 120pm。通常双键的键长为单键的 85％～90％，三键键长为单键的 75％～80％。

3. 键角 键角（bond angle）是同一原子所形成的两个化学键之间的夹角。它是反映分子空间构型的一个重要参数。例如，水分子中两个 O—H 键的夹角为 104°45′，表明水分子呈 V 形结构；CO_2 分子中两个 C—O 键的夹角为 180°，表明 CO_2 为直线型分子。一般情况下，在给定键长和键角的测定值后就能确定分子的空间构型。

每个原子一般都有几种比较确定的成键方式，每种方式又有比较固定的键长和键角，因此键长和键角的信息有助于判断结构比较复杂分子所采取的空间构型。

4. 键的极性 两个成键原子电负性不同时会导致键的极性（polarity）。相同原子通过共用电子对形成共价键时，由于两个原子对电子的吸引能力相同，电子云均匀地分布在两核之间，两个原子核的正电荷重心与成键电子对的负电荷重心完全重合，这样的共价键称为非极性共价键（nonpolar covalent bond）。例如 H_2、O_2、F_2、Cl_2 等分子的共价键都是非极性共价键。但不同原子间形成共价键时，由于原子的电负性不同，吸引电子的能力就会存在差异。成键电子对向电负性大的原子一方偏移，使电负性大的原子一端带部分负电荷（δ^-），电负性较小的原子一端带部分正电荷（δ^+），沿着键轴方向形成一个电场矢量——电偶极（electric dipole），这样的共价键称为极性共价键（polar covalent bond）。如 HCl 分子中的 H—Cl 键、CO_2 分子中的 C—O 键都是极性共价键。

成键原子间电负性差值越大，则共价键的极性也越大。当成键原子电负性差值很大时，原子间会更倾向于将电子对完全转移到电负性大的原子上，以形成离子键。从某种意义上，极性共价键是离子键和非极性共价键之间的一个过渡类型（表 11-2）。但需要注意的是，能否形成离子键，决定性因素是能否形成阴、阳离子的密堆积以释放足够大的晶格能。例如，电负性差值为 1.9 的 HF 为极性共价键，而电负性差值为 1.8 的 Al_2O_3、电负性差＜1 的 ZnS 却为离子键，这是由于 H^+ 仅为一个质子，半径过小，无法和 F^- 形成离子晶体结构，相反 Al_2O_3 和 ZnS 晶体结构堆积紧密，可以释放很大的晶格能。

表 11-2　键的极性与成键原子电负性差值的关系

物质	NaCl	HF	HCl	HBr	HI	Cl_2
电负性差	2.1	1.9	0.9	0.7	0.4	0
键类型	离子键	极性共价键				非极性共价键

第三节　杂化轨道理论

海特勒和伦敦的价键理论阐述了共价键的形成本质，说明了共价键的方向性和饱和性，但这个理论在量子力学求解的方法上过于简单，因此，无法用来解释多原子分子的空间构型和物理性质。例如，非常简单的水分子的原子为什么呈 V 型空间分布，甲烷分子为何是正四面体型等。1931 年美国化学家鲍林（L. Pauling）提出了杂化轨道理论（hybrid orbital theory），在轨道类型、成键能力、分子构型等方面得到了很好的结果。

一、杂化轨道理论要点

按照价键理论，基态 C 原子的外层只有两个未成对的 2p 电子，只能生成两个共价键。但实验表明，CH_4 分子中 C 原子与四个 H 原子形成四个完全相同的共价键，整个分子呈正四面体构型，C 原子处于正四面体的中心。价键理论无法解释的原因在于假设了原子只能以基态的方式存在并形成共价键，这显然不符合现实，因为原子轨道在成键过程中不可能是一成不变的。根据量子力学的叠加原理，鲍林提出：同一原子中能量相近的不同类型的几个原子轨道，在化学反应时，可以事先重新组合成相同数目的新的原子轨道，从而可形成更为稳定的共价键。新轨道具有参与组合的所有原始轨道波函数成分，因此被称为杂化轨道。杂化轨道理论的要点概括如下。

1. 在成键过程中，同一原子中的几个能量相近的不同类型的原子轨道（即波函数）可以线性组合，重新分配能量和空间方向，组成数目相等的新的原子轨道，这种轨道重新组合的过程称为杂化（hybridization），杂化后生成的新轨道称为杂化轨道（hybrid orbital）。

2. 杂化轨道的能量是参与杂化的原子轨道能量的平均值。电子在新的原子轨道（包括杂化和未杂化的轨道）中按照最有利于形成共价键的（而非能量最低的）方式排布。通常，杂化后的原子能量比杂化前的基态原子能量高，但成键时可以释放更多能量，足以补偿杂化过程所需要的能量。

3. 杂化轨道的角度波函数在某个方向的值比杂化前大得多，更有利于原子轨道间最大程度的重叠，因此，杂化轨道比原来的轨道具有更强的成键能力。

4. 杂化轨道间力图在空间取得最大的夹角分布。这样，可以使杂化轨道间的排斥能最低，所生成的共价键更加稳定。参与杂化的轨道数目和类型不同，生成的杂化轨道的夹角就会不同，将来由这些杂化轨道形成的分子的空间构型不同。

二、原子轨道杂化类型

（一）sp 型和 spd 型

按照参与杂化的原子轨道的种类可将轨道的杂化分为 sp 型和 spd 型。spd 型杂化将在配位化合物一章讨论，这里重点介绍 sp 型杂化。

同一电子层的 s 轨道和 p 轨道间的杂化称为 sp 型杂化。按照参与杂化的 s 轨道、p 轨道数目的不同，sp 型杂化又可分为 sp、sp^2 和 sp^3 三种杂化方式。

1. sp 杂化　由一个 s 轨道和一个 p 轨道组合成两个 sp 杂化轨道的过程就称为 sp 杂化，

所形成的轨道称为 sp 杂化轨道。每个 sp 杂化轨道均含有$\frac{1}{2}$s 轨道成分和$\frac{1}{2}$p 轨道成分，为了使两个杂化轨道间的排斥能最低，轨道间取 180°夹角分布。从能量角度看，同价层的 s 轨道的能量低于同价层 p 轨道的能量，杂化后能量平均分配，每个新生成的 sp 杂化轨道的能量介于 s 和 p 轨道能量之间（图 11-12a），另外两个未参与杂化的 p 轨道能量不发生变化。从轨道空间分布来看，两个 sp 杂化轨道将尽可能远离，位于核两端的角度波函数的值达到最大（图 11-12b），电子云的分布更加突出，有利于以“头碰头”方式与其他原子轨道重叠，形成更加牢固的共价键。

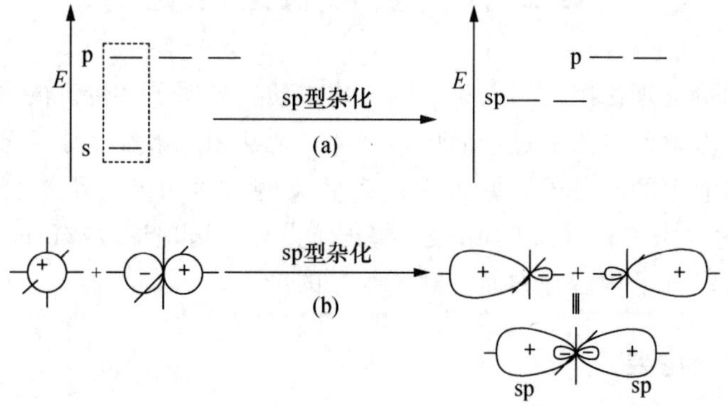

图 11-12 s 轨道和 p 轨道形成 sp 型杂化轨道示意图

例如，实验表明，$BeCl_2$ 分子存在两个完全相同的 Be—Cl 键，键角为 180°，分子的空间构型为直线型，与杂化轨道理论的预测相符合（图 11-13）。

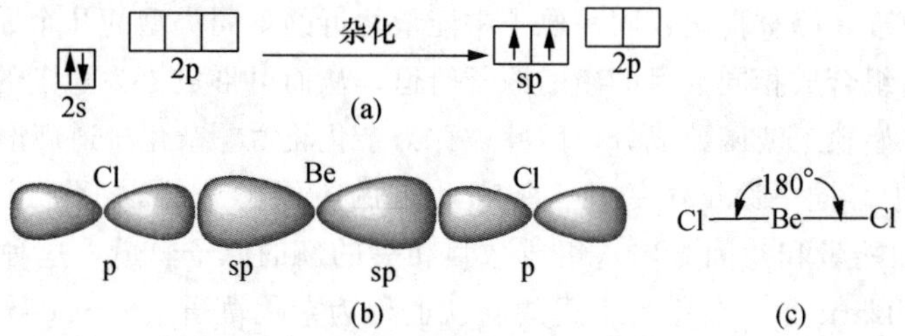

图 11-13 a. sp 型杂化轨道的形成过程；b、c. $BeCl_2$ 分子的空间构型

再如，乙炔分子中 C 原子的价层电子组态为 $2s^2 2p^2$。在生成乙炔分子过程中，C 原子的 2s 轨道与 $2p_x$ 轨道进行 sp 杂化，形成夹角为 180°的两个能量完全相同的 sp 杂化轨道。剩余两个 p 轨道保持原状（图 11-14a）。这样，当两个 C 原子的 sp 杂化轨道以“头碰头”方式形成 C—C $\sigma_{sp\text{-}sp}$ 键的同时，p_y 与 p_y、p_z 与 p_z 分别以“肩并肩”方式形成两个 $\pi_{p\text{-}p}$ 键，每个 C 原子余下的一个 sp 杂化轨道分别与 H 原子的 s 轨道各形成一个 $\sigma_{s\text{-}sp}$ 键（图 11-14b、c）。

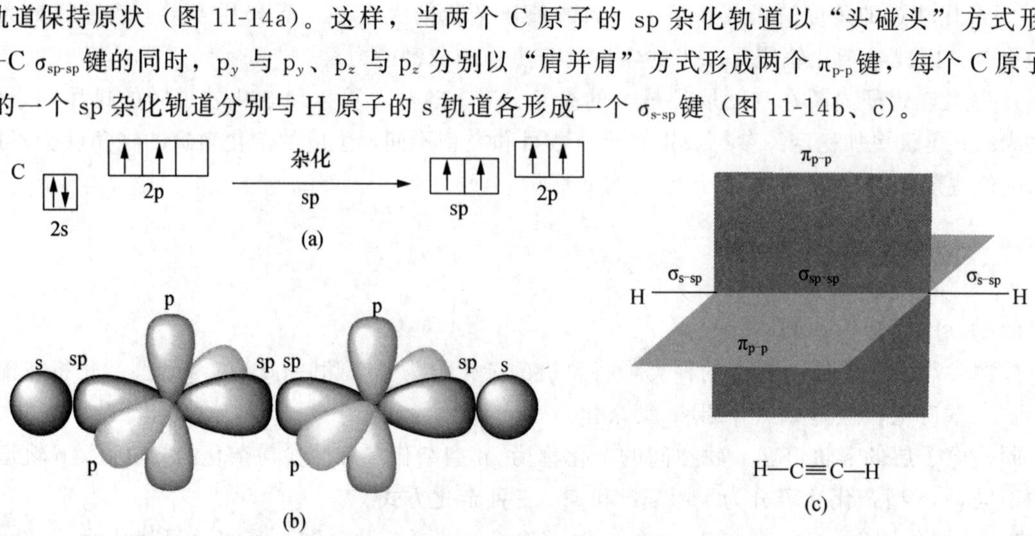

图 11-14 a. C 原子的 sp 杂化；b、c. 乙炔分子的空间构型和价键类型

2. sp^2 杂化　由一个 s 轨道与两个 p 轨道组合成 3 个 sp^2 杂化轨道的过程称为 sp^2 杂化。每个 sp^2 杂化轨道含有 1/3 的 s 轨道成分和 2/3 的 p 轨道成分。为使轨道间的排斥能最低，三个 sp^2 杂化轨道呈正三角形分布，夹角为 120°。当三个 sp^2 杂化轨道分别与其他原子的轨道成键后，可形成平面三角形的分子。

例如，BF_3 分子中存在三个完全相同的 B—F 键，键角为 120°，为正三角形构型。中心原子 B 原子的价层电子组态为 $2s^2 2p^1$，在形成分子过程中，一个 2s 轨道与两个 2p 轨道杂化，形成夹角为 120°的三个完全等价的 sp^2 杂化轨道。当三个 sp^2 杂化轨道分别与 F 原子中含有单电子的 2p 轨道重叠时，就生成了三个完全相同的 $\sigma_{sp^2\text{-}p}$ 键（图 11-15），剩余一个未参与杂化的 2p 空轨道。

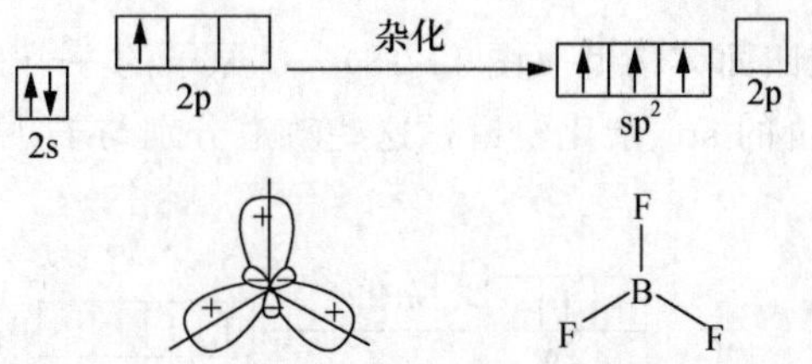

图 11-15　BF_3 分子的成键过程及其平面正三角形构型

再如，乙烯分子中 C 原子的一个 2s 轨道与两个 2p 轨道进行 sp^2 杂化，生成完全等价的三个 sp^2 杂化轨道，未参与杂化的 p 轨道垂直于 sp^2 杂化轨道所在的平面。成键时，两个 C 原子各提供一个 sp^2 杂化轨道，以“头碰头”方式重叠，形成一个 $\sigma_{sp^2\text{-}sp^2}$ 共价键，同时，两个 C 原子中的 p 轨道从侧面重叠形成 $\pi_{p\text{-}p}$ 共价键，其他四个 sp^2 杂化轨道各与一个 H 原子的 s 轨道重叠生成四个 $\sigma_{sp^2\text{-}s}$ 共价键。从图 11-16 可以看出，乙烯分子中的四个原子处于同一平面内。

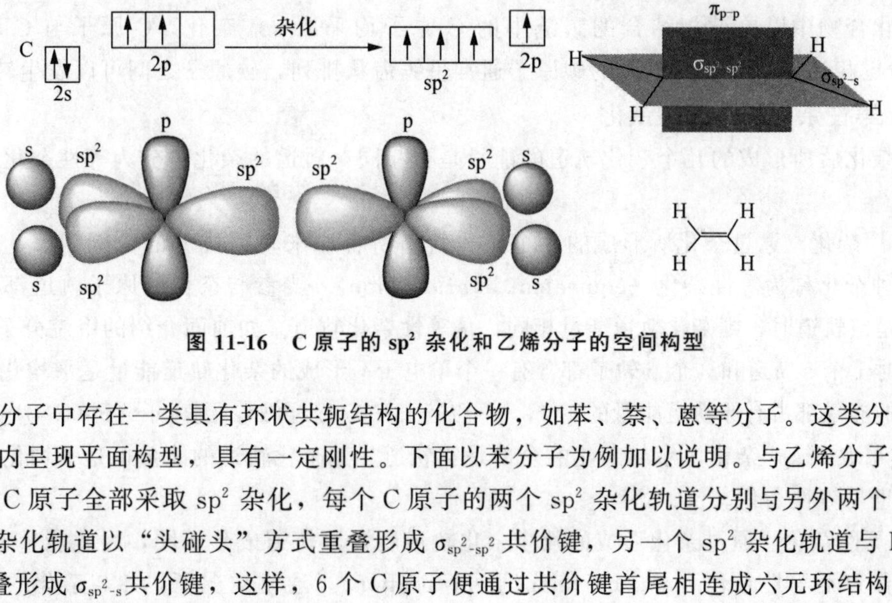

图 11-16　C 原子的 sp^2 杂化和乙烯分子的空间构型

有机分子中存在一类具有环状共轭结构的化合物，如苯、萘、蒽等分子。这类分子通常在共轭范围内呈现平面构型，具有一定刚性。下面以苯分子为例加以说明。与乙烯分子类似，苯分子中的 C 原子全部采取 sp^2 杂化，每个 C 原子的两个 sp^2 杂化轨道分别与另外两个 C 原子的一个 sp^2 杂化轨道以“头碰头”方式重叠形成 $\sigma_{sp^2\text{-}sp^2}$ 共价键，另一个 sp^2 杂化轨道与 H 原子的 s 轨道重叠形成 $\sigma_{sp^2\text{-}s}$ 共价键，这样，6 个 C 原子便通过共价键首尾相连成六元环结构。垂直于此六元环所在平面的六个 p 轨道从侧面相互重叠，在该平面的上下两部分各形成一个环状电子云密集区，生成一个环状 6 中心 6 电子大 π 键（图 11-17），通常用 π_6^6 表示，其中下角标数字表示成键原子的数目，上角标数字表示成键 p 电子的数目。这个大 π 键限制了 C 原子在六元环平面上的弯曲振动，使整个分子具有一定的刚性。

3. sp^3 杂化　由一个 s 轨道和 3 个 p 轨道组合成 4 个 sp^3 杂化轨道的过程称为 sp^3 杂化。每个 sp^3 杂化轨道含有 1/4 的 s 轨道成分和 3/4 的 p 轨道成分。为降低轨道间的排斥能，4 个 sp^3 杂化轨道的电子云密集区会尽可能相互远离，指向正四面体的四个顶点，轨道间夹角为

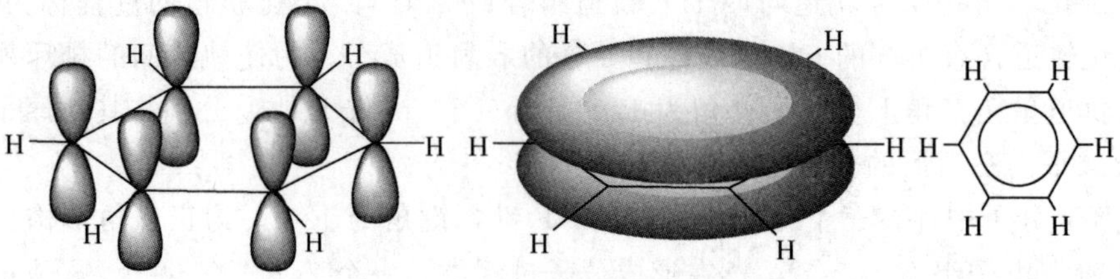

图 11-17　苯的成键过程及分子结构

109°28′。4 个 sp^3 杂化轨道可分别与其他原子的具有单电子的轨道重叠成键，形成具有四面体构型的分子。

例如，甲烷分子具有正四面体构型（图 11-18）。C 原子的一个 2s 轨道和 3 个 2p 轨道通过 sp^3 杂化方式组合成 4 个等价的 sp^3 杂化轨道，这些轨道分别与 H 原子的 1s 轨道叠加后生成四个完全相同的 $\sigma_{sp^3\text{-}s}$ 共价键。

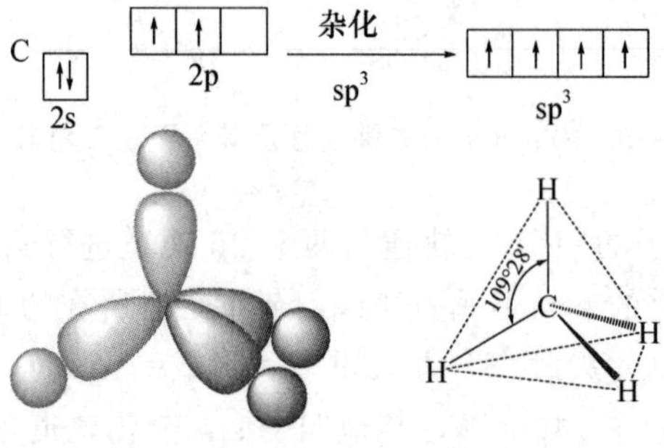

图 11-18　C 原子的 sp^3 杂化和甲烷分子的空间构型

有机化合物中以单键相结合的碳链中的 C 原子均采取 sp^3 杂化，C 原子与 C 原子间以 $\sigma_{sp^3\text{-}sp^3}$ 共价键相连，因此，碳链中的碳原子通常呈锯齿状排列，碳原子之间可以发生转动。

（二）等性杂化和不等性杂化

按照杂化后所形成的几个杂化轨道的能量是否相同，轨道的杂化可分为等性杂化和不等性杂化两种。

1. 等性杂化　通过杂化所形成的几个杂化轨道所含原来轨道成分的比例相等，能量完全相同，这种杂化称为等性杂化（equivalent hybridization）。当参与杂化的原子轨道都含有单电子或者都是空轨道时，则杂化轨道能量相同，是等性杂化轨道。如前面介绍的甲烷分子的 sp^3 杂化，杂化时 1 个 s 轨道和 3 个 p 轨道都含有一个单电子，形成的杂化轨道能量是平均化的，每个杂化轨道的能量都占有原轨道能量的 1/4，即 $(E_s+3E_p)/4$。再如，配离子 $[Fe(CN)_6]^{3-}$ 的中心原子 Fe^{3+} 采取 d^2sp^3 杂化，参与杂化的全部是空轨道，其杂化轨道的能量也是平均化的，所以这种杂化也是等性杂化。

2. 不等性杂化　通过杂化形成的几个杂化轨道所含原轨道成分不同，因此能量也不相同，这种杂化称为不等性杂化（nonequivalent hybridization）。通常情况下，参与杂化的原子轨道中，某个轨道已被孤电子对占据，杂化轨道的能量就会出现差异。下面以氨分子和水分子为例加以说明。

NH_3 分子为三角锥形，N—H 键键角为 107°18′（图 11-19）。N 原子的价层电子组态为 $2s^22p_x^12p_y^12p_z^1$。N 原子的 2s 轨道与三个 p 轨道采取 sp^3 杂化，在形成的四个 sp^3 杂化轨道中，一个轨道被孤电子对占据，其他三个轨道分别被三个单电子占据。由于这个含有孤电子对的杂化轨道不参与后来的成键，其能量不能在成键后降低，因此在四个杂化轨道中，其轨道能量比另外三个杂化轨道的能量略低。因此，N 原子的 sp^3 杂化是不等性杂化。三个含有单电子的

sp^3 杂化轨道各与一个氢原子的 1s 轨道重叠，就会形成三个 $\sigma_{sp^3\text{-}s}$ 键。由于孤对电子对成键电子的排斥作用较成键电子更大，N—H 键键角被压缩至 107°18′。请想一想，如果氨分子与 H^+ 结合成键，NH_4^+ 离子会出现怎样的空间构型？四个共价键是否存在差异？电荷如何分布？

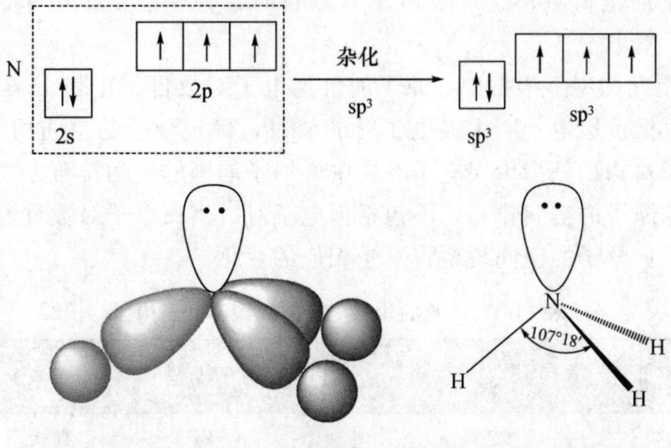

图 11-19　N 原子的不等性杂化和氨分子的空间构型

水分子中 O 原子的价层电子组态为 $2s^2 2p_x^2 2p_y^1 2p_z^1$。在生成分子的过程中，与 N 原子的轨道杂化方式类似，也生成四个 sp^3 不等性杂化轨道，但其中两个轨道含有孤对电子。当两个含有单电子的 sp^3 杂化轨道各与一个 H 原子的 1s 轨道成键后，有两对孤对电子排斥成键电子，显然这种排斥作用比氨分子中的更大，使水分子的键角被压缩至 104°45′（图 11-20）。

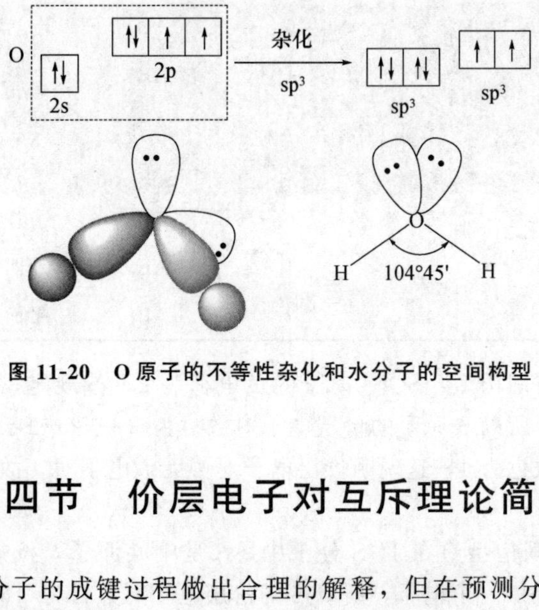

图 11-20　O 原子的不等性杂化和水分子的空间构型

第四节　价层电子对互斥理论简介

杂化轨道理论可对分子的成键过程做出合理的解释，但在预测分子的空间构型时过于麻烦。1940 年英国化学家西奇威克（N. V. Sidgwick）和鲍威尔（H. M. Powell）提出了简单而又实用的价层电子对互斥理论（valence shell electron pair repulsion theory，简称 VSEPR 法）。1957 年吉勒斯比（R. J. Gillespie）和尼霍尔姆（R. S. Nyholm）对此又做出了进一步的完善，可准确地判断许多主族元素形成的 AB_n 型分子或离子的空间构型。

价层电子对互斥理论认为，在一个共价分子或离子中，中心原子 A 周围所配置的原子 B（配位原子）的几何构型，主要决定于中心原子的价层各电子对间的相互排斥作用。价层电子对间应尽可能远离，以便彼此间的排斥能最低。这里价层电子对包括成键电子对和孤电子对。

应用 VSEPR 法预测 AB_n 分子空间构型方法如下。

1. 确定中心原子的价层电子对数目　常用的计算方法是：中心原子的价层电子数和配体

所提供的共用电子数之和除以 2，即为中心原子的价层电子对数目。这里规定：①作为中心原子，卤素原子提供 7 个电子，氧族元素的原子提供 6 个电子；②作为配体，卤素原子和 H 原子均提供 1 个电子，氧族元素的原子不提供电子；③对于复杂离子，在计算时要加上负离子的电荷数或减去正离子的电荷数；④计算电子对数目时，若剩余 1 个电子，按 1 对电子处理；⑤双键、三键视为 1 对电子。

2. 判断分子的空间构型 根据中心原子的价层电子对数目，在表 11-3 中找到对应的价层电子对构型后，再根据价层电子对中孤电子对的数目，确定分子的空间构型。这里需要注意，中心原子的价层电子对构型是指价层电子对在中心原子周围的空间排布方式，而分子的空间构型是指分子中的配位原子的空间排布，不包括孤电子对。当孤电子对数目为 0 时，二者完全一致，存在孤电子对时，分子的空间构型将发生相应的变化。

表 11-3 理想的价层电子对构型和分子构型

中心原子的电子对数目	价层电子对构型	成键电子对数目	孤电子对数目	分子类型	分子构型	实例
2	直线	2	0	AB_2	直线	$HgCl_2$，CO_2
3	平面正三角形	3	0	AB_3	平面正三角形	BF_3，NO_3^-
		2	1	AB_2	V 形	$PbCl_2$，SO_2
4	正四面体	4	0	AB_4	正四面体	SiF_4，SO_4^{2-}
		3	1	AB_3	三角锥	NH_3，H_3O^+
		2	2	AB_2	V 形	H_2O，H_2S
5	三角双锥	5	0	AB_5	三角双锥	PCl_5，PF_5
		4	1	AB_4	变形四面体	SF_4，$TeCl_4$
		3	2	AB_3	T 形	ClF_3
		2	3	AB_2	直线	I_3^-，XeF_2
6	正八面体	6	0	AB_6	正八面体	SF_6，AlF_6^{3-}
		5	1	AB_5	四方锥	BrF_5，SbF_5^{2-}
		4	2	AB_4	平面正方形	ICl_4^-，XeF_4

例如硫酸根离子的空间构型：SO_4^{2-} 离子的负电荷为 2，按规定，中心原子 S 有 6 个价电子，O 原子不提供电子，所以 S 原子的价层电子对数目为 $(6+2)/2=4$，价层电子对构型为正四面体。由于配位原子数也为 4，这说明价层电子对中无孤电子对，故 SO_4^{2-} 离子应为正四面体构型。

再如 H_2S 分子的空间构型：在 H_2S 分子中，S 是中心原子，按规定，它有 6 个价电子，配位原子为 2 个 H，各提供一个电子，所以 S 的价层电子对数目为 $(6+2)/2=4$，价层电子对构型为正四面体。由于配位数为 2，说明价层存在 2 对孤对电子，故 H_2S 分子的空间构型应为 V 形。

再如 XeF_4 分子：中心原子 Xe 有 8 个电子，每个 F 原子提供 1 个电子，价层电子对数为 $(8+4)/2=6$，价层电子对构型为正八面体。由于配位数为 4，说明价层存在两对孤对电子。这里需要指出，由于孤电子离域能力强，对其他电子对的排斥力更强，两对孤电子对应尽可能远离，在这里应为 180°。这样，预测 XeF_4 分子的构型应为平面正方形。

甲醛分子 $H_2C{=}O$（或 HCHO）分子中的双键视为一对成键电子，再加两个单键的两对共计三对电子，没有孤电子对，从表 11-3 中可以查到其几何构型为正三角形。因三个配位原子不完全相同，故该分子应为三角形。

第五节 分子轨道理论简介

价键理论尤其是杂化轨道理论，在阐述分子结构和几何形状方面非常成功。但是由于分子波函数求解时仍然忽略许多内容，因此在分子的性质如氧分子的顺磁性及分子的颜色等方面，都遇到了困难。1932 年美国化学家密立根（R. S. Muiliken）和德国化学家洪特（F. Hund）提出了分子轨道理论（molecular orbital theory）。分子轨道理论更完整地应用量子力学，在更深的层次上揭示分子的完整结构，从而解释一些价键理论无法解决的问题。

分子轨道理论涉及了更多、更复杂的量子计算，本书仅介绍一些结构简单的双原子分子，了解分子轨道理论的基本思想和简单应用。

一、分子轨道理论要点

1. 形成分子时，原子的所有电子都有贡献，分子中的电子不再从属于某个原子，而是在整个分子范围内运动。分子中电子的空间运动状态可用相应的分子轨道波函数 ψ 来描述。

分子轨道与原子轨道的主要区别：①原子轨道是单核系统，电子的运动只受原子核的作用；分子轨道是多核系统，电子在所有原子核势场作用下运动。②原子轨道名称用 s、p、d 等符号表示，而分子轨道名称则相应地使用 σ、π、δ 等符号。

2. 分子轨道是参与成键的原子轨道线性组合（linear combination of atomic orbitals, LCAO）。有几个原子轨道就可以组合成几个分子轨道。其中，符号相同的原子轨道相叠加，核间电子概率密度（电子云）增大，能量较原子轨道低的分子轨道称为成键分子轨道（bonding molecular orbital），如 σ、π 轨道；符号相反的原子轨道相重叠，核间电子概率密度减小，能量较原子轨道高的分子轨道称为反键分子轨道（antibonding molecular orbital），如 σ^*、π^* 轨道。没有和其他原子轨道相组合，直接成为分子轨道的，由于对体系能量降低没有贡献，称为非键分子轨道（nonbonding molecular orbital）。

3. 为了有效地组合成分子轨道，原子轨道组合时必须符合下述三条原则。

（1）对称性匹配原则：只有对称性匹配的原子轨道才能组合成分子轨道，即不同原子间的原子轨道必然沿着相同的对称轴或对称面进行组合。这与前面所述的共价键形成方式相似。如图 11-21a 所示，以“头碰头”方式沿对称轴方向组合重叠的原子轨道形成 σ 分子轨道；以“肩并肩”方式沿对称面方向组合重叠的原子轨道形成 π 分子轨道。图 11-21b 所示的两种轨道重叠方式对称不匹配，故不能组合成分子轨道。

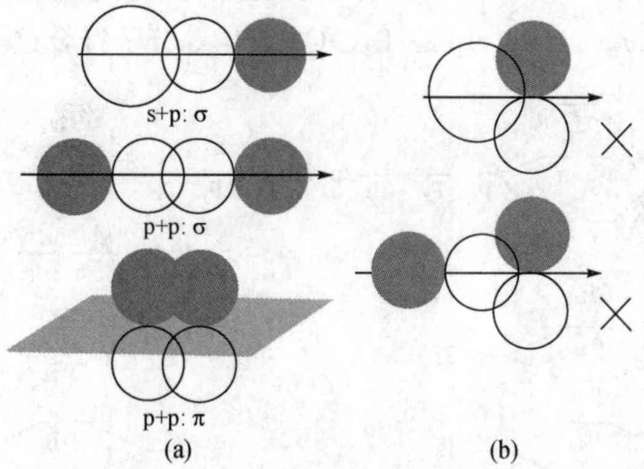

图 11-21 原子轨道对称匹配示意图

a. 原子轨道对称匹配；b. 原子轨道对称不匹配

（2）能量近似原则：在对称匹配的原子轨道中，只有能量近似的原子轨道才能组合成有效的分子轨道。能量近似原则对于判断不同类型原子轨道间能否有效组合非常重要。以 H 原子和 F 原子组合成 HF 分子的情形为例。H 原子的 1s 轨道能量为 $-1312kJ \cdot mol^{-1}$，F 原子的 1s、2s 和 2p 轨道的能量分别是 $-67181kJ \cdot mol^{-1}$、$-3870kJ \cdot mol^{-1}$ 和 $-1797kJ \cdot mol^{-1}$。这里需要说明，在量子计算中，通常将能量的零点定为离核无限远处。从对称匹配原则考虑，H 原子的 1s 轨道可以与 F 原子的 1s、2s 或 2p 轨道中的任意一个轨道相匹配，但根据能量近似原则，H 原子的 1s 轨道与 F 原子的 2p 轨道之间才是最有效的组合。

（3）轨道最大重叠原则：对称匹配的两个原子轨道进行线性组合时，其重叠程度越大，组合成分子轨道的能量越低，化学键越牢固。

在这三条原则中，对称匹配原则是先决条件，在此基础上，能量近似原则和轨道最大重叠原则决定分子轨道的组合效率。

4. 电子在分子轨道中的排布同样需要遵守 Pauli 不相容原理、能量最低原理和 Hund 规则。在遵守三条规则的前提下，按照分子轨道由低到高的能级顺序填充电子。分子轨道能级顺序可由分子光谱实验确定。

5. 在分子轨道中，用键级（bond order）表示键的牢固程度。键级的定义为：

$$键级=\frac{1}{2}(成键轨道电子数-反键轨道电子数)$$

键级可以是整数或分数。一般来说，键级越高，键能越大，键就越牢固。键级为零，则表示原子没有结合成分子。

二、分子轨道理论的简单应用

（一）同核双原子分子的轨道能级图

以第二周期元素的原子生成同核双原子分子为例来说明分子轨道的能级顺序。按照原子的 2s 轨道和 2p 轨道能量差的大小，分子轨道的能级顺序大致可分为两种情况。

1. 2s 轨道和 2p 轨道的能量差较大（$>1500kJ \cdot mol^{-1}$），在组合成分子轨道时，2s 轨道和 2p 轨道间相互作用甚微，基本采取 s-s 和 p-p 轨道的线性组合，因此，由这些原子形成的同核双原子分子的分子轨道符合图 11-22a 的能级分布，能级顺序为 $\sigma_{1s}<\sigma_{1s}^*<\sigma_{2s}<\sigma_{2s}^*<\sigma_{2p_x}<\pi_{2p_y}=\pi_{2p_z}<\pi_{2p_y}^*=\pi_{2p_z}^*<\sigma_{2p_x}^*$。$O_2$、$F_2$ 分子符合此能级顺序。

2. 2s 轨道和 2p 轨道的能量差较小（$<1500kJ \cdot mol^{-1}$），在组合成分子轨道时，一个 2s 轨道与另一个 2s 轨道发生重叠的同时，还可与 2p 轨道重叠，这就造成了 σ_{2p_x} 分子轨道的能量超过了 π_{2p_y} 和 π_{2p_z} 的能量，如图 11-22b 所示，分子轨道的能级顺序变化为 $\sigma_{1s}<\sigma_{1s}^*<\sigma_{2s}<\sigma_{2s}^*<\pi_{2p_y}=\pi_{2p_z}<\sigma_{2p_x}<\pi_{2p_y}^*=\pi_{2p_z}^*<\sigma_{2p_x}^*$。$Li_2$、$Be_2$、$B_2$、$C_2$、$N_2$ 等分子符合这一能级顺序。

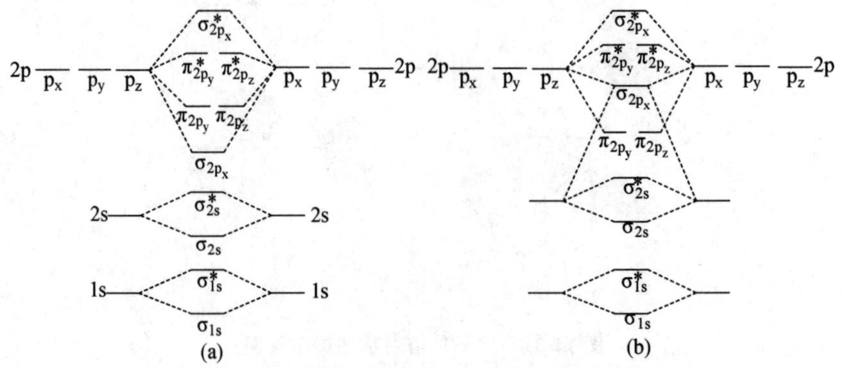

图 11-22 两种同核双原子分子的分子轨道能级

下面利用分子轨道理论对一些同核双原子分子进行简单分析。

H_2 的分子轨道最为简单。两个 H 原子的 1s 轨道组成一个成键的 σ_{1s} 轨道和一个反键 σ_{1s}^* 轨道，如图 11-23 所示。H_2 的分子轨道式可以写成 $H_2[(\sigma_{1s})^2]$，其中右上角的 2 代表轨道中的填充电子数。H_2 分子的键级为 (2－0)/2＝1，这与价键理论所阐述的 H_2 分子中存在一个 σ 键相一致。H_2 分子失去一个电子成为 H_2^+ 后，其分子轨道的填充如图 11-23 所示，其键级为 (1－0)/2＝0.5，小于 H_2 分子的键级 1。由键级可以判断，H_2^+ 明显不如 H_2 分子稳定。

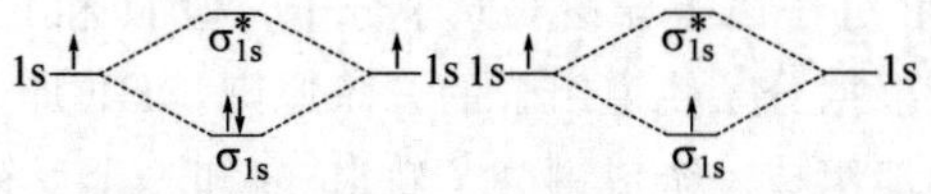

图 11-23　H_2 分子轨道（左）与 H_2^+ 分子轨道（右）

He 原子的电子组态为 $1s^2$，如果两个 He 原子组合成 He_2，则其分子轨道应为 $He_2[(\sigma_{1s})^2(\sigma_{1s}^*)^2]$，键级＝(2－2)/2＝0。也就是说，成键分子轨道 σ_{1s} 和反键分子轨道 σ_{1s}^* 均填满两个电子，成键轨道降低的能量与反键轨道升高的能量相互抵消，体系总能量没有改变，净成键作用为零，所以 He_2 不能存在。

F_2 是同核双原子分子，其分子轨道符合图 11-22a 给出的能级顺序。分子中的 18 个电子依次填入分子轨道后其分子轨道式为

$$F_2[(\sigma_{1s})^2(\sigma_{1s}^*)^2(\sigma_{2s})^2(\sigma_{2s}^*)^2(\sigma_{2p_x})^2(\pi_{2p_y})^2(\pi_{2p_z})^2(\pi_{2p_y}^*)^2(\pi_{2p_z}^*)^2]$$

内层的成键轨道和反键轨道相互抵消，对体系总能量未产生影响，因此，上式可简化为

$$F_2[KK(\sigma_{2s})^2(\sigma_{2s}^*)^2(\sigma_{2p_x})^2(\pi_{2p_y})^2(\pi_{2p_z})^2(\pi_{2p_y}^*)^2(\pi_{2p_z}^*)^2]$$

其中 KK 是全充满的 K 层的两个分子轨道。F_2 分子的键级为 (8－6)/2＝1，表明分子中存在一个单键。

N_2 分子是一种非常稳定的分子，实验室常利用纯净的氮气排除反应装置中的其他气体，以消除环境对化学反应的影响。价键理论已对 N_2 分子的三重共价键的形成过程及稳定性做出了合理的解释，现阐述分子轨道理论如何解释 N_2 分子结构。如前所述，N_2 分子轨道应采用图 11-22b 的能级顺序，分子中的 14 个电子依次填入分子轨道后其分子轨道式为

$$N_2[KK(\sigma_{2s})^2(\sigma_{2s}^*)^2(\pi_{2p_y})^2(\pi_{2p_z})^2(\sigma_{2p_x})^2]$$

分子的键级为 (8－2)/2＝3，含有三重键，因此 N_2 分子非常稳定。从分子轨道中也可以看到，$(\sigma_{2s})^2$ 与 $(\sigma_{2s}^*)^2$ 相互抵消，对成键未产生作用，在剩余的三个成键轨道中，一个 $(\sigma_{2p_x})^2$ 构成一个 σ 键，$(\pi_{2p_y})^2$ 和 $(\pi_{2p_z})^2$ 构成两个 π 键，与价键理论的结论一致。

（二）异核双原子分子的轨道能级图

用分子轨道理论处理两种不同元素的原子组成的异核双原子分子时，同样需要遵守对称匹配原则、能量近似原则和轨道最大重叠原则。

影响分子轨道能级高低的主要因素是原子的核电荷。对第二周期元素的异核双原子分子或离子，可参照第二周期同核双原子分子的方法进行处理。具体方法如下。

1. 两个异核原子的原子序数之和大于 N 原子序数的 2 倍时，分子轨道的能级符合图 11-22a 的能级顺序。

2. 两个异核原子的原子序数之和小于或等于 N 原子序数的 2 倍时，分子轨道的能级符合图 11-22b 的能级顺序。

NO 分子中 N 原子和 O 原子的原子序数之和为 15，大于 N 原子序数的 2 倍，因此可采用图 11-20a 的能级顺序，其分子轨道排布式为

$$NO[KK(\sigma_{2s})^2(\sigma_{2s}^*)^2(\sigma_{2p_x})^2(\pi_{2p_y})^2(\pi_{2p_z})^2(\pi_{2p_y}^*)^1]$$

NO 的键级为 (8－3)/2＝2.5。如果 NO 失去一个电子，应失去能量最高的 $\pi_{2p_y}^*$ 轨道中的

电子，使之成为空轨道，则 NO^+ 的分子轨道排布式为

$$NO^+[KK(\sigma_{2s})^2(\sigma_{2s}^*)^2(\sigma_{2px})^2(\pi_{2py})^2(\pi_{2pz})^2]$$

NO^+ 的键级为 (8−2)/2=3。可以看出，NO^+ 离子具有与 N_2 分子相同的分子轨道排布，键级相同，故从键级上看，NO^+ 要比 NO 稳定。

再来看原子序数相差较大的 H 原子和 F 原子如何形成 HF 分子。首先需要说明，分子轨道理论在解释不同周期的异核双原子分子时，通常采用 1σ、2σ、3σ……1π、2π、3π……等轨道形式来描述分子轨道。HF 分子属于异核双原子分子，但 H 和 F 不在同一周期，不能再套用前面的分子轨道能级顺序。根据分子轨道组合的三条原则，HF 原子中 H 的 1s 轨道与 F 的 2p 轨道能级非常接近，可有效地组成一个成键分子轨道 3σ 和一个反键分子轨道 4σ，而 F 原子的其他原子轨道对形成分子轨道没有贡献，为非键轨道。在图 11-24 中，1σ、2σ 和 1π 均为非键轨道，分子的键级为 (2−0)/2=1，可见，HF 原子中只有一个 σ 键。

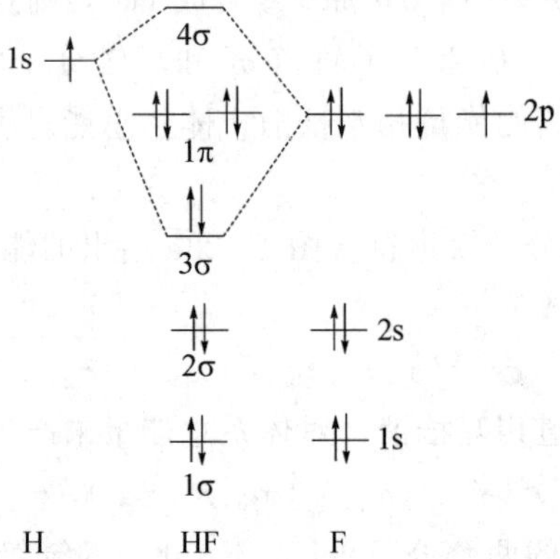

图 11-24 HF 的分子轨道能级及电子排布

三、O_2 分子结构和活性氧

呼吸作用是生命活动的基础，拉瓦锡很早就揭示了呼吸作用的本质是氧化过程。下面简单讨论在生命过程中具有重要意义的 O_2 分子及其相关分子的结构。

O_2 分子是单质氧的最主要存在形式。O_2 分子轨道符合图 11-22a 给出的能级顺序，当分子中的 16 个电子依次填入分子轨道后其分子轨道式为

$$O_2[KK(\sigma_{2s})^2(\sigma_{2s}^*)^2(\sigma_{2p_x})^2(\pi_{2p_y})^2(\pi_{2p_z})^2(\pi_{2p_y}^*)^1(\pi_{2p_z}^*)^1]$$

分子的键级为 (8−4)/2=2。O_2 的反键轨道 $(\pi_{2p_y}^*)^1$、$(\pi_{2p_z}^*)^1$ 各有一个单电子，电子的总自旋量子数 $S=\frac{1}{2}+\frac{1}{2}=1$，分子的自旋多重态为 $2S+1=2\times1+1=3$，因此基态 O_2 分子也被称为三重态氧 (triplet oxygen)，记作 $^3O_2$。具有单电子的分子都具有顺磁性质，O_2 反键轨道上存在单电子，因此 O_2 分子也是顺磁性分子。

受到光、电场或其他因素激发时，O_2 分子 $(\pi_{2p_z}^*)^1$ 轨道上的单电子发生自旋反转后被“挤进”$(\pi_{2p_y}^*)^1$ 轨道，此时氧的分子轨道式为

$$O_2[KK(\sigma_{2s})^2(\sigma_{2s}^*)^2(\sigma_{2p_x})^2(\pi_{2p_y})^2(\pi_{2p_z})^2(\pi_{2p_y}^*)^2(\pi_{2p_z}^*)^0]$$

反键轨道 $(\pi_{2p_y}^*)^2$ 上电子成对，总自旋量子数 $S=\frac{1}{2}+\left(-\frac{1}{2}\right)=0$，分子的自旋多重态变成 $2S+1=2\times0+1=1$，成为单重态氧 (singlet oxygen)，记作 $^1O_2$。$^1O_2$ 是一种活性氧，具有很强的氧化能力。在生物体内，白细胞会产生 $^1O_2$，以杀伤外来生物体如细菌、病毒等。

大气中存在着氧的另一种分子——臭氧分子 O_3。根据杂化轨道理论，中心 O 原子采取 sp^2 不等性杂化，其中一个 sp^2 杂化轨道上有一对孤对电子。含有单电子的两个 sp^2 杂化轨道各与

一个其他 O 原子的 p 轨道形成 $\sigma_{sp^2\text{-}p}$ 键；中心 O 原子一个未参与杂化的 p 轨道（含有孤电子对）与其余 2 个 O 原子的 p 轨道侧面重叠共同形成一个大 π 键，即 π_3^4 键。O_3 分子的大 π 键可以吸收阳光中的近紫外线。π_3^4 键的键级为 1，故 O_3 中 O—O 键的键级为 1.5。由于键级较低且分子为自旋单重态，与 $^1O_2$ 相似，臭氧分子的化学性质非常活泼，对生物体会造成伤害，幸运的是臭氧仅存在于大气上层。臭氧层可以有效地吸收紫外线，是地球生命的一道重要保护屏障，因此，对大气臭氧层的破坏会造成地球生态的严重破坏，也可能导致疾病的流行。

生物体能产生几种具有较强活性的含氧物质，统称为活性氧物种（reactive oxygen species，ROS)。这些物种可通过氧分子在体内的还原过程而生成。

$$O_2 \xrightarrow{e} \cdot O_2^- \xrightarrow{e} H_2O_2 \xrightarrow{e} \cdot OH \xrightarrow{e} H_2O$$

$\cdot O_2^-$ 在生物体内主要是从线粒体的呼吸过程中漏出的电子将 O_2 还原而形成的。$\cdot O_2^-$ 的分子轨道电子排布为：$\cdot O_2^-[KK(\sigma_{2s})^2(\sigma_{2s}^*)^2(\sigma_{2p_x})^2(\pi_{2p_y})^2(\pi_{2p_z})^2(\pi_{2p_y}^*)^2(\pi_{2p_z}^*)^1]$。分子的键级降低到 1.5；分子中具有一个单电子。这种具有一个单电子的分子称为自由基（free radical)。含有自由基的分子容易发生反应速度很快的链式反应

$$R\cdot + A—B \rightarrow R—A + B\cdot \rightarrow \cdots\cdots$$

通过自由基链式反应，含氧自由基很容易导致生物分子的氧化分解，从而引起生物体损伤。$\cdot O_2^-$ 是一种含氧自由基，是导致生物体氧化应激（oxidative stress）的重要原因。在生物细胞内，超氧化物歧化酶（superoxide dismutase，SOD）可以将 $\cdot O_2^-$ 转化成 O_2 和 H_2O_2。

在 H_2O_2 分子中，两个 O 原子均采取 sp^3 杂化，属于不等性杂化。2 个 O 之间形成一个 $\sigma_{sp^3\text{-}sp^3}$ 单键，两个 O 原子又分别与 H 原子形成 $\sigma_{sp^3\text{-}s}$ 键，由此可见，H_2O_2 分子是一个“Z”形分子。H_2O_2 可在体内转化成杀伤能力很强的单重态 $^1O_2$ 分子或者活性氧自由基 ·OH，因此，细胞内的 H_2O_2 是一种潜在的具有危险性的分子，通常被多种细胞保护性酶如含铁的过氧化氢酶（catalase）或含硒的谷胱甘肽过氧化物酶（GSHpx）所分解，其浓度被控制在 10^{-7} mol·L^{-1} 以下。

第六节　分子间作用力

在一定条件下物质的相态可以发生变化，如气体液化、液体固化、固体蒸发，这些现象说明分子与分子之间存在着引力，即分子间力（intermolecular force)，也正是这种力决定了物质分子的聚集状态。细胞是构成生命体的最小单位，它本身就是许许多多分子的有序聚集体。从本质上说，生命个体都是由各种生命分子通过分子间力结合而成的。

分子间力与键合力不同，它是一种弱作用力，仅有化学键能的 1/100～1/10。早在 1893 年荷兰物理学家范德华（van der Waals）就注意到分子间力的存在并进行了深入的研究，因此分子间力又称为范德华力（van der Waals force)。范德华发现，近距离的分子或原子之间存在引力和斥力两种作用。随着两个分子间距离的增大，分子间引力会迅速衰减；相反，当两个分子接近到一定程度时会表现出分子间斥力，随着距离的缩短，斥力会迅速增加。因此必然存在着一个引力与斥力相互平衡的分子间距离，此时体系的势能达到最低，这个距离就是分子或原子的范德华半径 r_0（图 11-25)。分子间作用力来源于分子的极性，本质上也是一种静电作用。

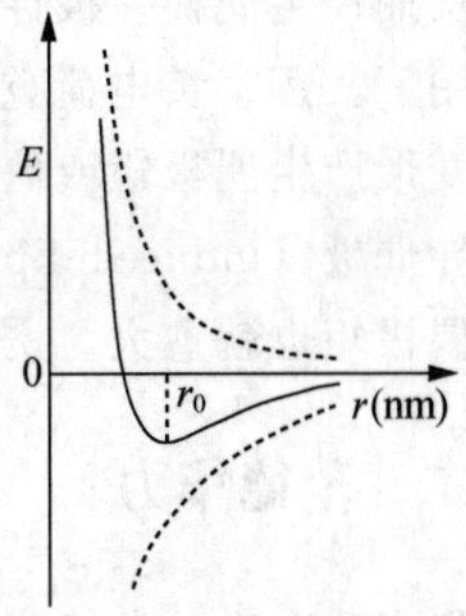

图 11-25　分子间作用力与分子间距离的关系

一、分子的极性与分子的极化

根据分子中正、负电荷重心是否重合，可将分子分为极性分子和非极性分子。正、负电荷重心重合的分子是非极性分子（nonpolar molecule），正、负电荷重心不重合的分子是极性分子（polar molecule）。

对于双原子分子而言，分子的极性与键的极性一致。即由非极性共价键构成的分子一定是非极性分子，如 O_2、F_2、N_2 等分子；由极性共价键构成的分子一定是极性分子，如 HF、CO 等分子。

对于多原子分子而言，分子是否具有极性不仅取决于键的极性，还与分子的空间构型紧密相关。以 CH_4 和 NH_3 分子为例，虽然 CH_4 分子中每个 C—H 键都是极性键，但分子呈正四面体结构，键的极性相互抵消，整个分子正电荷重心与负电荷重心完全重合，因此甲烷分子是非极性分子；NH_3 分子中每个 N—H 键都是极性键，分子呈三角锥形，分子的正、负电荷重心不能重合，因此 NH_3 分子是极性分子。

分子的极性用偶极矩 μ 量度，表示为

$$\mu = q \cdot d$$

式中，q 为正电荷重心或负电荷重心上的电量；d 为正、负电荷重心的距离；μ 的单位为 C·m。偶极矩是一个矢量，在化学中一般规定其方向从正电荷重心指向负电荷重心。偶极矩为零的分子是非极性分子，偶极矩越大表示分子的极性越大。偶极矩数据由实验给出，表 11-4 列出了部分分子的偶极矩实验值。

表 11-4 一些分子的偶极矩实验值

分子	$\mu(10^{-30}$ C·m)	分子	$\mu(10^{-30}$ C·m)
H_2	0	HCl	3.44
CO_2	0	H_2S	3.67
CO	0.40	SO_2	5.34
HI	1.27	H_2O	6.17
HBr	2.64	HCN	7.00

无论分子有无极性，在外电场的作用下，正、负电荷的重心都将发生变化。非极性分子正、负电荷重心本来是重合的，但在外电场作用下，引起正、负电荷重心位移，分子发生变形，从而产生偶极；极性分子的正、负电荷重心不重合，分子始终存在一个永久偶极，在外电场作用下，正、负电荷重心距离增大，因而分子的极性进一步增大。这种在外电场作用下，使分子变形产生偶极矩或偶极矩增大的现象称为分子的极化（polarization）。由此产生的偶极称为诱导偶极（induced dipole），其偶极矩称为诱导偶极矩。外加电场愈强，分子变形性就愈大，诱导偶极矩也就愈大。诱导偶极矩与极性分子的永久偶极矩加和，使极性分子的偶极矩增大。

二、范德华力

从本质上讲，范德华力是一种静电引力，只要在静电力作用范围之内，分子间就始终存在范德华力。范德华力包括取向力、诱导力和色散力。

（一）取向力

取向力（orientation force）发生在极性分子之间，是极性分子间的静电引力。当两个具有永久偶极的分子接近时，一个分子的正极必然与另一个分子的负极相互吸引，分子将发生一定

幅度的转动，力图按异极相邻的状态排列（图 11-26）。在含有大量极性分子的体系内，由于取向力的存在，所有分子呈现定向排列。

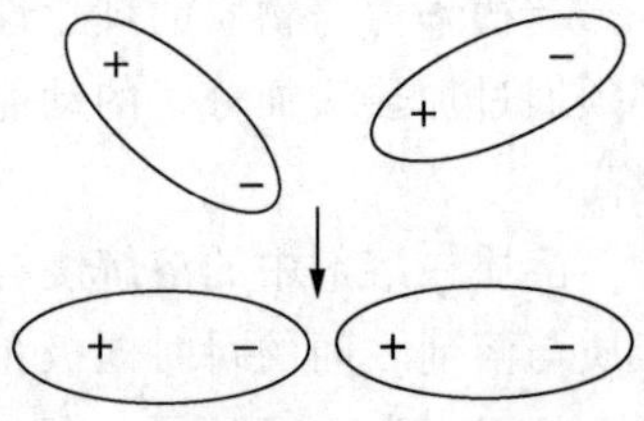

图 11-26　极性分子间的相互作用

（二）诱导力

诱导力（inductive force）发生在极性分子与极性分子或极性分子与非极性分子之间。当极性分子与非极性分子靠近时，在极性分子永久偶极的电场作用下，非极性分子的正、负电荷重心不再重合，产生一个诱导偶极（图 11-27）。诱导偶极随着外电场的消失而消失。极性分子的永久偶极与非极性分子的诱导偶极之间的相互作用力是诱导力。极性分子之间也存在诱导偶极。极性分子的永久偶极间相互作用，使分子的电子云进一步变形，在原有偶极上叠加了一个新偶极，其结果是极性分子的偶极矩增大。因此，极性分子与极性分子之间除了取向力之外还存在着诱导力。

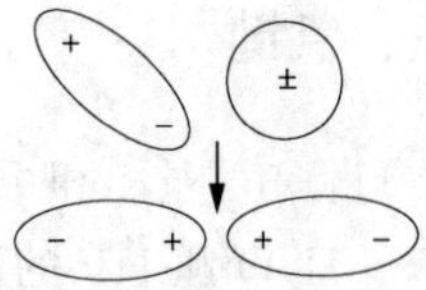

图 11-27　诱导偶极产生示意图

（三）色散力

非极性分子间也存在着作用力。从宏观上看，非极性分子正、负电荷的重心相互重合，但是，分子中的电子处于不断运动之中，原子核也不停地振动，这样分子正、负电荷的重心就会不断地发生瞬间相对位移，从而产生瞬间偶极。瞬间偶极还可诱导相邻的分子产生偶极。从形式上看，描述这种作用的公式与光的色散公式非常相似，所以把这种作用力称为色散力（dispersion force）。极性分子也能产生瞬时偶极，因此，在极性分子之间除存在取向力、诱导力之外，还存在着色散力。同理，极性分子与非极性分子之间除了诱导力之外，也存在着色散力。

综上所述，在非极性分子与非极性分子之间只存在色散力；在极性分子与非极性分子之间，既有诱导力又有色散力；在极性分子与极性分子之间，既有取向力又有诱导力和色散力。表 11-5 以能量方式给出了一些分子的范德华力。从所列数据可以看出，范德华力的大小既取决于分子偶极矩，又与分子的变形性密切相关，多数分子的范德华力以色散力为主。从 HI 到 HCl 顺序，分子的偶极矩逐渐增大，则取向力和诱导力也相应地增大；分子体积依次变小，变形性随之减弱，色散力也就减小。HI 的三种力加和值最大，故 HI 的范德华力最大。还可发现，与其他分子相比，水和氨的取向力异常的大，其原因将在氢键部分作出解释。

表 11-5　一些分子的范德华力分配情况（$kJ \cdot mol^{-1}$）

分子	取向力	诱导力	色散力	范德华力
Ar	0.000	0.000	8.49	8.49
CO	0.003	0.008	8.74	8.75
HI	0.025	0.113	25.86	26.00
HBr	0.686	0.502	21.92	23.11
HCl	3.305	1.004	16.82	21.13
NH_3	13.31	1.548	14.94	29.80
H_2O	36.38	1.929	8.996	47.31

如果共价化合物中有离子型物质存在，则正、负离子也必然能与极性分子或非极性分子相互作用。离子吸引极性分子带相反电荷一端，表现出离子-偶极作用力；离子诱导非极性分子产生诱导偶极并相互吸引，表现出离子-诱导偶极作用力。这两种作用力比范德华力中的取向力和诱导力略强。

范德华力与物质的理化性质密切相关。例如，分子晶体熔融成液体或液体蒸发成气体，都必须通过加热增加分子的动能来克服分子间作用力。分子间作用力越强，物质的熔点、沸点就越高。

溶质在溶剂中的溶解度与范德华力密切相关。例如，稀有气体在溶剂中的溶解，主要依靠溶质与溶剂之间的瞬时偶极相互吸引（即色散力），即使在极性溶剂中，诱导偶极的作用也很小。从 Xe 到 He，原子半径依次减小，分子的变形性也依次减弱，因此，在溶剂中的溶解度也会逐渐减小。

三、氢键

表 11-5 中 NH_3 和 H_2O 的取向力异常的大。在比较同系列元素氢化物的沸点时，也会发现 NH_3、H_2O 和 HF 的沸点出现异常（表 11-6）。在范德华力部分讨论过，分子间力以色散力为主，同系物的分子间力随分子量的增大而增大，同系物的沸点也将随着分子量的增大而升高。例如，碳族元素氢化物的沸点顺序为 $CH_4 < SiH_4 < GeH_4 < SnH_4$。但是，$H_2O$、$NH_3$、HF 在相应的卤化氢系列中，熔点和沸点都出现异常。虽然它们在同系列中的分子量最小，但沸点却最高。特别是 H_2O，沸点达到了 373K，远远高于其他氢化物。这表明，在 NH_3、H_2O 和 HF 分子之间应存在另一种更强的分子间作用力。这种特殊类型的分子间力就是氢键。

表 11-6 氢化物的沸点（K）

ⅣA 族氢化物	沸点	ⅤA 族氢化物	沸点	ⅥA 族氢化物	沸点	ⅦA 族氢化物	沸点
CH_4	113	NH_3	240	H_2O	373	HF	293
SiH_4	153	PH_3	185	H_2S	212	HCl	188
GeH_4	185	AsH_3	218	H_2Se	232	HBr	206
SnH_4	221	SbH_3	255	H_2Te	271	HI	237

（一）氢键的形成和结构特点

当氢原子与电负性很大而半径很小的原子形成 H—X（如 F、O、N 等）共价键时，两核间的电子云强烈地偏向 X 原子，使氢原子几乎变成裸露的质子而具有较大的正电荷场强，因而这个 H 原子还能与另一个电负性大、半径小且外层具有孤对电子的 Y 原子（如 F、O、N 等）产生定向的吸引作用，形成 X—H…Y 结构，其中 H 原子与 Y 原子间的静电吸引作用称为氢键（hydrogen bond）。X、Y 可以是相同的原子，如 F—H…F、O—H…O 等，也可以是不同的原子，如 O—H…N、F—H…O 等。

氢键的强弱与 X、Y 原子的电负性及半径有关。X、Y 原子的电负性越大、半径越小，所形成的氢键就越强。常见氢键的强弱顺序为

$$F—H\cdots F > O—H\cdots O > O—H\cdots N > N—H\cdots N > O—H\cdots Cl$$

分子间氢键的作用力要比范德华力大，其键能一般在 10～65kJ·mol^{-1}，在某些蛋白质分子中，某些超级氢键的键能可以达到约 100kJ·mol^{-1}，接近一般共价键的键能。

与范德华力不同，氢键具有饱和性和方向性。氢键的饱和性是指 H 原子形成一个共价键后只能再形成一个氢键。原因是 H 原子半径比 X、Y 原子小得多，形成 X—H…Y 结构后，其他 Y 原子再接近 H 原子时，将受到已形成氢键的 Y 原子电子云的强烈排斥。氢键的方向性是指以 H 为中心的 X—H…Y 结构中，三个原子要尽可能呈直线排列，这样可以确保 X、Y 原子间的距离最远，斥力最小，形成的氢键也就最稳定。

氢键大致可分为分子间氢键与分子内氢键两类。一个分子的 X—H 键与另一个分子的 Y 原子相吸引而形成的氢键称为分子间氢键（intermolecular hydrogen bond）（图 11-28a）；一个

分子的 X—H 键与该分子本身的 Y 原子相吸引所生成的氢键称为分子内氢键（intramolecular hydrogen bond）（图 11-28b）。分子内氢键受到分子结构的限制，X—H…Y 往往不能在同一直线上。如邻硝基苯酚，虽然 O—H…O 不在同一条直线上，但生成了稳定的环状结构。

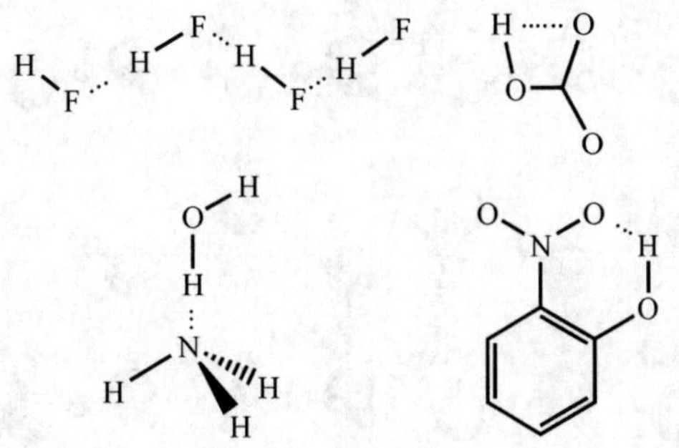

图 11-28　分子间氢键（左）和分子内氢键（右）实例

（二）氢键对物质性质的影响

氢键比范德华力强，能对物质的性质造成较大的影响。若化合物形成分子间氢键，则熔点、沸点明显升高（如 NH_3、H_2O、HF 等）。氢键还能影响物质在水中的溶解度。如果溶质分子与溶剂分子间形成氢键，就会有利于溶质分子的溶解。例如：乙醇和乙醚都是有机化合物，乙醇分子中羟基与水分子可以很容易生成分子间氢键，因此乙醇与水可以任意比互溶；由于受空间位阻的影响，乙醚中的 O 与水分子形成氢键要困难得多，因此乙醚只能部分溶于水中。

前面提到邻硝基苯酚容易形成分子内氢键，而对硝基苯酚则容易形成分子间氢键，因此，对硝基苯酚的熔、沸点都比较高，水中的溶解度也较大。利用邻硝基苯酚沸点较低、蒸气压较大的特点很容易利用水蒸气蒸馏法将邻硝基苯酚从两者的混合物中分离出来。

水存在一些独特的性质。例如，水具有较高的熔点和沸点、很大的表面张力、水和油不能互溶、4℃时的密度最大、冰的密度比水还小、能溶解很多物质特别是盐类，等等。水的这些性质对生命来说至关重要，而这些性质与水的氢键结构密切相关。

水分子中的 O 采取 sp^3 不等性杂化，与两个 H 原子形成两个 O—H 键后，还存在 2 对孤对电子，因此，每个水分子可以与其他水分子形成 4 个氢键。水分子这种结构上的特性，可以使水分子整个体系形成一个由氢键构成的立体网络结构，这正是水具有高沸点的原因。

当水结成冰时，每个水分子具有四面体骨架结构（图 11-29），每个氧原子周围有 4 个氢，其中 2 个为氧原子以共价键结合的氢，另外 2 个是氧原子与其他水分子以氢键结合的氢。氢键的键长要大于共价键的键长。当冰融化时，部分氢键断开，冰的骨架结构被破坏，因此，水的密度比冰大。在 4℃时，水的密度达到最大。这种水和冰密度上的差异对自然界具有重要的意义。试想，如果情况相反，寒冷的冬季里整条河流都将成为冰体，那里不会再有生机。

氢键在生物体内广泛存在，对生命过程有着特别的意义。基因由细胞核中的脱氧核糖核酸（DNA）组成，而 DNA 由核苷酸通过磷酸二酯键连接而成。1953 年沃森（Watson）和克里克（Crick）解析了 DNA 的独特双螺旋结构。在 DNA 结构中，骨架为脱氧核糖核酸，并在整个的分子中按同样的方式重复，保持不变；可变部分为碱基顺序，正是碱基的精确序列携带了遗传信息。各种不同类型的 DNA，碱基的序列都是独一无二的。碱基只有四种，包括鸟嘌呤（guanine，G）、腺嘌呤（adenine，A）、胞嘧啶（cytosine，C）和胸腺嘧啶（thymine，T）。在 DNA 结构中，鸟嘌呤总是和胞嘧啶相互识别、相互配对形成 G—C 碱基对；腺嘌呤总是和胸腺嘧啶相互识别配对，形成 A—T 碱基对。

DNA 中这种碱基配对方式所依靠的正是氢键作用。在 A—T 碱基对中，碱基间形成 2 组

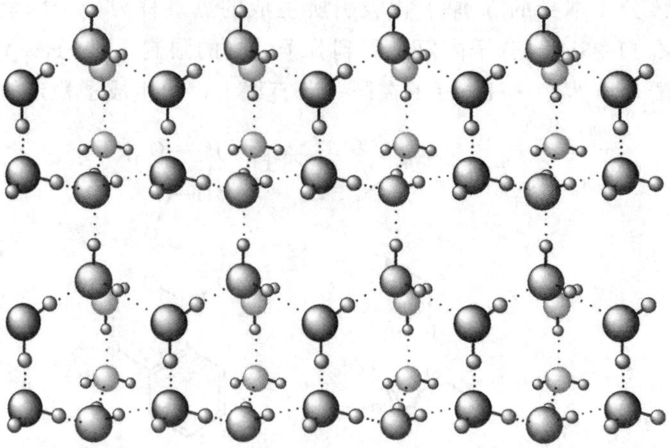

图 11-29 冰的结构

氢键；而在 G—C 碱基对中，碱基间形成 3 组氢键（图 11-30）。这些氢键的取向和距离能使碱基间相互匹配，产生最强的相互作用，具有几何上的固定能力。碱基对中的氢键又称沃森-克里克型氢键。除此以外，在染色体的端粒结构中，四个鸟嘌呤以氢键形成一种特殊的鸟嘌呤环结构。

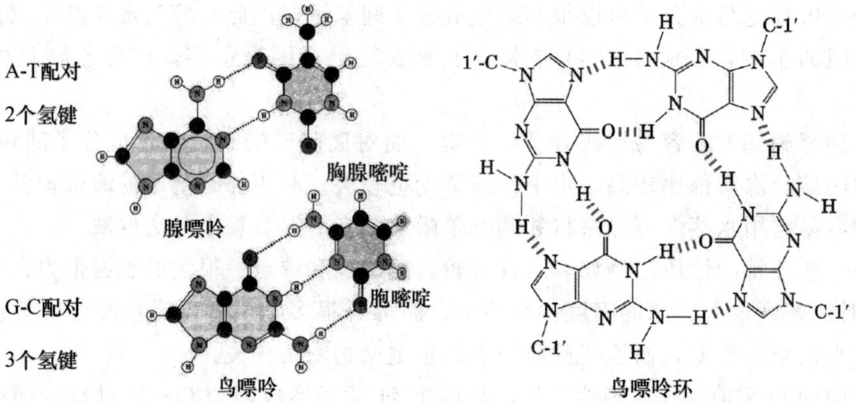

1-30 DNA 结构中互补碱基对的氢键（左）和端粒鸟嘌呤环的氢键结构（右）示意图

在 DNA 中，碱基之间依靠 2～3 个氢键相结合。按照氢键的平均键能约 25kJ · mol^{-1} 估算，断开每一对碱基需要的能量在 50～75kJ · mol^{-1}。从动力学上，这个能量很好地保证了碱基对的稳定性和键的动态开合能力。巧合的是，生命过程中许多酶催化的化学反应多采用这一量级的活化能。此外，在组成生命的许多大分子如蛋白质、糖类等结构中，氢键也发挥了非常重要的作用，有关内容可参阅生物化学方面书籍。

四、盐键和疏水作用

（一）盐键

盐键（salt bond）是溶液中带有净的正电荷或负电荷的分子或基团与相反电荷的分子或基团之间的静电吸引作用。因此，盐键又称为溶液中的离子键。这种作用力与电荷电量的乘积成正比，与电荷距离的平方成反比，且随介质的介电常数的增大而降低。由于水的介电常数较大，溶液中盐键的作用较弱。但存在其他物相时，盐键的作用则会变得显著。例如在蛋白质分子中，其疏水的内部介电常数较小，带负电荷的酸性氨基酸残基可与碱性带正电荷氨基酸残基强烈相互吸引，形成盐键（图 11-31）。

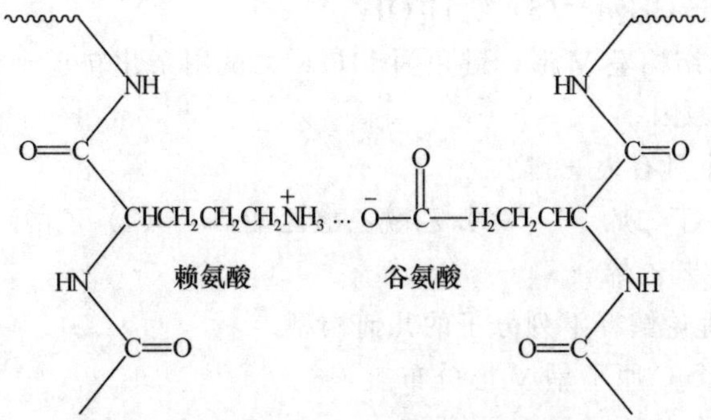

图 11-31　蛋白质分子中的盐键示意图

(二) 疏水作用

非极性化合物例如苯、环己烷在水中的溶解度非常小，在水中会成为两相，也就是说，非极性分子有离开水相自发进入非极性相的趋势，即所谓的疏水性（hydrophobicity）。在水溶液中，当非极性溶质相互接近到一定程度时，它们之间会产生聚集在一起的倾向，就像有一种力使非极性溶质相互吸引在一起，这种现象称为疏水作用。实验证明，疏水作用的距离和范德华力相近，但强度要稍大于范德华力，每个疏水基团产生的键能在 $10 \sim 20 kJ \cdot mol^{-1}$。

分子间疏水作用是一个复杂的过程，其作用机制有待于进一步研究。常温下，非极性溶质溶于水时焓变通常较小，有时甚至是负值（$\Delta H < 0$），溶解过程的焓变有利于溶解。但是非极性分子进入水中会导致其周围水分子的排列更加有序，体系的熵大幅降低（$\Delta S < 0$），使吉布斯自由能成为正值。可见，常温下体系熵的减少不利于溶质在水中溶解，疏水作用受系统获取最大热力学稳定性驱动。

疏水作用是决定生物分子结构和性质的重要因素，特别是在蛋白质的折叠以及药物分子与受体（蛋白质、DNA 等）的相互作用方面。

思考题

1. 离子键的本质是什么？有哪些特点？为什么 NaCl 以晶体而不是简单的双原子分子形式存在？

2. 什么是晶格能？决定晶格能大小的主要因素有哪些？

3. 离子晶体、原子晶体和分子晶体中各含有什么类型的化学键？

4. 试写出下列化合物的路易斯结构式

（1）HCl　　（2）F_2　　（3）N_2　　（4）CO_2

5. 什么是共价键的饱和性和方向性？

6. 什么是配位键？解释 CO 分子的成键过程。

7. 键参数有哪些？这些参数如何确定分子的结构？

8. 排列下列化合物共价键极性的顺序。

（1）HF　HCl　HBr　HI　　（2）O_2　H_2O　HF

（3）N≡N　C≡O　HC≡CH　HC≡N　　（4）CH_4　NH_3　H_2O　H_2S

9. 区别下列概念。

（1）σ 键和 π 键　　（2）正常共价键和配位共价键

（3）极性键和非极性键　　（4）等性杂化和不等性杂化

10. 指出下列分子中每个 C 原子的杂化类型。

（1）CH_3CH_3　　（2）$CH_3CH=CHCH_2CH_3$　　（3）$CH_3C \equiv CH$

(4) $CH_2=CHCH=CH_2$ (5) C_6H_5OH

11. 臭氧分子 O_3 的结构呈 V 形，键角为 116.8°，试用杂化轨道理论分析臭氧分子的构型并解释键角小于 120°的原因。

12. 下列分子中哪个具有大 π 键？

(1) 乙酸 (2) 丁二烯 (3) 乙酰乙酸乙酯 (4) 乙醇

(5) 苯 (6) 苯乙烯

13. 利用杂化轨道理论解释下列分子的几何构型。

(1) 丙烷分子中 3 个 C 原子呈 V 形分布

(2) 丙烯分子中 3 个 C 原子呈 V 形分布

(3) NH_4^+ 离子具有正四面体构型

14. 利用价层电子对互斥理论判断下列分子或离子的空间构型。

(1) CO_3^{2-} (2) SO_2 (3) SO_3 (4) H_2S

(5) SF_4 (6) PCl_3 (7) PCl_5

15. 说明下列各组物质中存在哪几种分子间作用力。

(1) 苯和环己烷 (2) 苯和甲苯 (3) 氨和水 (4) 三氯甲烷

16. 写出溶液中可能存在的氢键并排出氢键的强弱顺序。

(1) 氨水 (2) 乙醇水溶液 (3) 四氯化碳的苯溶液 (4) 氟化氢水溶液

(刘进军)

第十二章　配位化合物

配位化合物（coordination compound）简称配合物，与医学和药学的关系极为密切。生物体内许多必需金属元素都是以配合物的形式存在的，它们或是作为酶的活性中心或是作为某些生物大分子的结构稳定因子而发挥着至关重要的作用。例如，绿色植物中进行光合作用的叶绿素是镁的配合物，动物细胞中输送氧气的血红蛋白是铁的配合物，人体生长和代谢必需的维生素 B_{12} 是钴的配合物。有些药物本身就是配合物或通过在体内形成配合物来发挥其预防、治疗疾病的作用。例如，治疗糖尿病的锌胰岛素，治疗铅中毒的 $Na_2[CaY]$，护肤化妆品中的铜的超氧化物歧化酶，治疗癌症的铂配合物，治疗肝豆状核变性的青霉胺是通过形成青霉胺-铜（Ⅱ）配合物将沉积在肝、脑、肾等组织中过量的 Cu^{2+} 除去的等。

第一节　配合物的特点、组成和命名

一、配位化学发展简史

1704 年，德国柏林颜料制造商狄斯巴赫（H. Diesbach）制得一种蓝色染料——普鲁士蓝，其组成为 $KFe[Fe(CN)_6]$。它被称为"历史上的第一个"配合物。其实早在 1597 年，利巴维阿斯（A. Libavius）指出铜盐与过量氨水作用会得到一种深蓝色溶液。现在我们知道其深蓝色是 $[Cu(NH_3)_4]^{2+}$ 离子所致。

1798 年，法国分析化学家塔萨尔特（B. M. Tassaert）本想用氨水代替 NaOH 来沉淀盐酸介质中的 Co^{2+}，发现往 $CoCl_2$ 溶液中加氨水，先生成 $Co(OH)_2$ 沉淀，继续加入氨水则 $Co(OH)_2$ 溶解，放置过夜后便析出一种组成为 $CoCl_3 \cdot 6NH_3$ ［此时钴已经由 Co(Ⅱ) 被空气氧化成 Co(Ⅲ)］ 的橙黄色晶体。从此拉开了化学家对配合物进行系统研究的序幕。

随后化学家们持续了近 1 个世纪的大量研究。在此期间，许多类似的化合物被发现。例如，氯化钴与氨之间形成的一系列颜色各异、化学性质不同的化合物：橙黄色的 $CoCl_3 \cdot 6NH_3$、紫红色的 $CoCl_3 \cdot 5NH_3$、玫瑰红色的 $CoCl_3 \cdot 5NH_3 \cdot H_2O$、绿色和紫色的 $CoCl_3 \cdot 4NH_3$。这类化合物的性质非常特殊。它们的水溶液有导电性；化合物中的 NH_3 相当稳定，在室温下不会因强碱 NaOH 的加入而释放出氨气，且在水溶液中也不易被外加的强酸中和；但是 Cl^- 却能全部或部分地被外加的 $AgNO_3$ 溶液沉淀。例如，往新配制的 $CoCl_3 \cdot 6NH_3$ 溶液中加入 $AgNO_3$ 溶液可以使三个 Cl^- 全部立即沉淀。对 $CoCl_3 \cdot 5NH_3$ 做同样的实验，发现仅有两个 Cl^- 立即沉淀；放置后，第三个 Cl^- 才慢慢地沉淀出来。这些实验结果列于表 12-1 中。结果表明，在 $CoCl_3 \cdot 6NH_3$ 中所有的 Cl^- 都是等同的；但在 $CoCl_3 \cdot 5NH_3$ 和 $CoCl_3 \cdot 4NH_3$ 中却有两种与 Co(Ⅲ) 结合程度不同的 Cl^-。一种结合大致与 NaCl 中的 Cl^- 相似，它容易被 $AgNO_3$ 沉淀为 AgCl；另一种 Cl^- 则与 Co(Ⅲ) 结合得比较牢固，因而不易沉淀。

表 12-1 Co(Ⅲ) 氯氨化合物沉淀为 AgCl 的氯离子数

化学式	颜色	沉淀的 Cl^- 数	化学结构式
$CoCl_3 \cdot 6NH_3$	橙黄	3	$[Co(NH_3)_6]Cl_3$
$CoCl_3 \cdot 5NH_3$	紫红	2	$[CoCl(NH_3)_5]Cl_2$
$CoCl_3 \cdot 4NH_3$	绿	1	*trans*-$[CoCl_2(NH_3)_4]Cl$
$CoCl_3 \cdot 4NH_3$	紫	1	*cis*-$[CoCl_2(NH_3)_4]Cl$

19 世纪 50 年代，经典原子价理论已经确立并得到了广泛应用。按经典原子价理论，$CoCl_3$ 和 $6NH_3$ 都是原子价已经饱和的稳定化合物，这二者为何还会按确定的比例相互化合形成新的稳定化合物？以及它们是怎样结合的？这一切都无法用经典原子价理论加以说明。在此情况下，人们把 H_2O、NH_3、$CoCl_3$、CH_4 等原子价已经饱和的化合物称为简单化合物（simple compounds），而把由简单化合物按确定比例进一步结合而形成的稳定化合物称为复杂化合物（complex compounds），中文译作配合物。1893 年，瑞士年仅 26 岁的化学家维尔纳（A. Werner）提出了配位理论，是认识配合物本质的第一个里程碑。维尔纳也因此获得了 1913 年诺贝尔化学奖。1931 年，美国化学家鲍林（L. Pauling）把杂化轨道理论应用到配合物上，提出了配合物的价键理论。至此才较好地解释了配合物的结构、磁性和稳定性，并更加精确地定义了配合物。为此，鲍林荣获 1954 年诺贝尔化学奖。这是配合物发展的第二个里程碑。20 世纪 50 年代后，把物理学家贝特（H. Bethe）和范弗莱克（J. H. Van Vleck）提出的晶体场理论，以及美国化学家莫利肯（R. S. Mulliken）和德国物理学家洪特（F. Hund）提出的分子轨道理论应用到配合物，成功地解释了过渡金属配合物的光谱以及配合物的许多已知性质（构型、稳定性、磁性、光学性质和反应机制）。

随着科学技术的发展，X 射线衍射和各种近代波谱用于结构分析，特别是 20 世纪 50 年代后，高速大型计算机的出现，大多数复杂分子的结构和化学键相继清楚。配合物的范围越来越宽。人们发现中心原子不一定是金属离子，还可以是中性金属原子、高氧化数的非金属原子甚至阴离子等；键合方式也不都是配位键。这些都称为非经典配合物。近年来迅速发展的主客体化学和超分子化学，将原先维尔纳建立的中心原子概念扩展到了无机、有机和生物中的各种阳离子、阴离子、中性分子。不过在本书中，我们仅介绍经典配合物。

二、配合物的组成

经典配合物是由金属离子或原子与中性分子或阴离子以配位键相结合形成的化合物。金属离子或原子称为中心原子（central atom），中性分子或阴离子称为配体（ligand），由此而形成的包括中心原子和按一定空间构型围绕在它周围的配体在内的结构单元称为配位单元。配位单元可以是离子，如 $[Co(NH_3)_6]^{3+}$ 和 $[CoCl(NH_3)_5]^{2+}$ 称为配阳离子，$[Fe(CN)_6]^{3-}$ 和 $[NiCl_4]^{2-}$ 称为配阴离子。配位单元也可以是中性分子，如 $[CoCl_3(NH_3)_3]$、$[PtCl_2(NH_3)_2]$、$[Ni(CO)_4]$ 等，称为配位分子。配位分子和含有配离子的化合物统称配合物。

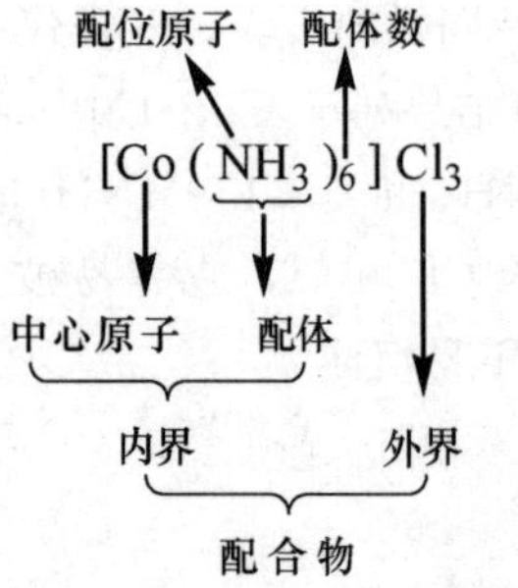

图 12-1 $[Co(NH_3)_6]Cl_3$ 的组成

现以 $[Co(NH_3)_6]Cl_3$ 为例说明配合物的组成，其组成如图 12-1 所示。

1. 内界和外界　配合物的内界（inner sphere）是指配离子，由中心原子和一定数目的配体组成，是配合物的特征部分，通常写在方括号“[ ]”之内。配合物中与配离子带相反电荷的简单离子称为配合物的外界（outer sphere）。配合物的内界与外界之间以离子键结合，在水溶液中容易解离。如：

$$[Co(NH_3)_6]Cl_3 \longrightarrow [Co(NH_3)_6]^{3+} + 3Cl^-$$

需要说明的是，配位分子，如 $[CoCl_3(NH_3)_3]$、$[PtCl_2(NH_3)_2]$、$[Ni(CO)_4]$ 等没有外界。在水溶液中，它们是非电解质或弱电解质。

2. 中心原子　在配合物中，具有空的价层轨道、可接受孤对电子的离子或原子，统称为中心原子（central atom）。它位于配离子或配位分子的中心位置，是配合物的形成体。中心原子一般是金属元素的离子或原子，如 $[Co(NH_3)_6]^{3+}$ 中的 Co^{3+}、$[Cu(NH_3)_4]^{2+}$ 中的 Cu^{2+}、$[Ni(CO)_4]$ 中的 Ni、$[Fe(CO)_5]$ 中的 Fe。

3. 配体和配位原子　在配合物中，提供孤对电子、与中心原子以配位键结合的阴离子或中性分子称为配体（ligand，用 L 表示）。如 $[Fe(CN)_6]^{3-}$ 中的 CN^-、$[Co(NH_3)_6]^{3+}$ 中的 NH_3。配体中直接与中心原子键合的原子称为配位原子（coordination atom），如 CN^- 中的 C、NH_3 中的 N。配位原子通常为电负性较大的含有孤对电子的非金属元素的原子，如 N、O、S、C 和卤素原子（常用 X 表示）。

根据配体中所含配位原子的数目，可将配体分成单齿配体（monodentate ligand）和多齿配体（polydentate 或 multidentate ligand）。单齿配体仅含有一个配位原子，可提供一对孤对电子与中心原子形成一个配位键，如 NH_3、H_2O、OH^-、CO、X^- 等。含有两个或两个以上配位原子，并能与中心原子形成两个或多个配位键的配体称为多齿配体，如乙二胺（en）、草酸根（ox）和氨基乙酸根（gly）为双齿配体，乙二胺四乙酸根（Y^{4-}）为六齿配体。

有些配体虽然有两个或多个原子可作为配位原子，但是由于它们靠得太近，无法同时与一个中心原子结合，只能选择其中一个原子作为配位原子与中心原子配位，因此，它们仍属单齿配体。这类配体称为两可配体（ambidentate ligand）（书写两可配体的化学式时，把配位原子写在前面），如硫氰酸根 SCN^-（配位原子为 S）和异硫氰酸根 NCS^-（N 为配位原子）、亚硝酸根 ONO^-（O 为配位原子）和硝基 NO_2^-（N 为配位原子）、氰根 CN^-（C 为配位原子）和异氰根 NC^-（N 为配位原子）。部分常见配体列于表 12-2。

表 12-2　一些常见的配体及配位原子

齿数	实例	配位原子
单齿	CN^-、CO	C
	NH_3、NC^-、NO_2^-、NCS^-、RNH_2、吡啶（C_5H_5N，py）	N
	H_2O、OH^-、ONO^-、CO_3^{2-}、$RCOO^-$	O
	SCN^-、$S_2O_3^{2-}$、RSH	S
	F^-、Cl^-、Br^-、I^-	X
双齿	$H_2NCH_2CH_2NH_2$（乙二胺，en） 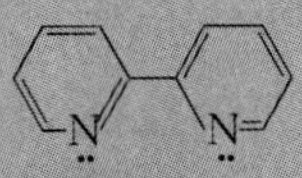（联吡啶，bipy） 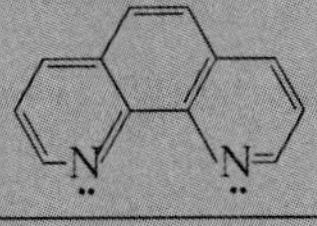（邻菲罗啉，phen）	N
	$^-OOCCOO^-$（草酸根，ox） $CH_3C(=O)CH_2C(=O)CH_3$（乙酰丙酮，acac）	O
	$H_2NCH_2COO^-$（氨基乙酸根，gly）	N、O

续表

齿数	实例	配位原子
三齿	$H_2NCH_2CH_2NHCH_2CH_2NH_2$（二乙基三胺，DETA）	N
四齿	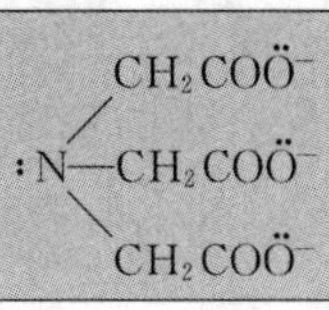（氨三乙酸根，NTA）	N、O
六齿	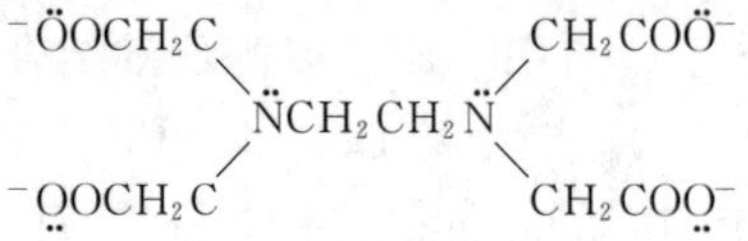（乙二胺四乙酸根，Y^{4-}）	O、N

有时，多齿配体、两可配体以及一个配位原子具有不只一对孤对电子的单齿配体可同时与两个中心原子键合，这类配体称为桥联配体（bridging ligand），简称桥基（表 12-3）。

表 12-3 含桥基的配合物

配合物		桥基
组成	结构式	
$[Cu_2(CH_3COO)_4(H_2O)_2]$	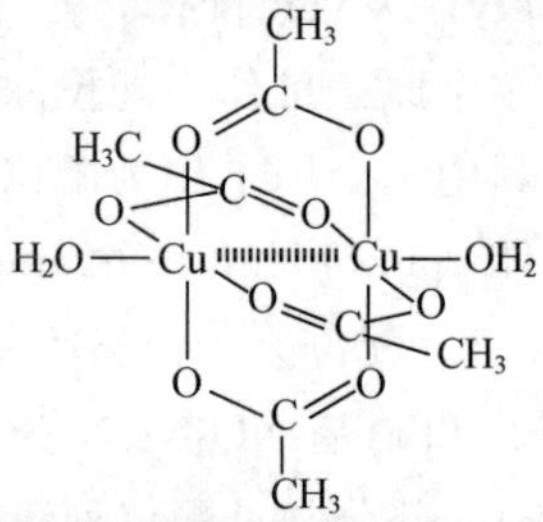	CH_3COO^-
$[ClAgNH_2CH_2CH_2H_2NAgCl]$	$[Cl—Ag—NH_2CH_2CH_2H_2N—Ag—Cl]$	en
$[(Fe(H_2O)_4)_2(OH)_2](SO_4)_2$	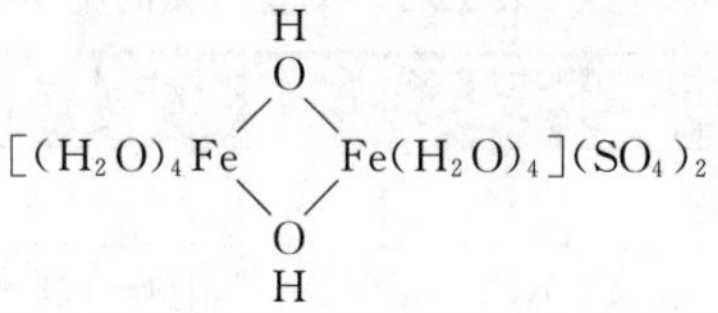	OH^-

4. 中心原子的配位数　在配合物中，直接与中心原子键合的配位原子的总数目称为该中心原子的配位数（coordination number）。若配体均为单齿配体，配体的数目就是该中心原子的配位数。如 $[Cu(NH_3)_4]^{2+}$ 中，Cu^{2+} 的配位数为 4。若配体中有多齿配体，则中心原子的配位数大于配体的数目。如 $[Co(en)_3]^{2+}$ 中，en 为双齿配体，1 个 en 分子中有 2 个 N 原子与 Co^{2+} 键合，因此，Co^{2+} 的配位数是 $2\times3=6$。再如 $[CoCl(NH_3)(en)_2]^{2+}$ 中，Co^{3+} 的配位数是 $1+1+2\times2=6$。综上所述，配位数就是中心原子与配体所形成的配位键的数目。

一般中心原子的配位数为 2、4、6，尤以 4、6 居多。表 12-4 中列出了一些常见金属离子的特征配位数。需要说明的是，某金属离子形成配合物时，其配位数不是固定不变的，它与配体的大小、配体的电荷以及配合物形成时的条件（浓度、温度等）有关。

5. 中心原子的氧化数　配离子的电荷等于中心原子电荷与配体总电荷的代数和。如 $[Fe(CN)_6]^{3-}$ 中，每个 CN^- 带 1 个负电荷，而配阴离子带 3 个负电荷，所以 Fe 的氧化数为 $-3-6\times(-1)=+3$。再如 $[CoCl(NH_3)_5]Cl_2$，外界是 2 个 Cl^- 离子，故内界是带 2 个正电荷的配阳离子，又 NH_3 是中性分子，所以 Co 的氧化数为 $+2-(-1)=+3$。

表 12-4　常见金属离子的配位数

配位数	金属离子	示例
2	Ag^{+}、Cu^{+}、Au^{+}	$[Ag(NH_3)_2]^{+}$，$[Cu(CN)_2]^{-}$
4	Cu^{2+}、Zn^{2+}、Cd^{2+}、Hg^{2+}、Al^{3+}、Sn^{2+}、Pb^{2+}、Co^{2+}、Ni^{2+}、Pt^{2+}、Fe^{3+}、Fe^{2+}	$[Cu(NH_3)_4]^{2+}$，$[Zn(CN)_4]^{2-}$，$[HgI_4]^{2-}$，$[PtCl_2(NH_3)_2]$
6	Cr^{3+}、Al^{3+}、Pt^{4+}、Fe^{3+}、Fe^{2+}、Co^{3+}、Co^{2+}、Ni^{2+}	$[CrCl_2(NH_3)_4]^{+}$，$[AlF_6]^{3-}$，$[Fe(CN)_6]^{3-}$，$[Ni(NH_3)_6]^{2+}$，$[PtCl_6]^{2-}$

三、配合物的命名

根据中国化学会无机专业委员会制订的配合物的命名原则来命名，简单介绍如下。

1. 配位单元的命名

（1）配位单元中，配体名称列在中心原子名称之前，且二者之间以“合”字连接。配体数目用汉语数字二、三、四等表示；较复杂的配体，其名称要加括号以免混淆。在中心原子名称之后用加括号的罗马数字表示出中心原子的氧化数。即

配体数—配体名称—“合”—中心原子名称（氧化数）

例如，$[NiCl_4]^{2-}$　四氯合镍(Ⅱ)离子

$[Co(NH_3)_6]^{3+}$　六氨合钴(Ⅲ)离子

$[Fe(NCS)_6]^{3-}$　六(异硫氰酸根)合铁(Ⅲ)离子

（2）若配体不只一种，配体命名顺序为：阴离子配体名在先，中性分子配体名在后；先无机配体，后有机配体；不同的配体名称之间用间隔号“·”分开。

例如，$[CoCl_2(NH_3)_4]^{+}$　二氯·四氨合钴(Ⅲ)离子

$[PtCl_2(Ph_3P)_2]$　二氯·二(三苯基膦)合铂(Ⅱ)

$[Fe(OH)_2(H_2O)_4]^{+}$　二羟基·四水合铁(Ⅲ)离子

（3）同类配体的命名顺序为：按配位原子元素符号的英文字母顺序排列。

例如，$[Co(NH_3)_4(H_2O)_2]^{2+}$　四氨·二水合钴(Ⅱ)离子

$[PtCl(NO_2)(NH_3)_4]^{2+}$　一氯·一硝基·四氨合铂(Ⅳ)离子

2. 离子型配合物的命名　配合物的命名服从一般无机化合物的命名原则。若外界为简单阴离子，如 Cl^{-}、OH^{-} 等，则称为“某化某”；若外界为 H^{+}，则称为“某酸”；若阴离子为含氧酸根或配离子，则称为“某酸某”。下面列举一些配合物的命名。

$[Co(NH_3)_2(en)_2]Cl_3$　三氯化二氨·二(乙二胺)合钴(Ⅲ)

$[Fe(phen)_3]Cl_2$　二氯化三(邻菲罗啉)合铁(Ⅱ)

$[Ag(NH_3)_2]OH$　氢氧化二氨合银(Ⅰ)

$[Cu(NH_3)_4]SO_4$　硫酸四氨合铜(Ⅱ)

$H_2[SiF_6]$　六氟合硅(Ⅳ)酸

$Na_3[Ag(S_2O_3)_2]$　二(硫代硫酸根)合银(Ⅰ)酸钠

$K[Co(NO_2)_4(NH_3)_2]$　四硝基·二氨合钴(Ⅲ)酸钾

$[Pt(py)_4][PtCl_4]$　四氯合铂(Ⅱ)酸四(吡啶)合铂(Ⅱ)

还应该指出的是：①无论是无机配体，还是有机配体，若只有一个，则表示配体数目的“一”字可以略去。②对于配位分子，可不必标出其中心原子的氧化数。如，$[Ni(CO)_4]$：四羰基合镍；$[Fe(CO)_5]$：五羰基合铁。③某些常见的配合物有其习惯上沿用的名称。如，$[Ag(NH_3)_2]^{+}$ 称为银氨配离子，$[Cu(NH_3)_4]^{2+}$ 称为铜氨配离子，$K_3[Fe(CN)_6]$ 称为铁氰化钾或赤血盐，$K_4[Fe(CN)_6]$ 称为亚铁氰化钾或黄血盐，$H_2[SiF_6]$ 称为硅氟酸，$H_2[PtCl_6]$ 称为氯铂酸等。

第二节 配合物的化学键理论和异构现象

配合物是一类具有特殊结构的化合物，这种结构决定了它的各种理化性质。如配合物具有一定的空间构型、配位数，以及它们的磁性、稳定性和颜色等。在本节中，将简要讨论配合物的结构理论，并用以解释配合物的有关特性。

配位化学是瑞士化学家维尔纳于19世纪末创建的。但配合物的结构理论则是随着原子和分子结构理论的发展才得以迅速发展的。在此，仅介绍解释配合物结构的价键理论（valence bond theory，VBT）以及解释配合物光学和磁学等性质的简单理论——晶体场理论（crystal field theory，CFT）。

一、配合物的价键理论

1931年，美国化学家鲍林（L. Pauling）把杂化轨道理论应用到配合物中，提出了配合物的价键理论。

（一）价键理论的基本要点

1. 中心原子与配体中的配位原子之间以配位键结合，也就是说配位原子提供孤对电子进入中心原子的价层空轨道，从而形成配位键。

2. 为了提高成键能力和形成结构匀称的配合物，中心原子所提供的空轨道必须首先进行杂化，形成数目一定、能量相同、具有一定空间伸展方向的杂化轨道。中心原子的杂化轨道与配位原子的孤对电子占据的轨道发生最大重叠而成键。

3. 中心原子所提供的杂化轨道数目和类型，决定了中心原子的配位数、配合物的空间构型、磁性和稳定性等性质。

（二）常见的杂化轨道类型及配合物的空间构型

1. 四配位配合物　配离子的特定几何构型与围绕在中心原子周围的配体数目密切相关。如 $[Zn(NH_3)_4]^{2+}$ 中的4个 NH_3 分子占据着正四面体的4个角。如图12-2左侧的轨道图所示，中心离子 Zn^{2+} 的价层电子构型为 $3d^{10}$。它的3d轨道全满，但4s和4p轨道是空的。1个4s和3个4p轨道杂化，形成4个空的 sp^3 杂化轨道。

如图12-3所示，4个 sp^3 轨道指向正四面体的4个角。每个 sp^3 轨道接受1个 NH_3 提供的一对孤对电子就形成了正四面体的 $[Zn(NH_3)_4]^{2+}$ 配离子。

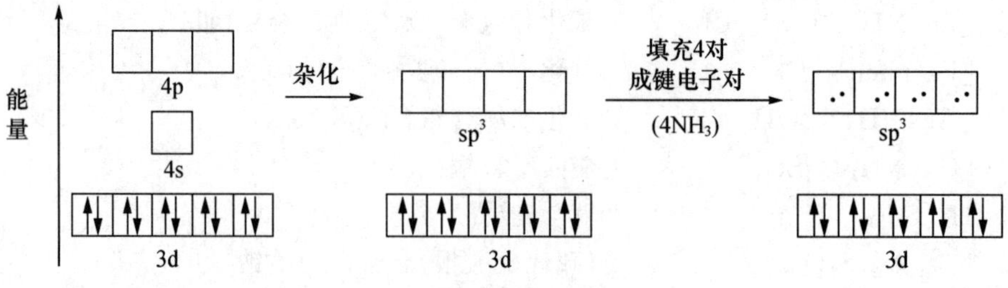

图 12-2　Zn^{2+} 的轨道图

表12-5列出了配位数为2、4和6的一些配合物的空间构型。从表中可以看到，四面体构型不是配位数为4的配合物的唯一构型。如平面正方形的 $[Ni(CN)_4]^{2-}$ 配离子。中心离子 Ni^{2+} 的价层电子构型为 $3d^8$，根据洪特规则，3d亚层有2个单电子。但磁矩数据表明 $[Ni(CN)_4]^{2-}$ 离子是抗磁的，即该配离子中不存在单电子。因此，正确的情形是 $[Ni(CN)_4]^{2-}$ 中 Ni^{2+} 的1个3d轨道与1个4s和2个4p轨道杂化，这样就在 $[Ni(CN)_4]^{2-}$ 中 Ni^{2+} 的周围形成了4个空的

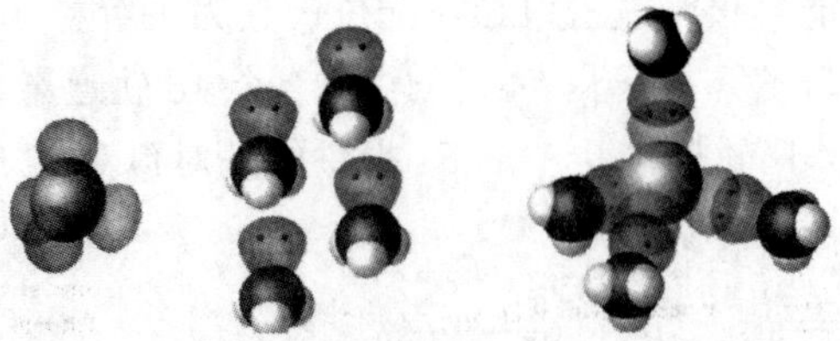

Zn^{2+} + $4NH_3$ ⟶ $[Zn(NH_3)_4]^{2+}$

图 12-3 $[Zn(NH_3)_4]^{2+}$ 配离子的形成

dsp^2 杂化轨道，它们分别指向平面正方形的四个角。每个 dsp^2 轨道接受 1 个 CN^- 中的 C 原子提供的一对孤对电子，形成 4 个配位键，从而得到平面正方形的 $[Ni(CN)_4]^{2-}$ 配离子。而中心离子 Ni^{2+} 余下的 4 个 3d 轨道装载了 8 个电子（图 12-4）。所以 $[Ni(CN)_4]^{2-}$ 配离子没有单电子，是抗磁性的。

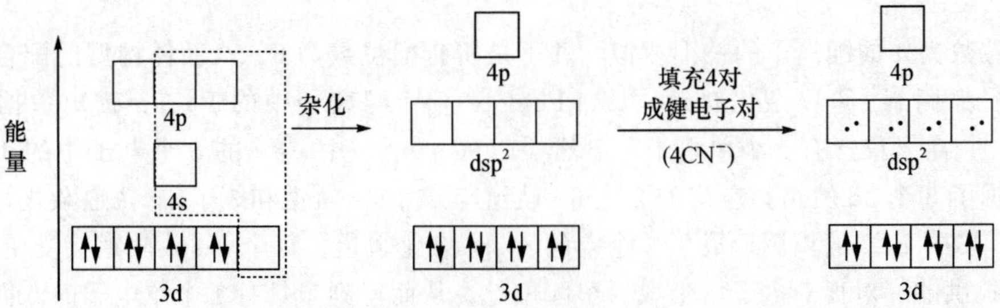

图 12-4 $[Ni(CN)_4]^{2-}$ 配离子的形成

需要指出的是，上述杂化轨道的符号中，把“d”写在“sp^2”之前，是因为参与杂化的 d 轨道的主量子数小于与之杂化的 s 和 p 轨道的主量子数。

表 12-5 杂化轨道与配合物空间构型的关系

配位数	杂化类型	空间构型	结构示意图	举例
2	sp	直线形	L—M—L	$[Ag(NH_3)_2]^+$，$[Ag(CN)_2]^-$，$[CuCl_2]^-$
4	sp^3	四面体	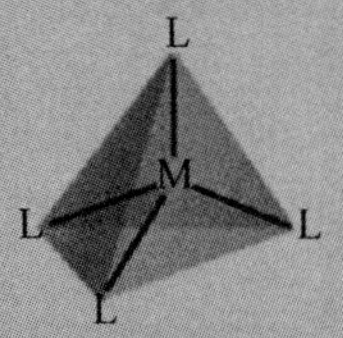	$[NiCl_4]^{2-}$，$[Co(SCN)_4]^{2-}$，$[Zn(NH_3)_4]^{2+}$，$[Zn(CN)_4]^{2-}$，$[Cd(NH_3)_4]^{2+}$，$[HgI_4]^{2-}$
	dsp^2	平面正方形	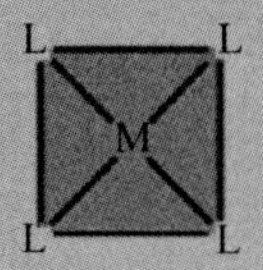	$[Ni(CN)_4]^{2-}$，$[Pt(NH_3)_4]^{2+}$，$[PtCl_2(NH_3)_2]$，$[PtCl_4]^{2-}$
6	sp^3d^2	八面体	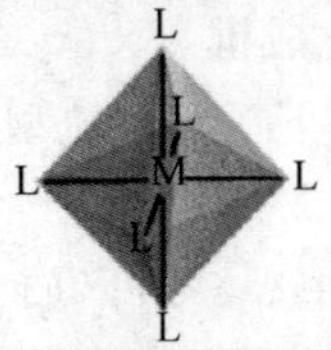	$[FeF_6]^{3-}$，$[Fe(H_2O)_6]^{2+}$，$[Fe(H_2O)_6]^{3+}$，$[CoF_6]^{3-}$，$[Ni(NH_3)_6]^{2+}$
	d^2sp^3			$[Fe(CN)_6]^{3-}$，$[Fe(CN)_6]^{4-}$，$[PtCl_6]^{2-}$，$[Co(NH_3)_6]^{3+}$，$[Co(en)_3]^{2+}$

2. 六配位配合物　配位数为 6 的配离子是八面体的，一个与 sp^3d^2 杂化有关的形状。以 $[FeF_6]^{3-}$ 为例加以讨论。Fe^{3+} 的价层电子构型为 $3d^5$，根据洪特规则，其 3d 轨道是半满的，

也就是说 5 个 3d 轨道均不能再接受电子对形成配位键。为了解释 $[FeF_6]^{3-}$ 的八面体构型，杂化方案中需要 2 个空的 4d 轨道。1 个 4s、3 个 4p 和 2 个 4d 轨道杂化，形成 6 个空的 sp^3d^2 杂化轨道（图 12-5）。每个 sp^3d^2 轨道接受 1 个 F^- 提供的一对孤对电子，形成 6 个配位键，从而得到正八面体的 $[FeF_6]^{3-}$ 配离子。

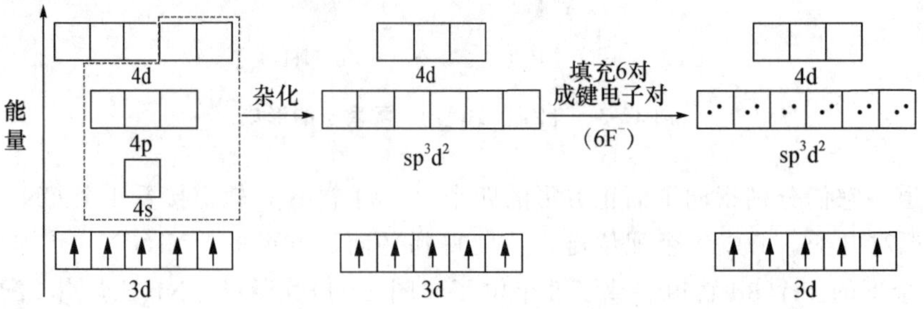

图 12-5 $[FeF_6]^{3-}$ 配离子的形成

与配位数为 4 的配离子的情形相似，并不是所有配位数为 6、八面体构型的配合物的中心原子的价层都拥有 sp^3d^2 杂化轨道。如 $[Fe(CN)_6]^{3-}$ 配离子中的 Fe^{3+}。磁矩数据表明每个 $[Fe(CN)_6]^{3-}$ 离子仅含有 1 个单电子。显然 $[Fe(CN)_6]^{3-}$ 中 Fe^{3+} 的 5 个电子中的 4 个两两配对，只占据了 3 个 3d 轨道，空出的 2 个 3d 轨道与 1 个 4s 轨道和 3 个 4p 轨道杂化，这样就在 $[Fe(CN)_6]^{3-}$ 中 Fe^{3+} 的周围形成了 6 个空的 d^2sp^3 杂化轨道。每个 d^2sp^3 轨道接受 1 个 CN^- 中的 C 原子提供的一对孤对电子，形成 6 个配位键，从而得到了具有 1 个单电子的八面体构型的 $[Fe(CN)_6]^{3-}$ 配离子（图 12-6）。

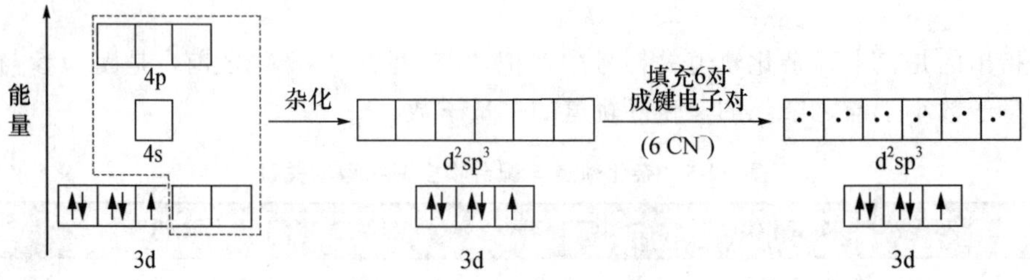

图 12-6 $[Fe(CN)_6]^{3-}$ 配离子的形成

为什么 Fe 在 $[FeF_6]^{3-}$ 中采用 sp^3d^2 杂化，而在 $[Fe(CN)_6]^{3-}$ 中则采用 d^2sp^3 杂化呢？原因在于不同配体的孤对电子与中心离子的价层电子的相互作用程度不同。

（三）外轨型配合物和内轨型配合物

从上面的讨论可知，过渡金属离子作为中心原子时，其外层和次外层的 d 轨道都可能参与杂化，因此，根据中心原子杂化时所提供的空轨道所属电子层的不同，可将配合物分为两种。

1. 外轨型配合物（outer-orbital coordination compound） 中心原子全部用最外层 *n*s、*n*p 或 *n*s、*n*p 和 *n*d 空轨道进行杂化成键。

2. 内轨型配合物（inner-orbital coordination compound） 除最外层 *n*s、*n*p 空轨道外，中心原子还用了次外层 $(n-1)$d 空轨道进行杂化成键。

什么情况下形成外轨型配合物？什么情况下形成内轨型配合物呢？这由中心原子和配体共同决定。

（1）当中心原子的 $(n-1)$d 轨道全充满（d^{10}）时，如 Zn^{2+}、Cd^{2+}、Hg^{2+}、Ag^+ 等离子，因没有可利用的 $(n-1)$d 空轨道，只能形成外轨型配合物。如 $[Zn(NH_3)_4]^{2+}$、 $[Cd(CN)_4]^{2-}$、$[HgI_4]^{2-}$、$[Ag(NH_3)_2]^+$ 等。

（2）当中心原子的 $(n-1)$d 电子数不超过 3 个时，至少有 2 个空的 $(n-1)$d 轨道，所以总是形成内轨型配合物。如 Cr^{3+} 有 3 个 3d 电子，因此 $[Cr(NH_3)_6]^{3+}$、$[CrCl_3(NH_3)_3]$ 等均为内轨型配合物。

(3) 当中心原子具有 $d^4 \sim d^8$ 价层电子构型时，既可以形成外轨型配合物又可以形成内轨型配合物，这时配体就成为决定配合物类型的主要因素。一般来说，若配体中的配位原子的电负性大（如 F 和 O），其孤对电子离域能力弱，难以深入中心原子内层轨道，只能利用最外层空轨道而形成外轨型配合物，如 $[NiCl_4]^{2-}$ 和 $[FeF_6]^{3-}$。若配体中的配位原子的电负性小（如 CO 和 CN^- 中的 C），其孤对电子离域能力强，则将深入中心原子内层，强制 $(n-1)$d 电子重排，以空出 $(n-1)$d 轨道，形成内轨型配合物，如 $[Ni(CN)_4]^{2-}$ 和 $[Fe(CN)_6]^{3-}$。

配合物的稳定性与其类型有关。因为 $(n-1)$d 轨道比 nd 轨道的能量低，同一中心原子所形成的内轨型配合物比相应的外轨型配合物要稳定，如 $[Fe(CN)_6]^{3-}$ 比 $[FeF_6]^{3-}$ 稳定。

(四) 配合物的磁性

配合物是内轨型还是外轨型，一般通过测定配合物的磁矩（magnetic momentum）来确定。

物质的磁性与其内部电子的自旋运动有关，若物质内部所有的电子都已配对，则由电子自旋产生的磁效应相互抵消，净磁矩为零，称为抗磁性物质。抗磁性物质在外磁场中会产生一个与外磁场方向相反的诱导磁矩而受到外磁场的排斥。若物质内部有单电子，电子自旋产生的磁效应不能抵消，净磁矩大于零，称为顺磁性物质。顺磁性物质在外磁场中则产生一个与外磁场方向一致的磁矩，从而受到外磁场的吸引。因此，在外磁场中，抗磁性物质会变轻，而顺磁性物质会变重（图 12-7）。

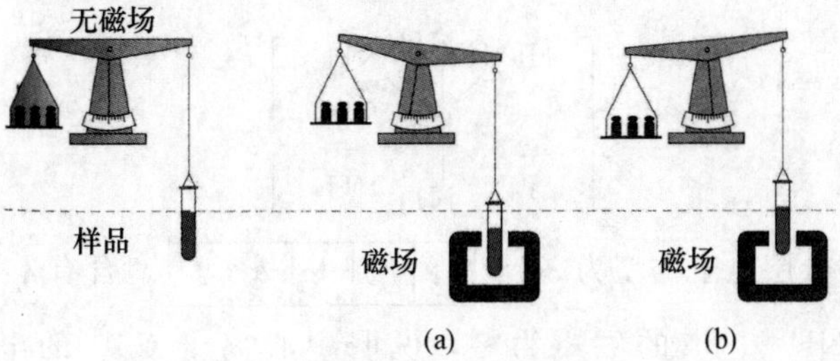

图 12-7　在磁场中，顺磁性物质变重 (a)，抗磁性物质变轻 (b)

物质磁性的强弱与其内部单电子数的多少有关。物质磁性的强弱用磁矩（μ）来衡量：$\mu=0$ 的物质，其内部电子都已配对，具有抗磁性；$\mu>0$ 的物质，其内部含有单电子，具有顺磁性。磁矩与物质内单电子数（n）之间具有如下关系。

$$\mu=\sqrt{n(n+2)}\mu_B$$

式中，μ_B 为玻尔磁子（$\mu_B=9.27\times10^{-24}\,A\cdot m^2$），是磁矩的单位。可见，单电子数越多，$\mu$ 值越大。表 12-6 列出含不同单电子数的物质磁矩的近似值。

表 12-6　含不同单电子数物质的磁矩近似值

n	0	1	2	3	4	5
μ/μ_B	0.00	1.73	2.83	3.87	4.90	5.92

【例 12-1】 实验测得 $[Fe(C_2O_4)_3]^{3-}$ 和 $[Co(NH_3)_6]^{3+}$ 配离子的磁矩分别为 $5.75\mu_B$ 和零，试推测配合物的空间构型，并指出是内轨型还是外轨型配合物。

解：(1) $[Fe(C_2O_4)_3]^{3-}$ 配离子中，$C_2O_4^{2-}$ 为双齿配体，故中心离子 Fe^{3+} 的配位数为 6，因此，$[Fe(C_2O_4)_3]^{3-}$ 配离子的空间构型为八面体。

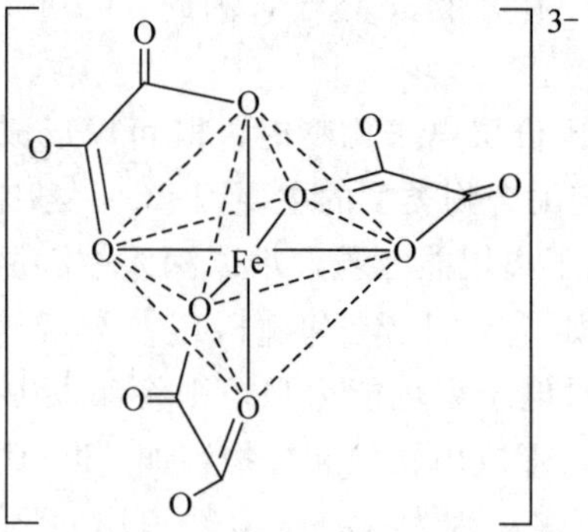

自由离子 Fe^{3+} 的价层电子构型为 $3d^5$：$\uparrow$ $\uparrow$ $\uparrow$ $\uparrow$ $\uparrow$ ，含有 5 个单电子。

根据 $\mu=\sqrt{n\ (n+2)}\mu_B$，当 $\mu=5.75\mu_B$ 时，解得 $n=4.84$。一般按自旋公式求得的 n 取其最接近的整数，即为单电子数。这样，$[Fe(C_2O_4)_3]^{3-}$ 中的单电子数应为 5。因此，$[Fe(C_2O_4)_3]^{3-}$ 为外轨型配合物，其 Fe^{3+} 离子的价层电子构型为

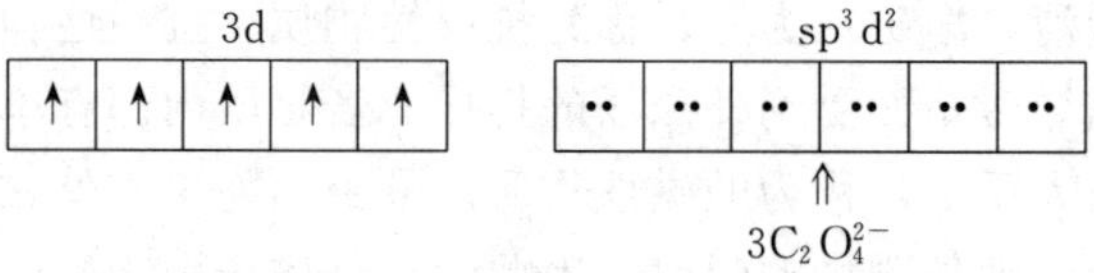

(2) $[Co(NH_3)_6]^{3+}$ 配离子中，NH_3 为单齿配体，所以中心离子 Co^{3+} 的配位数为 6，配离子的空间构型为八面体。

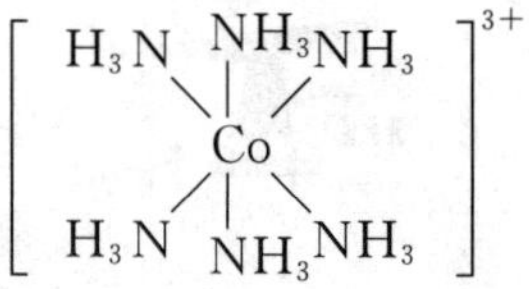

自由离子 Co^{3+} 的价层电子构型为 $3d^6$：$\uparrow\downarrow$ $\uparrow$ $\uparrow$ $\uparrow$ $\uparrow$ ，含有 4 个单电子。

实验测得 $[Co(NH_3)_6]^{3+}$ 的磁矩为零，说明中心离子 Co^{3+} 的电子全部配对，因此，$[Co(NH_3)_6]^{3+}$ 配离子属于内轨型配合物，其 Co^{3+} 的价层电子构型为

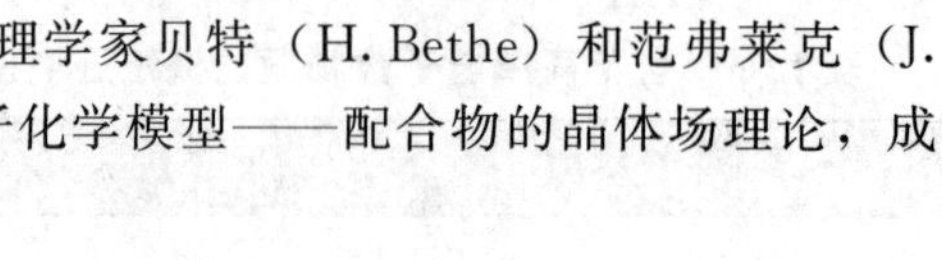

价键理论简单、明确，能解释许多配合物的空间构型、配位数、磁性和稳定性；但是该理论毕竟是一个定性理论，有一定的局限性，不能说明一些配合物的特征颜色，内轨型和外轨型配合物产生的原因以及同类型配合物的稳定性与中心原子的 d 轨道电子数有关。为此，20 世纪 50 年代，化学家们借鉴物理学家贝特（H. Bethe）和范弗莱克（J. H. Van Vleck）的晶体场理论，建立了非常简化的量子化学模型——配合物的晶体场理论，成功地用简单方法解释了配合物的性质。

二、晶体场理论

（一）晶体场理论的基本要点

1. 在处理中心原子和配体的作用时，将配体简化为点电荷或偶极子。配体以一定的几何构型围绕在中心离子周围，其配位原子形成具有一定几何形状的负电荷场，称为晶体场。

2. 中心离子与配体之间以静电引力相互作用，简单看作类似于离子晶体中正、负离子之

间的静电作用。

3. 在配体形成的晶体场作用下，中心离子的 5 个原来能量相同的简并 d 轨道的能量整体升高；同时，由于配体电荷场并非球形对称，造成 5 个 d 轨道能量上升不同，从而产生能级分裂现象。

4. d 轨道的能级分裂导致 d 电子的重新排布。电子优先占据能级较低的轨道，形成新的中心原子的电子结构，使配合物体系能量降低并形成新的磁学和光学性质。

（二）晶体场中的 d 轨道能级分裂

不同空间构型的配合物，配体所形成的晶体场也不同。下面以正八面体构型和正四面体构型的配合物为例讨论晶体场理论。

1. 正八面体场中 d 轨道能级的分裂　假设将中心离子置于一个球面形负电场的中心。中心离子外层 5 个简并的 d 轨道受到球面形负电场同样的排斥作用，即球面形负电场会同等程度地升高 5 个 d 轨道的能量。

当中心离子处于 6 个配体所形成的八面体型的晶体场中心时，5 个 d 轨道的能量不再相同。如图 12-8 所示，6 个配体分别沿着 $\pm x$、$\pm y$、$\pm z$ 方向接近中心离子，中心离子的 d 电子与配体中配位原子的孤对电子相互排斥，使得 5 个 d 轨道的能量升高，但升高程度不同。$d_{x^2-y^2}$ 和 d_{z^2} 轨道的波瓣直接指向配体中的配位原子，因而这 2 个轨道中的电子受到配位原子中电子的静电排斥较强，能量升高较大；d_{xy}、d_{xz} 和 d_{yz} 轨道的波瓣正好插在配位原子的空隙中间，因而这 3 个轨道中的电子受到的电子排斥较弱，能量升高较小。也就是说，自由离子的 5 个简并 d 轨道在正八面体场中分裂成两组（图 12-9）：一组是能量较高的 $d_{x^2-y^2}$ 和 d_{z^2}，为二重简并轨道，合称为 e_g；另一组是能量较低的 d_{xy}、d_{xz} 和 d_{yz}，为三重简并轨道，合称为 t_{2g}。

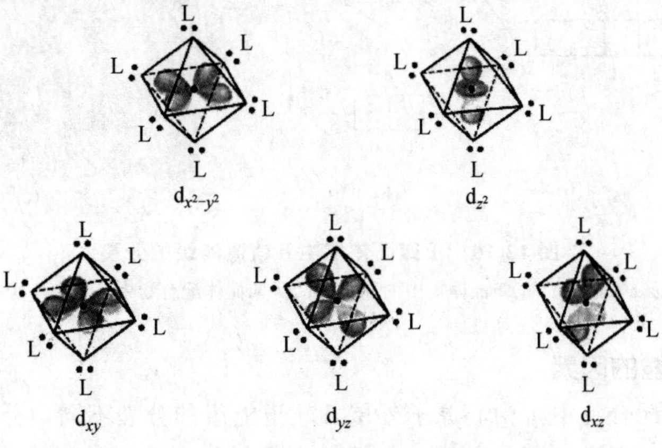

图 12-8　八面体配合物中 d 轨道与配体的相对位置

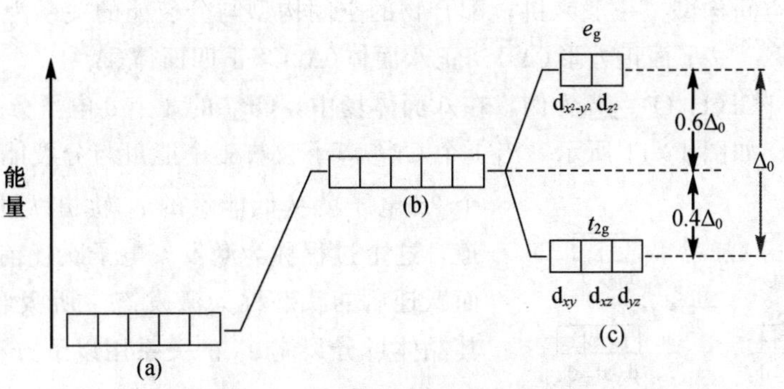

图 12-9　正八面体场中 d 轨道能级的分裂

a. 自由离子中的 d 轨道；b. 球形场中的 d 轨道；c. 正八面体场中的 d 轨道

在正八面体场中，分裂后的两组轨道之间的能级差称为分裂能（splitting energy），用 Δ_o 表示，下标 o 是英文 octahedron（八面体）的首字母。在数值上 Δ_o 相当于 1 个电子从 t_{2g} 跃迁到 e_g 所需要的能量。根据量子力学原理，d 轨道分裂过程中总能量应保持不变。若以球形场中 d 轨道的能量为零点，则有

$$2E(e_g)+3E(t_{2g})=0$$
$$E(e_g)-E(t_{2g})=\Delta_o$$

解此方程组得

$$E(e_g)=0.6\Delta_o$$
$$E(t_{2g})=-0.4\Delta_o$$

此结果说明，相对球形场，在正八面体场中，e_g 轨道能量比分裂前高 0.6Δ_o，而 t_{2g} 轨道能量比分裂前低 0.4Δ_o。

2. 正四面体场中 d 轨道能级的分裂　在正四面体配合物中，中心离子的 d_{xy}、d_{xz} 和 d_{yz} 轨道的波瓣取向大部分朝着四面体顶点处的 4 个配体中的配位原子，即这 3 个轨道与配体靠得近，因而电子-电子斥力较强；而另外 2 个轨道的波瓣离配体较远，因而电子排斥较弱。这样，中心离子的 5 个 d 轨道分裂成两组：一组是能量较高的 d_{xy}、d_{xz} 和 d_{yz}，另一组是能量较低的 $d_{x^2-y^2}$ 和 d_{z^2}。与正八面体场不同的是，d_{xy}、d_{xz} 和 d_{yz} 为高能量组（t_2），而 $d_{x^2-y^2}$ 和 d_{z^2} 为低能量组（e）。此外，其分裂能 Δ_t（下标 t 表示四面体，tetrahedron）σσ 较小，为八面体分裂能 Δ_o 的 4/9（图 12-10）。

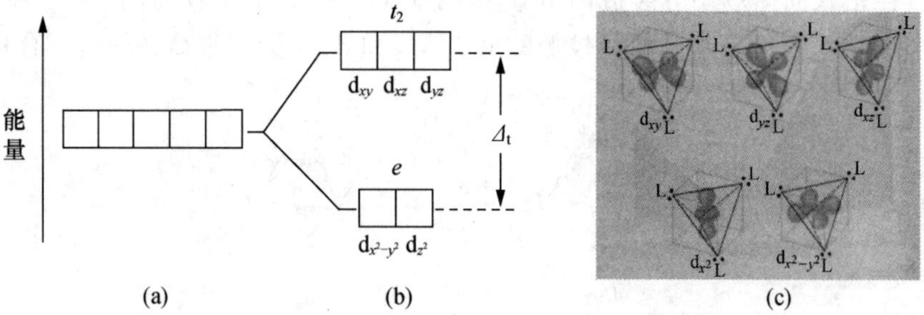

图 12-10　正四面体场中 d 轨道能级的分裂

a. 球形场中的 d 轨道；b. 正四面体场中的 d 轨道；c. 四面体配合物中 d 轨道与配体的相对位置

（三）影响分裂能的因素

不同空间构型的配合物中，中心原子外层 d 轨道能级的分裂不同，分裂后最高能级与最低能级之差称为分裂能，用 Δ 表示。分裂能可通过配合物的光谱实验测得。分裂能的大小除依赖于配合物的空间构型外，还与中心原子和配体有关。

1. 配合物的空间构型　一般来讲，配合物的空间构型与分裂能的关系为

$$\text{平面正方形}(\Delta_s)>\text{正八面体}(\Delta_o)>\text{正四面体}(\Delta_t)$$

2. 配体　以 $[Cr(H_2O)_6]^{3+}$ 为例，在八面体场中，Cr^{3+} 的 3 个 d 电子分别填充在 3 个能量较低的 t_{2g} 轨道中，如图 12-11 所示。当 1 个 Cr^{3+} 离子吸收 1 个能量与分裂能相当的光子，则 1 个 3d 电子就从低能量的 t_{2g} 轨道跃迁到高能量的 e_g 轨道，这个过程称为激发。电子跃迁前的状态称为基态，而跃迁后的状态称为激发态。所吸收光子的波长 λ 与其晶体场分裂能 Δ_o 的关系用以下方程表示。

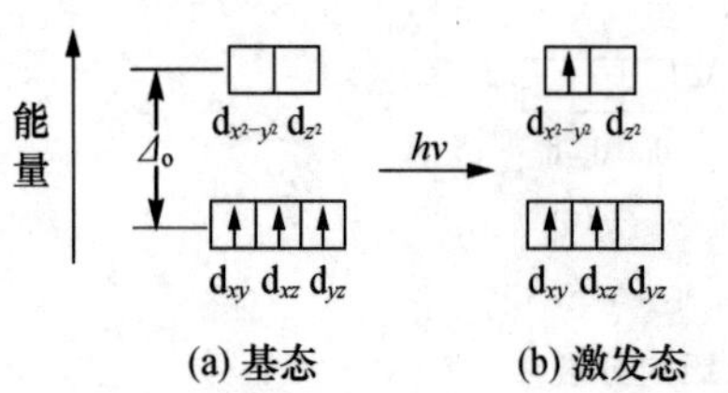

图 12-11　$[Cr(H_2O)_6]^{3+}$ 的光吸收机制

$$E=hc/\lambda=hc\sigma=\Delta_o$$

光子的能量与其波长成反比，而与波数 σ（波长的倒数）成正比。因此，配合物的晶体场分裂能越大，

它所吸收的光的波长就越短、波数越大。

配合物分裂能的大小落在电磁谱的近紫外和可见区，通过测定配合物的紫外-可见吸收光谱，再由配合物所吸收的光子的能量来估算其分裂能。

由表 12-7 可知，Cl^- 作为配体时 Δ_o 较小，而 CN^- 作配体时 Δ_o 较大，即 CN^- 对中心离子 3d 电子的排斥作用远大于 Cl^- 对 3d 电子的排斥作用。把能产生较大 Δ_o 的配体称为强场配体（strong-field ligand），而产生较小 Δ_o 的配体称为弱场配体（weak-field ligand）。配体场越强，Δ_o 就越大。配体场强的强弱顺序如下。

$$I^- < Br^- < S^{2-} < SCN^- < Cl^- < ONO^- < F^- < OH^- < C_2O_4^{2-} < H_2O < EDTA < NCS^-$$
$$< NH_3 < en < bipy < phen < NO_2 < CN^- < CO$$

这个序列是由配合物的光谱实验确定的，称为光谱化学序列（spectrochemical series）。序列左端为弱场配体，右端为强场配体。

表 12-7 一些铬（Ⅲ）和锰（Ⅱ）八面体配合物的分裂能（cm^{-1}）

中心离子	Cl^-	H_2O	en	CN^-
Cr^{3+} (d^3)	13700	17400	21900	26600
Mn^{2+} (d^5)	7500	7800	10100	30000

3. 中心原子

(1) 电荷：中心原子所带电荷越多，吸引配体电子对的能力越强，导致中心原子外层 d 电子与配体的相互作用越强，分裂能就越大。举例如下。

$[Fe(H_2O)_6]^{2+}$ $\Delta_o = 10400cm^{-1}$ $[Co(H_2O)_6]^{2+}$ $\Delta_o = 9300cm^{-1}$

$[Fe(H_2O)_6]^{3+}$ $\Delta_o = 14300cm^{-1}$ $[Co(H_2O)_6]^{3+}$ $\Delta_o = 20700cm^{-1}$

(2) 周期：同种配体与相同氧化数的同族过渡金属离子形成同构型的配合物时，分裂能随中心原子所在周期数的增加而增大。举例如下。

$[Co(NH_3)_6]^{3+}$ $\Delta_o = 22900cm^{-1}$ $[Co(en)_3]^{3+}$ $\Delta_o = 23200cm^{-1}$

$[Rh(NH_3)_6]^{3+}$ $\Delta_o = 34000cm^{-1}$ $[Rh(en)_3]^{3+}$ $\Delta_o = 34600cm^{-1}$

这是因为外层 d 轨道伸展范围越大，它与配体孤对电子轨道重叠越多，相互作用越强，从而导致较大的分裂能。

(四) 晶体场中的 d 电子排布

在晶体场中，中心原子的 d 电子排布仍然遵循原子核外电子排布的三原则。以正八面体场为例说明。

1. 根据能量最低原理，中心原子的 d 电子首先填充在能量较低的 3 个 t_{2g} 轨道，并按照 Hund 规则优先以自旋平行的方式分占不同的轨道。因此，中心原子 d 电子数为 1～3 时，只有一种排布方式。

2. 当中心原子 d 电子数为 4～7 时，第 4 个及其以后的电子如何填充？以 4 个 d 电子为例，第 4 个电子是克服分裂能 Δ_o 进入 e_g 轨道，保持单电子状态，形成高自旋排布，还是进入 t_{2g} 轨道与其中 1 个电子偶合成对，形成低自旋排布呢？要看 Δ_o 与迫使电子成对所需要的能量——电子成对能（electron pairing energy，用 P 表示）的相对大小（图 12-12）。

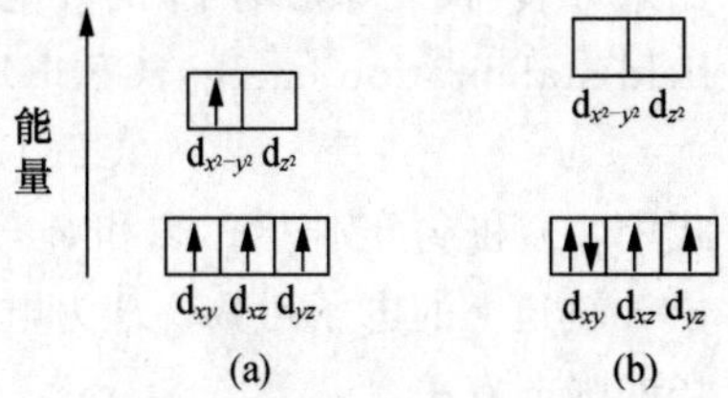

图 12-12 d^4 电子构型的高自旋(a)和低自旋排布(b)

(1) 若 $\Delta_o < P$，电子排斥作用会阻止电子配对，使第 4 个电子进入 e_g 轨道，生成单电子数较多的高自旋配合物（high-spin coordination compound）。

(2) 若 $\Delta_o > P$，第 4 个电子进入 t_{2g} 轨道，生成单电子数较少的低自旋配合物（low-spin coor-

dination compound)。

同理,中心原子 d 电子数为 5～7 时,也有高自旋和低自旋两种排布方式。对于 d 电子数为 8～10 的中心原子,其 d 电子排布只有一种,无高、低自旋之分。表 12-8 给出了一些八面体配合物的分裂能和电子成对能的数据。

表 12-8 一些八面体配合物的分裂能、电子成对能和自旋状态

d 电子数	中心离子	配体	$\Delta_o(cm^{-1})$、$P(cm^{-1})$①	自旋状态
3	Cr^{3+}	H_2O	17400＜23500	高自旋
5	Mn^{2+}	H_2O	7800＜21700	高自旋
	Mn^{2+}	CN^-	30000＞21700	低自旋
	Fe^{3+}	H_2O	14300＜26500	高自旋
	Fe^{3+}	CN^-	35000＞26500	低自旋
6	Fe^{2+}	H_2O	10400＜15000	高自旋
	Fe^{2+}	CN^-	32800＞15000	低自旋
	Co^{3+}	F^-	13000＜17800	高自旋
	Co^{3+}	H_2O	20700＞17800	低自旋
	Co^{3+}	NH_3	22900＞17800	低自旋
	Co^{3+}	en	23200＞17800	低自旋
	Co^{3+}	CN^-	34800＞17800	低自旋
7	Co^{2+}	H_2O	9300＜19100	高自旋
	Co^{2+}	NH_3	10100＜19100	高自旋
	Co^{2+}	en	11000＜19100	高自旋

①Δ_o 或 P 以波数(cm^{-1})为单位,$1cm^{-1}=11.96J\cdot mol^{-1}$

总之,八面体场中,中心原子 d 电子数为 1～3 和 8～10 时,无论配体场的强弱,其 d 电子排布都只有一种。当中心原子外层 d 电子数为 4～7 时,d 电子排布需要考虑 Δ_o 与 P 的相对大小:同一中心原子与强场配体如 CN^- 生成磁性较弱的低自旋配合物,与弱场配体如 X^- 生成磁性较强的高自旋配合物。

对于四面体配合物,其分裂能 Δ_t 比较小,只有八面体场分裂能 Δ_o 的 4/9,这种情况 Δ_t 总是小于 P,因此,所有四面体配合物都是高自旋的。

(五)晶体场稳定化能

在晶体场作用下,中心原子的 d 轨道发生能级分裂,进入分裂后 d 轨道上的电子总能量通常比未分裂前(即球形场中)的 d 电子总能量低,这部分降低的能量就称为晶体场稳定化能(crystal field stabilization energy,CFSE)。对于六配位的八面体场来说,CFSE 可按下式计算。

$$CFSE=(y\times0.6-x\times0.4)\Delta_o+(n_2-n_1)P$$

式中,x 和 y 分别表示 t_{2g} 和 e_g 轨道上的电子数;n_1 和 n_2 分别代表球形场和八面体场中中心原子 d 轨道上的电子对数;P 为电子成对能。因此,CFSE 的大小既与 d 电子数有关,也与配体场的强弱有关。

【例 12-2】 用晶体场理论解释 $[CoF_6]^{3-}$ 的顺磁性和 $[Co(en)_3]^{3+}$ 的反磁性,并推测二者的相对稳定性。

解:(1)Co^{3+} 的价层电子构型为 d^6。对于 $[CoF_6]^{3-}$,F^- 为弱场配体,$\Delta_{o,w}<P$,所以其 3d 电子排布方式为

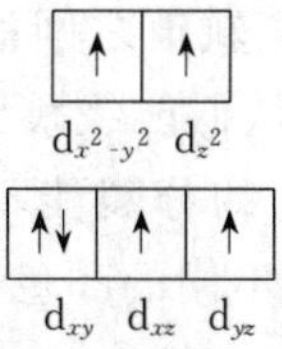

可见有 4 个单电子，为高自旋状态，配合物表现为顺磁性。

而在 $[Co(en)_3]^{3+}$ 中，en 为强场配体，$\Delta_{o,s}>P$，所以其 3d 电子排布方式为

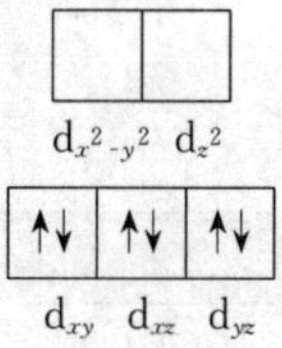

可见没有单电子，为低自旋状态，配合物表现为抗磁性。

(2) 在球形场中，Co^{3+} 的 3d 电子排布为

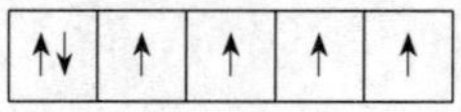

电子对数目为 1。

对于 $[CoF_6]^{3-}$，其 Co^{3+} 的 3d 电子对数目为 1，所以晶体场稳定化能为

$$CFSE_1=(2\times0.6-4\times0.4)\Delta_{o,w}+(1-1)P=-0.4\Delta_{o,w}$$

对于 $[Co(en)_3]^{3+}$，其 Co^{3+} 的 3d 电子对数目为 3，所以晶体场稳定化能为

$$CFSE_2=-6\times0.4\Delta_{o,s}+(3-1)P=-2.4\Delta_{o,s}+2P=-0.4\Delta_{o,s}-2(\Delta_{o,s}-P)$$

因为 $\Delta_{o,s}>\Delta_{o,w}$，$\Delta_{o,s}>P$，所以

$$|CFSE_1|<|CFSE_2|$$

因此，$[Co(en)_3]^{3+}$ 比 $[CoF_6]^{3-}$ 更稳定。

显然，晶体场稳定化能的值越负，系统放出的能量越多，形成的配合物就越稳定。通常可以利用 CFSE 的大小比较具有不同电子构型的金属离子所形成的配合物的稳定性。

(六) 晶体场理论的应用

晶体场理论对配合物的磁性、稳定性、颜色等性质都能给予较好的说明。有关配合物的磁性和稳定性的问题，前面已讨论。下面重点考虑配合物的颜色。

物质的颜色是由于物质对不同波长的可见光具有选择性吸收而产生的。当白光照射到物质上时，若光全部被吸收，则物质呈黑色；若各种颜色的光均不被吸收，则物质呈现白色；若某些波长的光被吸收，则物质就呈现未被吸收的透射光所构成的颜色。表 12-9 列出物质颜色与吸收光波长之间的关系。

表 12-9　物质颜色与其吸收光颜色的关系

物质颜色	吸收光		物质颜色	吸收光	
	颜色	波长范围（nm）		颜色	波长范围（nm）
黄绿	紫	400～435	紫红	绿	500～560
黄	蓝	435～450	紫	黄绿	560～580
橙黄	蓝	450～480	蓝	黄	580～600
橙	绿蓝	480～490	绿蓝	橙	600～650
红	蓝绿	490～500	蓝绿	红	650～750

中心原子 d 电子数为 1～9 的配合物一般是有颜色的，如表 12-10 所示。晶体场理论认为：

中心原子外层 d 轨道没有充满，又 e_g 和 t_{2g} 轨道之间的能量差（即分裂能）落在近紫外和可见区的能量范围内，d 电子可以吸收某色光从低能级跳到高能级，发生 d-d 跃迁，从而配合物呈现吸收光的互补色光的颜色。不同配合物的分裂能不同，发生 d-d 跃迁所吸收光的波长就不同，因而不同过渡金属离子配合物呈现出不同的颜色。

表 12-10 第一过渡系列金属离子水合物的颜色和吸收光

d 电子	d^1	d^2	d^3	d^5
配离子	$[Ti(H_2O)_6]^{3+}$	$[V(H_2O)_6]^{3+}$	$[Cr(H_2O)_6]^{3+}$	$[Mn(H_2O)_6]^{2+}$
颜色	紫红	绿	紫	浅粉
吸收光波数（cm^{-1}）	20300	17700	17400	7800
d 电子	d^6	d^7	d^8	d^9
配离子	$[Fe(H_2O)_6]^{2+}$	$[Co(H_2O)_6]^{2+}$	$[Ni(H_2O)_6]^{2+}$	$[Cu(H_2O)_6]^{2+}$
颜色	淡绿	粉红	绿	蓝
吸收光波数（cm^{-1}）	10400	9300	8500	12600

三、配合物的异构现象

具有相同的化学组成但结构和性质不同的化合物，互称为同分异构体（isomer）。在配合物中，这种异构现象相当普遍，而且有很重要的意义。配合物中存在的异构现象类型较多，一般可将其分为结构异构和立体异构。

（一）结构异构

化学组成相同，而化学键不同所引起的异构，称为结构异构（structural isomerism）。如同种配体所用配位原子不同、配体自身有异构体、配体在内界和外界分配不同、配体在配阳离子和配阴离子中分配不同等。

有关结构异构的内容在此不做详细介绍。下面简单介绍立体异构。

（二）立体异构

化学组成以及化学键都相同，只是配体在中心原子周围空间排布方式不同而引起的异构，称为立体异构（stereoisomerism）。它可进一步划分为几何异构和旋光异构。

1. 几何异构　从配合物的价键理论可知，配合物的空间构型与中心原子的配位数和所采取的杂化类型有关。若配合物中只有一种配体，那么配体在中心原子周围就只有一种几何结构。但是，当中心原子周围有不止一种配体时，就可能出现不同的几何结构，即存在几何异构体（geometrical isomer）。

中心原子采取 sp 杂化形成的配位数为 2 的线型配合物没有几何异构体。这是因为在 A—M—B 配合物中将配体 A 和 B 互换位置，得到的仍然是原来的配合物。

在四配位配合物中 4 个单齿配体在金属离子周围有两种可能的空间排布：一种是四面体，另一种是平面四边形（图 12-13）。

当中心原子采取 sp^3 杂化形成配位数为 4 的四面体构型的配合物时，即使 4 个配体都不同，如图 12-14 所示的 MABCD 配合物，将这 4 个配体任意调换位置，得到的还是原来的配合物。因此，四面体构型的配合物也不存在几何异构体。

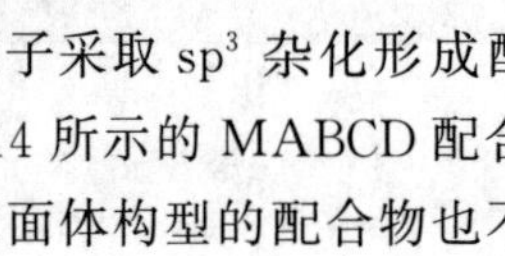

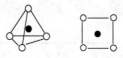

图 12-13 单齿配体的四配位配合物

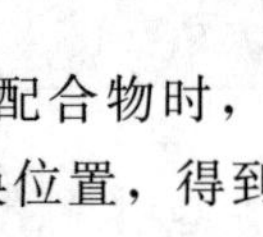

图 12-14 sp^3 杂化的四面体配合物

当中心原子采取 dsp^2 杂化形成配位数为 4 的平面四边形配合物时，MA_2B_2 型配合物存在几何异构体，如［$PtCl_2(NH_3)_2$］，这两对配体（2 个 Cl^-、2 个 NH_3）在平面四边形结构中有两种排布：每对的两个成员相邻或相对，如图 12-15 所示。

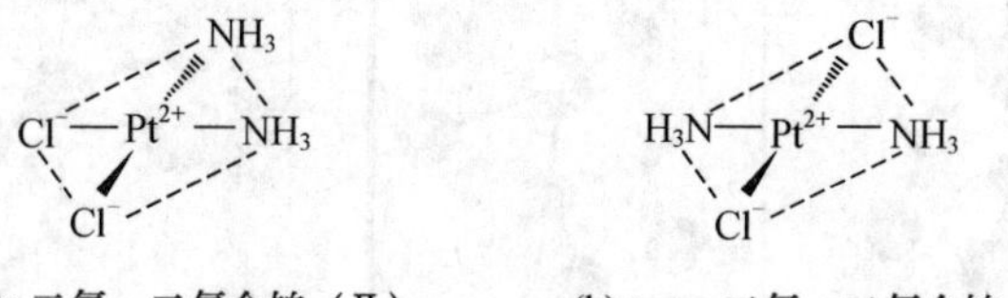

(a) *cis*-二氯·二氨合铂（Ⅱ）　(b) *trans*-二氯·二氨合铂（Ⅱ）

图 12-15　［$PtCl_2(NH_3)_2$］的顺反异构体

cis-二氯·二氨合铂(Ⅱ)，简称顺铂（cisplatin），是一种广泛应用的抗癌药，但反式异构体 *trans*-二氯·二氨合铂(Ⅱ)，简称反铂（transplatin），没有抗癌活性。顺铂的疗效来自它的稳定性和它与 DNA 在结构上的特定反应。在这些反应中，顺铂的两个 Cl^- 被癌细胞核中 DNA 单链上的含氮碱基取代。顺铂通过交叉连接这些碱基使 DNA 变形，从而阻止其复制，最终导致细胞凋亡。反铂由于过于活泼的反应性，在生物体内很快被消耗，无法实现与 DNA 的反应。

在含有不止一种配体的八面体配合物中也可能存在几何异构，如［$CoCl_2(NH_3)_4$］Cl 有两种几何异构体。如图 12-16 所示，在［$CoCl_2(NH_3)_4$］$^+$ 配离子中，2 个 Cl^- 要么在同侧，具有 90°的 Cl—Co—Cl 键角，要么在对角，具有 180°的 Cl—Co—Cl 键角。*cis*-二氯·四氨合钴（Ⅲ）是紫色的，而 *trans*-二氯·四氨合钴(Ⅱ)是绿色的。

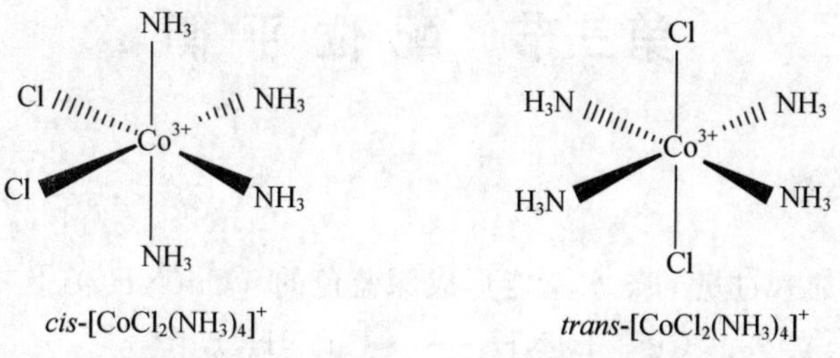

cis-[$CoCl_2(NH_3)_4$]$^+$　*trans*-[$CoCl_2(NH_3)_4$]$^+$

图 12-16　［$CoCl_2(NH_3)_4$］$^+$ 的几何异构体

2. 旋光异构　旋光异构体（enantiomer）是指两种异构体的对称关系类似于一个人的左手和右手，互成镜像关系。

以［$CoCl_2(en)_2$］Cl 为例讨论，2 个 Cl^- 有两种排布方式：顺式异构体中相邻的键合位置和反式异构体中对角的键合位置，其中顺式异构体见图 12-17a。

如图 12-17 所示，*cis*-［$CoCl_2(en)_2$］$^+$ 配离子是手性的：它有一个与之不同的镜像。二者的不同之处在于：无法旋转镜像使它的所有原子准确地对准原配离子的相应原子。换句话说，这两个结构不能重叠。化学家们称这类不能重合的立体异构体为对映异构体。因对映异构体的旋光性不同，所以又称为旋光异构体①。

一般来说，旋光异构体具有相同的物理和化学性质，它们仅有的差别是旋转偏振光平面的方向不同。值得注意的是，有时一对旋光异构体的生理作用有极大的差异。旋光异构体在生物体内十分重要，许多生物配体具有旋光活性。例如，天然存在于烟草中的左旋尼古丁的毒性要比实验室制得的右旋尼古丁的毒性大得多。许多药物也存在着旋光异构现象，而且通常仅有一

① 这两种旋光异构体使偏振光平面旋转的程度是一样的；不过一种使偏振光平面右旋，称为右旋（*d*）异构体，另一种使偏振光平面左旋，称为左旋（*l*）异构体；混合物称为消旋体，分离消旋体称为拆分。

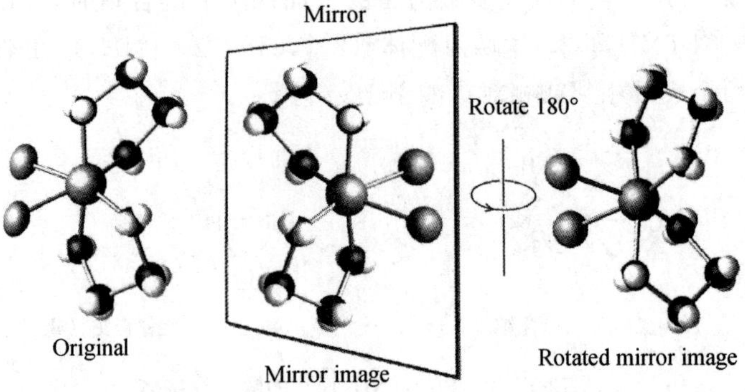

a. *cis*-$[CoCl_2(en)_2]^+$ b. *cis*-$[CoCl_2(en)_2]^+$的镜像 c. 旋转180°后的镜像

图 12-17 *cis*-$[CoCl_2(en)_2]^+$的两种旋光异构体

种异构体有效，而另一种无效，甚至是有害的。如左旋多巴为抗帕金森病药物，而右旋多巴无生理活性；左旋 R 构型氯霉素的抗菌活性是右旋 S 构型氯霉素的 250 倍；R 构型的沙利度胺止吐，而 S 构型的沙利度胺致畸。因此，如果能拆分这些药物中的旋光异构体，则有可能降低药物的毒副作用和用药量。

简而言之，立体异构体是指那些内界和外界、配体以及配位原子都相同，仅是配体在中心原子周围空间分布不同的配合物。它包括几何异构体和旋光异构体。配合物的异构现象能影响配合物的物理、化学和生物化学性质。

第三节 配 位 平 衡

一、配位平衡常数

在 $CuSO_4$ 溶液中加入过量的氨水，能形成深蓝色的 $[Cu(NH_3)_4]^{2+}$ 配离子，其反应式为

$$Cu^{2+} + 4NH_3 \longrightarrow [Cu(NH_3)_4]^{2+}$$

这类反应称为配位反应。

于 $[Cu(NH_3)_4]^{2+}$ 溶液中滴加少量 Na_2S 溶液，有黑色 CuS 沉淀生成。这说明 $[Cu(NH_3)_4]^{2+}$ 发生了下列反应。

$$[Cu(NH_3)_4]^{2+} \longrightarrow Cu^{2+} + 4NH_3$$

$$Cu^{2+} + S^{2-} \longrightarrow CuS\downarrow$$

上述反应的第一步称为配合物的解离反应。

当配位反应与解离反应的速率相等时，$[Cu(NH_3)_4]^{2+}$ 体系达到平衡状态，称为配位平衡。

$$Cu^{2+} + 4NH_3 \rightleftharpoons [Cu(NH_3)_4]^{2+}$$

根据化学平衡原理，其平衡常数表达式为

$$K_s = \frac{[Cu(NH_3)_4^{2+}]}{[Cu^{2+}][NH_3]^4}$$

式中，K_s 为配位平衡的平衡常数，称为配合物的稳定常数（stability constant）。K_s 值越大，表示配合物在水溶液中越难解离，则配合物越稳定。一般配合物的 K_s 值均很大，所以常用 $\lg K_s$ 表示。

常见配离子的稳定常数见附录。在用稳定常数比较配离子的稳定性时，只有同种类型（配位数和空间构型相同）的配离子才能直接比较。如 $[Ag(S_2O_3)_2]^{3-}$ 的稳定常数大于 $[Ag(NH_3)_2]^+$ 的稳定常数，所以稳定性 $[Ag(S_2O_3)_2]^{3-} > [Ag(NH_3)_2]^+$。对于不同类型的配合物，要计算

溶液中金属离子的浓度，金属离子浓度小者比较稳定。例如，$[Cu(en)_2]^{2+}$ 和 $[CuY]^{2-}$ 的 K_s 值分别为 1.0×10^{20} 和 6.3×10^{18}，但计算表明，$[CuY]^{2-}$ 要比 $[Cu(en)_2]^{2+}$ 更稳定。

配合物的生成是分步进行的，如 $[Cu(NH_3)_4]^{2+}$ 配离子的生成过程如下。

$$Cu^{2+} + NH_3 \rightleftharpoons [Cu(NH_3)]^{2+}$$

$$K_{s1} = \frac{[Cu(NH_3)^{2+}]}{[Cu^{2+}][NH_3]}$$

$$[Cu(NH_3)]^{2+} + NH_3 \rightleftharpoons [Cu(NH_3)_2]^{2+}$$

$$K_{s2} = \frac{[Cu(NH_3)_2^{2+}]}{[Cu(NH_3)^{2+}][NH_3]}$$

$$[Cu(NH_3)_2]^{2+} + NH_3 \rightleftharpoons [Cu(NH_3)_3]^{2+}$$

$$K_{s3} = \frac{[Cu(NH_3)_3^{2+}]}{[Cu(NH_3)_2^{2+}][NH_3]}$$

$$[Cu(NH_3)_3]^{2+} + NH_3 \rightleftharpoons [Cu(NH_3)_4]^{2+}$$

$$K_{s4} = \frac{[Cu(NH_3)_4^{2+}]}{[Cu(NH_3)_3^{2+}][NH_3]}$$

每一步平衡都对应一个平衡常数，称为逐级稳定常数（stepwise stability constant）。若将第一和第二步平衡式合并，得

$$Cu^{2+} + 2NH_3 \rightleftharpoons [Cu(NH_3)_2]^{2+}$$

其平衡常数用 β_2 表示，称为二级累积稳定常数。

$$\beta_2 = \frac{[Cu(NH_3)_2^{2+}]}{[Cu^{2+}][NH_3]^2} = \frac{[Cu(NH_3)^{2+}]}{[Cu^{2+}][NH_3]} \times \frac{[Cu(NH_3)_2^{2+}]}{[Cu(NH_3)^{2+}][NH_3]} = K_{s1} \cdot K_{s2}$$

相应地，有

$$\beta_3 = K_{s1} \cdot K_{s2} \cdot K_{s3}$$

$$\beta_4 = K_{s1} \cdot K_{s2} \cdot K_{s3} \cdot K_{s4}$$

β_3 和 β_4 分别称为三级累积稳定常数和四级累积稳定常数。显然，最后一级累积稳定常数 β_4 与配合物的稳定常数 K_s 相等。在实际工作中，一般总是使用过量的配体，这时金属离子基本上处于最高配位数的状态，而其他低配位数的各级离子可忽略不计。这样只需用 K_s，可大大简化计算，结果误差也不大。

【例 12-3】 将 20.0ml 0.10mol·L^{-1} $AgNO_3$ 溶液与 20.0ml 1.0mol·L^{-1} 氨水混合，计算反应达平衡时 Ag^+ 的浓度；若以 20.0ml 1.0mol·L^{-1} NaCN 溶液代替氨水，平衡后溶液中 Ag^+ 的浓度又是多少？已知 $K_s\{[Ag(NH_3)_2]^+\} = 1.1\times10^7$，$K_s\{[Ag(CN)_2]^-\} = 1.3\times10^{21}$。

解：(1) $AgNO_3$ 溶液与氨水等体积混合后，二者均被稀释为原浓度一半。设反应达到平衡后，溶液中 Ag^+ 的浓度为 x mol·L^{-1}，则

	Ag^+	+ $2NH_3$	$\rightleftharpoons$ $[Ag(NH_3)_2]^+$
起始浓度（mol·L^{-1}）	0.050	0.50	0
平衡浓度（mol·L^{-1}）	x	$0.50-2\times(0.050-x)$	$0.050-x$

因为 $[Ag(NH_3)_2]^+$ 的 K_s 较大，且溶液中存在过量的 NH_3，所以绝大部分的 Ag^+ 转变为 $[Ag(NH_3)_2]^+$ 配离子，即 $0.050-x\approx0.050$，$0.40+2x\approx0.40$。

代入平衡常数表达式，得

$$K_s\{[Ag(NH_3)_2]^+\} = \frac{[Ag(NH_3)_2^+]}{[Ag^+][NH_3]^2} = \frac{0.050}{x(0.40)^2} = 1.1\times10^7$$

$$x = [Ag^+] = 2.8\times10^{-8}\ mol\cdot L^{-1}$$

(2) 同样方法可计算得到含过量 NaCN 溶液中 Ag^+ 的平衡浓度，设 $[Ag^+] = y$ mol·L^{-1}，则

$$Ag^+ + 2CN^- \rightleftharpoons [Ag(CN)_2]^-$$

$$K_s\{[Ag(CN)_2]^-\}=\frac{[Ag(CN)_2^-]}{[Ag^+][CN^-]^2}=\frac{0.050}{y(0.40)^2}=1.3\times10^{21}$$

$$y=[Ag^+]=2.4\times10^{-22}\ mol\cdot L^{-1}$$

计算结果表明，$[Ag(CN)_2]^-$ 比 $[Ag(NH_3)_2]^+$ 更稳定。由于这两种配离子为相同类型，所以它们的稳定性与其 K_s 值的大小一致。因此，对于相同类型的配离子，可根据其 K_s 值直接比较它们的稳定性。

二、影响配合物稳定性的因素

(一) 螯合效应

多齿配体中的两个或多个配位原子与同一个中心原子配位形成的具有环状结构的配合物称为螯合物（chelate）。如 $[Cd(en)_2]^{2+}$（图 12-18），乙二胺 $H_2NCH_2CH_2NH_2$ 中的 2 个配位原子 N 同时与 Cd^{2+} 配位形成了 2 个由 5 个原子构成的五元环。与 $[Cd(CH_3NH_2)_4]^{2+}$ 相比，它们都含有 4 个 Cd—N 配位键，碳原子数也相同。不同之处是，乙二胺中的 2 个 N 原子犹如一对蟹钳螯住了中心原子，形成了 2 个五元环，导致两种配离子的稳定常数也明显不同。$[Cd(CH_3NH_2)_4]^{2+}$ 的稳定常数 K_s 为 9.39×10^6，而 $[Cd(en)_2]^{2+}$ 的 K_s 为 1.23×10^{10}。理论和实验均表明，当二者的浓度相同时，$[Cd(CH_3NH_2)_4]^{2+}$ 溶液中游离的 Cd^{2+} 比 $[Cd(en)_2]^{2+}$ 中的多。这表明溶液中后者比前者稳定。

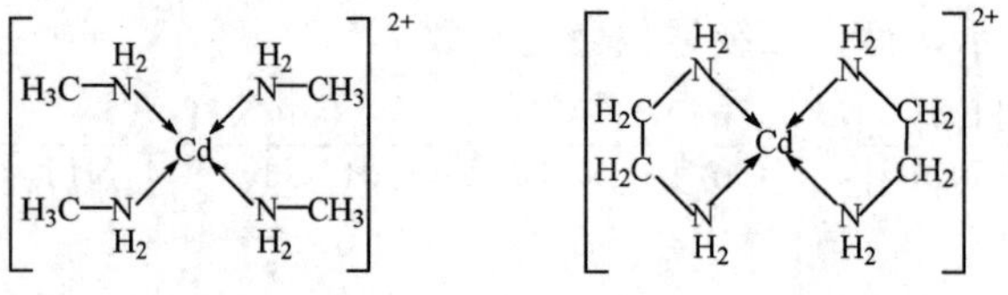

$K_s=9.39\times10^6$　　$K_s=1.23\times10^{10}$

图 12-18　$[Cd(CH_3NH_2)_4]^{2+}$ 和 $[Cd(en)_2]^{2+}$ 的结构

能与中心原子形成螯合物的多齿配体称为螯合配体（chelating ligand），又称螯合剂，因生成螯合物而使配合物稳定性增强的现象称为螯合效应（chelate effect）。

为什么螯合物比具有同样配位数的非螯合物稳定呢？这可以用热力学原理来解释。

$$[Cd(CH_3NH_2)_4]^{2+}+2en \rightleftharpoons [Cd(en)_2]^{2+}+4CH_3NH_2$$

上述反应系统的微粒数由反应前的 3 增加到反应后的 5，使系统的混乱度增加，即熵增加。根据两个配合物的 K_s 和化学反应等温式（$-RT\ln K=\Delta_rG_m^\circ$）求得 25℃时该反应的标准摩尔 Gibbs 自由能 $\Delta_rG_m^\circ$ 为 $-23.5kJ\cdot mol^{-1}$；查有关热力学数据得该反应的 $\Delta_rH_m^\circ=0.8kJ\cdot mol^{-1}$，$\Delta_rS_m^\circ=81.5J\cdot mol^{-1}\cdot K^{-1}$。从这些数据可知，$\Delta_rG_m^\circ$ 全部来自 $T\Delta_rS_m^\circ$ 的贡献。因此，螯合效应的实质是一种熵效应。

影响螯合物稳定性的主要因素有以下几条。

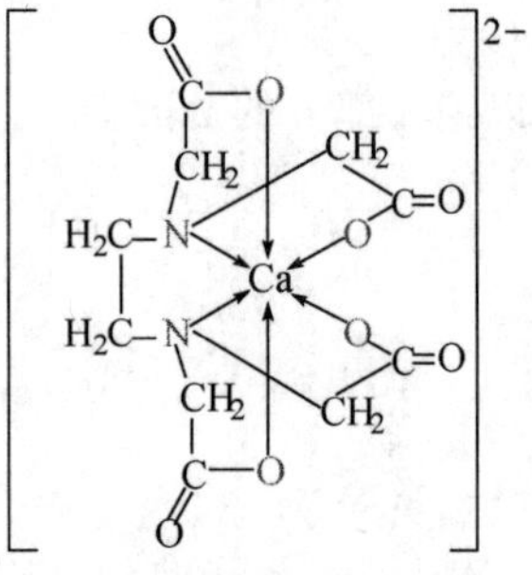

图 12-19　$[CaY]^{2-}$ 的结构

1. 螯合环的大小　以五元环和六元环最稳定，这是因为形成五元环或六元环时环的张力较小。更小的环因张力较大使得稳定性较差或不能形成；大的环因成环的概率小也不易形成。

2. 螯合环的数目　螯合环越多，配体与中心原子形成的配位键就越多，配体脱离中心原子的机会就越小，螯合物就越稳定。如乙二胺四乙酸根（Y^{4-}）含有 6 个配位原子（2 个 N，4 个 O），能与许多金属离子形成 1∶1 的螯合物（图 12-19），其中含有 5 个五元环。这类螯合剂在临床和环境化学分析中具有广泛的应用。

(二)软硬酸碱规则

大量研究发现，不同金属离子与配体形成配合物的能力存在着较大的差别。如 Zn^{2+}、Cd^{2+}、Hg^{2+} 等金属离子倾向于与以 S 原子作为配位原子的配体结合，Fe^{3+}、Al^{3+}、Ca^{2+} 等则喜欢与以 O 原子为配位原子的配体结合，Fe^{2+}、Ni^{2+}、Cu^{2+} 等则容易与以 N 原子为配位原子的配体形成配合物。

为了解释以上事实，1963 年皮尔逊（R. G. Pearson）基于 Lewis 酸碱电子理论，提出了软硬酸碱（soft and hard acids and bases，SHAB）规则。在配合物中，中心原子作为路易斯酸，是电子对的接受体；配体作为路易斯碱，是电子对的给予体。

不同酸、碱对外层电子的控制程度不同。电荷半径比（Z/r）较大的金属离子，对外层电子的吸引力强，因而接受孤对电子的能力强，这类金属离子称为硬酸；而 Z/r 比较小的金属离子，对外层电子的吸引力较小，因而接受电子对的能力弱，这类金属离子称为软酸；介于硬酸和软酸之间的金属离子称为交界酸。

同理，配体也可分为软、硬、交界三类。如 F^- 离子，原子的电子层数少、半径小、不易变形，原子核对外层电子的吸引力强，不易给出电子，这类碱称为硬碱；而 I^- 离子，原子的电子层数多、半径大、易变形，原子核对外层电子的吸引力弱，易给出电子，这类碱称为软碱；介于二者之间的碱就称为交界碱。一些常见的 Lewis 酸碱列于表 12-11。

表 12-11 常见软硬酸碱的分类

硬酸类	H^+，Li^+，Na^+，K^+，Be^{2+}，Mg^{2+}，Ca^{2+}，Sr^{2+}，Ba^{2+}，Sc^{3+}，La^{3+}，Ce^{4+}，Th^{4+}，UO^{2+}，Ti^{4+}，Zr^{4+}，Hf^{4+}，U^{4+}，Cr^{3+}，MoO^{3+}，Mn^{2+}，Fe^{3+}，Co^{3+}，Al^{3+}，Si^{4+}，Sn^{4+}
交界酸类	Fe^{2+}，Co^{2+}，Ni^{2+}，Cu^{2+}，Zn^{2+}，Sn^{2+}，Pb^{2+}，Sb^{3+}，Bi^{3+}
软酸类	Pd^{2+}，Pt^{2+}，Pt^{4+}，Cu^+，Ag^+，Au^+，Cd^{2+}，Hg^+，Hg^{2+}
硬碱类	NH_3，RNH_2，H_2O，OH^-，Ac^-，CO_3^{2-}，NO_3^-，PO_4^{3-}，SO_4^{2-}，ClO_4^-，F^-，Cl^-
交界碱类	$NH_2C_2H_5$，NC_5H_5，N_3^-，NO_2^-，SO_3^{2-}，Br^-
软碱类	CN^-，RNC，CO，SCN^-，PR_3，$P(OR)_3$，AsR_3，SR_2，SHR，SR^-，$S_2O_3^{2-}$，I^-

SHAB 规则对金属离子和配体反应的亲和性趋势可概括成一句话：“硬亲硬，软亲软，交界酸喜欢交界碱”。SHAB 规则广泛应用于日常生活和理论研究中。举例如下。

1. **判断配合物的稳定性** 如 $[Ag(S_2O_3)_2]^{3-}$ 比 $[Ag(NH_3)_2]^+$ 稳定，即后者易转化为前者。这是因为 Ag^+ 是一个典型的软酸，因而与软碱 $S_2O_3^{2-}$ 形成的 $[Ag(S_2O_3)_2]^{3-}$ 配离子比与硬碱 NH_3 形成的 $[Ag(NH_3)_2]^+$ 配离子稳定。

2. **判断两可配体的配位原子** 两可配体 SCN^- 有两个配位原子：S 和 N。其中 N 属于硬碱，亲硬酸，而 S 属于软碱，亲软酸。因此，该配体与硬酸 Fe^{3+} 离子形成配合物时，是 N 原子与 Fe^{3+} 配位形成六（异硫氰酸根）合铁（Ⅲ）配离子（$[Fe(NCS)_6]^{3-}$）；而与软酸 Ag^+ 离子形成配合物时，是 S 原子与 Ag^+ 配合形成二（硫氰酸根）合银（Ⅰ）配离子（$[Ag(SCN)_2]^-$）。

3. **判断蛋白质分子和金属离子的结合** 蛋白质分子含有很多可以与金属离子配位的基团，如羧基（—COO^-）、羟基（—OH）、巯基（—SH）、咪唑基（—$C_3H_3N_2$）等。硬酸如 Mg^{2+}、Ca^{2+}、La^{3+}、Cr^{3+}、Mn^{2+}、Fe^{3+}、Co^{3+}、Al^{3+} 等金属离子倾向于结合羧基丰富的蛋白质分子或结构域，交界酸和软酸如 Fe^{2+}、Co^{2+}、Ni^{2+}、Cu^{2+}、Zn^{2+}、Cu^+ 等倾向于和巯基或咪唑基含量丰富的蛋白质分子或结构域结合。有毒重金属离子如 Pb^{2+}、Cd^{2+}、Hg^{2+} 属于交界酸或软酸，也倾向于和巯基或咪唑基含量丰富的蛋白质分子或结构域结合，因此，重金属很容易积累在肾、肝和神经系统等含巯基氨基酸丰富的人体器官和组织中。人发中含有大量含巯基的胱氨酸和半胱氨酸，因而也是重金属容易积累的地方，因此，分析头发中微量元素含量是检测重金属慢性中毒的一个很有效的方法。

三、配位平衡的移动

配位平衡与其他化学平衡一样是相对的、有条件的，是一种暂时的动态平衡。当向含有配离子（ML_x，为方便省略了电荷）的水溶液中加入其他试剂（如酸、碱、沉淀剂、氧化剂或其他配体）时，由于试剂与金属离子 M 或配体 L 可能发生各种化学反应，改变了平衡条件，平衡就会移动，结果使得原溶液中各组分的浓度发生变化。这一过程所涉及的就是配位平衡与其他各种化学平衡相互关系的多重平衡。下面结合实例对有关的各类平衡相互关系的问题进行讨论。

1. 配位平衡与酸碱平衡　从酸碱质子理论看，许多配体是可以接受质子的碱，如 F^-、CN^-、SCN^-、NH_3 等都能与 H^+ 结合生成其共轭酸，造成配位平衡和酸碱平衡的相互竞争。若配体的碱性较强，溶液的酸度又较大时，则配位平衡转化为酸碱平衡。例如：

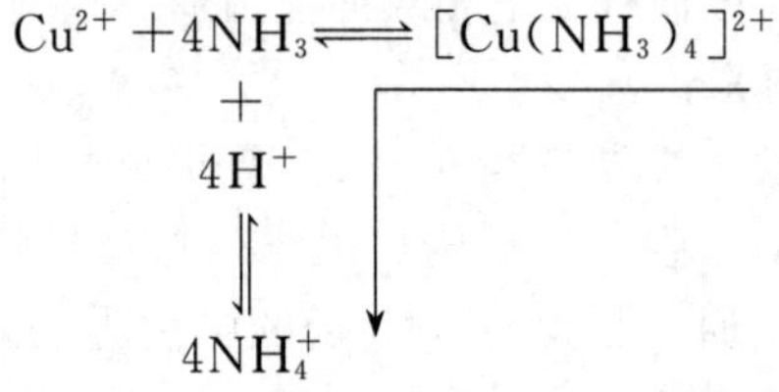

这种因溶液酸度增大而导致配离子解离的作用称为酸效应（acid effect）。配合物越不稳定，配体的共轭酸越弱，则配离子越容易被加入的酸所解离。例如，Ca^{2+}、Zn^{2+} 可与 EDTA 生成螯合物 CaY^{2-}（$lgK_s=10.69$）、ZnY^{2-}（$lgK_s=16.50$），这两种配合物的稳定性不同。因此在配位滴定中，若控制溶液的 pH 在 5～6，则 Na_2H_2Y（乙二胺四乙酸二钠）只与 Zn^{2+} 反应，而不与 Ca^{2+} 反应，这样就可以通过控制酸度来提高配位反应的选择性。

可见，降低溶液的酸度（即提高溶液的 pH）可以减少配离子的解离，增强其稳定性。但是，作为中心原子的过渡金属离子，在水溶液中很容易水解，生成氢氧化物沉淀，使得金属离子的浓度降低，导致配离子解离。例如：

$$Fe^{3+} + 6F^- \rightleftharpoons [FeF_6]^{3-}$$
$$+$$
$$3OH^-$$
$$\Updownarrow$$
$$Fe(OH)_3 \downarrow$$

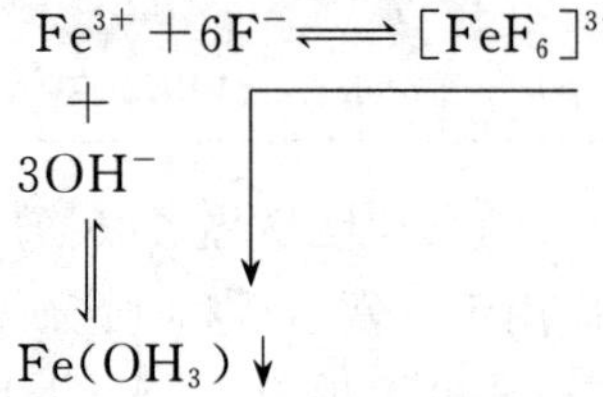

这种因金属离子与溶液中 OH^- 结合而导致配离子解离的作用称为水解效应（hydrolysis effect）。

综上所述，酸碱平衡通过两种方式影响配位平衡：① H^+ 与弱碱配体生成其共轭酸；② OH^- 与过渡金属离子生成氢氧化物沉淀。二者对配合物稳定性的影响是相反的。在一定酸度下，究竟是配位反应为主，还是酸效应或者水解效应为主，这取决于配合物的稳定性（K_s）、配体的碱性（K_b）和中心原子氢氧化物的溶度积（K_{sp}）等因素。一般做法是：在保证不生成氢氧化物沉淀的前提下，尽量提高溶液的 pH，从而保证配离子的稳定性。

2. 配位平衡与沉淀平衡　一些难溶物常因形成配合物而溶解，而一些配离子也因加入沉淀剂而解离。例如，于 $AgNO_3$ 溶液中加入数滴 NaCl 溶液，立即有 AgCl 沉淀生成；再向其中滴加氨水，AgCl 沉淀便可溶解，生成无色的 $[Ag(NH_3)_2]^+$ 配离子；向此溶液中滴加 KBr 溶液，即有浅黄色的 AgBr 沉淀生成。以上过程可用下列沉淀平衡和配位平衡关系式表示。

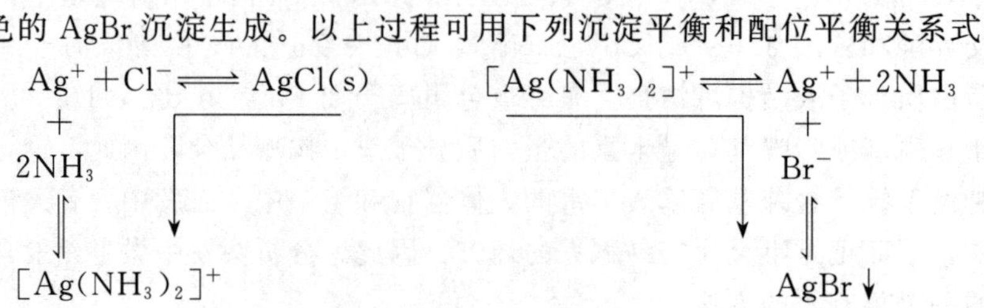

上述反应究竟是生成配离子，还是生成沉淀？主要与配离子的 K_s 和难溶物的 K_{sp} 以及配位剂和沉淀剂的浓度有关。配位剂的配位能力越强，难溶物的 K_{sp} 越大，沉淀平衡就越容易转化为配位平衡。配合物的 K_s 越小，沉淀剂与中心原子形成的沉淀的 K_{sp} 越小，就越容易使配位平衡转化为沉淀平衡。

【例 12-4】 25℃时，将 0.010mol $AgNO_3$ 溶于 1.0L 1.00mol·L^{-1} 氨水溶液中，不考虑体积的变化，问：

(1) 于上述溶液中再溶入 0.010mol NaCl 时，有无 AgCl 沉淀生成？

(2) 若用 KBr 代替 NaCl，有无 AgBr 沉淀生成？

(3) 若用 KI 代替 NaCl，则最少需要加入多少克 KI 才有 AgI 沉淀析出？

解： 已知 25℃时，$K_s\{[Ag(NH_3)_2]^+\}=1.1\times10^7$，$K_{sp}(AgCl)=1.77\times10^{-10}$，$K_{sp}(AgBr)=5.35\times10^{-13}$，$K_{sp}(AgI)=8.52\times10^{-17}$。

〈方法一〉由于 $[Ag(NH_3)_2]^+$ 的 K_s 较大，且氨水大大过量，所以 $AgNO_3$ 几乎全部转化为 $[Ag(NH_3)_2]^+$ 配离子，设溶液中 $[Ag^+]=x$ mol·L^{-1}

$$Ag^+ \quad + \quad 2NH_3 \rightleftharpoons [Ag(NH_3)_2]^+$$

平衡浓度（mol·L^{-1}）　x　　$1.00-2(0.010-x)\approx0.98$　　$0.010-x\approx0.010$

$$\frac{[Ag(NH_3)_2^+]}{[Ag^+][NH_3]^2}=K_s\{[Ag(NH_3)_2]^+\}$$

$$x=[Ag^+]=9.47\times10^{-10}\ mol\cdot L^{-1}$$

(1) $IP(AgCl)=c(Ag^+)\times c(Cl^-)=9.47\times10^{-10}\times0.010/1.0=9.47\times10^{-12}$

由于 $IP(AgCl)<K_{sp}(AgCl)$，所以没有 AgCl 沉淀生成。

(2) $IP(AgBr)=c(Ag^+)\times c(Br^-)=9.47\times10^{-10}\times0.010/1.0=9.47\times10^{-12}$

由于 $IP(AgBr)>K_{sp}(AgBr)$，所以有 AgBr 沉淀生成。

(3) 因为 $K_{sp}(AgI)<K_{sp}(AgBr)$，所以用 KI 代替 NaCl 时有 AgI 沉淀生成。

根据溶度积规则，生成 AgI 沉淀的条件是 $IP(AgI)>K_{sp}(AgI)$，所以生成 AgI 沉淀所需 KI 的浓度为

$$c(I^-)\geqslant\frac{K_{sp}(AgI)}{[Ag^+]}=\frac{8.52\times10^{-17}}{9.47\times10^{-10}}=9.00\times10^{-8}(mol\cdot L^{-1})$$

故最少需要加入 KI 的质量为：

$$m(KI)=c(I^-)\cdot V\cdot M(KI)=9.00\times10^{-8}mol\cdot L^{-1}\times1.0L\times(39.1+126.9)g\cdot mol^{-1}$$
$$=1.5\times10^{-5}\ g$$

因此，要有 AgI 沉淀析出，最少需要加入 1.5×10^{-5}g KI 固体。

〈方法二〉由于 $K_s\{[Ag(NH_3)_2]^+\}$ 较大，且氨水大大过量，所以 $AgNO_3$ 几乎全部转化为 $[Ag(NH_3)_2]^+$ 配离子，即 $[Ag(NH_3)_2^+]\approx0.010mol\cdot L^{-1}$，$[NH_3]\approx1.00-2\times0.010=0.98$（mol·$L^{-1}$）。

加入卤素负离子 X^-（$X^-=Cl^-$、Br^-、I^-）后，总反应的离子方程式为

$$[Ag(NH_3)_2]^+(aq)+X^-(aq)\rightleftharpoons AgX(s)+2NH_3(aq)$$

总反应的标准平衡常数为

$$K^{\circ}=\frac{[NH_3]^2}{[Ag(NH_3)_2^+][X^-]}=\frac{[Ag^+][NH_3]^2}{[Ag(NH_3)_2^+][X^-][Ag^+]}=\frac{1}{K_s\{[Ag(NH_3)_2]^+\}\times K_{sp}(AgX)}$$

(1) 总反应的标准平衡常数

$$K_1^{\circ}=\frac{1}{K_s\{[Ag(NH_3)_2]^+\}\times K_{sp}(AgCl)}=\frac{1}{1.1\times10^7\times1.77\times10^{-10}}=514$$

给定条件下的反应商

$$Q_1 = \frac{c^2(NH_3)}{c\{[Ag(NH_3)_2]^+\}c(Cl^-)} = \frac{0.98^2}{0.010 \times 0.010} = 9.6 \times 10^3$$

由于 $Q_1 > K_1^\ominus$，所以反应不能正向进行，没有 AgCl 沉淀生成。

（2）总反应的标准平衡常数

$$K_2^\ominus = \frac{1}{K_s\{[Ag(NH_3)_2]^+\} \times K_{sp}(AgBr)} = \frac{1}{1.1 \times 10^7 \times 5.35 \times 10^{-13}} = 1.7 \times 10^5$$

给定条件下的反应商 Q_2 仍为 9.6×10^3，由于 $Q_2 < K_2^\ominus$，所以反应正向自发进行，有 AgBr 沉淀生成。

（3）因为 $K_{sp}(AgI) < K_{sp}(AgBr)$，所以用 KI 代替 NaCl 时有 AgI 沉淀生成。

总反应的标准平衡常数

$$K_3^\ominus = \frac{1}{K_s\{[Ag(NH_3)_2]^+\} \times K_{sp}(AgI)} = \frac{1}{1.1 \times 10^7 \times 8.52 \times 10^{-17}} = 1.07 \times 10^9$$

生成 AgI 沉淀的条件是 $Q_3 < K_3^\ominus$，所以生成 AgI 沉淀所需 KI 的浓度为

$$c(I^-) \geqslant \frac{c^2(NH_3)}{K_3^\ominus \times c\{[Ag(NH_3)_2]^+\}} = \frac{0.98^2}{1.07 \times 10^9 \times 0.010} = 8.98 \times 10^{-8} (mol \cdot L^{-1})$$

故最少需要加入 KI 的质量为

$$m(KI) = c(I^-) \cdot V \cdot M(KI) = 8.98 \times 10^{-8} mol \cdot L^{-1} \times 1.0L \times (39.1 + 126.9)g \cdot mol^{-1}$$
$$= 1.5 \times 10^{-5} g$$

因此，要有 AgI 沉淀析出，最少需要加入 1.5×10^{-5}g KI 固体。

3. 配位平衡与氧化还原平衡　在配位平衡体系中，加入合适的氧化剂或还原剂，因中心原子发生氧化还原反应而使其浓度降低，导致配位平衡的移动，配离子解离。例如中学学到的银镜反应：在 $[Ag(NH_3)_2]^+$ 溶液中加入还原剂葡萄糖 $CH_2OH(CHOH)_4CHO$，由于 Ag^+ 被还原为 Ag 单质（试管壁上形成闪亮的金属银薄层），而使 $[Ag(NH_3)_2]^+$ 解离。

$$[Ag(NH_3)_2]^+ \rightleftharpoons Ag^+ + 2NH_3$$
$$+$$
$$CH_2OH(CHOH)_4CHO$$
$$\Downarrow$$
$$Ag(银镜) + CH_2OH(CHOH)_4COOH$$

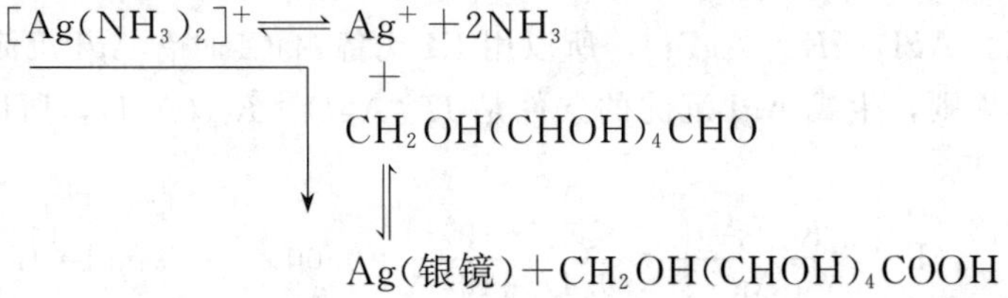

反过来配位平衡也可以影响氧化还原平衡，使氧化还原平衡移动，甚至使氧化还原反应改变方向，使原本不能发生的氧化还原反应在配体存在下能够发生。例如，Fe^{3+} 可以氧化 I^- 为 I_2 单质。若在溶液中加入 F^-，由于生成了稳定的 $[FeF_6]^{3-}$ 配离子，使溶液中 Fe^{3+} 浓度降低，导致氧化还原反应逆向进行。

$$Fe^{3+} + I^- \rightleftharpoons Fe^{2+} + \frac{1}{2}I_2$$
$$+$$
$$6F^-$$
$$\Downarrow$$
$$[FeF_6]^{3-}$$

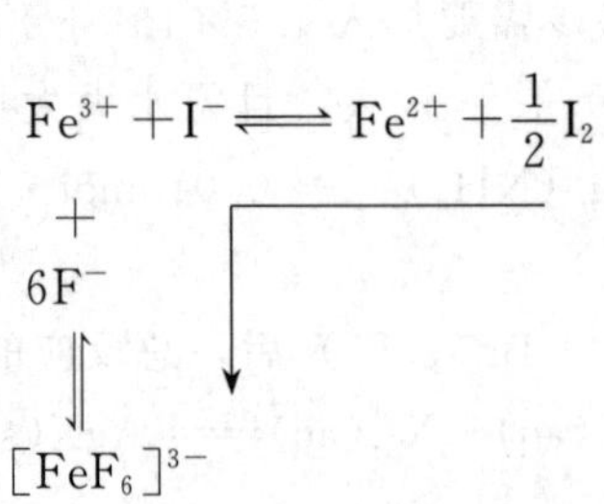

又如，一般情况下，金是惰性的，这可从电极电势的数值看出

$$Au^+ + e \rightleftharpoons Au \qquad \varphi^\ominus = 1.692V$$
$$O_2 + 4H^+ + 4e \rightleftharpoons 2H_2O \qquad \varphi^\ominus = 1.229V$$
$$O_2 + 2H_2O + 4e \rightleftharpoons 4OH^- \qquad \varphi^\ominus = 0.401V$$

但在 NaCN 存在下，Au 可被空气中的 O_2 氧化。原因在于，加入 NaCN 后，形成 $[Au(CN)_2]^-$ 配离子，使得 Au^+ 浓度大幅度下降，金电对的电极电势显著降低（$[Au(CN)_2]^- + e$

$\rightleftharpoons$ Au+$2CN^-$ 的 $\varphi^\ominus=-0.574V$)，因此，金可以被空气中的氧气氧化。其过程可表示为

$$4Au+O_2+2H_2O \rightleftharpoons 4Au^+ + 4OH^-$$

$$+$$

$$8CN^-$$

$$\Downarrow$$

$$4[Au(CN)_2]^-$$

根据以上原理，工业上将含有 Ag、Au 等贵金属的矿粉用 NaCN 溶液处理，使得 Ag、Au 等易失去电子，被空气中的 O_2 氧化形成相应的配合物进入溶液，然后再富集提取。

【例 12-5】 已知电对 Hg^{2+}/Hg 的 $\varphi^\ominus=0.851V$，$[HgI_4]^{2-}$ 的 $K_s=6.8\times10^{29}$，试求电对 $[HgI_4]^{2-}/Hg$ 的 $\varphi^\ominus$ 值。

解：〈方法一〉由配位平衡 $Hg^{2+}+4I^- \rightleftharpoons [HgI_4]^{2-}$ 可得

$$K_s=\frac{[HgI_4^{2-}]}{[Hg^{2+}][I^-]^4}$$

故　$$[Hg^{2+}]=\frac{[HgI_4^{2-}]}{K_s\times[I^-]^4}$$

当 $[I^-]=[HgI_4]^{2-}=1.0mol\cdot L^{-1}$ 时，$[Hg^{2+}]=1/K_s$

代入 Hg^{2+}/Hg 电对的 Nernst 方程式，有

$$\varphi(Hg^{2+}/Hg)=\varphi^\ominus(Hg^{2+}/Hg)+\frac{0.0592}{2}\lg[Hg^{2+}]$$

$$=\varphi^\ominus(Hg^{2+}/Hg)-\frac{0.0592}{2}\lg K_s$$

$$=0.851-\frac{0.0592}{2}\lg(6.8\times10^{29})$$

$$=-0.032(V)$$

该电极电势值就是电对 $[HgI_4]^{2-}/Hg$ 的标准电极电势，即

$$\varphi^\ominus\{[HgI_4]^{2-}/Hg\}=-0.032V$$

〈方法二〉$[HgI_4]^{2-}$ 配离子在溶液中存在下列平衡。

$$Hg^{2+}+4I^- \rightleftharpoons [HgI_4]^{2-}$$

将上述平衡两边各加上一个金属 Hg，则得

$$Hg^{2+}+4I^-+Hg \rightleftharpoons [HgI_4]^{2-}+Hg$$

上述反应组成的原电池为

$$(-)Hg|[HgI_4]^{2-},I^- \parallel Hg^{2+}|Hg(l)|Pt(+)$$

正极反应：$Hg^{2+}+2e \rightleftharpoons Hg$　　　$\varphi_+^\ominus=0.851V$

负极反应：$Hg+4I^--2e \rightleftharpoons [HgI_4]^{2-}$　$\varphi_-^\ominus=?$

电池反应：$Hg^{2+}+4I^- \rightleftharpoons [HgI_4]^{2-}$

该电池氧化还原反应的平衡常数为

$$\lg K^\ominus=\lg K_s=\frac{n(\varphi_+^\ominus-\varphi_-^\ominus)}{0.0592}$$

$$\lg(6.8\times10^{29})=\frac{2(0.851-\varphi_-^\ominus)}{0.0592}$$

$$\varphi_-^\ominus=-0.032V=\varphi^\ominus\{[HgI_4]^{2-}/Hg\}$$

上述两种解法所得结果相同，说明只要基本概念明确，可以通过不同的途径达到同样的计算结果。

从上例可知，金属配离子/金属电对的标准电极电势低于金属离子/金属电对的标准电极电势，也就是说，形成配合物后，金属离子的氧化能力降低，而金属的还原性增强。可以推知，

配离子越稳定，配离子/金属电对的标准电极电势降低得越多。举例如下。

$Zn^{2+}+2e \rightleftharpoons Zn$ $\qquad\qquad\qquad\qquad\qquad\qquad\qquad\qquad\qquad \varphi^\ominus=-0.7628V$

$[Zn(NH_3)_4]^{2+}+2e \rightleftharpoons Zn+4NH_3 \quad K_s\{[Zn(NH_3)_4]^{2+}\}=2.9\times10^9 \quad \varphi^\ominus=-1.04V$

$[Zn(CN)_4]^{2-}+2e \rightleftharpoons Zn+4CN^- \quad K_s\{[Zn(CN)_4]^{2-}\}=5.0\times10^{16} \quad \varphi^\ominus=-1.26V$

比较上述 K_s 和 $\varphi^\ominus$ 值可知，Zn^{2+} 形成的配离子越稳定，相应的 $\varphi^\ominus$ 值就越小。

4. 配合物之间的转化和平衡　在配位平衡体系中，加入另一种能与中心原子配位的配位剂，或者加入能与同一配体配位的金属离子时，配合物能否转化？即配位反应的方向如何？这主要取决于两种配合物的 K_s 的相对大小。

在 $[Ag(NH_3)_2]^+$ 溶液中，加入另一种能与该中心原子 Ag^+ 发生配位反应的配位剂 $Na_2S_2O_3$，则在这个体系中就涉及两个配位反应的平衡移动问题，即

$$
\begin{array}{ccl}
[Ag(NH_3)_2]^+ \rightleftharpoons & Ag^+ & +\,2NH_3 \\
& + & \\
& 2S_2O_3^{2-} & \\
& \Updownarrow & \\
& [Ag(S_2O_3)_2]^{3-} &
\end{array}
$$

上述反应实际上是 $S_2O_3^{2-}$ 与 NH_3 争夺 Ag^+ 的反应，或者说是两种配体争夺中心原子的反应。该争夺反应又可表示为

$$[Ag(NH_3)_2]^+ + 2S_2O_3^{2-} \rightleftharpoons [Ag(S_2O_3)_2]^{3-} + 2NH_3$$

该反应的平衡常数为

$$K=\frac{[Ag(S_2O_3)_2^{3-}][NH_3]^2}{[S_2O_3^{2-}]^2[Ag(NH_3)_2^+]}=\frac{[Ag(S_2O_3)_2^{3-}][NH_3]^2[Ag^+]}{[Ag^+][S_2O_3^{2-}]^2[Ag(NH_3)_2^+]}$$

$$=\frac{K_s\{[Ag(S_2O_3)_2]^{3-}\}}{K_s\{[Ag(NH_3)_2]^+\}}=\frac{2.9\times10^{13}}{1.1\times10^7}=2.6\times10^6$$

从以上可知，配合物之间转化反应的平衡常数等于转化后和转化前配合物的稳定常数之比。因为 $K_s\{[Ag(S_2O_3)_2]^{3-}\} \gg K_s\{[Ag(NH_3)_2]^+\}$，所以转化反应的平衡常数很大，说明这个转化反应是可以实现的。

临床上用 $Na_2[CaY]$ 对铅中毒患者进行解毒治疗，这是因为 $K_s\{[PbY]^{2-}\}=1.1\times10^{18} \gg K_s\{[CaY]^{2-}\}=4.9\times10^{10}$，因而可以发生如下的转化反应。

$$Pb^{2+}+[CaY]^{2-} \rightleftharpoons [PbY]^{2-}+Ca^{2+}$$

生成的无毒的可溶性 $[PbY^{2-}]$ 可经肾从尿中排出，从而达到解毒的疗效。

综上所述，当溶液中存在两种能与同一种中心原子配位的配体，或者存在两种能与同一种配体配位的中心原子时，都会发生相互之间的竞争和平衡转化，配位反应的方向主要取决于配合物稳定性的相对大小，平衡总是向生成稳定性大的配离子的方向移动，而且两种配离子的稳定性相差越大，转化越完全。

上述配合物之间的转化是从热力学角度讨论的，实际上配合物之间能否转化还应看转化反应的反应速率。也就是说，判断在一定条件下，配合物之间的转化反应是否进行以及进行到什么程度不能只看热力学数据。

凡配体可以迅速地被其他配体取代的配合物称为易变配合物（labile coordination compound)，而配体取代缓慢的那些配合物则称为惰性配合物（inert coordination compound)。二者之间没有截然界限。虽然常常发现一种稳定的配合物是惰性的和一种不稳定配合物是易变的，但是热力学稳定性和动力学稳定性没有必然联系。因此，不要将“稳定的”与“惰性的”混为一谈。例如，$[Ni(CN)_4]^{2-}$ 配离子很稳定，不过，向含有 $[Ni(CN)_4]^{2-}$ 配离子的溶液中加入 ^{14}C 标记的氰根离子时，$^{14}CN^-$ 几乎立即被结合到配离子中。

$$[Ni(CN)_4]^{2-}+4\,^{14}CN^- \rightleftharpoons [Ni(^{14}CN)]^{2-}+4CN^-$$

这表明配合物是稳定的但不是惰性的。

再如，$[Co(NH_3)_6]^{3+}$ 在酸性溶液中是热力学不稳定的，反应如下。

$$4[Co(NH_3)_6]^{3+}+20H^{+}+26H_2O \longrightarrow 4[Co(H_2O)_6]^{2+}+24NH_4^{+}+O_2$$

但是在室温下，$[Co(NH_3)_6]^{3+}$ 能够在酸性溶液中保持几天而没有显著分解作用。因此这个配离子在酸性溶液中是不稳定的但却是惰性的。

四、生物体内的配合物

现已证明，生命必需的微量元素 V、Cr、Mn、Fe、Co、Ni、Cu、Zn 和 Mo 都是以配合物的形式存在于生物体内。如微量元素的“老大”铁：电子传递系统中的 Fe-S 蛋白和细胞色素，储运 O_2 的肌红蛋白和血红蛋白，储存 Fe 的铁蛋白和转铁蛋白，Fe 转运蛋白——铁载体，酶系统中的固氮酶、氢化酶、氧化酶、还原酶等都是铁的配合物。

本部分内容我们将讨论帮助金属离子参与营养和身体健康必需生化过程的生物多齿配体。

我们从光合作用开始。光合作用是一个化学过程，是食物链的基础。因含有我们统称的叶绿素这类大的生物分子，绿色植物能够利用太阳能。所有的叶绿素分子都含有被称为二氢卟吩的环状四齿配体（图 12-20a）。二氢卟吩的结构与另一类存在于生物系统中的四齿配体卟啉（图 12-20b）类似。二氢卟吩和卟啉是一大类被称为大环配体的化合物。二者的主要不同在于：卟啉结构中的 1 个 C═C 双键在二氢卟吩中为单键。两种环的最内侧原子均是具有孤对电子的 4 个 N 原子，这 4 个 N 原子都与金属离子（M^{n+}）形成配位键，如图 12-20c 所示。

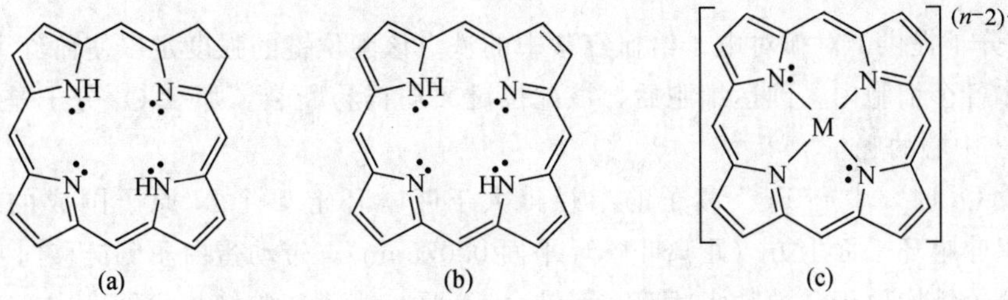

图 12-20 a. 二氢卟吩；b. 卟啉；c. 金属卟啉配合物

二氢卟吩和卟啉中的 4 个 N 原子中的 2 个 N 采取 sp^3 杂化，各自结合 1 个 H 原子，其余 2 个 N 原子采取 sp^2 杂化，没有结合 H 原子。当二氢卟吩或卟啉与中心金属离子（M^{n+}）形成配位键时，2 个 sp^3 杂化的 N 上的 H 原子电离，使环带 2 个单位的负电荷，因而配离子的总电荷为 $+(n-2)$。电离结构中 4 个 N 原子上的孤对电子均指向环中心。在八面体配合物中，这些孤对电子占据 4 个赤道配位位置；在平面四方形配合物中，它们占据所有的 4 个配位位置。在八面体配合物中，每个中心离子还有 2 个轴向位置可键合其他配体。这些配合物可以是离子或电中性分子，这取决于中心离子的电荷。

二氢卟吩和卟啉环广泛地存在于自然界，并且以不同的角色参与许多生化过程。它们的物理化学性质取决于以下 3 个方面：

1. 中心金属离子的本性。
2. 八面体配合物中，占据轴向配位位置的物种。
3. 结合在环外的有机基团的本性及数目。

叶绿素 a 的二氢卟吩环中心有 1 个 Mg^{2+} 离子（图 12-21）。二氢卟吩环内外共轭双键中的离域 p 电子稳定了该结构，并赋予它及其他植物色素吸收红和蓝-绿色波长的光。正是因为植物叶子吸收了这些颜色的光，它们才

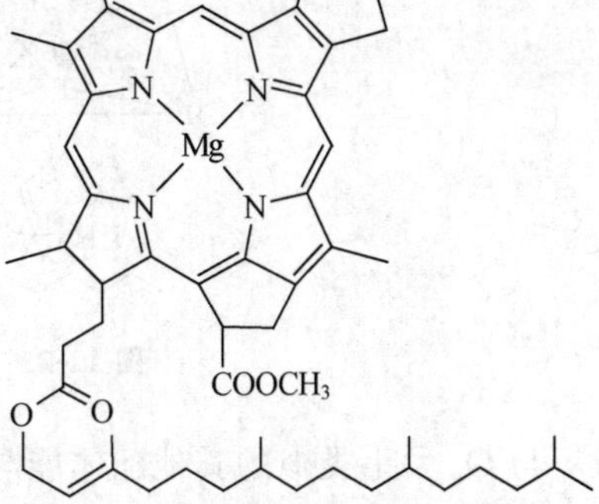

图 12-21 叶绿素 a

显示绿和黄绿色——未被吸收光的颜色。深秋的北京，失去叶绿素的叶子展现出其他色素的颜色，如红的枫叶、金黄色的银杏叶。

一类重要的被称为血红素基团的卟啉配合物含有中心 Fe^{2+} 离子（图 12-22a）。血红素辅基使血液中的血红蛋白具有运输 O_2 的功能，肌肉中的肌红蛋白有储存 O_2 的功能。血红素辅基的卟啉环上的 4 个 N 原子占据以 Fe^{2+} 离子为中心的八面体配合物的赤道平面，环下第五个配位位置被蛋白质链上的组氨酸残基的咪唑 N 原子占据，环上的第六个配位位置用来结合 O_2 分子。血红蛋白由 4 个亚基构成，每个亚基含有 1 个血红素辅基，4 个亚基通过分子间作用力形成球状血红蛋白（图 12-22b）。

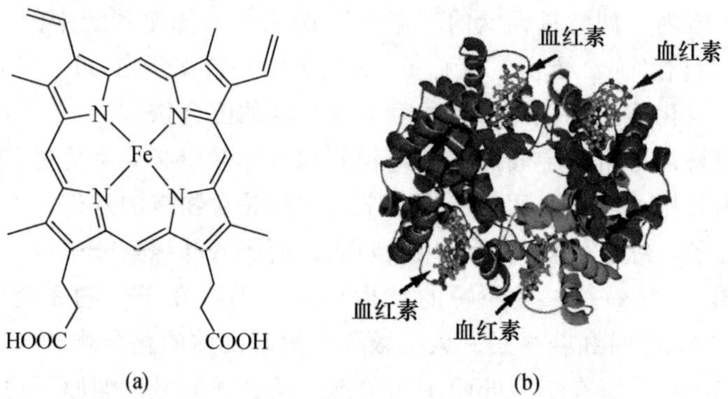

图 12-22 血红素的结构（a）和血红蛋白的结构（b）

每个 O_2 分子提供 1 对孤对电子给血红素中的铁。该配位键的强度足以使血红蛋白把 O_2 从肺部运到机体各个细胞内；到达细胞后，该配位键又弱得易断裂。那么 O_2 分子是如何结合在血红素的 Fe^{2+} 中心的呢？

没有结合 O_2 时，中心 Fe^{2+} 离子的半径稍大于卟啉环上 4 个 N 原子围成的孔穴，因而 Fe^{2+} 离子位于卟啉环平面上方（距离卟啉环平面 0.075nm），带动蛋白质侧链移向卟啉环平面，使血红蛋白分子结构处于一种紧张状态。但结合 O_2 后，光谱实验结果表明，中心 Fe^{2+} 离子将 1 个电子传递给 O_2 分子，形成 $Fe^{3+}—\cdot O_2^-$ 的状态。即结合 O_2 后，中心原子为 Fe^{3+}，半径变小，可进入 N 原子围成的孔穴中，蛋白质侧链下移，使蛋白质的构象改变，处于一种相对松弛的状态（图 12-23）。可见，血红蛋白运输 O_2 分子依赖以下中心铁原子的可逆价态变化。

$$Fe^{2+} + O_2 \rightleftharpoons Fe^{3+}—\cdot O_2^-$$

这可用软硬酸碱规则解释：Fe^{2+} 是一个交界酸，倾向于与含 N 原子的配体结合，而不易结合硬碱 O_2 分子，但 Fe^{3+} 作为硬酸，易与氧结合。

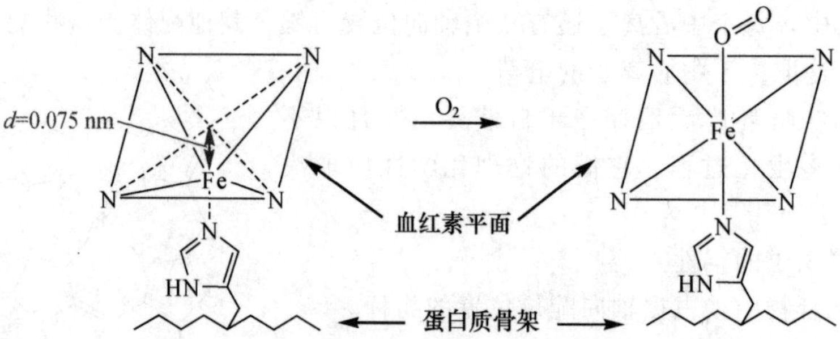

图 12-23 氧合前后血红素铁的结构变化示意图

与 O_2 大小类似的其他配体能与血红素中的 Fe^{2+} 离子结合，CO、CN^- 就是这样一类配体。CO 分子无疑适合第 6 个结合点。不幸的是，CO 与血红蛋白的结合比 O_2 与血红蛋白的结合强约 200 倍。假如一个人在含有 CO 的空气中呼吸，CO 阻止 O_2 被流经肺部的血液吸收，从而引起 CO 中毒的症状，最终导致死亡。

被称作细胞色素的一类蛋白质也含有血红素辅基（图 12-24）。细胞色素调节细胞内与能量产生相关联的氧化还原过程。血红素辅基按以下半反应转运电子。

$$Fe^{3+} + e \rightleftharpoons Fe^{2+}$$

该半反应能迅速可逆地消耗或释放维持生命的生化反应所需要的电子。细胞色素蛋白先从给体接受电子，即

$$\text{还原态给体分子} + \text{细胞色素-}Fe^{III} \rightleftharpoons \text{细胞色素-}Fe^{II} + \text{氧化态给体分子}$$

然后移动位置，向受体释放电子，即

$$\text{氧化态受体分子} + \text{细胞色素-}Fe^{II} \rightleftharpoons \text{细胞色素-}Fe^{III} + \text{还原态受体分子}$$

因卟啉环上的取代基以及轴向配体不同，因而存在许多具有不同功能的细胞色素蛋白质，不同的细胞色素蛋白中心离子的电位不同，以满足不同的电子转运的需要。

图 12-24　细胞色素 c 的结构

最后再重申一下前面反复提及的观点：生物体内过渡金属的化学性质和生物功能与它们所处的分子环境——即形成配合物的类型和结构有关。

习　题

1. 区分下列各组名词。

(1) 配体与配位数　　(2) 单齿配体与两可配体

(3) 内轨型配合物与外轨型配合物　　(4) 分裂能与晶体场稳定化能

(5) 强场配体与弱场配体　　(6) 低自旋配合物与高自旋配合物

(7) 累积稳定常数与稳定常数　　(8) 螯合剂与螯合物

2. 命名下列配离子和配合物，并指出中心原子及其配位数、配体和配位原子。

(1) $[Ni(NH_3)_4(H_2O)_2]^{2+}$　　(2) $(NH_4)_3[Co(CN)_6]$　　(3) $H_2[SiF_6]$

(4) $[Zn(OH)_3(H_2O)]^-$　　(5) $[CoCl_2(en)_2]NO_3$　　(6) $[Co(en)_3]Cl_3$

(7) $[CoCl(NCS)(NH_3)_4]NO_3$　　(8) $Na_3[Ag(S_2O_3)_2]$　　(9) $[Fe(CO)_5]$

3. 写出下列配合物的化学式。

(1) 四羟基合锌(Ⅱ)酸钠　　(2) 六(亚硝酸根)合钴(Ⅲ)酸钠

(3) 二氯化氯·五氨合钴(Ⅲ)　　(4) 硫酸氯·氨·二(乙二胺)合钴(Ⅲ)

(5) 四氯合铂(Ⅱ)酸四氨合铜(Ⅱ)　　(6) 四（异硫氰酸根）·二氨合铬(Ⅲ)酸铵

4. 有两种钴的配合物，它们的组成均为 $Co(NH_3)_5BrSO_4$，但颜色不同。于紫色配合物的溶液中加 $BaCl_2$ 时，产生 $BaSO_4$ 沉淀，但加 $AgNO_3$ 时不产生沉淀；于红色配合物的溶液中加 $AgNO_3$ 时产生 AgBr 沉淀，但加 $BaCl_2$ 时并无沉淀产生。试写出这两种配合物的化学式和名

称，并简述理由。

5. 问答题

(1) $[Ni(CN)_4]^{2-}$是抗磁的，而 $[NiCl_4]^{2-}$是顺磁的，为什么?

(2) 价层电子构型为 $d^1 \sim d^{10}$的过渡金属离子，在八面体型配合物中，哪些有高低自旋之分？哪些没有？为什么？

(3) 对于 Co^{3+}的两种弱场配合物 $[CoF_6]^{3-}$和 $[CoCl_6]^{3-}$，它们的晶体场稳定化能 CFSE 均为$-0.4\Delta_o$，能否说明二者稳定性相同？为什么？

(4) 试用晶体场理论解释为什么在空气中高自旋的 $[Co(NH_3)_6]^{2+}$易被氧化成低自旋的 $[Co(NH_3)_6]^{3+}$。

(5) 下列四种配离子中，哪种离子吸收的电磁波的波长最短？为什么？

A. $[CuCl_4]^{2-}$；B. $[CuF_4]^{2-}$；C. $[CuBr_4]^{2-}$；D. $[CuI_4]^{2-}$

(6) 实验测得 $[NiCl_4]^{2-}$和 $[NiBr_4]^{2-}$溶液吸收的光的波长分别为 702nm 和 756nm，哪种配离子的 d 轨道分裂能较大？

(7) 下列两种 Ni(Ⅱ)配离子的水溶液，一种是蓝色的，另一种是紫色的。哪种溶液呈紫色？为什么？

A. $[Ni(NH_3)_6]^{2+}$；B. $[Ni(en)_3]^{2+}$

6. 根据实测磁矩，推断下列螯合物的空间构型，并指出是内轨型还是外轨型配合物。

配合物	$[Co(en)_3]^{2+}$	$[Fe(C_2O_4)_3]^{3-}$	$[CoCl_2(en)_2]Cl$
μ/μ_B	3.82	5.75	0

7. 解释下列现象，并写出相应的反应方程式。

(1) 用氨水处理 $Zn(OH)_2$ 和 $Mg(OH)_2$ 混合沉淀物，$Zn(OH)_2$ 溶解而 $Mg(OH)_2$ 不溶。

(2) 于 $CuSO_4$ 溶液中滴加氨水，首先生成浅蓝色的沉淀，随着氨水的滴加，浅蓝色沉淀溶解成为深蓝色溶液，若用 H_2SO_4 处理此溶液则得到浅蓝色溶液。

(3) 用 NH_4SCN 溶液检出 Co^{2+}离子时，加入 NH_4F 可消除 Fe^{3+}离子的干扰。

(4) 医疗中向人体内注射 $Na_2[CaY]$ 治疗重金属铅中毒症。

(5) 氨水溶液不能盛装在铜制容器中。

(6) HgS 不溶于硝酸，但溶于王水。

8. 指出在下列化合物中，哪些可以作为有效的螯合剂。

(1) CH_3SH　(2) $NH_2CH_2NH_2$　(3) CH_3SSCH_3

(4) $CH_3CH_2CH_2SH$　(5) $HSCH_2CH(SH)CH_2OH$　(6) $NH_2CH_2CH_2NH_2$

9. 预测下列各组所形成的两个配离子之间的稳定性强弱，并简述理由。

(1) Co^{3+}与 F^-或 Cl^-配合。

(2) Pt^{2+}与 RSH 或 ROH 配合。

(3) Cu^{2+}与 $C_2O_4^{2-}$ 或 $NH_2CH_2CH_2NH_2$ 配合。

10. 判断下列反应进行的方向，并指出哪个反应正向进行得最完全。

(1) $[HgI_4]^{2-} + 4CN^- \rightleftharpoons [Hg(CN)_4]^{2-} + 4I^-$

(2) $[Zn(NH_3)_4]^{2+} + Cu^{2+} \rightleftharpoons [Cu(NH_3)_4]^{2+} + Zn^{2+}$

(3) $[Fe(C_2O_4)_3]^{3-} + Y^{4-} \rightleftharpoons [FeY]^- + 3C_2O_4^{2-}$

11. 给出下列配合物的空间构型和可能有的立体异构体（M 代表金属离子，A、B、C 代表配体）。

(1) MA_2BC（四面体形）　(2) MA_2BC（平面正方形）

(3) MA_4BC　(4) MA_3B_2C　(5) $MA_2B_2C_2$

12. 已知25℃时，$[CuY]^{2-}$ 和 $[Cu(en)_2]^{2+}$ 的 $\lg K_s$ 分别为18.80和20.00，从配合物的稳定常数出发能否说明 $[Cu(en)_2]^{2+}$ 比 $[CuY]^{2-}$ 稳定？为什么？

13. 若将0.10mol $CuSO_4$ 溶解在1.0L 6.0mol·L^{-1} $NH_3 \cdot H_2O$ 溶液中，计算溶液中各组分的浓度（假设溶解 $CuSO_4$ 后溶液的体积不变）。

14. （1）将0.10mol AgCl完全溶解在1.0L氨水中，问所需氨水的最低浓度。

（2）在上述溶液中加入KBr固体0.10mol，问能否产生AgBr沉淀（假设加入各种试剂时溶液的体积不变）？

15. 在 $[Cu(NH_3)_4]^{2+}$ 与 NH_3 的浓度均为0.10mol·L^{-1} 的溶液中加入 NH_4Cl 固体，使其浓度为0.010mol·L^{-1}，问是否有 $Cu(OH)_2$ 沉淀生成（假定 NH_4Cl 的加入不改变溶液的体积）？已知 $K_s\{[Cu(NH_3)_4]^{2+}\}=2.1\times10^{13}$，$K_{sp}\{Cu(OH)_2\}=2.2\times10^{-20}$，$K_b(NH_3 \cdot H_2O)=1.8\times10^{-5}$。

16. 已知25℃时，$\varphi^{\circ}(Zn^{2+}/Zn)=-0.7628V$，$\varphi^{\circ}\{[Zn(CN)_4]^{2-}/Zn\}=-1.26V$。计算25℃时，$[Zn(CN)_4]^{2-}$ 配离子的稳定常数。

17. 已知25℃时，$\varphi^{\circ}(Cu^{2+}/Cu)=0.3419V$，$K_s\{[Cu(NH_3)_4]^{2+}\}=2.1\times10^{13}$。计算电对 $[Cu(NH_3)_4]^{2+}/Cu$ 的标准电极电势。根据计算结果说明氨水能否储存在铜制容器中？

18. 已知 $K_s\{[Zn(OH)_4]^{2-}\}=3.0\times10^{15}$，$K_s\{[Zn(NH_3)_4]^{2+}\}=2.9\times10^{9}$，$K_b(NH_3 \cdot H_2O)=1.8\times10^{-5}$。

（1）判断反应 $[Zn(NH_3)_4]^{2+}+4OH^- \rightleftharpoons [Zn(OH)_4]^{2-}+4NH_3$ 进行的趋势。

（2）对于上述反应，当溶液中 NH_3 的浓度为1.0mol·L^{-1} 时，Zn^{2+} 主要以哪种配离子形式存在？

19. 将0.50mmol $Co(NO_3)_2$ 和50mmol乙二胺溶于250ml 0.20mol·L^{-1} 氨水溶液中（不考虑溶液体积的变化），计算溶液中 Co^{2+} 的浓度。

（尹富玲）

第十三章　化学染色和仪器分析

生命科学的发展和生物技术的进步，使化学在生物科学中的重要性越来越突出。在医学基础研究、临床诊断和药学研究中，往往需要对研究对象的组成、含量、结构和形态等方面进行系统的分析和表征，这需要使用分析化学的相关理论和技术来完成。在分析化学领域，按照分析的目的和任务不同，分析方法可分为以下 4 种。

1. 定性分析（qualitative analysis）　是对样品中的物质组成进行分析的方法。物质的组成决定物质的性质，通过测定物质的性质即可分析该物质是由哪些元素、原子团或化合物组成的。如茶叶中含有的微量元素的物种测定；细胞内含有的磷脂、蛋白质、核酸等成分的测定；生物样品如血液中是否含有乙肝表面抗原 HbsAg，即 HbsAg 阳性（+）或阴性（-）；这些均为定性分析。

2. 定量分析（quantitative analysis）　指利用化学反应及其计量关系来确定被测物质的组成和含量的分析方法。例如对空气中 PM2.5 浓度的测定；食品添加剂、违禁化学品的含量测定；判断人体酸（碱）中毒的定量标准——血浆中 CO_2 结合力的测定。定性分析和定量分析是统一的，一般需要先进行定性分析，确定物质组分后，再选择合适的分析方法进行定量分析。

3. 结构分析（structural analysis）　是确定物质的结构的分析方法。物质的结构决定了其物理化学性质，通过测定其性质来分析其结构，即该化合物中含有哪些官能团等。结构分析多使用波谱分析法，如紫外可见光谱法、红外光谱法、荧光光谱法、磁共振波谱法、圆二色散光谱法、激光拉曼光谱法、X 射线衍射法和小角中子衍射法等。

4. 形态分析（morphological analysis）　是对样品中不同的物理形态与化学形态的测定与表征，即对样品中某些物种的结晶状态、形状、结合状态和价态等性质进行分析。如在尿液中二水草酸钙晶体较小，容易随尿液排出，而一水草酸钙晶体容易聚集形成结石，通过尿中草酸钙晶体类型分析，可以预测结石形成的危险性。

根据分析时所利用物质性质的不同，可分为化学分析法和仪器分析法。常规化学分析法主要有重量分析法和滴定分析法。各种显色/染色化学分析通常需要结合仪器分析进行。化学分析法所用的仪器简单，操作方便，结果准确，是分析化学中最基本、最重要的方法。仪器分析是以物质的物理和物理化学性质为基础的分析方法，这类方法通常是测量光、电、磁等物理量而得到分析结果，而测量这些物理量，需要较特殊的仪器，称为仪器分析法（instrumental analysis）。在生命化学领域的分析中，越来越多地使用一些特定的分析仪器来工作，如 DNA 碱基的排序、蛋白质分子的三维结构、酶的催化中心的结构等。仪器分析中常常需要应用化学方法处理试样或将试样转化成可以测试的形式。

常规化学分析法和仪器分析法两者的比较见表 13-1。

表 13-1　化学分析法和仪器分析法性质比较

分析法分类	分析法实例	灵敏度	准确度	适合分析的浓度范围	分析费用
常规化学分析法	滴定分析法	0.02ml	0.1%～0.5%	>1%	较低
	重量分析法	0.1mg			
仪器分析法	分光光度法	1μg	1%～5%	<1%	较高
	荧光/发光分析法	1ng			
	电化学分析法	μg～ng			
	色谱分析法	μg～pg			
	生物分析法	μg～pg			

理想的化学分析方法应该具有这样一些特点：选择性最高，这样就可以减少或省略分离步骤；精密度和准确度高；灵敏度高，从而少量或痕量组分即可检定和测定；测定范围广，大量和痕量均能测定；方法简便、经济实惠。对分析方法的选择通常应该考虑到上述问题，从而选择正确的分析方法进行测定。滴定分析是物质含量测定的最重要的化学分析方法之一，本章将对一些重要的仪器分析以及分析化学在生命科学、医学领域中的一些新技术进行简单介绍。

第一节　光谱分析技术

一、紫外-可见分光光度法

(一) 物质对光的选择性吸收

物质的分子中含有一系列的电子能级、振动能级和转动能级，当用光照射物质时，如果光具有的能量恰好等于两个能级的能量差时，这一波长的光即可被分子吸收，发生能级跃迁，由基态转变为激发态。

$$M(\text{基态}) + h\nu \longrightarrow M^*(\text{激发态})$$

这个过程即是物质对光的吸收。不同的物质分子结构不同，其基态和激发态的能量差不同，选择吸收的光的能量（即吸收波长）也不同，所以不同物质对光的吸收具有选择性。以波长为横坐标，以吸收的光的强度为纵坐标可以得到一条曲线，叫作吸收光谱（absorption spectrum）或光吸收曲线。图 13-1 是三（邻二氮菲）合铁（Ⅱ）离子的吸收光谱图。

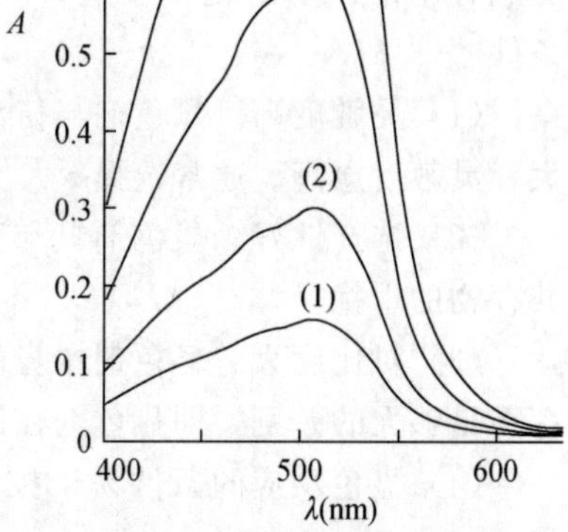

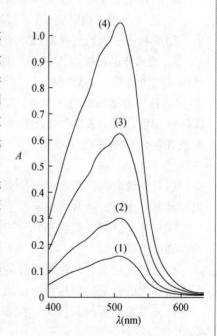

图 13-1　三（邻二氮菲）合铁（Ⅱ）离子的吸收光谱图

物质的颜色是由于物质分子选择性地吸收某种颜色的光所引起的。如果物质分子选择性地吸收某波段的光，其他波长的光则不被吸收而透过，溶液就呈现出透过光的颜色，即溶液呈现的是与它吸收的光成互补色的颜色。例如高锰酸钾溶液因吸收了白光中的绿色光而呈现紫色，硫酸铜溶液因吸收了白光中的黄色光而呈蓝色。

(二) Lambert-Beer 定律

利用物质对光吸收的强度随波长的变化图谱进行定性、定量和结构分析的方法称为光谱分析法（spectroscopic analysis）。当一定波长的光束照射到某溶液时，一部分光被介质吸收，一部分透过溶液。Lambert 和 Beer 研究发现，光线穿过吸光物质后，其透射光的光强 I_t 和入射光的光强 I_0 间存在如下数学关系。

$$I_t = I_0 \times 10^{-\varepsilon bc} \quad 或 \quad -\lg(I_t/I_0) = \varepsilon bc$$

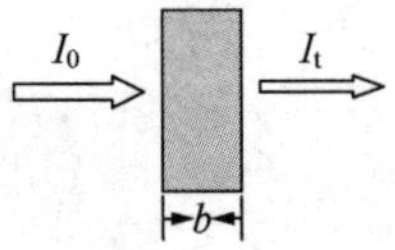

将 $-\lg(I_t/I_0)$ 定义为吸光度 A（absorbance）。

$$A = -\lg(I_t/I_0)$$

则上式改写为

$$A = \varepsilon bc$$

上述公式称为 Lambert-Beer 公式，也称为 Lambert-Beer 定律，或光吸收定律。其中，c 是吸光物质的浓度；b 是光通过吸光物质的光路长度，称为光程，单位通常为 cm；ε 称为摩尔吸光系数（molar absorptivity），对于某种物质来说是一个常数，它表示了光线通过单位光程长度和单位浓度时该物质的光吸收的程度，其单位为 $L \cdot mol^{-1} \cdot cm^{-1}$。在温度和波长等条件一定时，摩尔吸光系数是单位浓度的物质的吸光度值，是吸光物质本身的特征常数，可作为定性鉴定的参数；同一吸光物质在不同波长下的摩尔吸光系数值是不同的。

运用 Lambert-Beer 定律，便可以通过测定溶液中物质对光的吸收来计算溶液的浓度。这种定量分析的方法称为分光光度法（spectrophotometry）或比色法。电磁辐射中处于紫外-可见光区（200～800nm）的能量对应于物质分子中价电子的跃迁时，即可利用紫外-可见分光光度法来测定物质在紫外-可见光区的分子对光的吸收，从而对物质进行定性和定量的分析。紫外-可见分光光度法灵敏度高，可测定 $10^{-7} \sim 10^{-4} g \cdot ml^{-1}$ 的样品，准确度一般为 0.5%。由于该法是在水溶液中进行分析，不破坏样品的结构，在很多实验室中已经是一种常规分析方法，被广泛应用于生物分析中。

（三）提高测定灵敏度、准确度的方法

使用分光光度法进行定量分析时，为了获得准确的测定结果，应从以下几个方面考虑。

1. 选择合适的检测波长，通常是物质吸收光谱的最大吸收峰对应的波长 λ_{max}。在此波长下，物质有比较大的吸光系数，准确度和灵敏度均高。

2. 被测样品的吸收度 A 应落在 0.15～0.80 区间范围内，测量的误差小，准确度较高。若超出了这个范围，需要对样品进行适当的稀释或浓缩，使 A 在该范围内。

3. 选择合适的显色剂和反应条件。在可见分光光度法中，由于只能测定有色溶液，若试样溶液无色，需加入能与待测物质反应生成有色物质的试剂，再进行测定。这种将被测组分转变成有色化合物的化学反应，叫显色反应，加入的试剂称为显色剂。显色剂必须具备下列条件。

（1）灵敏度高。显色剂与待测物质生成稳定的有色化合物，有色化合物的摩尔吸光系数愈大，灵敏度愈高。通常选择 ε 大于 10^4。

（2）选择性好。显色剂只与待测物质反应，和溶液中其他物质不发生反应。这样可以避免共存物的干扰。

（3）对比度大。显色剂本身的吸收峰与显色剂和待测物质反应生成的有色化合物的吸收峰存在足够大的差别，即显色剂在测定波长处无明显吸收。

（4）显色反应的条件易于控制。如果条件要求过于严格，难以控制，测定结果的再现性就差。

紫外-可见分光光度法（ultraviolet and visible spectrophotometry，UV & Vis）常用于研究含有不饱和结构的有机物，特别是具有共轭体系的有机化合物。一些重要的生物分子如蛋白

质分子由于含色氨酸残基和酪氨酸残基，存在着共轭双键，在紫外光范围 280nm 处有最大吸收峰，利用 Lambert-Beer 定律可以进行蛋白质的定量分析。另一类生物分子核酸中含有嘌呤和嘧啶碱基，都有共轭双键，在 260nm 处有最大吸收峰，这个性质可用于核酸的定量测定。在分子生物学实验核酸提取过程中，蛋白质是最常见的杂质，常用 A_{260}/A_{280} 来检测提取的核酸纯度。

(四) 金属离子的显色反应和分光光度分析

金属离子的测定可以使用分光光度法。由于金属水合离子本身颜色的吸光系数很小，通常不能直接进行分光光度分析。一般都是选择适当的显色剂，与待测金属离子反应生成有色化合物，再利用分光光度法对金属离子进行定性、定量和结构的分析。金属离子通常通过氧化还原反应和配位反应进行显色，而配位反应是测定金属离子最常用的方法。常用的显色剂包括无机显色剂和有机显色剂。

在分析时，应选择适当的显色反应，通常考虑以下因素：①灵敏度高：即选择能使生成的有色物质的 ε 较大的反应，一般 ε 值应达到 10^4～10^5。②选择性好：指显色剂仅与一个组分或少数几个组分发生显色反应。在实际分析应用中，常选择仅与被测组分显色而不与其他离子显色的反应。显色剂的颜色应与显色反应产物的颜色有较大的差异，以避免显色剂本身对测定产生干扰。③显色剂在测定波长处无明显吸收。④反应生成的有色化合物组成恒定。

1. 无机显色剂　用于检测金属离子的无机显色剂数量较少，如硫氰酸盐、钼酸铵、氨水等。Cu^{2+} 与 $NH_3 \cdot H_2O$ 形成深蓝色配合物 $[Cu(NH_3)_4]^{2+}$；SCN^- 与 Fe^{3+} 形成红色的络合物 $[Fe(SCN)]^{2+}$ 或 $[Fe(SCN)_6]^{3-}$。但无机配合物不稳定，比色分析的灵敏度不高，选择性较差。

2. 有机显色剂　用于无机离子显色的多为有机显色剂。由于有机显色剂与金属离子生成稳定的含环状结构的螯合物，且具有特征性的颜色，其选择性和灵敏度都比无机显色剂高。有机显色剂分子中通常含有共轭双键的基团，如—N═N—、—N═O、—NO_2、对醌基、═C═O（羰基）、═C═S（硫羰基）等，这些基团中的 π 电子只需吸收较小的能量如吸收波长大于 200nm 的光就能发生能级跃迁，所以一般都具有颜色。有机显色剂的种类很多，应用较广泛的有邻二氮菲、双硫腙、二甲酚橙、偶氮胂Ⅲ、铬天青 S 等。

有机显色剂与金属离子形成的螯合物应用于光度分析中的优点是：①金属螯合物一般都很稳定，解离常数很小。②大部分金属螯合物都呈现鲜明的颜色，摩尔吸光系数大于 10^4，因而测定的灵敏度很高。③绝大多数有机显色剂选择性好。在一定条件下，一种有机显色剂只与少数或某一种金属离子络合，而且同一种有机螯合剂与不同的金属离子络合时，生成具有特征性颜色的螯合物。邻二氮菲用于溶液中 Fe^{2+} 的检测，Fe^{2+} 与邻二氮菲生成稳定的橙红色配合物，虽然 Cu^{2+}、Co^{2+}、Zn^{2+}、Ni^{2+}、Cd^{2+}、Sb^{3+} 等离子也能与该试剂反应，但生成的络合物不是红色，不妨碍 Fe^{2+} 鉴定，此外 Fe^{3+} 大量存在时亦无干扰；二苯硫腙是含 S 显色剂，与一些重金属离子（Cu^{2+}、Pb^{2+}、Zn^{2+}、Cd^{2+}、Hg^{2+} 等）生成有色配合物，显色反应非常灵敏。

3. 显色反应条件　显色反应能否满足光度法的要求，除了选择恰当的显色剂外，控制好显色反应的条件也是十分重要的，否则，将会影响分析结果的准确度。

（1）显色剂的用量：显色剂与被测金属离子反应生成有色化合物，加入过量的显色剂是保证反应完全的必要条件，但也不能过量太多，否则可能会引起一些副反应。

（2）溶液的酸度：溶液的酸度直接影响着金属离子和显色剂的存在形式以及螯合物的组成和稳定性。多数高价金属离子都容易发生水解，当溶液的酸度降低时，会产生一系列的金属氢氧化物，影响金属离子和显色剂的反应。大部分显色剂都是有机弱酸，其解离出的酸根离子与金属离子发生显色反应。溶液的酸度影响着显色剂的解离，并影响着显色反应的完全程度。许多显色剂本身就是酸碱指示剂，当溶液酸度改变时，显色剂本身发生颜色变化。如果显色剂在某一酸度时，与金属离子形成的螯合物的颜色和指示剂本身的颜色一样或接近，就会引入很大误差而无法进行光度分析。例如二甲酚橙在溶液的 pH>6.3 时呈红色，在 pH<6.3 时呈柠檬黄色，二甲酚橙与金属离子的螯合物也呈红色，在用二甲酚橙作为金属离子的显色剂时，溶液的酸度只能控制在 pH<6。因此，控制溶液适宜的酸度，是保证光度分析获得良好结果的重要条件之一。

(3) 显色反应的时间和温度：显色反应的速度有快有慢，显色反应所需的温度有高有低。适宜的显色时间和温度需要通过实验来确定——配制一份显色溶液，记录溶液的吸光度随时间或温度变化情况，绘制曲线，来确定适宜的时间或温度。

(4) 有机溶剂和表面活性剂：许多有色化合物在水中的解离度大，而在有机溶剂中的解离度小，如在 $Fe(SCN)_3$ 溶液中加入可与水混溶的有机试剂（如丙酮），由于降低了 $Fe(SCN)_3$ 的解离度而使颜色加深，提高了测定的灵敏度。加入表面活性剂可以提高显色反应的灵敏度，增加有色化合物的稳定性。其原因可能是胶束增溶，也可能是形成含有表面活性剂的多元配合物。

(5) 共存离子的干扰及消除：共存离子存在时对光度法测定会产生影响。许多显色剂是有机弱酸，控制溶液的酸度，就可以控制显色剂与某种金属离子显色，使另外一些金属离子不能生成有色配合物。在显色溶液里加一种能与干扰离子反应生成无色配合物的试剂，例如用硫氰酸盐作显色剂测定 Co^{2+}，为了防止 Fe^{3+} 的干扰可加入氟化物，使 Fe^{3+} 与 F^- 反应生成无色而稳定的即 $[FeF_6]^{3-}$，就可以消除 Fe^{3+} 的干扰。

【例 13-1】 深二氮杂菲磺酸盐比色法是 OCSH 推荐的测定血清铁的方法，深二氮杂菲磺酸盐和 Fe^{2+} 形成的配合物的吸光系数 $\varepsilon=22100L\cdot mol^{-1}\cdot cm^{-1}$。现有一血清样品，取 2.0ml 加入测定管内，加入蛋白沉淀剂 2.0ml，将测定管离心，除去沉淀。取上清液 2.0ml 与 2.0ml 深二氮杂菲磺酸盐溶液在比色管中混匀，放置 15min 完成显色反应后，倒入光程长度为 1cm 的比色杯中，用分光光度计测定 535nm 的吸光度 $A=0.2984$。计算此血清样品的铁含量。

解：根据 Lambert-Beer 公式：$A=\varepsilon bc$

测定液中 Fe^{2+}-深二氮杂菲磺酸配合物的浓度：

$$c=A/(\varepsilon b)=0.2984/(22100\times1)=1.35\times10^{-5}\ mol\cdot L^{-1}=13.5\mu mol\cdot L^{-1}$$

在分析过程中，样品被稀释 2 次，每次均为 (2.0+2.0)/2.0=2 倍，总稀释倍数为 4。因此，血清样品中 Fe 的浓度：

$$c_{Fe}=13.5\times4=54.0\mu mol\cdot L^{-1}$$

这个数值比正常男性血清铁水平（$13.5\sim34.0\mu mol\cdot L^{-1}$）高出很多，预示可能有肝炎发生。

（五）蛋白质的染色和分光光度法测定

蛋白质的定量分析是生物化学和其他生命学科最常涉及的分析内容，是临床上诊断疾病及检查康复情况的重要指标。许多蛋白质分子可以用显色方法来进行定量分析。这里主要介绍考马斯亮蓝法。

1976 年 Bradford 建立了考马斯亮蓝法（又称为 Bradford 法）测定蛋白质的含量。考马斯亮蓝有 R-250 和 G-250 两种，R-250 为三苯基甲烷，每个分子含有两个磺酸基团（SO_3H），G-250 是 R-250 的二甲基化衍生物（结构见图 13-2）。考马斯亮蓝 G-250 在酸性条件下为红色，G-250 分子上的芳香苯环可以与蛋白质的疏水区，主要是碱性氨基酸（特别是精氨酸）和芳香族氨基酸残基相结合，同时磺酸基与蛋白质的带正电荷的碱性基团结合，形成蓝色的蛋白质-染料复合物，使染料的最大吸收峰的位置由 465nm 变为 595nm，溶液的颜色也由红色变为蓝色。采用分光光度法测定吸光度 A_{595nm}，蛋白质含量与 A_{595nm} 成正比。

考马斯亮蓝法灵敏度高，反应速度快，蛋白质检测范围在 0.01～1.0mg 之间，是目前应用最为广泛的测定蛋白质含量的方法。由于实验条件的变动会影响染料分子和蛋白质分子的结合，使复合物的摩尔吸光系数 ε 发生变动，因此，用考马斯亮蓝 G-250 测定蛋白质浓度时，每次都需要制作标准曲线。此外，考马斯亮蓝法还是聚丙烯酰胺凝胶电泳分离蛋白质的常规检测方法。

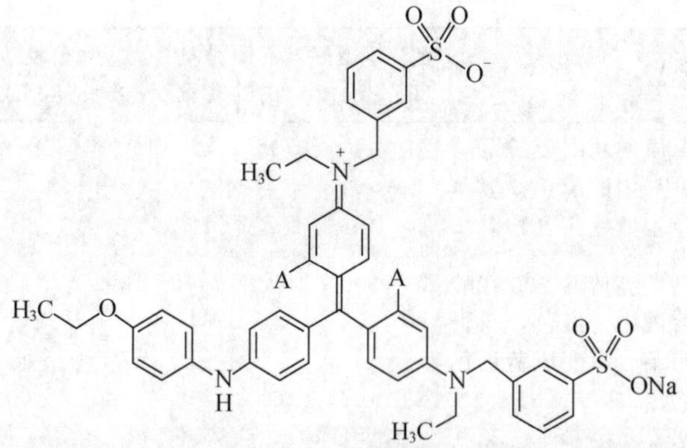

图 13-2　G-250 和 R-250 分子结构

G-250：A＝CH_3；R-250：A＝H

【例 13-2】　尿蛋白测定是确定肾病的一种重要指标，正常范围是 40～150mg/24h。现收集某人 24h 尿液共 1.2L，取尿液样品 3 份到 96 孔酶标板，每份 100μl，加入 150μl 考马斯亮蓝显色液，混合后在室温下放置 5min 反应。然后用酶标仪测定 596nm 吸光度 *A* 分别为：3.200，3.300，3.500。将尿液样品稀释 10 倍后，测定的 *A* 为：0.470，0.472，0.475。在样品分析的同时，制作标准工作曲线（即配制一组浓度确定的蛋白质标准溶液，同样取 100μl 到酶标板然后加入 150μl 显色液，显色后测定 596nm 吸光度），得到工作曲线的回归方程为：$A=5.0\times10^{-3}\,c+0.005$（*c* 为标准溶液的蛋白质浓度，mg/L）。计算此人 24h 尿蛋白总量，此人是否有肾病可能性？

解：未稀释样品测定的吸光度数值 3.200、3.300、3.500 已经超过了 2.0，测量误差可能过大，因此应当采用稀释后测定的结果：0.470，0.472，0.475。

三次测量的平均值：$\overline{A}=(0.470+0.472+0.475)/3=0.472$

将平均值带入工作曲线的回归方程，计算稀释后样品中的蛋白浓度：

$$c(1/10)=(0.472-0.005)/5.0\times10^{-3}=93.4\text{mg/L}$$

样品中的蛋白浓度：$c=(1/10)c\times10=934\text{mg/L}$

24h 尿蛋白总量：$m_{24h}=934\times1.2=1120\text{mg/24h}$

此尿蛋白水平远远高于正常值，故有肾病可能性。

测定蛋白质含量的方法还有很多种，表 13-2 列出根据蛋白质不同性质建立的一些蛋白质测定方法。

表 13-2　常用的测定蛋白质含量方法的比较

方法	基本原理	测定范围（μg/ml）	不同种类蛋白的差异	最大吸收波长（nm）	特点
凯氏定氮法	滴定分析		小		标准方法，准确，操作麻烦，费时，灵敏度低，适用于标准的测定
紫外-分光光度法	蛋白质分子中酪氨酸、色氨酸残基在 280nm 附近有强吸收	100～1000	大	280，205	灵敏，快速，不消耗样品，核酸类物质有影响
双缩脲法	在碱性溶液中蛋白质与铜离子发生双缩脲反应，形成紫色配合物	1000～10000	小	540	重复性、线性关系好，灵敏度低，测定范围窄，样品需要量大

（续表）

方法	基本原理	测定范围（μg/ml）	不同种类蛋白的差异	最大吸收波长（nm）	特点
Folin-酚试剂法（又称 Lorry 法）	蛋白质中的酪氨酸可与酚试剂中的磷钼钨酸作用产生蓝色化合物	20～500	大	750	灵敏，费时较长，干扰物质多
考马斯亮蓝法（又称 Bradford 法）	考马斯亮蓝 G-250 在酸性溶液中为红色，与蛋白质结合后变成蓝色化合物	50～500	大	595	灵敏度高，稳定，误差较大，颜色会转移
BCA 法（bicinchoninic acid）	在碱性环境下蛋白质与 Cu^{2+} 络合并将 Cu^{2+} 还原成 Cu^{+}，BCA 与 Cu^{+} 结合形成稳定的紫蓝色化合物	50～500	大	562	灵敏度高，稳定，干扰因素少，费时较长

蛋白质测定的方法很多，但每种方法都有其特点和局限性，如凯氏定氮法结果虽然最精确，但操作复杂，用于大批量样品的测定则不太合适；双缩脲法操作简单，线性关系好，但灵敏度差，样品需要量大，测量范围窄，因此在科研上的应用受到限制；而酚试剂法弥补了它的缺点，因而在科研中被广泛采用，但是它的干扰因素多；BCA 法试剂稳定，抗干扰能力较强，结果稳定，灵敏度高。

（六）复杂样品的染色

生物复杂样品（细胞或组织）的化学染色在生物医学研究和病理检验等应用中是一种常规的手段。组织化学染色（histochemistry stain）是在保持完整的细胞形态和结构的前提下，运用化学反应如使用染色剂等方法使不同组织或细胞内物质呈现不同颜色，进而对细胞内的各种化学物质（酶类、脂类、糖类、铁、蛋白质、核酸等）作定性、定位、半定量分析的方法。

对于细胞和组织等复杂生物样品，通常选用几种不同性质和颜色的染色剂进行染色。例如苏木紫-伊红（haematoxylin and eosin，HE）染色法是病理技术中最常用的一种方法。HE 染色法首先将组织切片样品用苏木紫染色，然后将样品酸化处理后用伊红染色。细胞核内 DNA 双螺旋结构的外侧带负电荷，很容易与带正电荷的苏木紫碱性染料以离子键或氢键结合而被染色。苏木紫在碱性溶液中呈蓝色，所以细胞核被染成蓝色。伊红是一种酸性染料。细胞质中的蛋白质为两性化合物，当染液的 pH 在胞质蛋白质等电点（4.7～5.0）以下时，胞质蛋白以碱式电离，带正电荷；伊红解离成带负电荷的阴离子，与带正电荷的胞质蛋白结合，使细胞质呈红色。HE 染色之后，在光学显微镜下，能够对细胞结构进行观察，判断组织细胞是否发生恶性病变。

免疫组织化学染色（immunohistochemistry stain）目前广泛使用于各种研究领域和临床诊断。它是根据抗原-抗体专一性结合的原理，先将已知的抗原（或抗体）标记上荧光素，再用这种荧光抗原（或抗体）作为探针检查细胞或组织内的相应抗体（或抗原），利用荧光显微镜可以看见荧光所在的细胞或组织，从而确定抗原或抗体的性质和定位，以及利用定量技术测定含量。免疫组织化学的优势在于专一性好、灵敏度高、简便快速以及成本低廉，所以广为医院采用，对探讨各类疾病发病原理和观察治疗反应及预后起了极其重要的作用。

（七）定量分析方法

分光光度法常用的定量分析方法有标准曲线法、标准对照法、比吸光系数比较法、差示分光光度法以及双波长法等。

1．标准曲线法　标准曲线法（standard curve method）是分光光度法中最为常用的方法。

其方法是：取标准品配成一系列已知浓度的标准溶液，在选定波长处（通常为 λ_{max}），用同样厚度的吸收池分别测定其吸光度，以吸光度为纵坐标，标准溶液浓度为横坐标作图，得一通过坐标原点的直线——标准曲线，又称工作曲线。然后将被测溶液置于吸收池中，在相同条件下，测定其吸光度，根据吸光度即可在标准曲线上查得其对应的含量。该方法对于经常性批量测定十分方便，采用此法时，应注意使标准溶液与被测溶液在相同条件下进行测定，且被测溶液的浓度应在标准曲线的线性范围内。图 13-3 所示为维生素 B_{12} 溶液测定的标准曲线。

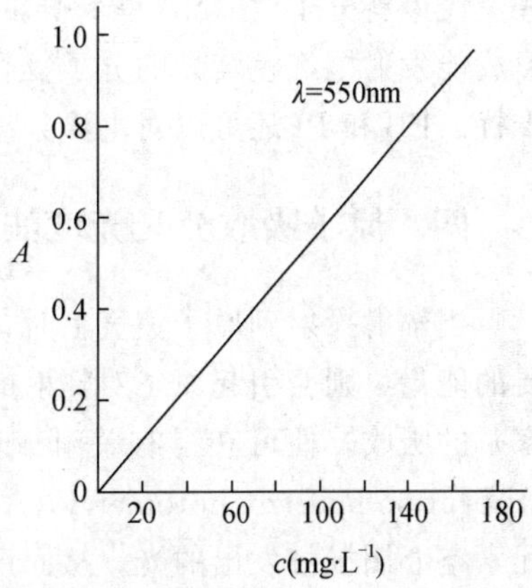

图 13-3　维生素 B_{12} 的标准曲线

2. 标准对照法　先配制一个与被测溶液浓度相近的标准溶液（其浓度用 c_s 表示），在 λ_{max} 处测出吸光度 A_s，在相同条件下测出试样溶液的吸光度 A_x，则试样溶液浓度 c_x 可按下式求得：

$$c_x = \frac{A_x}{A_s} \times c_s$$

此方法适用于非经常性的分析工作。标准比较法简单方便，但标准溶液与被测试样的浓度必须相近，否则误差较大。

二、红外光谱法

红外光谱（波长范围为 0.76～1000μm）也是一种分子吸收光谱。分子的振动能量比转动能量大，当发生振动能级跃迁时，不可避免地伴随有转动能级的跃迁，这种分子的振动-转动光谱称为红外吸收光谱。红外光谱法（infrared spectroscopy，IR）是利用分子的红外吸收光谱而建立的分析方法。除了单原子和同核分子如 Ne、He、O_2、H_2 等之外，几乎所有的有机化合物在红外光谱区均有特征吸收，而且结构不同的化合物其红外光谱也不相同。红外光谱能提供有机化合物丰富的结构信息，如分子的键长、键角，推断分子的立体构型，研究配体的结合和氢键间的相互作用，并在特定的环境中探测分子的构象。因此，红外光谱法是目前鉴定化合物和测定分子结构的最有用方法之一。红外光谱中吸收峰的强度与物质分子的含量有关，可用以进行定量分析和纯度鉴定。由于红外光谱特征性强，气体、液体、固体样品都可测定。红外光谱分析具有用样量少、分析速度快、不破坏样品等特点，在分析中应用非常广泛。

三、荧光/发光分析法

分子中的电子吸收特定波长的光由基态跃迁至激发态，大多数分子将通过与其他分子的碰撞以热的方式散发掉这部分能量，而部分分子则以光的形式放射出这部分能量，这种物质吸收光而发出较入射波长更长的光即为荧光（fluorescence）。利用荧光谱线位置及其强度进行物质定性和定量分析的方法，称为荧光分析法（fluorescence/luminesence spectrophotometry）。荧光分析法灵敏度高，选择性好，检测限（detection limit）可达 10^{-12}g，可监测超痕量的生物活性物质。

具有荧光的物质其分子结构中通常含有共轭体系，很多具有刚性平面结构的有机分子具有强烈的荧光，如蛋白质、DNA 以及许多生物活性物质具有天然荧光（或内源性荧光），这些物质都可以采用荧光分析法进行检测。一些荧光染料分子也可以结合到生物大分子上，当大分子的结构发生变化时，引起染料分子周围微环境的变化，根据染料分子的荧光可以研究大分子的结构，这些染料分子称为荧光探针。许多荧光探针可以对细胞内的组分进行标记，用来检测细胞的生长状态。例如溴化乙锭（ethidium bromide，EB）和碘丙锭（propidium iodide，PI），这些荧光染料分子对DNA有特异的结合能力，可以插入到DNA分子的碱基对中，与DNA分子形成能发射橙红色荧光的分子复合物，检测灵敏度很高，细胞中的蛋白质分子等不会对染色有干扰。EB和PI还可以对电泳分离的DNA分子进行染色定位。

四、原子吸收分光光度法

当辐射投射到原子蒸气上时，如果辐射波长相应的能量等于原子由基态跃迁到激发态所需要的能量，则会引起原子对辐射的吸收，产生吸收光谱，通过测定气态原子对特征波长（或频率）的吸收，便可获得有关组成和含量的信息。这种方法称为原子吸收分光光度法（atomic absorption spectrophotometry，AAS）。通过原子化器将待测试样原子化，待测原子吸收待测元素空心阴极灯发出的光，从而产生光吸收，吸光度与待测元素的浓度成正比。此法的优点是准确度和精密度高，选择性好且抗干扰能力强。原子吸收分光光度法一般是测定生物样品中的金属元素含量的首选定量方法。

五、核磁共振波谱法

核磁共振波谱法（nuclear magnetic resonance spectroscopy，NMR）是利用在外磁场中，具有核磁矩的原子核吸收射频能量，发生核自旋能级的跃迁，同时产生核磁共振信号，得到核磁共振波谱。具有核磁矩的原子核包括^{1}H、^{13}C、^{19}F、^{31}P等。NMR图谱提供化合物原子核的数目、原子所处化学环境和分子几何构型的信息，结构中每个官能团和结构单元都有确切对应的吸收峰，而每一个吸收峰都能找到确切的归属。目前核磁共振波谱是鉴定有机化合物以及生物大分子结构和构象的重要工具之一。

核磁共振技术最大的特点是适合于液态样品的测定，而且是非破坏性的。核磁共振技术可以分析蛋白质在溶液中构象的变化，与蛋白质晶体相比，溶液中的蛋白质的构象更接近其生命状态。核磁共振成像技术（nuclear magnetic resonance imaging，NMRI）是核磁共振在医学领域的应用，这是一种革命性的医学诊断工具。这种技术用于人体内部结构的成像，分辨力高，对病灶能更好地进行定位、定性的诊断。

六、电子自旋共振波谱分析法

电子自旋共振是指具有顺磁的物质的未成对电子的自旋共振。在磁场中未成对电子以一定的频率转动，当外界加入射频磁场的频率与电子的转动频率相同时，电子吸收射频能量，产生电子自旋能级跃迁，形成电子自旋共振吸收波谱。根据谱线位置、强度、裂分数目和超精细分裂常数，对分子中的单电子及其周围环境进行定性和定量的分析。电子自旋共振波谱分析法（electron spin resonance spectroscopy，ESR）可用于直接检测和研究含有未成对电子的顺磁性物质，如自由基（$\cdot O_2^-$、$\cdot OH$等）、分子（NO、O_2等）、原子、过渡金属离子和稀土离子，也用于研究固体晶格的缺陷、多重态分子及半导体的杂质等。ESR的灵敏度高，检出所需自由基的绝对浓度约在$10^{-8}mol \cdot L^{-1}$。

第二节 其他重要仪器分析方法

一、电化学分析法

利用电化学原理进行分析的方法称为电化学分析法，是分析方法中最强有力且应用最广泛的技术之一。电化学分析法包括电位分析法、极谱分析法、电导分析法和库仑分析法等多种方法。其中电位分析法采用离子选择性电极和酶电极等进行定量分析，在生物科学研究中应用最为广泛。pH 计就是最常见的电化学分析仪器。电位分析法可以测定其他方法难以测定的许多种离子，如碱金属离子和碱土金属离子、无机阴离子和有机离子等的定量分析，还是测定平衡常数的重要手段，也可用于如有色溶液、浑浊溶液或缺乏合适指示剂的沉淀反应的滴定体系。

二、质谱分析法

质谱是带电原子、分子或分子碎片按质荷比（或质量）的大小顺序排列的图谱。质谱分析法（mass spectrometry，MS）是被分析的分子在真空中被电子轰击形成离子，通过电磁场按不同质荷比（m/Z）大小分离，根据分子离子及碎片离子的质量数及其相对峰度，可对待测物质进行分子量的测定、化学式及结构式的鉴定。质谱分析法灵敏度很高，检测限可达 10^{-11} g。

质谱是纯物质鉴定的最有力工具之一，其中包括分子量测定、化学式确定及结构鉴定等。在质谱图中，根据分子离子的 m/Z 可获得分子的分子量；此外，从碎片离子的类型和分子量分布，可以推测这些分子的化学结构信息。最初的质谱仪主要用来测定元素或同位素的原子量，随着质谱技术的不断改进和完善，质谱的应用范围已扩展到生命科学研究的许多领域，特别是质谱在蛋白质、医学检测、药物成分分析及核酸等领域得到了广泛应用。近年来为了解决生命科学研究中有关生物活性物质的分析，发展了生物质谱，它是质谱分析中最活跃、最富生命力的前沿研究领域之一，已成为测定生物大分子如蛋白质、核酸和多糖等结构的最重要的分析方法。

三、X 射线晶体衍射法

X 射线是原子内层电子在高速运动电子的轰击下发生能级跃迁而产生的光辐射。晶体可被用作 X 射线的光栅，X 射线穿过晶体会产生散射和衍射作用，通过对衍射图样的分析，可以计算出晶体的晶胞参数和内部原子的排列。因此，X 射线衍射（X-ray diffraction）分析主要用于测定晶体的结构。X 射线衍射表征晶体结构，是测定蛋白质、核酸和其他生物大分子三维结构的重要手段，一多半的蛋白质三维结构都是由单晶 X 射线衍射法获得的。实际上，X 射线晶体衍射法所直接得到的不是物体的图像而是一张衍射图样，再利用计算机重组，绘制出电子密度图，进而构建出三维分子图像，确定蛋白质分子结构中各原子的位置、键长、键角和分子构象等情况。目前，研究蛋白质空间结构的最高分辨率为 0.14nm，即从衍射图上几乎可以辨认出除氢原子外的所有原子。X 射线衍射分析方法的局限性表现为只能测定单晶样品（图 13-4）。

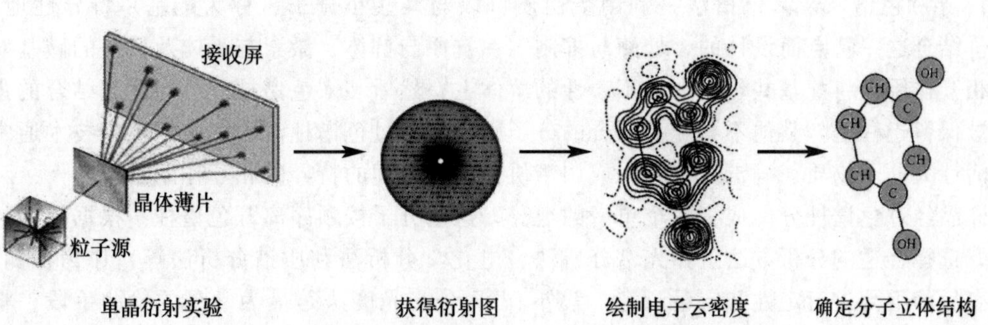

图 13-4 单晶 X 射线衍射法得到分子三维结构的基本过程

第三节 重要的分离、分析方法

一、色谱分析法

在面对复杂的样品时，要想准确灵敏地进行组分检测，样品中各组分的有效分离就显得尤其重要，而色谱法则是一种集高效分离与灵敏检测于一体的分析技术。色谱分析法（chromatography analysis）是一种物理或化学的分离方法，待分离样品流经色谱柱（packed column）时，由于不同组分的性质（如溶解性、极性、离子交换能力、分子大小等）不同，它们在流动相和固定相间不断进行分配，最终分离。色谱分析法的最大特点是其高超的分离能力（能同时分离几十种甚至上百种化合物），它的分离效率远远高于蒸馏、萃取、离心等分离技术。此外还有高灵敏度、高选择性、高效能、分析速度快及应用范围广等优点。根据色谱的分离机制，色谱分析法又可以分以下几种方法。

1. 反相色谱　是一种以疏水作用为基础的色谱分离模式。在色谱柱中固定了一层油膜，当水溶液样品通过色谱柱时，其中亲油的分子（非极性分子）可以吸附到固定相的油膜中，这样样品中的极性的亲水分子和固定相间的相互作用较弱，因此较快流出；而疏水性相对较强的分子和固定相间存在较强的相互作用，在柱内保留相对较长的时间。反相色谱可分离各种有机小分子以及生物大分子如蛋白质、多肽、核酸。

2. 凝胶过滤色谱　在色谱柱中填充一种凝胶颗粒，在这些颗粒内部具有细微的多孔网状结构。待分离组分进入色谱柱后，较大的分子不能进入凝胶孔隙，会很快随流动相流出；而较小的分子能够进入凝胶孔隙，则需要较长时间才能被洗脱出来；样品分子按其分子大小先后从色谱柱中流出，实现各组分的分离。凝胶层析可用于蛋白质、多肽、脂类、甾类、脂肪酸、维生素等的分离。

3. 离子交换色谱　在色谱柱中填充了一些表面带有电荷的物质——离子交换剂（即离子交换树脂）。离子交换树脂分子结构中存在许多可以电离的活性中心，待分离组分中的离子会与这些活性中心发生离子交换。离子交换色谱即是利用被分离组分与固定相之间发生离子交换的能力差异来实现分离。该方法主要是用来分离离子或可解离的化合物，不仅应用于无机离子的分离，而且广泛地应用于有机和生化物质如氨基酸、核酸、蛋白质等的分离。离子交换剂分为阳离子交换剂（表面带负电荷）和阴离子交换剂（表面带正电荷）。蛋白质和核酸分子在中性溶液中多数带有负电荷，因此可用阴离子交换剂进行分离。在阴离子交换柱中，蛋白质按照带有负电荷的多少顺序流出色谱柱，带负电荷少的先出柱，带负电荷多的后出柱。

4. 亲和色谱　亲和色谱法是利用蛋白质可以与某些小分子（称为配基）特异性地可逆、非共价结合这一特点而设计的，如酶与抑制剂、抗原与抗体、激素与受体及核酸的碱基对等之间的相互作用。将配基共价结合在不溶性的载体上，然后装入色谱柱。可与配基结合的蛋白质分子被保留于柱上，其他不与配基结合的分子则很快通过色谱柱流出。亲和色谱技术通常用于分离活性大分子物质、病毒及细胞，或用于研究大分子间的特异的相互作用。

样品经过色谱柱分离成一个个单一的组分，这些分子按顺序离开色谱柱。根据样品的化学性质，选择合适的分析方法（如光谱分析法、电化学分析法和质谱分析法等）作为检测手段，对分离后的组分进行定性和定量测定。紫外-可见分光光度法是最为常见的检测手段。将质谱仪与色谱仪联用的仪器分析方法称为色谱-质谱联用，它综合了色谱仪具有高度分离能力和质谱仪具有准确结构鉴定能力的优点，能够对复杂混合物同时进行组分分离和物质结构鉴定。色谱-质谱联用技术已成为大分子及生命物质分离分析和表征的最重要技术，是复杂混合物分析的主要定性和定量手段之一。

根据在分离时流动介质的不同，色谱分析法可分为气相色谱、液相色谱和超临界流体色谱。在化学和生化分析中应用最为广泛的是高效液相色谱（high performance liquid chromatography，HPLC）。HPLC是采用高压输液泵、高效固定相和高灵敏在线检测器等装置而发展起来的现代分离分析方法，例如乳制品中三聚氰胺的检测，中药有效成分的分离、鉴定与含量测定，体内药物分析及临床检验等都可以用HPLC进行测定。20世纪90年代后期出现了超临界流体色谱法，既可以分析挥发性成分，又可以分析高沸点和难挥发样品，主要用于超临界流体萃取分离和制备。

毛细管电泳分析法（capillary electrophoresis，CE）是一类以毛细管为分离通道、以高压电场来驱动组分分子流动的分离技术。它包含电泳和色谱两种技术，是化学分析中继HPLC之后的又一重大进展。与HPLC相比，毛细管电泳分析法分析速度快，一般分析时间小于30min，分析灵敏度提高，能检测一个碱基的变化。毛细管电泳分析法是对生物大分子（蛋白质、核酸）分离分析和表征的重要技术之一。

二、电泳分离法

带电荷的分子由于不同的分子大小以及电荷的多少，在电泳过程中移动的速率不同，因此可以有效分离如蛋白质、核酸等生物大分子。根据电泳的支持介质不同，分为琼脂糖凝胶电泳和聚丙烯酰胺凝胶电泳。

（一）琼脂糖凝胶电泳

琼脂糖（agrose）凝胶可用于蛋白质和核酸的电泳支持介质，尤其适合于核酸的提纯和分析。琼脂糖通过分子内和分子间氢键形成较为稳定的交联结构。通过调整琼脂糖的浓度来控制凝胶的孔径的大小，低浓度的琼脂糖形成较大的孔径，而高浓度的琼脂糖形成较小的孔径。常用1%的琼脂糖作为电泳支持物。普通琼脂糖凝胶分离DNA的范围为0.2～20kb，可区分相差100bp的DNA片段。

分离后的核酸使用荧光染料进行染色定位，最常用的是溴化乙锭（EB），可以特异地对分离的DNA分子染色，蛋白质分子不会对染色有干扰。染色后通常需要用一些有机溶剂洗涤，除去多余的染料分子，这个过程称为脱色。

（二）聚丙烯酰胺凝胶电泳

1. 聚丙烯酰胺凝胶电泳（polyacrylamide gel electrophoresis，PAGE）是以聚丙烯酰胺凝胶作为支持介质，是蛋白质分离、纯度鉴定及分子量测定中最为常用的方法。聚丙烯酰胺凝胶是由单体的丙烯酰胺和甲叉双丙烯酰胺聚合而成。蛋白质在聚丙烯酰胺凝胶中电泳时，它的迁移率取决于它所带净电荷、分子的大小以及形状等因素。十二烷基磺酸钠（SDS）是一种阴离子去污剂，与蛋白质结合后使蛋白质变性并带上大量负电荷，消除了不同种蛋白质间原有的电荷差别；SDS与蛋白质结合后，还可引起蛋白构象的改变，形成近似“雪茄烟”形的长椭圆棒；因而蛋白质在凝胶中的迁移率就只取决于分子的大小，不再受蛋白质原有的电荷和形状的影响，就可以用电泳技术测定蛋白质的分子量（图13-5）。

蛋白质条带染色是蛋白质凝胶电泳中一个重要的步骤。常用的凝胶上蛋白质染色方法主要有染料染色法、银染法、负染法和荧光染色法。最常用的蛋白质染料是考马斯亮蓝。通过电泳技术对蛋白样品分离后，在酸性溶液中考马斯亮蓝可对蛋白质斑点进行染色定位。考马斯亮蓝染色法操作简便、实用，但灵敏度稍低。另一种常用的蛋白质染色法是银染法。银离子能与蛋白质上的羧基（$—COO^-$）通过静电力相结合；同时银离子还可与氨基酸上的巯基、甲硫基和氨基结合。在甲醛等还原剂的还原作用下，与蛋白质结合的银离子可变为黑褐色的金属银而使蛋白质显色。银染法是目前最灵敏的染色方法，可检测样品中纳克水平的蛋白。

2. 二维凝胶电泳（two-dimensional gel electrophoresis，2-DE）也称双向凝胶电泳，是根

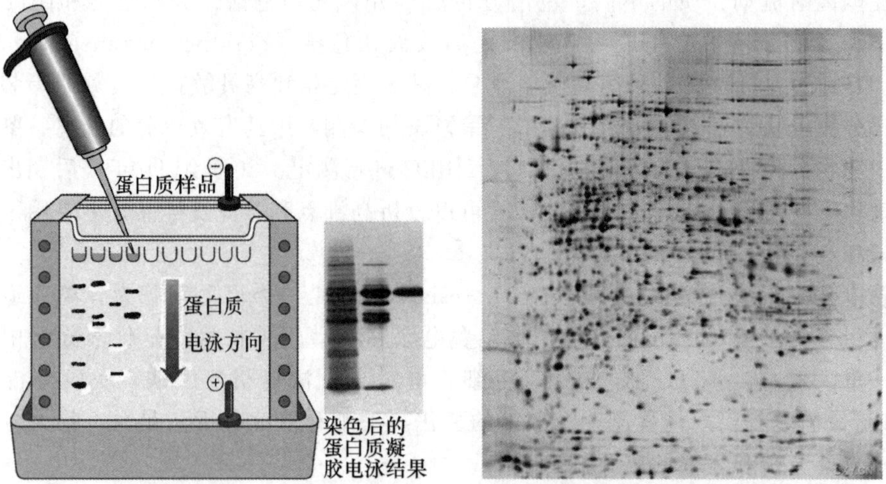

图 13-5 聚丙烯酰胺凝胶电泳装置和电泳图片

左为一次电泳、右为双向电泳

据样品中蛋白质的等电点（isoelectric points，pI）和分子量（molecular weight，MW）将样品中的蛋白质进行分离。其原理是第一维基于蛋白质 pI 不同用等电聚焦（isoelectric focusing，IEF）进行分离，第二维则按分子量的不同用 SDS-PAGE 分离，把复杂蛋白混合物中的蛋白质在二维平面上分开。二维凝胶电泳技术广泛应用于蛋白质组学（proteomics）研究。

3. 免疫印迹法（western blotting） 是一种将凝胶电泳和免疫化学相结合的分析技术。将 PAGE 分离的蛋白质转移到固相载体（例如硝酸纤维素薄膜）上，固相载体以非共价键形式吸附蛋白质，能使蛋白的生物活性保持不变。以蛋白质为抗原，与相应的抗体发生免疫反应，再与酶或同位素标记的第二抗体作用，经过底物显色或发光自显影以检测电泳分离的特异性蛋白成分。该技术广泛应用于细胞和组织内蛋白质分布和表达水平的测定。

第四节 显微分析技术

显微分析技术可以观察物质的微观形貌、粒度及粒度分布情况、内部结构、表面及微区结构等重要信息。常用的显微镜包括以下几种。

一、光学显微镜

光学显微镜是利用光学原理把人眼所不能分辨的微小物体放大成像，以供人们提取微细结构信息的光学仪器。光学显微镜发明于 17 世纪，通过它可观察到称为生命单元的细胞；为了更清晰地观察，倒置显微镜、相差显微镜和荧光显微镜等相继问世。光学显微镜的分辨力约为 0.2μm，相当于将物体放大到 1000 倍左右。

二、电子显微镜

20 世纪 20 年代，人们发现电子也具有波的性质，利用电子束在外部磁场或电场的作用下可以发生弯曲形成类似于可见光通过玻璃时的折射这一物理效应，1932 年第一台电子显微镜问世。电子显微镜是根据电子光学原理，用电子束和电子透镜代替光束和光学透镜，使物质的细微结构在非常高的放大倍数下成像的仪器。光学显微镜的最大放大倍率约为 2000 倍，而现代电子显微镜最大放大倍率超过 300 万倍，所以通过电子显微镜就能直接观察到某些重金属的原子和晶体中排列整齐的原子点阵。电子显微镜因需在真空条件下工作，所以很难观察活的生物，而且电子束的照射也会使生物样品受到辐照损伤。

电子显微镜可以分成扫描电子显微镜和透射电子显微镜两种。

1. 扫描电子显微镜（scanning electron microscope，SEM） 是用聚焦电子束轰击样品，采用其成像电子信号来获取物质表面形态的信息，用来观察标本的表面结构。扫描电镜中的电子束不穿过样品，仅在样品表面扫描。扫描电镜的主要特点是：①不需要很薄的样品；②图像有很强的立体感；③分辨力为 6～10nm（图 13-6）。

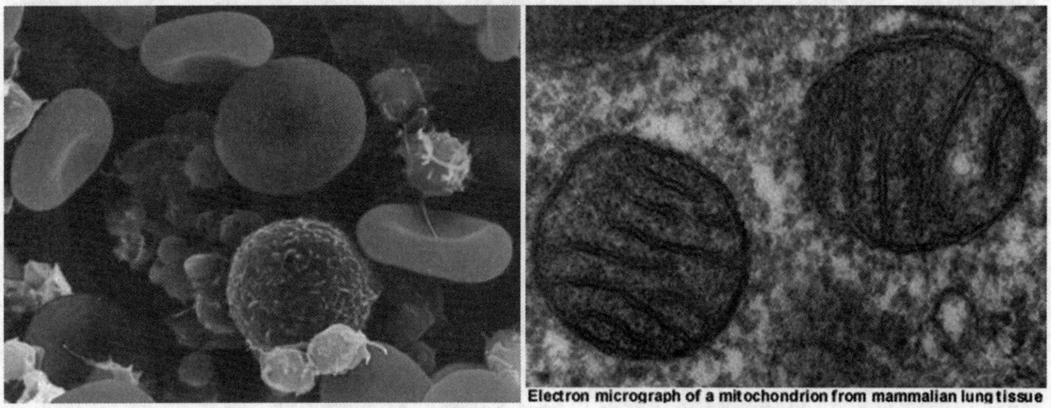

Electron micrograph of a mitochondrion from mammalian lung tissue

图 13-6 扫描电镜观察到的血细胞图像（左）和透射电镜下的线粒体（右）

2. 透射电子显微镜（transmission electron microscope，TEM） 是一种以波长极短的电子束作为光源，用电磁透镜聚焦透射电子成像的电子光学仪器。样品较薄或密度较低的部分电子束散射较少，这样就有较多的电子通过物镜参与成像，在图像中显得较亮；反之，样品中较厚或较密的部分在图像中则显得较暗。透射电子显微镜具有 100 万倍以上的放大能力，分辨力可达 0.2nm。透射电镜具有多种分析能力，可以观察物质的表面形貌和颗粒的大小，对表面的原子排列进行微区分析，也可以利用电子衍射等技术对样品的固态物相或化学组成进行分析，并可获得样品的某些晶体结构参数，是生物样品、半导体以及纳米材料等研究的最有力工具之一。

三、原子力显微镜

原子力显微镜（atomic force microscope，AFM）和扫描隧道显微镜（scanning tunnelling microscope，STM）均属于 20 世纪 80 年代世界重要的科技成就。AFM 是一种纳米级高分辨力的扫描探针显微镜，利用微悬臂感受和放大悬臂上探针与样品原子之间的作用力，检测样品的表面特性，具有原子级的分辨力。AFM 不需要对样品做任何特殊处理，便可得到样品的表面三维图像，在常压下甚至在液体环境下可以工作，用于研究生物宏观分子甚至活的生物组织。STM 是一种利用量子理论中的隧道效应探测物质表面结构的仪器。作为一种扫描探针显微术工具，STM 可以观察单个原子在物质表面的排列状态和表面电子行为，还可在低温下（4K）利用探针尖端精确操纵原子。AFM 和 STM 在表面科学、材料科学、生命科学等领域的研究中有着重大的意义和广泛的应用前景。

四、激光扫描共聚焦显微镜

激光扫描共聚焦显微镜（laser scanning confocal microscopy，LSCM）是在荧光显微镜成像的基础上加装激光扫描装置，利用计算机进行图像处理，从而得到细胞或组织内部微细结构的荧光图像。激光扫描共聚焦显微镜可以处理活的标本，不会对标本造成物理化学特性的破坏，更接近细胞生活状态参数测定，已广泛应用于细胞生物学等领域，可对生物样品进行定性、定量、定时、定位和动态研究，具有很大的优越性（图 13-7）。

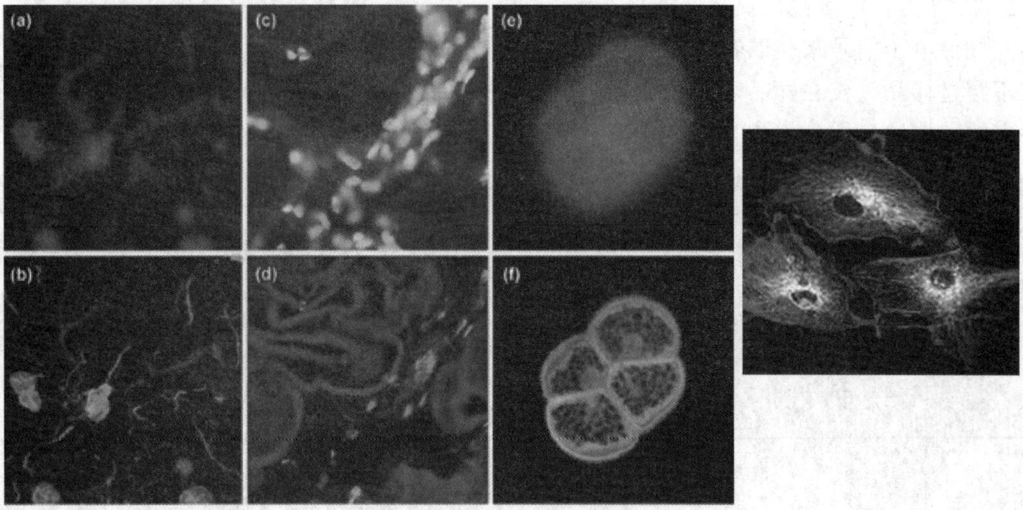

图 13-7　传统宽场荧光显微镜（左）和激光扫描共聚焦显微镜（右）对相同样品观察的比较

a、b：小鼠海马区；c、d：大鼠平滑肌；e、f：向日葵花粉

五、流式细胞术

流式细胞术（flow cytometry，FCM）是对悬液中的单细胞或其他生物粒子，通过检测标记的荧光信号，实现高速、逐一的细胞定量分析和分选的技术。其特点是：① 测量速度快，最快可在 1s 内测数万个细胞；② 可进行多参数测量，可以对同一个细胞做有关物理、化学特性的多参数测量，并具有明显的统计学意义；③ 是一种综合性的高科技方法，它综合了激光技术、计算机技术、流体力学、细胞化学、图像技术等多领域的知识和成果；④ 既是细胞分析技术，又是精确的分选技术。流式细胞术在很多领域包括分子生物学、免疫学、器官移植、血液学、肿瘤免疫学和化疗等具有很广泛的应用。

习　题

1. 用分光光度法进行定量分析，常将波长选择在 λ_{max} 处的原因是什么？

2. 用分光光度法测定金属离子含量时为什么需要使用显色剂？显色剂反应的条件如何控制？

3. 维生素 C 的酸溶液在波长 245nm 处的吸收系数 $\varepsilon = 10^4$ L/(mol · cm)。称取含维生素 C 的某试样 0.05g 溶于 100ml 的 0.005mol/L 硫酸溶液中，再准确量取此溶液 2.00ml 稀释至 100ml，取此溶液于 1cm 吸收池中，在 λ_{max} 245nm 处测得吸光度为 0.551，求试样中维生素 C 的百分含量。维生素 C 的分子量为 176。

4. 有一标准 Fe^{3+} 溶液，浓度为 6μg/ml，其吸光度为 0.304，而试样溶液在同一条件下测得吸光度为 0.510，求试样溶液中 Fe^{3+} 的含量（mg/L）。

5. 含有 Fe^{3+} 的某药物溶解后，加入显色剂 KSCN 溶液，生成红色配合物，用 1.00cm 吸收池在分光光度计 420nm 波长处测定，已知该配合物在上述条件下 ε 为 1.8×10^4 L/(mol · cm)，如该药物含 Fe^{3+} 约为 0.5%，现欲配制 50ml 试液，为使测定相对误差最小，应称取该药多少克？

6. 精密称取维生素 B_{12} 对照品 20mg，加水准确稀释至 1000ml，将此溶液置于厚度为 1cm 的吸收池中，在 $\lambda=361$nm 处测得其吸光度为 0.414。另有两个试样，一为维生素 B_{12} 的原料药，精密称取 20mg，加水准确稀释至 1000ml，同样在 $l=1$cm、$\lambda=361$nm 处测得其吸光度为 0.400；一为维生素 B_{12} 注射液，精密吸取 1.00ml，稀释至 10.00ml，同样测得其吸光度为 0.518。试分别计算维生素 B_{12} 原料药及注射液的含量。

7. 测定血清中的磷酸盐含量时，用标准加入法进行测定。取血清试样 5.00ml 于 100ml 量瓶中，加显色剂显色后，稀释至刻度。吸取该试液 25.00ml，测得吸光度为 0.582；另取该试液 25.00ml，加 1.00ml 0.0500mg 磷酸盐，测得吸光度为 0.693。计算每毫升血清中含磷酸盐的质量。

8. 测定废水中的酚的含量，利用加入过量的有色的显色剂与酚形成有色络合物，并在 575nm 处测量吸光度。若溶液中有色络合物的浓度为 1.0×10^{-5} mol/L，游离试剂的浓度为 1.0×10^{-4} mol/L，测得吸光度为 0.657。在同一波长下，仅含 1.0×10^{-4} mol/L 游离试剂的溶液，其吸光度为 0.018，所有测量都在 2.0cm 吸收池和以水做空白下进行。计算在 575nm 时：

(1) 游离试剂的摩尔吸光系数。

(2) 有色络合物的摩尔吸光系数。

9. 某一元弱酸的酸式在 475nm 处有吸收，$\varepsilon=3.4\times10^{4}$ L/(mol・cm)，而它的共轭碱在此波长下无吸收，在 pH＝3.90 的缓冲溶液中，浓度为 2.72×10^{-5} mol/L 的该弱酸溶液在 475nm 处的吸光度为 0.261（用 1cm 比色杯）。计算此弱酸的 K_a。

10. 某酸碱指示剂，其酸式（HA）吸收 420nm 的光，摩尔吸光系数为 325L/(mol・cm)。其碱式（A^-）吸收 600nm 的光，摩尔吸光系数为 120L/(mol・cm)。HA 在 600nm 处无吸收，A^- 在 420nm 处无吸收。现有该指示剂的水溶液，用 1cm 比色皿，在 420nm 处测得吸光度为 0.108，在 600nm 处吸光度为 0.280。若指示剂的 pK_a 为 3.90，计算该水溶液的 pH。

（刘会雪）

附录一　有关计量单位

表 1　国际单位制（SI）的基本单位

量的名称	单位名称	单位符号	量的名称	单位名称	单位符号
长度	米	m	热力学温度	开［尔文］	K
质量	千克	kg	物质的量	摩［尔］	mol
时间	秒	s	发光强度	坎［德拉］	Cd
电流	安［培］	A			

注：[] 内的字，是在不致混淆的情况下可以省略的字

表 2　包括 SI 辅助单位在内的具有专门名称的 SI 导出单位

量的名称	单位名称	单位符号	用 SI 单位表示
［平面］角	弧度	rad	1rad=1m/m=1
立体角	球面度	sr	$1sr=1m^2/m^2=1$
频率	赫［兹］	Hz	$1Hz=1s^{-1}$
力，重力	牛［顿］	N	$1N=1kg\cdot m/s^2$
压力，压强，应力	帕［斯卡］	Pa	$1Pa=1N/m^2$
能［量］，功，热	焦［耳］	J	$1J=1N\cdot m$
功率，辐［射能］通量	瓦［特］	W	1W=1J/s
电荷［量］	库［仑］	C	$1C=1A\cdot s$
电压，电动势，电位	伏［特］	V	1V=1W/A
电容	法［拉］	F	1F=1C/V
电阻	欧［姆］	Ω	1Ω=1V/A
电导	西［门子］	S	$1S=1\Omega^{-1}$
磁通［量］	韦［伯］	Wb	$1Wb=1V\cdot S$
磁通［量］密度，磁感应强度	特［斯拉］	T	$1T=1Wb/m^2$
电感	亨［利］	H	1H=1Wb/A
摄氏温度	摄氏度	℃	1℃=1K
光通量	流［明］	lm	$1lm=1cd\cdot sr$
［光］照度	勒［克斯］	lx	$1lx=1lm/m^2$
［放射性］活度	贝可［勒尔］	Bq	$1Bq=1s^{-1}$
吸收剂量	戈［瑞］	Gy	1Gy=1J/kg
剂量当量	希［沃特］	Sv	1Sv=1J/kg

表 3 可与国际单位制并用的我国法定计量单位

量的名称	单位名称	单位符号	换算关系和说明
时间	分	min	1min=60s
	[小]时	h	1h=60min=3600s
	日，(天)	d	1d=24h=86400s
[平面]角	[角]秒	″	1″=(1/60)′=(π/648000)rad
	[角]分	′	1′=(1/60)°=(π/10800)rad
	度	°	1°=(π/180) rad
质量	吨	t	$1t=10^3kg$
	原子质量单位	u	$1u \approx 1.660540\times10^{-27}$ kg
体积	升	L，(l)	$1L=1dm^3=10^{-3}\ m^3$
旋转速度	转每分	r/min	$1r/min=(1/60)\ s^{-1}$
能	电子伏	eV	$1eV \approx 1.602177\times10^{-19}J$
级差	分贝	dB	
线密度	特[克斯]	tex	$1tex=10^{-6}$ kg/m=1g/km
面积	公顷	hm^2	$1hm^2=10^4m^2$
长度	海里	n mile	1n mile=1852m(只用于航程)
速度	节	kn	1kn=1n mile/h=(1852/3600) m/s (只用于航行)

参考文献：液晶与显示 . Chinese Journal of Liquid Crystals and Displays. 2012，(1)：55

表 4 常用 SI 词头

因数	词头名称		符号	因数	词头名称		符号
	英文	中文			英文	中文	
10^9	giga	吉[咖]	G	10^{-2}	centi	厘	c
10^6	mega	兆	M	10^{-3}	milli	毫	m
10^3	kilo	千	k	10^{-6}	micro	微	μ
10^2	hecto	百	h	10^{-9}	nano	纳[诺]	n
10^1	deca	十	da	10^{-12}	pico	皮[可]	p
10^{-1}	deci	分	d	10^{-15}	femto	飞[姆托]	f

附录二　一些基本物理常数

量的名称	符号	数值	单位	备注
光速	c，c_0	2.99792458×10^{8}	$m\cdot s^{-1}$	
真空导磁率	μ_0	1.256637×10^{-6}	$H\cdot m^{-1}$	$4\pi\times10^{-7}$
真空介电常数	ε_0	8.854188×10^{-12}	$F\cdot m^{-1}$	$\varepsilon_0=1/(\mu_0 c_0{}^2)$
引力常量	G	$(6.67259\pm0.00085)\times10^{-11}$	$N\cdot m^2\cdot kg^{-2}$	$F=Gm_1m_2/r^2$
普朗克常量 $\eta=h/2\pi$	h η	$(6.6260755\pm0.0000040)\times10^{-34}$ $(1.05457266\pm0.00000063)\times10^{-34}$	$J\cdot s$	
元电荷	e	$(1.60217733\pm0.00000049)\times10^{-19}$	C	
电子［静］质量	m_e	$(9.1093897\pm0.0000054)\times10^{-31}$ $(5.48579903\pm0.00000013)\times10^{-4}$	kg u	
质子［静］质量	m_p	$(1.6726231\pm0.0000010)\times10^{-27}$ $(1.007276470\pm0.0000000012)$	kg u	
精细结构常数	α	$(7.29735308\pm0.00000033)\times10^{-3}$	1	$\alpha=\frac{e^2}{4\pi\varepsilon_0 hc}$
里德伯常量	R_∞	$(1.0973731534\pm0.0000000013)\times10^{7}$	m^{-1}	$R_\infty=\frac{e^2}{8\pi\varepsilon_0 a_0 hc}$
阿伏伽德罗常数	L，N_A	$(6.0221367\pm0.0000036)\times10^{23}$	mol^{-1}	$L=N/n$
法拉第常数	F	$(6.6485309\pm0.0000029)\times10^{4}$	$C\cdot mol^{-1}$	$F=Le$
摩尔气体常数	R	8.314510 ± 0.000070	$J\cdot mol^{-1}\cdot K^{-1}$	$PV_m=nRT$
玻耳兹曼常数	k	$(1.380658\pm0.000012)\times10^{-23}$	$J\cdot K^{-1}$	$k=R/T$
斯忒藩-玻耳兹曼常量	σ	$(5.67051\pm0.00019)\times10^{-8}$	$W\cdot m^{-2}\cdot K^{-4}$	$\sigma=\frac{2\pi^5k^4}{15h^3c^2}$
质子质量常量	m_u	$(1.6605402\pm0.0000010)\times10^{-27}$	kg	原子质量单位 $1u=m_u$

附录三　一些物质的基本热力学数据（298.15K）

表 1　标准摩尔生成焓、标准摩尔生成自由能和标准摩尔熵

物质	$\Delta_f H_m^\ominus$(kJ·mol^{-1})	$\Delta_f G_m^\ominus$(kJ·mol^{-1})	$S_m^\ominus$(J·K^{-1}·mol^{-1})
Ag(s)	0.0	0.0	42.6
Ag^+(aq)	105.6	77.1	72.7
$AgNO_3$(s)	−124.4	−33.4	140.9
AgCl(s)	−127.0	−109.8	96.3
AgBr(s)	−100.4	−96.9	107.1
AgI(s)	−61.8	−66.2	115.5
Ba(s)	0.0	0.0	62.5
Ba^{2+}(aq)	−537.6	−560.8	9.6
$BaCl_2$(s)	−855.0	−806.7	123.7
$BaSO_4$(s)	−1473.2	−1362.2	132.2
Br_2(g)	30.9	3.1	245.5
Br_2(l)	0.0	0.0	152.2
C(dia)	1.9	2.9	2.4
C(gra)	0.0	0.0	5.7
CO(g)	−110.5	−137.2	197.7
CO_2(g)	−393.5	−394.4	213.8
Ca(s)	0.0	0.0	41.6
Ca^{2+}(aq)	−542.8	−553.6	−53.1
$CaCl_2$(s)	−795.4	−748.8	108.4
$CaCO_3$(s)	−1206.9	−1128.8	92.9
CaO(s)	−634.9	−603.3	38.1
$Ca(OH)_2$(s)	−985.2	−897.5	83.4
Cl_2(g)	0.0	0.0	223.1
Cl^-(aq)	−167.2	−131.2	56.5
Cu(s)	0.0	0.0	33.2
Cu^{2+}(aq)	64.8	65.5	−99.6
F_2(g)	0.0	0.0	202.8
F^-(aq)	−332.6	−278.8	−13.8
Fe(s)	0	0	27.3

(续表)

物质	$\Delta_f H_m^\circ$(kJ·mol^{-1})	$\Delta_f G_m^\circ$(kJ·mol^{-1})	S_m°(J·K^{-1}·mol^{-1})
Fe^{2+}(aq)	−89.1	−78.9	−137.7
Fe^{3+}(aq)	−48.5	−4.7	−315.9
FeO(s)	−272.0	−251	61
Fe_3O_4(s)	−1118.4	−1015.4	146.4
Fe_2O_3(s)	−824.2	−742.2	87.4
H_2(g)	0.0	0.0	130.7
H^+(aq)	0.0	0.0	0.0
HCl(g)	−92.3	−95.3	186.9
HF(g)	−273.3	−275.4	173.8
HBr(g)	−36.3	−53.4	198.7
HI(g)	265.5	1.7	206.6
H_2O(g)	−241.8	−228.6	188.8
H_2O(l)	−285.8	−237.1	70.0
H_2S(g)	−20.6	−33.4	205.8
I_2(g)	62.4	19.3	260.7
I_2(s)	0.0	0.0	116.1
I^-(aq)	−55.2	−51.6	111.3
K(s)	0.0	0.0	64.7
K^+(aq)	−252.4	−283.3	102.5
KI(s)	−327.9	−324.9	106.3
KCl(s)	−436.5	−408.5	82.6
Mg(s)	0.0	0.0	32.7
Mg^{2+}(aq)	−466.9	−454.8	−138.1
MgO(s)	−601.6	−569.3	27.0
MnO_2(s)	−520.0	−465.1	53.1
Mn^{2+}(aq)	−220.8	−228.1	−73.6
N_2(g)	0.0	0.0	191.6
NH_3(g)	−45.9	−16.4	192.8
NH_4Cl(s)	−314.4	−202.9	94.6
NO(g)	91.3	87.6	210.8
NO_2(g)	33.2	51.3	240.1
Na(s)	0.0	0.0	51.3
Na^+(aq)	−240.1	−261.9	59.0
NaCl(s)	−411.2	−384.1	72.1
O_2(g)	0.0	0.0	205.2
OH^-(aq)	−230.0	−157.2	−10.8
SO_2(g)	−296.8	−300.1	248.2
SO_3(g)	−395.7	−371.1	256.8
Zn(s)	0.0	0.0	41.6
Zn^{2+}(aq)	−153.9	−147.1	−112.1

（续表）

物质	$\Delta_f H_m^\circ$(kJ·mol^{-1})	$\Delta_f G_m^\circ$(kJ·mol^{-1})	S_m°(J·K^{-1}·mol^{-1})
ZnO(s)	−350.5	−320.5	43.7
CH_4(g)	−74.6	−50.5	186.3
C_2H_2(g)	227.4	209.9	200.9
C_2H_4(g)	52.4	68.4	219.3
C_2H_6(g)	−84.0	−32.0	229.2
C_6H_6(g)	82.9	129.7	269.2
C_6H_6(l)	49.1	124.5	173.4
CH_3OH(g)	−201.0	−162.3	239.9
CH_3OH(l)	−239.2	−166.6	126.8
HCHO(g)	−108.6	−102.5	218.8
HCOOH(l)	−425.0	−361.4	129.0
C_2H_5OH(g)	−234.8	−167.9	281.6
C_2H_5OH(l)	−277.6	−174.8	160.7
CH_3CHO(l)	−192.2	−127.6	160.2
CH_3COOH(l)	−484.3	−389.9	159.8
尿素 H_2NCONH_2(s)	−333.1	−197.33	104.60
葡萄糖 $C_6H_{12}O_6$(s)	−1273.3	−910.6	212.1
蔗糖 $C_{12}H_{22}O_{11}$(s)	−2226.1	−1544.6	360.2

本表数据主要摘自 W. M. Haynes，Handbook of Chemistry and Physics，93rd ed，New York：CRC Press，2012～2013：5-4～5-42，5-66～5-67

表 2　一些有机化合物的标准摩尔燃烧热

化合物	$\Delta_c H_m^\circ$(kJ·mol^{-1})	化合物	$\Delta_c H_m^\circ$(kJ·mol^{-1})
CH_4(g)	−890.8	HCHO(g)	−570.7
C_2H_2(g)	−1301.1	CH_3CHO(l)	−1166.9
C_2H_4(g)	−1411.2	CH_3COCH_3(l)	−1789.9
C_2H_6(g)	−1560.7	HCOOH(l)	−254.6
C_3H_8(g)	−2219.2	CH_3COOH(l)	−874.2
C_5H_{12}(l)	−3509.0	硬脂酸 $C_{17}H_{35}COOH$(s)	−11281
C_6H_6(l)	−3267.6	葡萄糖 $C_6H_{12}O_6$(s)	−2803.0
CH_3OH	−726.1	蔗糖 $C_{12}H_{22}O_{11}$(s)	−5640.9
C_2H_5OH	−1366.8	尿素 $CO(NH_2)_2$(s)	−632.7

本表数据主要摘自 W. M. Haynes，Handbook of Chemistry and Physics，93rd ed，New York：CRC Press，2012～2013：5-68

附录四　酸碱解离常数和缓冲溶液

表 1　弱酸在水中的解离常数（298.15K）

酸化合物	化学式		K_a	pK_a
铵离子	NH_4^+		5.6×10^{-10}	9.25
砷酸	H_3AsO_4	K_{a1}	5.5×10^{-3}	2.26
		K_{a2}	1.7×10^{-7}	6.76
		K_{a3}	5.1×10^{-12}	11.29
亚砷酸	H_2AsO_3		5.1×10^{-10}	9.29
硼酸	H_3BO_3		5.4×10^{-10}	9.27
碳酸	H_2CO_3	K_{a1}	4.5×10^{-7}	6.35
		K_{a2}	4.7×10^{-11}	10.33
铬酸	H_2CrO_4	K_{a1}	1.8×10^{-1}	0.74
		K_{a2}	3.2×10^{-7}	6.49
氢氟酸	HF		6.3×10^{-4}	3.20
氢氰酸	HCN		6.2×10^{-10}	9.21
过氧化氢	H_2O_2		2.4×10^{-12}	11.62
亚硝酸	HNO_2		5.6×10^{-4}	3.25
磷酸	H_3PO_4	K_{a1}	6.9×10^{-3}	2.16
		K_{a2}	6.2×10^{-8}	7.21
		K_{a3}	4.8×10^{-13}	12.32
亚磷酸	H_3PO_3	K_{a1}	5×10^{-2}	1.3
		K_{a2}	2.0×10^{-7}	6.70
氢硫酸	H_2S	K_{a1}	8.9×10^{-8}	7.05
		K_{a2}	1×10^{-19}	19
硫酸	HSO_4^-		1.3×10^{-2}	1.99
亚硫酸	H_2SO_3	K_{a1}	1.4×10^{-2}	1.85
		K_{a2}	6×10^{-8}	7.2
硅酸	H_4SiO_4	K_{a1}	1×10^{-10}	9.9(30℃)
		K_{a2}	1.6×10^{-12}	11.80(30℃)
		K_{a3}	1×10^{-12}	12(30℃)
		K_{a4}	1×10^{-12}	12(30℃)

（续表）

酸化合物	化学式		K_a	pK_a
次氯酸	HClO		4.0×10^{-8}	7.40
甲酸	HCOOH		1.8×10^{-4}	3.75
乙酸	CH_3COOH		1.75×10^{-5}	4.756
一氯乙酸	$CH_2ClCOOH$		1.3×10^{-3}	2.87
二氯乙酸	$CHCl_2COOH$		4.5×10^{-2}	1.35
三氯乙酸	CCl_3COOH		0.22	0.66(20℃)
抗坏血酸	$C_6H_8O_6$		9.1×10^{-5}	4.04
乳酸	$CH_3CHOHCOOH$		1.4×10^{-4}	3.86
草酸	$H_2C_2O_4$	K_{a1}	5.6×10^{-2}	1.25
		K_{a2}	1.5×10^{-4}	3.81
柠檬酸	$CH_2COOHC(OH)COOHCH_2COOH$	K_{a1}	7.4×10^{-4}	3.13
		K_{a2}	1.7×10^{-5}	4.76
		K_{a3}	4.0×10^{-7}	6.40
苯酚	C_6H_5OH		1.0×10^{-10}	9.99
乙二胺四乙酸（EDTA）	$CH_2-N(CH_2COOH)_2$	K_{a1}	1.0×10^{-2}	2.0
	|	K_{a2}	2.1×10^{-3}	2.67
	$CH_2-N(CH_2COOH)_2$	K_{a3}	6.9×10^{-7}	6.16
		K_{a4}	5.5×10^{-11}	10.26
苯甲酸	C_6H_5COOH		6.25×10^{-5}	4.204
邻苯二甲酸	o-$C_6H_4(COOH)_2$	K_{a1}	1.14×10^{-3}	2.943
		K_{a2}	3.70×10^{-6}	5.432
Tris-HCl	$NH_2C(CH_2OH)_3-HCl$		5×10^{-9}	8.3(20℃)
			1.4×10^{-8}	7.85(37℃)
乳酸（丙醇酸）	$CH_3CHOHCOOH$		1.4×10^{-4}	3.86
谷氨酸	$HOOCCH_2CH_2CH(NH_2)COOH$	K_{a1}	7.4×10^{-3}	2.13
		K_{a2}	4.9×10^{-5}	4.31
		K_{a3}	4.39×10^{-10}	9.358
水杨酸	$C_6H_4(OH)COOH$	K_{a1}	1.0×10^{-3}	2.98(20℃)
		K_{a2}	3×10^{-14}	13.6(20℃)
马来酸（顺丁烯二酸）	$HOOCCH=CHCOOH$	K_{a1}	1.2×10^{-2}	1.92
		K_{a2}	5.9×10^{-7}	6.23
琥珀酸	$HOOCCH_2CH_2COOH$	K_{a1}	6.2×10^{-5}	4.21
		K_{a2}	2.3×10^{-6}	5.64

表 2 弱碱在水中的解离常数（298.15K）

碱化合物	化学式		K_b	pK_b	共轭酸 pK_a
氨水	NH_3		1.8×10^{-5}	4.75	9.25
联氨	H_2NNH_2	K_{b1}	1.3×10^{-6}	5.9	8.1
		K_{b2}	7.6×10^{-15}	14.12	—
甲胺	CH_3NH_2		4.6×10^{-4}	3.34	10.66
二甲胺	$(CH_3)_2NH$		5.4×10^{-4}	3.27	10.73
三甲胺	$(CH_3)_3N$		6.3×10^{-5}	4.20	9.80
乙胺	$C_2H_5NH_2$		4.5×10^{-4}	3.35	10.65
二乙胺	$(C_2H_5)_2NH$		6.9×10^{-4}	3.16	10.84
乙二胺	$H_2NCH_2CH_2NH_2$	K_{b1}	8.3×10^{-5}	4.08	9.92
		K_{b2}	7.2 （10^{-8}	7.14	6.86
苯胺	$C_6H_5NH_2$		4.0×10^{-10}	9.40	4.60
六次甲基四胺	$(CH_2)_6N_4$		1.3×10^{-9}	8.87	5.13
吡啶	C_5H_5N		1.7×10^{-9}	8.77	5.23
乙醇胺	$NH_2CH_2CH_2OH$		3.2×10^{-5}	4.50	9.50
三乙醇胺	$N(C_2H_4OH)_3$		5.8×10^{-7}	6.24	7.76
Tris	$NH_2C(CH_2OH)_3$		2×10^{-6}	5.7	8.3(20℃)
咪唑	$C_3H_4N_2$		8.9×10^{-8}	7.05	6.95
甲基咪唑	$C_4H_6N_2$		8.9×10^{-8}	7.05	6.95

表 1 和表 2 数据主要摘自 W. M. Haynes，Handbook of Chemistry and Physics，93rd ed，New York：CRC Press，2012～2013：5-92～5-93，5-94～5-103

表 3 常用缓冲溶液

缓冲溶液	酸	共轭碱	pK_a
氨基乙酸-HCl	$^+NH_3CH_2COOH$	$^+NH_3CH_2COO^-$	2.351(pK_{a1})
甲酸-NaOH	HCOOH	HCOO	3.75
HAc-NaAc	HAc	Ac^-	4.756
六亚甲基四胺-HCl	$(CH_2)_6N_4H^+$	$(CH_2)_6N_4$	5.13
马来酸-NaOH	$^-OOCCH{=}CHCOOH$	$^-OOCCH{=}CHCOO^-$	6.23(pK_{a2})
NaH_2PO_4-Na_2HPO_4	$H_2PO_4^-$	HPO_4^{2-}	7.198(pK_{a2})
HEPES[①]-NaOH	HEPES$-SO_3H$	HEPES-SO_3^-	7.564
三乙醇胺-HCl	$^+HN(CH_2CH_2OH)_3$	$N(CH_2CH_2OH)_3$	7.762
Tris-HCl	$^+NH_3C(CH_2OH)_3$	$NH_2C(CH_2OH)_3$	8.072
$Na_2B_4O_7$-HCl	H_3BO_3	$H_2BO_3^-$	9.237(pK_{a1})
NH_3-NH_4Cl	NH_4^+	NH_3	9.245
乙醇胺-HCl	$^+NH_3CH_2CH_2OH$	$NH_2CH_2CH_2OH$	9.498
氨基乙酸-NaOH	$^+NH_3CH_2COO^-$	$NH_2CH_2COO^-$	9.780(pK_{a2})
$NaHCO_3$-Na_2CO_3	HCO_3^-	CO_3^{2-}	10.329(pK_{a2})
H_2CO_3-HCO_3^-	H_2CO_3	HCO_3^-	6.351(pK_{a1})
邻苯二甲酸-邻苯二甲酸根	$H_2C_8H_4O_4$	$HC_8H_4O_4^-$	2.950(pK_{a1})
$HC_8H_4O_4^-$-$C_8H_4O_4^{2-}$	$HC_8H_4O_4^-$	$C_8H_4O_4^{2-}$	5.408(pK_{a2})
酒石酸-酒石酸根	$C_4H_6O_6$	$C_4H_5O_6^-$	3.036(pK_{a1})
$C_4H_5O_6^-$-$C_4H_4O_6^{2-}$	$C_4H_5O_6^-$	$C_4H_4O_6^{2-}$	4.366(pK_{a2})
柠檬酸-柠檬酸根	$C_6H_8O_7$	$C_6H_7O_7^-$	3.128(pK_{a1})
$C_6H_7O_7^-$-$C_6H_6O_7^{2-}$	$C_6H_7O_7^-$	$C_6H_6O_7^{2-}$	4.761(pK_{a2})
$C_6H_6O_7^{2-}$-$C_6H_5O_7^{3-}$	$C_6H_6O_7^{2-}$	$C_6H_5O_7^{3-}$	6.396(pK_{a3})

① HEPES 为 4-(2-羟乙基) 哌嗪-1-乙磺酸

附录五 一些难溶化合物的溶度积常数（298.15K）

化合物	K_{sp}	化合物	K_{sp}
AgBr	5.35×10^{-13}	FeS	6.3×10^{-18}
AgCN	5.97×10^{-17}	$FePO_4\cdot2H_2O$	9.91×10^{-16}
AgCl	1.77×10^{-10}	HgI_2	2.9×10^{-29}
AgI	8.52×10^{-17}	HgS(红)	4.0×10^{-53}
$AgIO_3$	3.17×10^{-8}	HgS(黑)	1.6×10^{-52}
AgSCN	1.03×10^{-12}	Hg_2Br_2	6.40×10^{-23}
Ag_2CO_3	8.46×10^{-12}	Hg_2CO_3	3.6×10^{-17}
$Ag_2C_2O_4$	5.40×10^{-12}	$Hg_2C_2O_4$	1.75×10^{-13}
Ag_2CrO_4	1.12×10^{-12}	Hg_2Cl_2	1.43×10^{-18}
Ag_2S	6.69×10^{-50}	Hg_2F_2	3.10×10^{-6}
Ag_2SO_3	1.50×10^{-14}	Hg_2I_2	5.2×10^{-29}
Ag_2SO_4	1.20×10^{-5}	Hg_2SO_4	6.5×10^{-7}
Ag_3AsO_4	1.03×10^{-22}	$KClO_4$	1.05×10^{-2}
Ag_3PO_4	8.89×10^{-17}	$K_2[PtCl_6]$	7.48×10^{-6}
$Al(OH)_3[Al^{3+}, 3OH^-]$	1.3×10^{-33}	Li_2CO_3	8.15×10^{-4}
$Al(OH)_3[H^+, AlO_2^-]$	1.6×10^{-13}	$MgCO_3$	6.82×10^{-6}
$AlPO_4$	9.84×10^{-21}	$MgC_2O_4\cdot2H_2O$	4.83×10^{-6}
$BaCO_3$	2.58×10^{-9}	MgF_2	5.16×10^{-11}
$BaCrO_4$	1.17×10^{-10}	$Mg(OH)_2$	5.61×10^{-12}
BaF_2	1.84×10^{-7}	$Mg_3(PO_4)_2$	1.04×10^{-24}
$Ba(IO_3)_2$	4.01×10^{-9}	$MnCO_3$	2.24×10^{-11}
$BaSO_4$	1.08×10^{-10}	$MnC_2O_4\cdot2H_2O$	1.70×10^{-7}
$BaSO_3$	5.0×10^{-10}	$Mn(IO_3)_2$	4.37×10^{-7}
$Be(OH)_2$	6.92×10^{-22}	$Mn(OH)_2$	2.06×10^{-13}
$BiAsO_4$	4.43×10^{-10}	MnS	4.65×10^{-14}
$CaC_2O_4\cdot H_2O$	2.32×10^{-9}	$NiCO_3$	1.42×10^{-7}
$CaCO_3$	3.36×10^{-9}	$Ni(IO_3)_2$	4.71×10^{-5}
CaF_2	3.45×10^{-11}	$Ni(OH)_2$	5.48×10^{-16}

（续表）

化合物	K_{sp}	化合物	K_{sp}
$Ca(IO_3)_2$	6.47×10^{-6}	α-NiS	3.2×10^{-19}
$Ca(OH)_2$	5.02×10^{-6}	β-NiS	1.0×10^{-24}
$CaSO_4$	4.93×10^{-5}	γ-NiS	2.0×10^{-26}
$Ca_3(PO_4)_2$	2.07×10^{-33}	$Ni_3(PO_4)_2$	4.74×10^{-32}
$CdCO_3$	1.0×10^{-12}	$PbCO_3$	7.40×10^{-14}
CdF_2	6.44×10^{-3}	$PbCl_2$	1.70×10^{-5}
$Cd(IO_3)_2$	2.5×10^{-8}	PbF_2	3.3×10^{-8}
$Cd(OH)_2$	7.2×10^{-15}	PbI_2	9.8×10^{-9}
CdS	1.40×10^{-29}	$PbSO_4$	2.53×10^{-8}
$Cd_3(PO_4)_2$	2.53×10^{-33}	PbS	1.0×10^{-28}
$Co_3(PO_4)_2$	2.05×10^{-35}	$Pb(OH)_2$	1.43×10^{-20}
CuBr	6.27×10^{-9}	$Sn(OH)_2$	5.45×10^{-27}
CuC_2O_4	4.43×10^{-10}	SnS	1.0×10^{-25}
CuCl	1.72×10^{-7}	$SrCO_3$	5.60×10^{-10}
CuI	1.27×10^{-12}	SrF_2	4.33×10^{-9}
CuS	1.27×10^{-36}	$Sr(IO_3)_2$	1.14×10^{-7}
CuSCN	1.77×10^{-13}	$SrSO_4$	3.44×10^{-7}
Cu_2S	2.26×10^{-48}	$ZnCO_3$	1.46×10^{-10}
$Cu_3(PO_4)_2$	1.40×10^{-37}	$ZnC_2O_4\cdot2H_2O$	1.38×10^{-9}
$Eu(OH)_3$	9.38×10^{-27}	ZnF_2	3.04×10^{-2}
$FeCO_3$	3.13×10^{-11}	$Zn(OH)_2$	3×10^{-17}
FeF_2	2.36×10^{-6}	ZnS	2.93×10^{-25}
$Fe(OH)_2$	4.87×10^{-17}	α-ZnS	1.6×10^{-24}
$Fe(OH)_3$	2.79×10^{-39}	β-ZnS	2.5×10^{-22}

本表数据主要摘自 W. M. Haynes，Handbook of Chemistry and Physics，93rd ed，New York：CRC Press，2012～2013：5-196～5-197

附录六　标准电极电势表（298.15K、101.325kPa）

半反应	φ°(V)	半反应	φ°(V)
$Li^+ + e \rightleftharpoons Li$	−3.0401	$2H^+ + 2e \rightleftharpoons H_2$	0.00000
$Cs^+ + e \rightleftharpoons Cs$	−3.026	$AgBr + e \rightleftharpoons Ag + Br^-$	0.07133
$Rb^+ + e \rightleftharpoons Rb$	−2.98	$S_4O_6^{2-} + 2e \rightleftharpoons 2S_2O_3^{2-}$	0.08
$K^+ + e \rightleftharpoons K$	−2.931	$AgSCN + e \rightleftharpoons Ag + SCN^-$	0.08951
$Ba^{2+} + 2e \rightleftharpoons Ba$	−2.912	$N_2 + 2H_2O + 2H^+ + 2e \rightleftharpoons 2NH_2OH$	0.092
$Sr^{2+} + 2e \rightleftharpoons Sr$	−2.899	$[Co(NH_3)_6]^{3+} + e \rightleftharpoons [Co(NH_3)_6]^{2+}$	0.108
$Ca^{2+} + 2e \rightleftharpoons Ca$	−2.868	$Sn^{4+} + 2e \rightleftharpoons Sn^{2+}$	0.151
$Ra^{2+} + 2e \rightleftharpoons Ra$	−2.8	$Cu^{2+} + e \rightleftharpoons Cu^+$	0.153
$Na^+ + e \rightleftharpoons Na$	−2.71	$Co(OH)_3 + e \rightleftharpoons Co(OH)_2 + OH^-$	0.17
$La^{3+} + 3e \rightleftharpoons La$	−2.379	$SO_4^{2-} + 4H^+ + 2e \rightleftharpoons H_2SO_3 + H_2O$	0.172
$Mg^{2+} + 2e \rightleftharpoons Mg$	−2.372	$AgCl + e \rightleftharpoons Ag + Cl^-$	0.22233
$[Al(OH)_4]^- + 3e \rightleftharpoons Al + 4OH^-$	−2.328	$Hg_2Cl_2 + 2e \rightleftharpoons 2Hg + 2Cl^-$	0.26808
$Sc^{3+} + 3e \rightleftharpoons Sc$	−2.077	$Cu^{2+} + 2e \rightleftharpoons Cu$	0.3419
$[AlF_6]^{3-} + 3e \rightleftharpoons Al + 6F^-$	−2.069	$[Ag(NH_3)_2]^+ + e \rightleftharpoons Ag + 2NH_3$	0.373
$Be^{2+} + 2e \rightleftharpoons Be$	−1.847	$[Fe(CN)_6]^{3-} + e \rightleftharpoons [Fe(CN)_6]^{4-}$	0.358
$Al^{3+} + 3e \rightleftharpoons Al$	−1.662	$O_2 + 2H_2O + 4e \rightleftharpoons 4OH^-$	0.401
$[Zn(CN)_4]^{2-} + 2e \rightleftharpoons Zn + 4CN^-$	−1.26	$Cu^+ + e \rightleftharpoons Cu$	0.521
$Zn(OH)_2 + 2e \rightleftharpoons Zn + 2OH^-$	−1.249	$I_2 + 2e \rightleftharpoons 2I^-$	0.5355
$ZnO_2^{2-} + 2H_2O + 2e \rightleftharpoons Zn + 4OH^-$	−1.215	$MnO_4^- + e \rightleftharpoons MnO_4^{2-}$	0.558
$CrO_2^- + 2H_2O + 3e \rightleftharpoons Cr + 4OH^-$	−1.2	$AsO_4^{3-} + 2H^+ + 2e \rightleftharpoons AsO_3^{2-} + H_2O$	0.560
$Mn^{2+} + 2e \rightleftharpoons Mn$	−1.185	$H_3AsO_4 + 2H^+ + 2e \rightleftharpoons HAsO_2 + 2H_2O$	0.560
$[Zn(NH_3)_4]^{2+} + 2e \rightleftharpoons Zn + 4NH_3$	−1.04	$MnO_4^- + 2H_2O + 3e \rightleftharpoons MnO_2 + 4OH^-$	0.595
$H_3BO_3 + 3H^+ + 3e \rightleftharpoons B + 3H_2O$	−0.8698	$O_2 + 2H^+ + 2e \rightleftharpoons H_2O_2$	0.695
$2SiO_2$(石英)$+ 4H^+ + 4e \rightleftharpoons Si + 2H_2O$	−0.857	$Fe^{3+} + e \rightleftharpoons Fe^{2+}$	0.771
$2H_2O + 2e \rightleftharpoons H_2 + 2OH^-$	−0.8277	$Ag^+ + e \rightleftharpoons Ag$	0.7996
$Zn^{2+} + 2e \rightleftharpoons Zn$	−0.7628	$2NO_3^- + 4H^+ + 2e \rightleftharpoons N_2O_4 + 2H_2O$	0.803
$Cr^{3+} + 3e \rightleftharpoons Cr$	−0.744	$Hg^{2+} + 2e \rightleftharpoons Hg$	0.851

（续表）

半反应	φ°(V)	半反应	φ°(V)
$Co(OH)_2+2e \rightleftharpoons Co+2OH^-$	−0.73	$Cu^{2+}+I^-+e \rightleftharpoons CuI$	0.86
$Ni(OH)_2+2e \rightleftharpoons Ni+2OH^-$	−0.72	$2Hg^{2+}+2e \rightleftharpoons Hg_2^{2+}$	0.920
$AsO_4^{3-}+2H_2O+2e \rightleftharpoons AsO_2^-+4OH^-$	−0.71	$[AuCl_4]^-+3e \rightleftharpoons Au+4Cl^-$	1.002
$Ag_2S+2e \rightleftharpoons 2Ag+S^{2-}$	−0.691	$Br_2(l)+2e \rightleftharpoons 2Br^-$	1.066
$Ga^{3+}+3e \rightleftharpoons Ga$	−0.549	$2IO_3^-+12H^++10e \rightleftharpoons I_2+6H_2O$	1.195
$Sb^{3+}+3H^++3e \rightleftharpoons SbH_3$	−0.510	$MnO_2+4H^++2e \rightleftharpoons Mn^{2+}+2H_2O$	1.224
$S+2e \rightleftharpoons S^{2-}$	−0.47627	$O_2+4H^++4e \rightleftharpoons 2H_2O$	1.229
$Fe^{2+}+2e \rightleftharpoons Fe$	−0.447	$Tl^{3+}+2e \rightleftharpoons Tl^+$	1.252
$In^{3+}+2e \rightleftharpoons In^+$	−0.443	$Cl_2(g)+2e \rightleftharpoons 2Cl^-$	1.35827
$Cr^{3+}+e \rightleftharpoons Cr^{2+}$	−0.407	$Cr_2O_7^{2-}+14H^++6e \rightleftharpoons 2Cr^{3+}+7H_2O$	1.36
$Cd^{2+}+2e \rightleftharpoons Cd$	−0.4030	$ClO_4^-+8H^++7e \rightleftharpoons \frac{1}{2}Cl_2+4H_2O$	1.39
$PbI_2+2e \rightleftharpoons Pb+2I^-$	−0.365	$HIO+2H^++2e \rightleftharpoons I_2+2H_2O$	1.439
$PbSO_4+2e \rightleftharpoons Pb+SO_4^{2-}$	−0.3588	$PbO_2+4H^++2e \rightleftharpoons Pb^{2+}+2H_2O$	1.455
$In^{3+}+3e \rightleftharpoons In$	−0.3382	$ClO_3^-+6H^++5e \rightleftharpoons \frac{1}{2}Cl_2+3H_2O$	1.47
$Tl^++e \rightleftharpoons Tl$	−0.336	$HClO+H^++2e \rightleftharpoons Cl^-+H_2O$	1.482
$[Ag(CN)_2]^-+e \rightleftharpoons Ag+2CN^-$	−0.31	$2HBrO_3+12H^++10e \rightleftharpoons Br_2+6H_2O$	1.482
$PbBr_2+2e \rightleftharpoons Pb+2Br^-$	−0.284	$Au^{3+}+3e \rightleftharpoons Au$	1.498
$Co^{2+}+2e \rightleftharpoons Co$	−0.28	$MnO_4^-+8H^++5e \rightleftharpoons Mn^{2+}+4H_2O$	1.507
$PbCl_2+2e \rightleftharpoons Pb+2Cl^-$	−0.2675	$Mn^{3+}+e \rightleftharpoons Mn^{2+}$	1.541
$Ni^{2+}+2e \rightleftharpoons Ni$	−0.257	$2HBrO+2H^++2e \rightleftharpoons Br_2+2H_2O$	1.596
$V^{3+}+e \rightleftharpoons V^{2+}$	−0.255	$H_5IO_6+H^++2e(IO_3^-+3H_2O$	1.601
$CO_2+2H^++2e \rightleftharpoons HCOOH$	−0.199	$2HClO+2H^++2e \rightleftharpoons Cl_2+2H_2O$	1.611
$CuI+e \rightleftharpoons Cu+I^-$	−0.1858	$HClO_2+2H^++2e \rightleftharpoons HClO+H_2O$	1.645
$AgI+e \rightleftharpoons Ag+I^-$	−0.15224	$Au^++e \rightleftharpoons Au$	1.692
$O_2+2H_2O+2e \rightleftharpoons H_2O_2+2OH^-$	−0.146	$Ce^{4+}+e \rightleftharpoons Ce^{3+}$	1.72
$In^++e \rightleftharpoons In$	−0.14	$H_2O_2+2H^++2e \rightleftharpoons 2H_2O$	1.776
$Sn^{2+}+2e \rightleftharpoons Sn$	−0.1375	$Co^{3+}+e \rightleftharpoons Co^{2+}$	1.92
$Pb^{2+}+2e \rightleftharpoons Pb$	−0.1262	$Ag^{2+}+e \rightleftharpoons Ag^+$	1.980
$[Cu(NH_3)_2]^++e \rightleftharpoons Cu+2NH_3$	−0.12	$S_2O_8^{2-}+2e \rightleftharpoons 2SO_4^{2-}$	2.010
$AgBr+e \rightleftharpoons Ag+Br^-$	−0.07103	$O_3+2H^++2e \rightleftharpoons O_2+H_2O$	2.076
$Fe^{3+}+3e \rightleftharpoons Fe$	−0.037	$F_2+2e \rightleftharpoons 2F^-$	2.866
$Ag_2S+2H^++2e \rightleftharpoons 2Ag+H_2S$	−0.0366	$F_2+2H^++2e \rightleftharpoons 2HF$	3.053

本表数据主要摘自 W. M. Haynes，Handbook of Chemistry and Physics，93rd ed，New York：CRC Press，2012～2013：5-80～5-84

附录七　金属配合物的累积稳定常数

配体	金属离子	$\lg\beta_1$	$\lg\beta_2$	$\lg\beta_3$	$\lg\beta_4$	$\lg\beta_5$	$\lg\beta_6$
NH_3	Ag^+	3.24	7.05				
	Cd^{2+}	2.65	4.75	6.19	7.12	6.80	5.14
	Co^{2+}	2.11	3.74	4.79	5.55	5.73	5.11
	Co^{3+}	6.7	14.0	20.1	25.7	30.8	35.2
	Cu^{2+}	4.31	7.98	11.02	13.32	12.86	
	Hg^{2+}	8.8	17.5	18.5	19.28		
	Ni^{2+}	2.80	5.04	6.77	7.96	8.71	8.74
	Zn^{2+}	2.37	4.81	7.31	9.46		
Cl^-	Ag^+	3.04	5.04	5.04	5.30		
	Bi^{3+}	2.44	4.70	5.0	5.6		
	Cu^+	3.16	5.37	4.7	2.8		
	Hg^{2+}	6.74	13.22	14.07	15.07		
	Pb^{2+}	1.62	2.44	1.70	1.60		
	Sb^{3+}	2.26	3.49	4.18	4.72		
	Sn^{2+}	1.51	2.24	2.03	1.48		
	Pt^{2+}		11.5	14.5	16.0		
CN^-	Ag^+		21.1	21.7	20.6		
	Au^+		38.3				
	Cd^{2+}	5.48	10.60	15.23	18.78		
	Cu^+		24.0	28.59	30.30		
	Fe^{2+}						35
	Fe^{3+}						42
	Hg^{2+}				41.4		
	Ni^{2+}				31.3		
	Zn^{2+}				16.7		
F^-	Al^{3+}	6.11	11.15	15.00	17.75	19.37	19.84
	Fe^{3+}	5.28	9.30	12.06		15.77	
I^-	Ag^+	6.58	11.74	13.68			
	Bi^{3+}	3.63			14.95	16.80	18.80
	Cd^{2+}	2.10	3.43	4.49	5.41		
	Pb^{2+}	2.00	3.15	3.92	4.47		
	Hg^{2+}	12.87	23.82	27.60	29.83		

（续表）

配体	金属离子	$\lg\beta_1$	$\lg\beta_2$	$\lg\beta_3$	$\lg\beta_4$	$\lg\beta_5$	$\lg\beta_6$
硫氰酸根 SCN^-	Au^+		23		42		
	Ag^+		7.57	9.08	10.08		
	Cu^+		11.00	10.90	10.48		
	Fe^{3+}	2.95	3.36				
	Hg^{2+}		17.47		21.23		
硫代硫酸根 $S_2O_3^{2-}$	Ag^+	8.82	13.46	14.15			
	Cu^+	10.35	12.27	13.71			
	Hg^{2+}		29.86	32.26	33.61		
醋酸根 CH_3COO^-	Fe^{2+}	3.2	6.1	8.3			
	Fe^{3+}	3.2					
	Hg^{2+}		8.43				
	Pb^{2+}	2.52	4.0	6.4	8.5		
草酸根 $C_2O_4^{2-}$	Al^{3+}	7.26	13.0	16.3			
	Co^{2+}	4.79	6.7	9.7			
	Co^{3+}			～20			
	Cu^{2+}	6.16	8.5				
	Fe^{2+}	2.9	4.52	5.22			
	Fe^{3+}	9.4	16.2	20.2			
	Mn^{2+}	9.98	16.57	19.42			
	Ni^{2+}	5.3	7.64	～8.5			
	Zn^{2+}	4.89	7.60	8.15			
柠檬酸根 L^{3-}	Al^{3+}	20.0					
	Cd^{2+}	11.3					
	Co^{2+}	12.5					
	Cu^{2+}	14.2					
	Fe^{2+}	15.5					
	Fe^{3+}	25.0					
	Ni^{2+}	14.3					
	Zn^{2+}	11.4					
甘氨酸根 $NH_2CH_2COO^-$	Ag^+	3.41	6.89				
	Ca^{2+}	1.38					
	Cd^{2+}	4.74	8.60				
	Co^{2+}	5.23	9.25	10.76			
	Cu^{2+}	8.60	15.54	16.27			
	Fe^{2+}(20℃)	4.3	7.8				
	Hg^{2+}	10.3	19.2				
	Mg^{2+}	3.44	6.46				
	Mn^{2+}	3.6	6.6				
	Ni^{2+}	6.18	11.14	15.0			
	Pb^{2+}	5.47	8.92				
	Zn^{2+}	5.52	9.96				

（续表）

配体	金属离子	$\lg\beta_1$	$\lg\beta_2$	$\lg\beta_3$	$\lg\beta_4$	$\lg\beta_5$	$\lg\beta_6$
水杨酸根 $C_6H_4(OH)COO^-$	Al^{3+}	14.11					
	Cd^{2+}	5.55					
	Co^{2+}	6.72	11.42				
	Cr^{3+}	8.4	15.3				
	Cu^{2+}	10.60	18.45				
	Fe^{2+}	6.55	11.25				
	Mn^{2+}	5.90	9.80				
	Ni^{2+}	6.95	11.75				
	V^{2+}	6.3					
	Zn^{2+}	6.85					
磺基水杨酸根 $^-O_3SC_6H_3(OH)COO^-$	Al^{3+}	13.20	22.83	28.89			
	Cd^{2+}	16.68	29.08				
	Co^{2+}	6.13	9.82				
	Cr^{3+}	9.56					
	Cu^{2+}	9.52	16.45				
	Fe^{2+}	5.90	9.90				
	Fe^{3+}	14.64	25.18	32.12			
	Mn^{2+}	5.24	8.24				
	Ni^{2+}	6.42	10.24				
	Zn^{2+}	6.05	10.65				
铬黑T L^{3-}	Ca^{2+}	5.4					
	Mg^{2+}	7.0					
	Zn^{2+}	13.5	20.6				
乙二胺 $H_2NCH_2CH_2NH_2$	Ag^+	7.40	7.70				
	Cd^{2+}	5.47	10.09	12.09			
	Co^{2+}	5.91	10.64	13.94			
	Co^{3+}	18.7	34.9	48.69			
	Cu^{2+}	10.64	20.00	21.0			
	Fe^{2+}	4.34	7.65	9.70			
	Hg^{2+}	14.3	23.3				
	Mn^{2+}	2.73	4.79	5.67			
	Ni^{2+}	7.52	13.80	18.06			
	Zn^{2+}	5.77	10.83	14.11			

（续表）

配体	金属离子	$\lg\beta_1$	$\lg\beta_2$	$\lg\beta_3$	$\lg\beta_4$	$\lg\beta_5$	$\lg\beta_6$
乙二胺四乙酸根 Y^{4-}	Ag^{+}	7.32					
	Al^{3+}	16.3					
	Bi^{3+}	27.94					
	Ca^{2+}	10.69					
	Cd^{2+}	16.45					
	Co^{2+}	16.31					
	Co^{3+}	36					
	Cr^{3+}	23.4					
	Cu^{2+}	18.80					
	Fe^{2+}	14.32					
	Fe^{3+}	25.1					
	Hg^{2+}	21.7					
	Mg^{2+}	8.7					
	Mn^{2+}	13.87					
	Ni^{2+}	18.62					
	Pb^{2+}	18.04					
	Sn^{2+}	22.11					
	VO^{2+}	18.0					
	Zn^{2+}	16.50					

主要参考文献

[1] 北京师范大学等. 无机化学（上册）. 4 版. 北京：高等教育出版社，2010.
[2] 傅鹰. 化学热力学导论. 北京：科学出版社，2010.
[3] 傅南彩. 物理化学（上册）. 5 版. 北京：高等教育出版社，2010.
[4] 侯新朴. 物理化学. 5 版. 北京：人民卫生出版社，2003.
[5] 计亮年，毛宗万，黄锦汪. 生物无机化学导论. 3 版. 北京：科学出版社，2010.
[6] 刘德育，刘有训. 无机化学. 北京：科学出版社，2009.
[7] 王夔. 化学原理和无机化学. 北京：北京大学医学出版社，2005.
[8] 王镜岩，朱圣庚，徐长法. 生物化学. 3 版. 北京：高等教育出版社，2002.
[9] 魏祖期，刘德育. 基础化学. 8 版. 北京：人民卫生出版社，2013.
[10] 武汉大学等. 无机化学（上册）. 3 版. 北京：高等教育出版社，2010.
[11] 徐春祥. 基础化学. 北京：高等教育出版社，2007.
[12] 徐春祥. 无机化学. 北京：高等教育出版社，2008.
[13] 杨晓达. 大学基础化学. 北京：北京大学出版社，2008.
[14] 张乐华，徐春祥. 基础化学试题库. 北京：高等教育出版社，2005.
[15] 张天蓝，姜凤超. 无机化学. 6 版. 北京：人民卫生出版社，2011.

中英文专业词汇索引

E

F

G

H

J

Z